Mosaik

Karl Beurlen/Gerhard Lichter

Versteinerungen

Fossilien der Wirbellosen
mit Anhang Wirbeltiere und Pflanzen

Illustrationen von Fritz Wendler (†)

Herausgegeben von Gunter Steinbach

Mosaik Verlag

Zeichen im Bestimmungsteil:

▷ = Siehe Zeichnung
▷ 3 = Siehe Farbbild (rechtsseitig) unter der jeweiligen Bildnummer

Fotonachweis

Die erste Ziffer bezeichnet die Seite, die zweite die Bildnummer

Jura-Museum-Eichstätt, G. Völkl: S. 257–3
Urwelt-Museum-Hauff, Holzmaden: S. 145–4, 255–3
Fritz Ziegast, München: S. 257–2
Alle anderen Fotos: **Gerhard Lichter**

Die abgebildeten Versteinerungen stammen aus folgenden Sammlungen:

Werner Bauer: S. 223, 225–2, 229–1; **Piero Garonetti**: S. 84, 131–4, 167; **Max Gießler**: S. 175–3, 239–1, 2, 241–1, 3, 4, 5, 6; **Dr. Alfred und Joachim Hauser**: S. 19–4, 51–5, 53–4, 105–1, 115–2, 133–4, 149–1, 191–1, 195–2, 4, 5, 197–1, 2, 201–2, 213–1, 2, 215–1, 2; **Edeltraud Hepfer**: S. 95–3, 231–2; **Karl-Heinz Hilpert**: S. 67–5, 77–3, 103–3, 119–1, 135–1, 2, 5, 6, 147–7, 8, 227–3, 233–4; **Reinhard Jadrniczek**: S. 115–1, 117–2; **Rainer Kratz**: S. 65–2, 67–2, 69–5, 127–4, 141–6, 147–2, 195–1, 203–1, 225–1; **H. Kugler**: S. 217–1; **Reinhard Kuhn**: S. 55–2, 3, 4, 5, 57–1, 2, 71, 89–3, 141–5, 145–3, 171–2, 181–1, 3, 183–1, 2, 219–2, 3, 4, 221–3, 253–1, 5; **Hanno Langen**: S. 127–3, 141–4; **Rudi Laqua**: S. 125–1, 5, 209–1 u., 231–3, 235–2, 251–4, 5; **Heilwig Leipnitz**: S. 39–1, 53–3, 63–1, 87–3, 5, 117–1, 119–2, 149–3, 163–3, 175–1, 191–2, 199–1, 217–2, 220, 227–1, 2, 263–1, 2; **Gerd H. Leichter**: S. 139–3; **Rupert und Helmut Lenzenweger**: S. 55–1, 57–5, 65–6, 77–2, 119–3, 4, 5, 6, 121–1, 2, 139–1, 143–2; **Dr. Thaddäus Liske**: S. 97–1, 128–2, 131–5; **Gerhard Müller**: S. 149–4, 175–2, 269–4; **Axel Paulsen**: S. 43–2, 3, 4, 45, 47, 49–1, 4, 51–1, 53–2, 65–1, 4, 83–6, 87–2, 91–1, 105–2, 4, 129–5, 137–1, 2, 3, 4, 139–2, 4, 5, 155–1, 159–1, 3, 163–2, 191–3, 207–1, 2, 209–1 o., 240; **Harald Prescher**: S. 63–2, 75–3, 79–3, 87–1, 3, 109–2, 115–3, 4, 159–4, 161–1, 213–3, 215–3; **Horst Schmid**: S. 199–2; **Harald von Seherr-Thohs**: S. 217–4, 123–4, 133–3; **Emil Stanke**: S. 57–3, 147–3; **Klaus Thoma**: S. 189, 229–3, 231–1, 233–5, 235–1, 237–1; **Karl Wiedmann**: S. 67–6, 79–2, 107–1, 2, 141–2, 151–1, 4, 187, 247–2, 3, 251–1, 253–3; **Prof. Dr. Dr. Peter S. Wu**: S. 265–3; **Paläontologisches Museum Nierstein, Arnulf und Harald Stapf**: S. 19–2, 3, 22–r., 41–1, 2, 43–1, 49–2, 3, 51–2, 3, 4, 53–1, 83–1, 3, 4, 5, 89–1, 93–2, 95–1, 101, 109–1, 117–3, 133–5, 6, 135–4, 149–2, 157–1, 163–5, 165, 169, 171–3, 4, 177, 179–1, 2, 3, 183–3, 185, 195–3, 197–4, 201–1, 221–1, 4, 243–1, 2, 245–1, 3, 247–1, 249–1, 3, 251–2, 255–1, 2, 257–1, 261–1, 263–3, 4, 265–1, 4, 5, 267–2, 3, 269–2; **Museum Allerheiligen Schaffhausen, Dr. Rudolf Schlatter**: S. 39–2, 3, 4, 73–3, 77–1, 85–6, 91–4, 123–2, 219–1, 221–2, 237–4; **Museum Biberach/Riß**: S. 67–3, 245–2, 259.
Alle anderen Versteinerungen: Sammlung Gerhard Lichter

Der Mosaik Verlag ist ein Unternehmen der Verlagsgruppe Bertelsmann

Neue, bearbeitete Sonderausgabe

Druck und Bindung: Graphischer Großbetrieb Pößneck GmbH
Printed in Germany · ISBN 3-576-10763-0

Inhalt

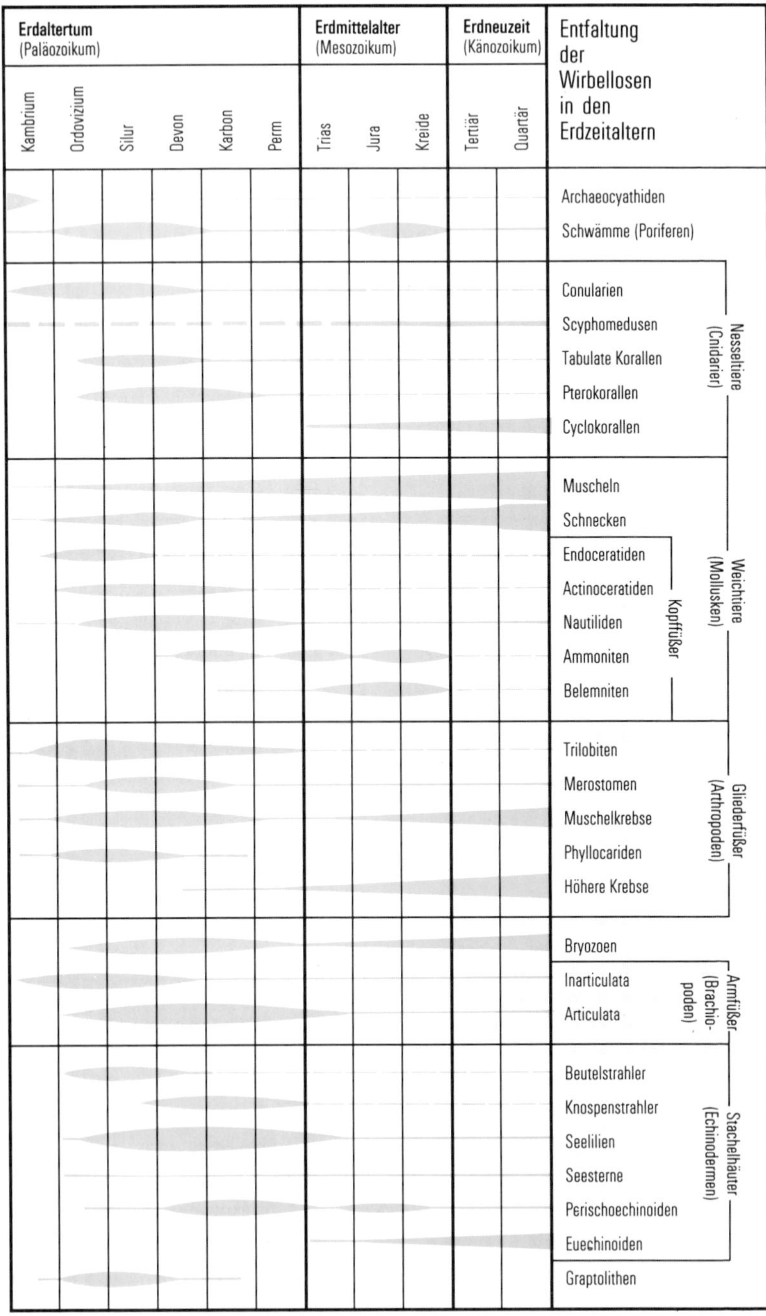
Erdaltertum (Paläozoikum)
Erdmittelalter (Mesozoikum)
Erdneuzeit (Känozoikum)
Entfaltung der Wirbellosen in den Erdzeitaltern
Kambrium
Ordovizium
Silur
Devon
Karbon
Perm
Trias
Jura
Kreide
Tertiär
Quartär
Archaeocyathiden
Schwämme (Poriferen)
Conularien
Scyphomedusen
Tabulate Korallen
Pterokorallen
Cyclokorallen
Nesseltiere (Cnidarier)
Muscheln
Schnecken
Endoceratiden
Actinoceratiden
Nautiliden
Ammoniten
Belemniten
Kopffüßer
Weichtiere (Mollusken)
Trilobiten
Merostomen
Muschelkrebse
Phyllocariden
Höhere Krebse
Gliederfüßer (Arthropoden)
Bryozoen
Inarticulata
Articulata
Armfüßer (Brachiopoden)
Beutelstrahler
Knospenstrahler
Seelilien
Seesterne
Perischoechinoiden
Euechinoiden
Stachelhäuter (Echinodermen)
Graptolithen

Zum Buch

Der Begriff Versteinerungen oder Fossilien umfaßt die Gesamtheit der fossil überlieferten Pflanzen- und Tiergesellschaften, die sich in den aufeinanderfolgenden Formationen der Erdgeschichte erhalten haben. Sie dokumentieren den Gestaltwandel und damit die Entwicklung der Lebewesen unserer Erde.

Fossilien zeigen also gegenüber den Querschnitten der heute lebenden Faunen und Floren eine grenzenlos ausufernde Formenfülle. Ihre Klassifizierung muß neben der Systematik auch noch den Zeitfaktor, also den Formenwandel im Verlauf der erdgeschichtlichen Perioden in über 600 Millionen Jahren berücksichtigen. Ein Band »Versteinerungen« kann somit kein systematischer Bestimmungsführer sein, wie das etwa bei den heute lebenden Säugern oder den Orchideen Europas möglich ist. Er muß sich darauf beschränken, anhand ausgewählter Beispiele die wichtigsten fossilen Gruppen so zu kennzeichnen, daß sie einerseits vermitteln, was etwa ein Ammonit, ein Trilobit, ein Brachiopode usw. ist, andererseits eine Vorstellung davon geben, wie sich diese Gruppen im Laufe der Erdgeschichte entfaltet haben.

Eine einzige, fossil gut dokumentierte Tierklasse, wie etwa die Kopffüßer, deren Entwicklung vom frühen Erdaltertum bis zur Gegenwart formenreich vorliegt, könnte, nur als Auslese typischer Formen, allein den Umfang dieses Bandes füllen.

Die Autoren legten bei der Gewichtung des Stoffes Wert auf den praktischen Bezug zum Fossiliensammeln. Die fossilen Wirbellosen nehmen deshalb den Hauptteil des Bandes ein. Dabei wurden die Formenkreise, die in der fossilen Überlieferung oder für den Sammler keine bedeutende Rolle spielen, nur kurz behandelt oder beiseite gelassen. Im Mittelpunkt der dargestellten Versteinerungen steht das in Mittel- und Westeuropa vorkommende Fossilienmaterial.

Abgesehen von einem Teil der Fische kann der Fossilienfreund fossile Wirbeltiere (Stegocephalen, Saurier, Säuger und Vögel) nur über Museumsausstellungen kennenlernen. Die fossilen Wirbeltiere und die fossilen Pflanzen werden deshalb nur in einem Überblick am Ende des Hauptteiles behandelt.

Die Autoren führen den Leser, der noch nicht fachkundig ist, im Anfangskapitel in die Fossilienkunde ein und gibt nützliche Hinweise für das Sammeln und Präparieren von Fundstücken sowie für den Aufbau einer eigenen Sammlung. Ein Verzeichnis bedeutender öffentlich zugänglicher Sammlungen, die Erläuterung der wichtigsten Fachwörter und eine Auswahl weiterführender Literatur runden den Band ab.

Einen Glücksfall stellt das Zusammenwirken Prof. Beurlens mit dem Amateur-Paläontologen Gerhard Lichter dar. In jahrzehntelanger Arbeit baute er nicht nur eine umfangreiche Fossiliensammlung auf, sondern auch eine der umfassendsten Bilddokumentationen europäischer Fossilien. Ein Querschnitt seiner Bilder wird hier zum erstenmal veröffentlicht. Professor Dr. Karl Beurlen, der kenntnisreiche Fachmann der Fossilienkunde, der Zuhörer und Gesprächspartner nicht selten mit seinem universellen biologischen Wissen in Erstaunen setzte, verstarb kurz nach Fertigstellung des Manuskriptes. Dieses Werk wird sein Andenken ehren. G. S.

Übersicht der Bildsymbole

Einzeller
Seite 34

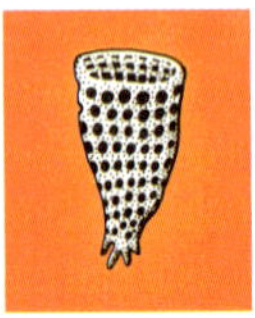

Schwämme
Seite 36

Nesseltiere
Seite 42

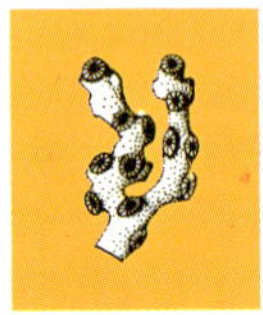

Nesseltiere:
Korallen
Seite 46

Weichtiere
Seite 58

Weichtiere:
Muscheln
Seite 60

Weichtiere:
Grabfüßer
Seite 78

Weichtiere:
Einplatter
Seite 78

Weichtiere:
Schnecken
Seite 80

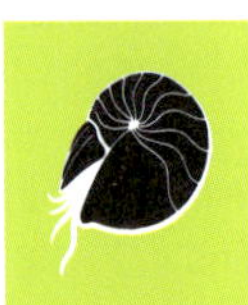

Weichtiere:
Kopffüßer
Seite 100

Weichtiere:
Nautiliden
Seite 102

Weichtiere:
Ammoniten
Seite 110

Weichtiere:
Tintenfische
Seite 142

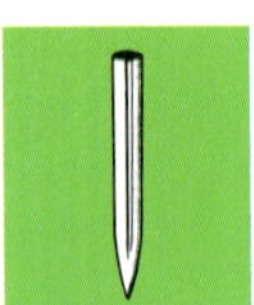

Weichtiere:
Belemniten
Seite 144

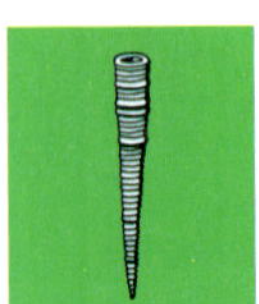

Weichtiere:
Tentakuliten
Hyolithen
Seite 148

Ringelwürmer
Seite 150

Gliederfüßer
Seite 152

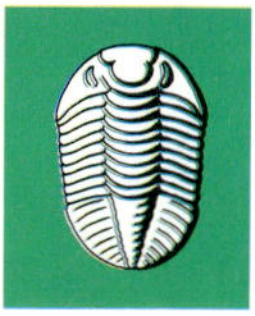

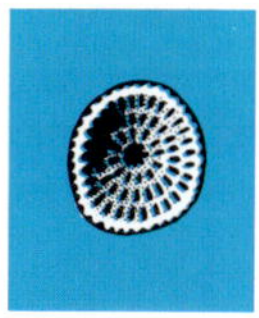

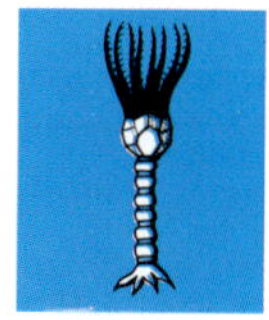

Was ist eine Versteinerung, ein Fossil?

Der Begriff *Fossil* kommt von dem lateinischen Wort *fossilis*. Es bezeichnet alles aus dem Boden Gegrabene und wurde ursprünglich für besonders auffällige Funde verwandt; so etwa für eigenartig geformte Gesteinsknollen, für Kristalle und Kristalldrusen, für Mineralien und Erzstufen, aber auch für Gebilde organismischer Herkunft. Da man sie als »Naturspiel« für anorganisch in der Erdrinde entstanden hielt, genügte der Begriff »Fossil«.

Erst gegen Ende des 17. Jahrhunderts setzte sich langsam die Erkenntnis durch, daß die so auffällig an organismische Reste erinnernden Gebilde, anders als die Mineralien, versteinerte Überreste von Lebewesen (Organismen) sind. Man unterschied sie daher von den »Fossilien« im ursprünglichen, umfassenden Sinn als *Versteinerungen* oder *Petrefakten*. Der Begriff Petrefakt kommt vom griechischen *Petra* (= Stein) und dem lateinischen *factus* (= geworden). Die Begriffe Versteinerung beziehungsweise Petrefakt herrschten zunächst vor. Noch im Jahre 1910 veröffentlichte E. Fraas das Buch »Der Petrefaktensammler«.

In der jüngeren Vergangenheit wurden diese Begriffe mehr und mehr durch das alte Wort »Fossil« verdrängt, das nun ausschließlich für versteinerte organismische Überreste verwandt wurde. Bei ihnen handelt es sich ja tatsächlich um im Gestein eingegrabene, eingebettete Gebilde, um wirkliche »Fossilien«, während Mineralien, Gesteinsknollen und ähnliches in der Gesteinsrinde selber entstanden sind, ihr also primär zugehören und nicht nachträglich eingebettet wurden.

Der Begriff »Fossil« im heutigen Sinn, gleichbedeutend mit Versteinerung oder Petrefakt, macht also einen Bedeutungswandel durch. So bezeichnet man heute alle in der Erdrinde überlieferten, mehr oder weniger vollständigen und mehr oder weniger stark umgewandelten (»versteinerten«) Reste einstiger Lebewesen, die als solche erkennbar und identifizierbar sind. Im weiteren Sinn begreift man darunter aber auch in den Gesteinen vorkommende Gebilde, die durch die Tätigkeit von Lebewesen entstanden sind, wie Fährten und Spuren, Grab- und Wohngänge. Sie werden als *Spurenfossilien* von den Fossilien im engeren und eigentlichen Sinn unterschieden.

Dinosaurierfährten (ca. 140 Mio Jahre) bei Barkhausen/Wiehengebirge

Paläontologie – die Wissenschaft von den Fossilien

Seit dem Ende des 17. Jahrhunderts erkannte man, daß Fossilien kein Spiel der Natur, keine Zufallsgebilde sind, die durch eine Art »vis plastica« in der Erdrinde entstanden, sondern Überreste einstiger Lebewesen. Sie sind also Zeugnisse für ein Leben jener Zeiten, in denen sich die Gesteine bildeten, die Fossilien enthalten. Man begann, sich näher mit ihnen zu beschäftigen, verglich sie mit heute lebenden Organismen und suchte, sie zu bestimmen. Dabei erkannte man, daß die fossilen Organismen nur zum geringen Teil mit den heute lebenden übereinstimmen und recht verschieden von ihnen sein können. Man entdeckte, daß sich die in der Erdrinde übereinanderliegenden Gesteinsschichten durch jeweils für sie typische Fossilien unterscheiden. Diese *Leitfossilien* erwiesen sich als wichtige geologische Dokumente. Durch eine systematische und umfassende Bestandsaufnahme der Fossilinhalte in übereinanderliegenden Schichten konnte man die Erdrinde in einzelne, immer wieder erkennbare, voneinander abgegrenzte Abschnitte, *die Formationen*, aufgliedern.

So entstand schon in der ersten Hälfte des vergangenen Jahrhunderts die in ihren Grundzügen auch heute noch gültige Gliederung der Formationsfolge, die in der folgenden Tabelle dargestellt ist. In ihr repräsentiert jede mit einem Namen belegte Formationseinheit eine durch ihren jeweiligen Fossilinhalt gekennzeichnete Periode der Erdgeschichte. Dabei zeigte sich, daß in der Folge der Formationsperioden größere Gruppen dank bemerkenswerter Ähnlichkeiten zu übergeordneten Einheiten zusammengeschlossen werden können, die man als Erdzeitalter bezeichnete. Diese sind:

Erdaltertum oder **Paläozoikum** – die Zeit des alten Lebens, in der neben wirbellosen Tieren nur primitive Wirbeltiere lebten;

Erdmittelalter oder **Mesozoikum** – die Zeit, die durch die gewaltige Entfaltung der Saurier gekennzeichnet ist;

Erdneuzeit oder **Känozoikum** – die Zeit, in welcher die reich entfalteten Säugetiere das Bild des Lebens bestimmen.

Es waren die *Geologen*, die sich beim Erforschen des Erdinnern auch mit den Fossilien beschäftigten und diese im wesentlichen eben als geologische Dokumente, als Leitfossilien und Komponenten der Gesteinsformationen betrachteten. Eine spezielle Wissenschaft über die Fossilien gab es nicht. Die Fossilienkunde war ein Teilgebiet der Geologie.

Mit der Aufgliederung der Formationsfolge in die drei als Lebensstufen gekennzeichneten Erdzeitalter hatte man zwar der Erkenntnis Ausdruck gegeben, daß sich das Leben während der Erdgeschichte entfaltete. Doch die Konsequenz, Fossilien nicht nur als geologische Dokumente, sondern auch als Zeugnisse der Lebensgeschichte, das heißt als biologische Dokumente zu untersuchen, wurde zunächst nicht gezogen. Biologische Fragestellungen lagen den Geologen an sich fern; sie nahmen vorrangig den Fossilienbestand der Formation auf, und die Biologen jener Zeit waren vorwiegend damit beschäftigt, das Leben unserer Tage zu erfassen; zudem erschienen ihnen die fossilen Reste für eine biologische Betrachtung zu fragmentarisch.

Formationstabelle

Die Ziffern der ersten und letzten Spalten bedeuten Millionen Jahre

Mio. Jahre	Ära	Periode	Gebirgsbildungen	Tierwelt	Pflanzenwelt	Mio. Jahre
50	Känozoikum	Quartär Tertiär	Alpidische Gebirgsbildungen	Erscheinen des Menschen. Entfaltung und Vorherrschaft der höheren Säugetiere. – Vögel In der Wirbellosenwelt herrscht das Bild der Gegenwart. – Groß-Foraminiferen	Entfaltung und Vorherrschaft der Angiospermen	50
100	Mesozoikum	Kreide		Entfaltung und Vorherrschaft der Saurier. Erste Entfaltung der Vögel. Primitive Säugetiere. Reiche Entfaltung der Neo-Ammoniten und Belemniten. Entfaltung der höheren Muscheln und Schnecken. Seeigel, höhere Krebse. Cyclokorallen	Entfaltung und Vorherrschaft der Gymnospermen	100
150		Jura				150
200 250		Trias		Erstes Auftreten der höheren Seeigel und Cyclokorallen. Meso-Ammoniten. Beginnende Entfaltung der höheren Muscheln		200 250
300	Paläozoikum	Perm	Variszische Gebirgsbildungen	Letzte Trilobiten und Pterokorallen. Frühe Meso-Ammoniten. Letzte Blastoideen. Erlöschen der meisten Crinoiden- und Brachiopodenstämme		300
350		Karbon		Reiche Entfaltung der Pterokorallen und Brachiopoden. Crinoiden und Blastoideen. Beginnende Entfaltung der Muscheln. Reiche Entfaltung der Paläo-Ammoniten. Beginnender Niedergang der Trilobiten	Entfaltung der Sporophyten. Erstes Auftreten von Gymnospermen	350
400		Devon				400
450		Silur	Kaledonische Gebirgsbildungen	Beginnende Entfaltung der Pterokorallen. Crinoiden und Cystoideen. Reiche Entfaltung der Brachiopoden und Trilobiten. Primitive Cephalopoden (Nautiloideen, Endoceren, Actinoceren). Primitive Gastropoden	Thallophyten (Algen)	450
500		Ordovizium				500
550		Kambrium		Vorherrschaft der Arthropoden, vor allem Trilobiten und primitiver Brachiopoden. Archaeocyathiden		550
600 650	Jung-Proterozoikum	Ediacarium (Eokambrium)	Assyntische Gebirgsbildungen	Erste primitive Wirbellose		600 650

Zur Formationstabelle

Die Zahlen der ersten und letzten Spalte geben das radiometrische (absolute) Alter in Millionen Jahren wieder. Sie vermitteln eine Vorstellung von der Dauer der einzelnen Formationsperioden. Dabei handelt es sich um ungefähre Näherungswerte. In der zweiten Spalte sind die Erdzeitalter, in der dritten die einander folgenden Formationsperioden entsprechend ihrer Einordnung in die Zeitskala aufgeführt.

Gebirgsbildende Bewegungen vollziehen sich während des erdgeschichtlichen Ablaufs nahezu ununterbrochen, lassen aber durch Phasen verstärkter Intensität eine gewisse Periodizität erkennen, zwischen die sich Phasen abgeschwächter Intensität einschalten. Zu bestimmten Zeiten häufen sich die Phasen verstärkter Intensität, so am Ende des Proterozoikums, in der Zeit vom Ordovizium bis zum Unterdevon, sodann vom Oberdevon bis in das Perm und schließlich vom Oberjura bis ins Tertiär. In diesen Zeiten, die als Assyntische, Kaledonische, Variszische und Alpidische Phase herausgehoben sind, entstanden die Hauptgebirgszüge der Erdrinde. Diese Hauptgebirgszyklen sondern sich nicht so ausgeprägt voneinander ab, wie man früher annahm. Vor allem der Kaledonische und Variszische Gebirgsbildungszyklus gehen fast nahtlos ineinander über. Doch auch zwischen dem Assyntischen und Kaledonischen und zwischen dem Variszischen und Alpidischen Gebirgsbildungszyklus vollziehen sich überleitende Gebirgsbildungsbewegungen im Kambrium sowie in Trias und Jura. In der vierten Spalte der Gebirgsbildungen wurden daher keine Grenzlinien zwischen den Zyklen eingetragen.

Die Hinweise auf Fossilgemeinschaften der einander folgenden Formationsperioden – 5. Spalte die Tier- und 6. Spalte die Pflanzenwelt – enthalten jeweils nur die wichtigsten und die für die jeweilige Periode besonders typischen Formenkreise. Die tatsächliche Formenfülle ist stets um ein Vielfaches größer. Die Entfaltung der Pflanzenwelt folgt einem anderen Zeitrhythmus als die der Tierwelt.

Wegen der Lückenhaftigkeit ihrer Überlieferung sieht es selbst Darwin für wissenschaftlich unergiebig, sich mit Fossilien zu befassen. Als sich seine Abstammungslehre durchsetzte, begann die Wissenschaft allmählich, Fossilien auch als vergangene Lebewesen zu verstehen, nach ihren verwandtschaftlichen Beziehungen zu fragen und vor allem, die in den einzelnen Tiergruppen sich von Formation zu Formation vollziehenden Wandlungen als stammesgeschichtliche Abläufe zu klären. Darwins zunächst nur theoretisch abgeleitete Abstammungslehre konnte durch die fossil belegte erdgeschichtliche Entwicklung unterbaut und bewiesen werden. Die neue Forschungsrichtung verlangte gründliche biologische Kenntnisse.

Dadurch wurde die Fossilienkunde in der zweiten Hälfte des vergangenen Jahrhunderts aus einer Hilfswissenschaft für die Geologie zu einer eigenständigen, sich mehr nach der Biologie orientierenden Wissenschaft, der Paläontologie. Sie setzte sich zum Ziel, die einstigen Organismen und ihre Lebensweisen möglichst vollständig aus den lückenhaften Fossilresten zu rekonstruieren und auf dieser Grundlage die Wege der stammesgeschichtlichen Entfaltung sowie die zeitliche Einordnung und Verbreitung der einzelnen Lebensformen zu klären. Dabei orientierte sich die neue Wissenschaft an den Erkenntnissen von Biologie und Geologie und wirkte schon bald befruchtend auf die erdgeschichtliche Forschung der Geologie zurück.

Durch die Rekonstruktion der einstigen Organismen aus Fossilresten stieß man auf die Frage, inwieweit die Fossilgemeinschaften den einstigen Lebensgemeinschaften entsprächen. Methodische Analyse erlaubte, die einstigen ökologischen Beziehungen und die jeweils herrschenden Umweltbedingungen zu erforschen. Durch die biologische Analyse wurden die Fossilien zu entscheidenden Zeugen für die Rekonstruktion der jeweiligen örtlichen Entstehungsbedingungen der Gesteinsformation. Durch die palökologische Analyse der Fossilinhalte können diese viel genauer erfaßt werden als durch eine sich nur auf dem Gesteinscharakter gründende Analyse.

Der Begriff der *Fazies*, der die örtlichen Entstehungsbesonderheiten einer Gesteinsformation erfaßt, gewann damit eine breitere und sichere Grundlage.

Das Bemühen, die einstigen Organismen und Lebensgemeinschaften möglichst vollständig und eindeutig aus den lückenhaften Fossilresten zu rekonstruieren, ist die Grundaufgabe der Paläontologie. Der Fossilrest ist im Vergleich zum lebenden Organismus, den wir in allen Einzelheiten und in seiner Verhaltensweise untersuchen können, ein totes und sehr unvollständiges (fragmentäres) Gebilde. Zur Lösung dieser Grundaufgabe bedarf es:

1. gründlicher systematischer Kenntnisse der heutigen Lebewesen, der vergleichenden Anatomie und Gestaltlehre (Morphologie) und der Beziehung der Organe und Organsysteme innerhalb der Organismen;
2. gründlicher Kenntnis der ökologischen Beziehungen innerhalb der Lebensgemeinschaften;
3. Kenntnis der Vorgänge, die ein Organismus nach seinem Tode bis zur Einbettung ins Sediment erleiden kann, sowie Kenntnis der Veränderungen, die der eingebettete Organismus im werdenden Gestein durchmacht, bis er zum vorliegenden Fossil geworden ist. .

Wie entstehen Fossilien?

Die Oberfläche der festen Erdrinde und deren oberste Lage, der Boden, sowie die umgebende Wasser- und Lufthülle (Hydrosphäre und Atmosphäre) werden von einer unendlichen Mannigfaltigkeit von Lebewesen besiedelt (Biosphäre). Sie bestehen aus komplexen Verbindungen auf der Grundlage von Kohlenstoff (Zellulose, Stärke, Zucker, Eiweiß, Fett usw.) und sind nicht sauerstoffgesättigt. Stirbt ein Lebewesen, oxidieren diese organischen Verbindungen unter dem Einfluß des freien Sauerstoffes der Atmosphäre und lösen sich in ihre anorganischen Komponenten auf (Verwesung); sie verschwinden spurlos.

Auch chemisch widerstandsfähigere Aufbaustoffe organismischer Körper, wie die Zellulose der Pflanzen, das Chitin der Insektenpanzer, Horn und Knochen höherer Tiere, verschwinden allmählich durch Oxidation, wenn auch langsamer als etwa Stärke und Eiweiß. Mineralisierte Hartteile, wie die aus Kalziumphosphat bestehenden Knochen der Wirbeltiere, die Kalkschalen von Muscheln und Schnecken, werden im Lauf der Zeit aufgelöst oder zerbrechen und werden zerrieben; sie münden dann wie die organischen Verbindungen auch in den allgemeinen Stoffkreislauf ein.

Unter den normalen Bedingungen der Erdoberfläche bleiben Organismenreste nicht erhalten und werden deshalb auch nicht zu Fossilien. Voraussetzung für Fossilbildung ist, daß ein Organismenrest vor seinem endgültigen Zerfall den zerstörenden Einflüssen der Erdoberfläche entzogen wird. Das geschieht durch Einschluß in ein werdendes Gestein.

Auf dem Festland herrschen Abtragung und Verwitterung vor; nur örtlich erfolgt Ablagerung, das heißt Gesteinsneubildung (Seenbecken, Talniederungen, Moränenbildungen im glazialen, Dünenbildungen im ariden Bereich). Die Möglichkeiten der Einbettung von Organismenresten sind daher beschränkt. In den Meeren, den Sammelbecken des vom Festland gelieferten Abtragungsmaterials, herrscht dagegen Ablagerung vor; die Möglichkeiten zur Einbettung von Organismenresten sind günstig. Die fossile Überlieferung festländischer Organismen ist deshalb äußerst lükkenhaft, die von Organismen mariner Herkunft vollständiger. Letztere überwiegen daher unter den vorliegenden Fossilgemeinschaften, sie sind überrepräsentiert.
Organismische Weichteile zersetzen sich sehr rasch. Eine so vollständige und schnelle Einbettung eines Organismenrestes, daß er völlig abgeschlossen wird, tritt nur unter ganz besonderen Bedingungen ein. Fossil erhalten bleiben daher normalerweise nur die Hartteile. Organismen, die keine Hartteile hervorbringen, sind in den Fossilgemeinschaften nicht erhalten. Daraus ergibt sich die *Lückenhaftigkeit fossiler Überlieferung.* Nur ein kleiner Teil der Organismen wird eingebettet und daher fossil. Von dem Eingebetteten aber werden nur die Hartteile fossil, während hartteillose Organismengruppen völlig ausfallen.

Wo stetige und gleichmäßige Abschichtung (Sedimentation) in wenig bewegter Umgebung stattfindet, werden Organismenreste so eingebettet, wie sie anfallen. Dann entspricht die eingebettete Fossilgemeinschaft im wesentlichen der ursprünglichen Lebensgemeinschaft; sie ist eine *Biozönose.* Wo die Sedimentation oft unterbrochen wird, wie vor allem im flachmeerischen Bereich, in Flußablagerungen, in Dünen usw., verstreicht zwischen dem Tod der Organismen und der endgültigen Einbettung ein mehr oder weniger langer Zeitraum, in welchem die erhaltungsfähigen Hartteile durch Luft- oder Wasserbewegung umgelagert werden können und sich nach Schwere, Größe oder Gestalt voneinander trennen, ehe sie schließlich eingebettet werden. Die entstehende Fossilgemeinschaft entspricht nicht mehr der ursprünglichen Lebensgemeinschaft, sondern ist eine Grabgemeinschaft, eine *Taphozönose.* Der Fossilsammler muß daher neben dem ihn interessierenden Einzelfossil auch die Fossilgemeinschaft beachten, in der es sich findet, und diese unter ökologischen Gesichtspunkten analysieren, um eine Vorstellung von den Ablagerungsbedingungen und Hinweise auf die ursprüngliche Lebensgemeinschaft zu gewinnen.

Unter extremen Sonderbedingungen kann es vorkommen, daß ganze Organismen mit Resten des Weichkörpers fossil werden, so die im diluvialen Inlandeis eingefrorenen Kadaver (Sibirien) oder in Asphaltsümpfen eingesunkenen Leichen (Kalifornien, Galizien). Häufiger ist die durch rasche Austrocknung in Wüsten erfolgende Mumifizierung oder der Einschluß von Kleinorganismen (Bernstein-Insekten) in Baumharz.

Bilder siehe nächste Seite

Wichtiger als diese Sonderfälle ist die Erhaltung von Weichteilresten in Ablagerungsräumen, in denen Mangel oder Fehlen von Sauerstoff die Verwesung verlangsamt oder ganz unterbindet. Das kommt in tieferen, mehr oder weniger abgeschlossenen Meeresbecken oder in Seen vor.

Pilzmücke (0,5 cm) in Samland-Bernstein (Tertiär-Eozän), rechts Ausschnitt

Anstelle der Verwesung tritt hier unter Mitwirkung von Bakterien *Fäulnis* ein, wobei die Bakterien den organischen Verbindungen Sauerstoff entziehen, so daß Kohlenwasserstoffe entstehen. In flacheren Seen verrotten die Pflanzenreste, werden zu *Torf*, schließlich zu *Braunkohle*, die sich zur *Steinkohle* weiterbilden kann, wobei der Kohlenstoff durch zusätzlichen Wasserstoffentzug angereichert wird.

In tieferen Seen und in Meeresbecken, wo es keine Verlandung bewirkende Pflanzenwelt gibt, lagern sich am Grund aus faulenden organischen Stoffen entstehende Kohlenwasserstoffe an – *Bitumen*, Ausgangsstoff des Petroleums –, die zusammen mit der absinkenden Tontrübe ein *Faulschlammsediment* bilden. Unter der Belastung fortschreitender Sedimentation wird das Wasser ausgepreßt, und es entsteht der dunkle *bituminöse Schiefer*. Torf, Kohle und bituminöser Schiefer bestehen also weitgehend aus den chemisch veränderten Resten einstiger Organismen, die aber, in gestaltloser (amorpher) Form, zu Bestandteilen (Komponenten) der Gesteinsformationen wurden. Da sie nicht mehr identifizierbar sind, können sie nicht als Fossilien im eigentlichen Sinn angesehen werden.

Leichen größerer Organismen, die in den höheren Wasserschichten lebten, sinken in die Tiefe und werden im stetig und ruhig sedimentierenden Faulschlamm eingebettet. Dort bleiben sie wegen des Sauerstoffmangels gut erhalten, werden aufgrund des großen Volumenverlustes beim Zusammenpressen des Faulschlamms zu Schiefer, allerdings meist stark zusammengedrückt. Ein bekanntes Beispiel für solche Fossilisation in einem Süßwassersee ist die Grube Messel bei Darmstadt. Entsprechende marine Bildungen sind der Ölschiefer von Holzmaden, der devonische Bundenbacher Schiefer oder die Graptolithenschiefer des Ordovizium und Silur. Sie alle zeigen gelegentlich noch Fossilien mit ihrem ursprünglichen Körperumriß und Resten der Haut. Die zum Teil nur hauchdünnen Rudimente vor allem der Weichteilabdrücke können nur bei vorsichtiger Präparation beobachtet werden.

Infolge sauerstoffloser Umgebung (reduktives Milieu) bei der Faulschlammsedimentation kommt das überall in der Erdrinde vorhandene Eisen hier in zweiwertiger Form vor. Aus den durch Fäulnis sich zersetzenden organischen Stoffen wird Schwefel frei. Beide Elemente reagieren miteinander, so daß *Schwefelkies* (FeS_2) ausfällt. Ihn findet man regelmäßig als Begleitmineral bituminöser Sedimente. Da der Schwefel von den sich zersetzenden Kadavern stammt, erfolgt die Ausfällung vorwiegend an diesen. Wegen einer hier herrschenden schwach sauren Reaktion wird der Kalk des ursprünglichen Hartteiles aufgelöst und an seine Stelle tritt der ausfallende Schwefelkies. Der ursprüngliche Organismenrest verschwindet vollständig, aber seine Gestalt wird als Schwefelkies erhalten. Die Fossilien solcher Formationen sind daher häufig verkiest (pyritisiert). Die *Verkiesung* vollzieht sich schon während der Faulschlammsedimentation. Da der Schwefelkies die Pressung des Faulschlamms zu Schiefer nicht mitmacht, überliefern verkieste Fossilien die ursprüngliche Gestalt. Die nicht verkiesten Fossilien werden zusammen mit dem Schiefer zusammengepreßt, zeigen daher gelegentlich Weichteilabdrücke. Beide Erhaltungsformen ergänzen sich gegenseitig.

Die überwiegende Mehrzahl der fossilführenden Gesteinsformationen sind Ablagerungen flachmeerischer Räume, in denen Wasserströmungen und Wellenbewegungen den bei der Verwesung von Organismen verbrauchten Sauerstoff immer wieder erneuern. Weichteile verschwinden durch Verwesung völlig. Eingebettet in die Sedimente werden ausschließlich die Hartteile, die oft infolge einer unregelmäßigen (diskontinuierlichen) Sedimentation, vor allem in strandnahen Bereichen, längere Zeit an der Oberfläche gelegen waren. Sand- und Kalksteine herrschen hier vor, die als sandige Schiefer oder Mergel wechselnde Tongehalte aufweisen können. Kalk- und Sandsteine erleiden keine nennenswerte Zusammenpressung; die eingebetteten Fossilreste überliefern daher die ursprüngliche, nicht verdrückte Gestalt. Bei höherem Tongehalt, vor allem wenn es sich um Mergel handelt, kann das Gestein durch nachträglichen Wasserverlust an Volumen verlieren und zusammengepreßt werden; hier muß man also auch mit einer Verdrückung der Fossileinschlüsse rechnen, wenn auch nicht in so extremem Ausmaß wie bei den Faulschlammgesteinen.

Ausgesprochene Tongesteine können wie Faulschlammgesteine stärker zusammengedrückt sein. Ihre mangelnde Porosität verhindert Wasseraustausch zwischen Sediment und überlagerndem Wasser, so daß es aus der Zersetzung von im Sediment lebenden Organismen zu einem schwachen Bitumengehalt und häufig auch zur Schwefelkiesbildung kommt. Die Fossilisationsbedingungen sind ähnlich den Faulschlammgesteinen, aber weniger extrem. Die Fossilerhaltung kann ähnlich sein: stark zusammengedrückte oder körperlich erhaltene, verkieste Fossilien.

Das Schicksal der in Mergelkalk-, Kalk- und Sandsteinen eingebetteten Organismenreste hängt nicht nur vom einbettenden Gestein, sondern auch vom stofflichen Aufbau des eingebetteten Hartteilrestes ab. Abgesehen von den ein Kieselsäureskelett aufbauenden Kieselschwämmen bildet Kalziumkarbonat mit wenigen Ausnahmen den Skelettbaustoff der Wirbellosen. Es kann entweder als Kalzit oder als der leichter lösliche und weniger beständige Aragonit ausgeschieden werden.

Kalkige Skelett- oder Schalenreste, die in kalkig-mergelige, kalkige oder sandige Sedimente eingebettet werden, können so, wie sie sind, erhalten bleiben *(Schalenerhaltung)*. Wir finden sie vor allem in erdgeschichtlich jüngeren Formationen. Im Lauf der erdgeschichtlichen Zeiträume unterliegen sie meist einer Umkristallisierung, wodurch die ursprüngliche Feinstruktur verschwindet. Die Schale kann dann gelegentlich kreidig werden, vor allem bei Aragonitschalern.

In Gesteinen, deren Porosität eine gewisse Wasserzirkulation erlaubt (Sandsteine), werden die eingeschlossenen Reste früher oder später aufgelöst. Das gilt vor allem für die aus Aragonit bestehenden, während die aus dem schwerer löslichen Kalzit aufgebauten Reste häufig erhalten bleiben. Kalzitschaler, wie Brachiopoden, Stachelhäuter und Austern, findet man daher häufig in Schalenerhaltung, während in den gleichen Ablagerungen auftretende Aragonitschaler ihre Hülle nicht mehr haben. Wo Aragonitschaler in mehr tonigen Gesteinen eingebettet sind, in denen kaum Wasser zirkuliert, können auch aragonitische Reste erhalten bleiben, sie sind aber normalerweise in den beständigeren Kalzit umkristallisiert. In kalkigen Gesteinen enthält das zirkulierende Wasser gelösten Kalk. Daher ist die Möglichkeit zur Schalenerhaltung der Kalkschaler günstiger als in Sandgesteinen. Aragonitische Reste können auch hier, wenn sie nicht zu Kalzit umkristallisieren, weggelöst werden.

Erfolgt die Auflösung kalkiger Schalen- oder Skelettreste sehr rasch, noch ehe die Ablagerung endgültig verfestigt und gesichert ist, wird der vom aufgelösten Rest zurückgelassene Hohlraum durch den Gebirgsdruck verschwinden. Vom eingeschlossenen Rest bleiben keine Spuren zurück. Die Fossilgemeinschaft kann dann ausschließlich aus Kalzitschalern (Seeigel, Brachiopoden, Austern) bestehen, während Aragonitschaler (Ammoniten, heterodonte Muscheln usw.) fehlen. Sie gibt dann kein vollständiges Bild der ursprünglichen Lebensgemeinschaft.

Erfolgt die Auflösung der eingeschlossenen Reste nach der Verfestigung des Gesteins, kann der von den aufgelösten Resten hinterlassene Hohlraum erhalten bleiben. Er liefert einen Negativabdruck des Restes. Dieser kann sekundär durch mineralische Ausscheidung aus zirkulierendem Wasser ausgefüllt werden. Es entsteht ein *Steinkern*, der die Gestalt des eingeschlossenen Restes überliefert, aber von ihm selbst ist nichts mehr vorhanden. Bleibt der Hohlraum als solcher bestehen, kann man sich durch Ausgießen dieses Hohlraumes einen künstlichen Steinkern herstellen.

1 Ammonit Pleuroceras (7 cm) aus dem Unterjura von Unterstürmig (Franken) in Tonknolle;
rechts Steinkern kalzitiert mit Lobenlinien, links mit kreidigen Schalenresten
2 Tertiäre Schnecke Ampullina, 11 cm, aus dem Mainzer Becken, Steinkern
3 Schalenerhaltung der vorgenannten Schnecke
4 Hohlraum von Manticoceras (5 cm) aus dem Devon der Eifel mit plastischem Fossilabguß

Bei Muscheln, Schnecken, Brachiopoden und anderen Schalengehäusen kann die einbettende Ablagerung das Gehäuse von außen einschließen und ihn ausfüllend, in den Gehäusehohlraum eindringen. Nach Verfestigung des Sediments entsteht ein Innensteinkern des Gehäusehohlraums und ein Außenabdruck. Beide sind durch die Schale oder, nach deren Auflösung, durch eine Gesteinsfuge voneinander getrennt. Diese Gesteinsfuge kann sekundär wieder durch mineralische Ausscheidungen ausgefüllt werden. Sie kann auch verschwinden, und zwar dadurch, daß der Gebirgsdruck den Außenabdruck auf den Innensteinkern preßt; dann entsteht ein *Prägesteinkern.* Dem Innensteinkern wurden Merkmale der Außenseite (Verzierungen usw.) aufgeprägt.

Der eingebettete Rest bleibt aber nur unter besonders günstigen Bedingungen als solcher fossil erhalten. Und selbst in diesen Fällen ist er meist durch Umkristallisierung verändert, wodurch die ursprüngliche Feinstruktur verlorengehen kann. In der Mehrzahl der Fälle aber ist der eingebettete Rest durch Lösung verschwunden, so daß nur ein Negativabdruck im Gestein oder ein Positivabdruck (Steinkern) übriggeblieben ist, der uns die einstige Form überliefert.

In vielen Fällen ist der verschwundene Rest durch nachträgliche mineralische Ausscheidungen aus Grund- oder Sickerwasser ersetzt *(Versteinerungsmittel).* Sie bringen statt des aus dem einbettenden Gestein gebildeten Steinkerns einen aus dem jeweiligen Versteinerungsmittel aufgebauten Steinkern hervor.

Als verbreitetes Versteinerungsmittel haben wir schon den *Schwefelkies* kennengelernt, typisch vor allem für Ablagerungsräume mit Sauerstoffmangel. Noch häufiger ist *Kalk (Kalzit)* das Versteinerungsmittel. Erhalten gebliebene Hohlräume, wie etwa die Gaskammern bei Ammoniten, das Innere geschlossener Brachiopoden- oder Muschelschalen, begegnen uns oft als mit Kalzit erfüllte Kristalldrusen. Seeigelgehäuse können kalzitisiert und durch Weiterwachsen der Kristalle des Skelettes völlig kalzitisch ausgefüllt sein. Auch erhaltene Schalen von Aragonitschalern sind kalzitisiert. Bei der *Schalenerhaltung* vor allem in älteren Gesteinsformationen ist oft schwer zu sagen, ob es sich um die ursprüngliche, umkristallisierte Schale oder einen nachträglichen Abdruck handelt. Häufig wird das Kieselskelett der Kieselschwämme durch die Fossilisation verkalkt; Kalk verdrängte die Kieselsäure. Die Skelettkieselsäure besteht aus dem sehr wasserhaltigen **Opal,** der bei der Zersetzung des Weichkörpers relativ leicht in Lösung geht. Ist die chemische Reaktion im Umkreis des Schwammrestes mehr oder weniger basisch, kann Kalk aus dem Wasser ausfallen und die in Lösung gehende Opal-Kieselsäure ersetzen.

Kieselringe auf einem Armfüßer (3 cm) aus dem Oberjura von Liesberg, Schweiz

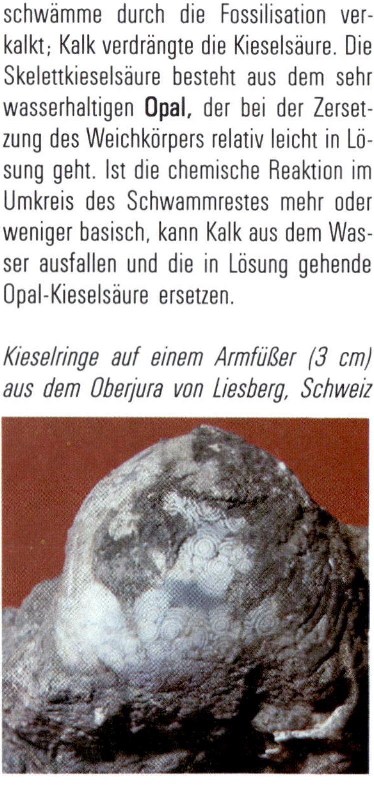

Schwefelkies (Pyrit)-Kristallisation um einen Ammoniten Pleuroceras (3,5 cm) aus dem Unterjura von Reichenbach, Schwäbische Alb

Damit kommen wir zu dem dritten, ebenfalls bedeutungsvollen Versteinerungsmittel, der *Kieselsäure.* Die Löslichkeit der Kieselsäure (Quarz = SiO_2) ist außerordentlich gering. Trotzdem wird den Meeren in geringen Mengen aus der Verwitterung stammende gelöste Kieselsäure zugeführt. Aus ihr bauen außer den Kieselschwämmen die einzelligen Kieselalgen (Diatomeen) und die einzelligen Radiolarien ihre Kieselskelette auf, und zwar als wasserhaltige Opalkieselsäure. Sie geht bei der Zersetzung der Weichkörper in Lösung und so in das Sediment ein, wo sie rasch in Form der weniger wasserreichen und beständigeren, schwerer löslichen *Chalzedon-Kieselsäure* wieder ausfällt und entweder Feuersteinknollen bildet oder das Kalziumkarbonat eingebetteter Kalkschaler verdrängt, die dadurch verkieseln.

Verkieselung (Silifizierung) von Fossilien erkennt man am Auftreten kleiner kreisförmiger Strukturen (Kieselringe). Sie ist, wie auch das Auftreten von Feuersteinen, typisch und verbreitet in Formationen, in denen Kieselskelett-Organismen eine große Rolle spielen, wie etwa in der Schreibkreide und im Oberjura, wo sich Kieselschwämme gewaltig entfaltet hatten.

Neben den drei weit verbreiteten Versteinerungsmitteln (Schwefelkies, Kalk, Kieselsäure) können, je nach chemischer Situation, gelegentlich auch andere Versteinerungsmittel auftreten, zum Beispiel Gips, Phosphate und andere. Ihnen kommt

△ *Amberblatt (10 cm), am Bodensee; Libelle (6 cm), Schwäbische Alb, beide Tertiär*

aber keine nennenswerte Bedeutung zu.
So bleibt uns nur in verhältnismäßig seltenen Fällen ein eingebetteter und fossil gewordener Organismenrest erhalten. Häufiger ist er durch Umkristallisierung in seiner Feinstruktur (oder auch stofflich) verändert. Oder er liegt uns überhaupt nur in Form eines Steinkernabdrucks vor, der von dem Gestein, in das er eingebettet wurde, aufgebaut ist oder der aus einem Versteinerungsmittel gebildet wird. Normalerweise steht uns nur die Form der erhalten gebliebenen Hartteile eines ursprünglichen Organismus zur Untersuchung zur Verfügung. Wo bei der Einbettung Sauerstoffmangel herrschte, können (meist nur undeutliche) Weichteilabdrücke hinzukommen.
Bei der Fossilisation in bituminösen Schiefern wurde darauf hingewiesen, daß ein eingebetteter Fossilrest nicht nur seine ursprüngliche stoffliche Zusammensetzung mehr oder weniger stark verändern oder ganz ausgelöscht werden kann, sondern daß auch seine Gestalt nicht immer unverändert erhalten bleibt. Fossilien werden, dem Volumenverlust bei der Pressung des ursprünglichen Tonschlamms zu dünnblättrigem Schiefer folgend, stark zusammengedrückt. Gleiches geschieht mehr oder weniger ausgeprägt auch bei nicht bituminösen tonigen Sedimenten. Man nennt das die *pelomorphe Verdrückung.* Sie ist als Folge des Belastungsdrucks überlagernder Schichten immer eindeutig vertikal orientiert (bezogen auf die Horizontale in der Zeit der Sedimentation). Wird eine fossilführende Formation etwa durch gebirgsbildende Bewegungen tektonisch beansprucht, verändert sich nicht nur ihre ursprüngliche Horizontallagerung. Sie kann auch, je nach Stärke und Richtung des Gebirgsdrucks, mehr oder weniger stark zusammengeschoben, gedehnt oder verzerrt werden. Die durch die Fossilisation zu Bestandteilen des einschließenden Gesteins gewordenen Fossilien müssen dessen Pressung, Dehnung oder Zerrung mitmachen. Die Verzerrung hängt von der Art und Orientierung des Gebirgsdrucks ab.

Die gleiche Ausgangsform kann dadurch sekundär in verschiedenster Weise abgewandelt, deformiert werden.

Die vorhergehenden Ausführungen beziehen sich im wesentlichen auf die Hartteilreste tierischer Organismen. *Pflanzen* haben mit wenigen Ausnahmen (Kalk- und Kieselalgen) keine mineralischen Hartteile. Ihre widerstandsfähigen Stützelemente bestehen im wesentlichen aus *Zellulose,* also organischen Verbindungen. Daher unterscheiden sich hier die Versteinerungsvorgänge von denen tierischer Fossilien. Durch Sauerstoff- und Wasserstoffentzug vollzieht sich eine Umwandlung in Kohle. Der normale Weg führt über Torf zu Braun- und Steinkohle, wobei die Einzelpflanze als identifizierbares Fossil verschwindet.

Identifizierbare Pflanzenfossilien bilden sich nur, wo auf etwas trockeneren Standorten außerhalb von verlandenden Seen oder Sumpfmooren Einzelreste von Pflanzen (Blätter, Zweige usw.) eingebettet werden. Eine Einbettung in tonige Ablagerungen schützt vor allzu rascher Zersetzung. Es können dann kohlige Blatt- oder Zweigabdrücke entstehen, an denen oft noch viele Einzelheiten erkennbar sind. Werden solche Pflanzenreste von Sand überweht, zersetzen sie sich infolge des Luftzutritts – Sand ist porös – rascher; verfestigt sich der Sand relativ rasch, können auf den Schichtflächen immerhin Abdrücke erhalten bleiben, gelegentlich mit feinen Kohlehäutchen.

Widerstandsfähiger sind die Hölzer von Baumstämmen, die sich auch an der Oberfläche lange halten können. In Trockengebieten, deren Verwitterung zu Oberflächenverkrustung, auch zu Kieselkrusten führt, können im Zusammenhang mit dieser Verwitterungsform Holzreste verkieseln, indem die Zellulose Molekül für Molekül durch Kieselsäure ersetzt wird. So entstehen die in Wüstenformationen typischen Kieselhölzer, die auch feinste Strukturen überliefern.

Die widerstandsfähigsten Gebilde, welche Pflanzen hervorbringen, sind Pollen, Sporen und Samen. Sie können, leicht verkohlt, aber identifizierbar, selbst in Torf und Kohle erhalten bleiben. Soweit sie vom Winde verweht werden, können sie in allen Gesteinsformationen vorkommen.

▽ *Verkieselter Bambusstamm (15 cm), Madagaskar*

Rekonstruktion und Bestimmung von Fossilien

Wie gezeigt wurde, überliefern uns Fossilien nur kleinste Ausschnitte ehemaligen Lebens, nur einzelne Stichproben. Die große Mehrzahl der Organismen verschwindet nach ihrem Tod spurlos. Ihre Abbaustoffe münden wieder ein in den Stoffkreislauf der Natur. Von den in die fossile Überlieferung eingehenden Organismen bleiben normalerweise nur deren Hartteile (Skelette und Gehäuse) erhalten. Von ihrem Weichkörper und ihrem Verhalten als Lebewesen geben sie uns keine unmittelbaren Zeugnisse.

Können wir angesichts dieser lückenhaften Überlieferung aus solchen Fossilresten begründete Aussagen über früheres Leben und seine Geschichte ableiten? Sämtliche in der Erdrinde nacheinander gebildeten Gesteinsformationen enthalten Stichproben des jeweiligen Lebens, die uns sein zeitliches Nacheinander bezeugen. Wenn wir davon ausgehen, daß in den aufeinanderfolgenden Tier- und Pflanzenwelten die verschiedensten Arten durch zahlreiche Individuen vertreten waren, so darf man zu recht vermuten, daß von dem meisten Arten das eine oder andere Individuum fossil geworden ist und überliefert wurde. Dank der Individuenfülle können wir in den durch die Fossilgemeinschaften gebildeten Stichproben repräsentative Querschnitte einstigen Lebens sehen – wenigstens hinsichtlich fossil erhaltungsfähiger Formenkreise. Man muß allerdings die Fossilgemeinschaften zahlreicher Fundorte und der verschiedenen Faziesausbildungen berücksichtigen.

Dem Biologen, der die gesamte Weichkörper-Organisation und das Verhalten eines heutigen Lebewesens untersuchen kann, bedeuten die Hartteile der Organismen nur eine Aussage unter vielen anderen. Er betrachtet nicht nur sie für seine Untersuchung und die Klassifikation. Bei den Fossilien aber haben wir es oft mit nur bruchstückhaften Hartteilen oder nur mit deren Steinkernabdrücken zu tun, deren Gestalt sogar noch durch nachträgliche Einflüsse mehr oder weniger stark verzerrt sein kann. Nun ist jeder Organismus eine Ganzheit; das heißt, jedes Teil, jedes Organ oder jeder Organkomplex steht in unmittelbarer Beziehung zu allen anderen. Eine Veränderung in der Organisation wirkt sich auf alle Teile aus. Couvier hatte das schon zu Beginn des vergangenen Jahrhunderts als die *Korrelation der Organe* erkannt: Vom Einzelteil kann man auf die anderen Teile schließen. Zwischen den Hartteilbildungen und der Weichkörperorganisation bestehen daher gesetzmäßige Beziehungen. Die Fünfstrahligkeit der Weichkörperorganisation bei den Stachelhäutern bildet sich in ihrem Skelett ab.

Die Art der Zweiklappigkeit des Brachiopoden- und des Muschelgehäuses spiegelt sich in der verschiedenen Entstehung und damit der verschiedenen Weichkörperorganisation von Brachiopoden und Muscheln. Der Segmentgliederung in der Weichkörperorganisation der Gliederfüßer entspricht ihre Skelettbildung. Gestalt und Typus der Hartteilbildungen erlauben, sie einer systematischen Großeinheit zuzuordnen und damit auch den Organisationsplan des zugehörigen Weichkörpers festzustellen, wenn der vorliegende Fossilrest nicht gar zu fragmentär ist. Systematische Großeinheiten sind zum Beispiel die Gattung, die Familie, die Klasse oder die Ordnung. Kennt man die Korrelationen zwischen Hartteil und Weichkörper, welche aus der Analyse der lebenden Vertreter einer systematischen Großeinheit gewonnen wird, kann man nun umgekehrt aus den Abwandlungen, welche die Hartteile durchmachen, begründete Schlüsse auf die Abwandlungen der Weichkörperorganisation ziehen.

Das bei den verschiedenen Vertretern einer systematischen Großeinheit oft stark variierende Verhalten und die dementsprechend wechselnden Anpassungen bewirken eine unmittelbare Abwandlung der Organisation und Hartteilausbildung. Die hierbei auftretenden Beziehungen und Gesetzmäßigkeiten können auch bei lebenden Vertretern untersucht und festgestellt werden. Aus den speziellen Ausbildungen der Hartteile bei den fossilen Resten kann man auf Lebensweise und Verhalten bei den abweichenden Fossilien zurückschließen.

Man kann somit den Fossilrest rekonstruieren und durch kritische Analyse bestimmen, ihn gleichsam zum Leben erwekken. Voraussetzung ist eine gründliche Kenntnis der lebenden Vertreter und der bei ihnen herrschenden Korrelationsbeziehungen. Das ist ohne allzu große Schwierigkeit möglich bei gut erhaltenen Fossilresten, die von den lebenden Vertretern nicht zu sehr abweichen. Geht man weiter in der Erdgeschichte zurück, so begegnet man Vertretern, die um so stärker von den heutigen Vertretern der betreffenden systematischen Großeinheiten abweichen

Rechte Bildreihe: Freilegen und Präparieren eines Ammoniten Hoplites (15 cm) aus der Kreidezeit, Troyes, Frankreich

können, je größer der Zeitabstand von der Gegenwart ist. Geht man, die Abwandlungen verfolgend, von der Gegenwart schrittweise zurück, so gelingt es auch – unter kritischer Berücksichtigung der Korrelationen –, die meist einfacheren und weniger differenzierten Früh- und Anfangsvertreter eines größeren Formenkreises zu rekonstruieren.

Nun gibt es unter den Fossilien, vor allem der älteren Gesteinsformationen, Reste ausgestorbener Formenkreise, die nicht unmittelbar mit lebenden Verwandten verglichen werden können, wie etwa die Trilobiten, die Ammoniten, die Cystoiden, Blastoiden und andere. In den meisten Fällen können wir sie einem der wenigen umfassenden, großen Tierstämme zuordnen: Die Trilobiten den segmentierten Gliederfüßern, die gekammerten Ammoniten mit ihrem aragonitischen Gehäuse den Kopffüßern unter den Mollusken, die radial- und oft fünfstrahligen Cystoiden und Blastoiden den Stachelhäutern. Man hat damit Hinweise auf die dem jeweiligen Stamm eigene Grundorganisation. Der Vergleich mit den verschiedenen Formenkreisen des jeweiligen Stammes weist dann Wege, auch hier zu einer Rekonstruktion zu finden. Oft freilich geht die Forschung Umwege und führt zu Fehldeutungen, die aber durch ergänzende Neufunde und verfeinerte Präparations- und Untersuchungsmethoden immer wieder korrigiert werden, bis schließlich ein befriedigendes Ergebnis erzielt wird. So wurden zum Beispiel die ausgestorbenen Graptolithen mit jeweils scheinbar guten Gründen ganz verschiedenen Stämmen zugeordnet. Neue Untersuchungen der Feinstruktur des Skeletts widerlegten ältere Deutungen und erlaubten neue Zuordnungen.

Sofern die Fossilreste einigermaßen vollständig und gut erhalten sind, führt das auf der vergleichenden Morphologie und Anatomie gründende Vorgehen unmittelbar oder auf Umwegen zum Ziel einer eindeutigen Bestimmung und Rekonstruktion des untersuchten Organismus. Fossilien sind, wie jeder Sammler weiß, oft mehr oder weniger bruchstückhaft (fragmentär), nur in mehr oder weniger vollständigen Steinkernabdrücken vorhanden; zudem können sie durch pelomorphe Verdrückung oder durch tektonische Einflüsse deformiert sein.

Als ersten Schritt zur richtigen Bestimmung wird man den Fossilrest zu ergänzen suchen, um seine ursprüngliche und vollständige Form wiederherzustellen. Zu diesem Zweck muß man sich über die Vorgänge klarwerden, die der eingebettete Rest bis zu seiner Einbettung ins Sediment und danach bei der Fossilwerdung durchgemacht hat.

Man muß den Weg der Fossilisation vom endgültigen Fossil bis zu dem eingebetteten Organismenrest in Gedanken rückwärts vollziehen. Deformierte Fossilreste müssen entzerrt werden. Im Fall der pelomorphen Verdrückung ist das verhältnismäßig einfach; unverdrückte, in Konkretionen oder als Schwefelkies-Steinkerne erhaltene ergänzende Reste ergeben ein Maß für die Verdrückung. Bei tektonisch verzerrten Fossilien ist die Aufgabe schwieriger. Hier muß die Orientierung des tektonischen Drucks oder der Dehnung berücksicht werden. Hilfreich dabei kann sein, sich die Symmetrieverhältnisse des vorliegenden Restes klarzumachen, sofern er eindeutige Symmetrieebenen enthält.

Wo man es mit Steinkernen zu tun hat, die

ja bei Schalengehäusen nichts über die Ausbildung der Außenseite mit ihren oft typischen Verzierungen erkennen lassen, wird man ergänzende Reste von anderen Fundorten heranziehen müssen. Vielleicht finden sich Schalenreste oder Negativabdrücke.

Vor allem müssen die Symmetrieverhältnisse geklärt werden, auch bei Bruchstükken; sie können für die Rekonstruktion der ursprünglichen Gestalt wichtige Hinweise geben. Gleiches gilt für Anwachsstreifen bei Schalengehäusen, wo sie erhalten sind. Man darf sich nie auf ein Einzelfossil beschränken, sondern sollte eine größere Anzahl von Exemplaren miteinander vergleichen, um Zufälligkeiten, denen das Einzelexemplar bei der Einbettung und Fossilisation unterlag und die den eingebetteten Rest irgendwie verändert haben, auszuschalten.

Es ist also ein recht weiter Weg von dem Fund eines Fossils bis zu seiner begründeten Rekonstruktion und Bestimmung. Bei der dafür nötigen Präparation wird das anhaftende Gestein vorsichtig entfernt. Dabei sollte man nicht nur ästhetischen Gesichtspunkten folgen, sondern vor allem darauf achten, daß auch Feinheiten der ursprünglichen Oberfläche nicht zerstört werden.

Der Fossilsammler muß das heute nicht in allen Einzelheiten nachvollziehen. In der mehr als hundertjährigen Geschichte paläontologischer Forschung wurden die Methoden der Untersuchung und Bestimmung von Fossilien zu einer soliden Grundlage fortentwickelt und verfeinert. Ihr kann sich der Fossilsammler bei der Beurteilung und Bestimmung seiner Funde bedienen. Allerdings sind noch viele Fragen offen. Jeder neue Fund kann bei sachkundiger Auswertung einen Beitrag zur Erweiterung bisheriger Kenntnisse liefern.

Die Paläontologie brachte und bringt eine immer vollständigere und besser begründete Erkenntnis des Lebens in erdgeschichtlicher Vorzeit. Die früher von der Biologie theoretisch konstruierten Vorstellungen über die Entfaltungsgeschichte der Organismenwelt mußten durch die Erkenntnisse der Paläontologie durchgreifend abgewandelt werden. Die Fossilien wurden zu unentbehrlichen Zeugnissen sowohl der Lebens- wie auch der Erdgeschichte. Die Beschäftigung mit Fossilien bedeutete vor zwei oder drei Jahrhunderten ein Sammeln von Kuriositäten. Heute ist die Paläontologie einer der wichtigen Wege zur Erkenntnis unserer Umwelt, ihrer Vergangenheit und ihres Werdens.

Fossiliensammler ▽

Wo und wie sammelt man Versteinerungen?

Überall wo fossilführendes Gestein an der Oberfläche entblößt, »aufgeschlossen« ist, wie der Geologe sagt, kann der Sammler fündig werden. Man unterscheidet natürliche Aufschlüsse, wie Talrisse oder steile Berghänge, und künstliche Aufschlüsse, wie Steinbrüche, Sand-, Ton- oder Baugruben. Baugruben sind sehr vergängliche Aufschlüsse, aber oft recht ergiebig. Um sie zu erfassen, heißt es, bei Ausflügen, die dem Sammeln von Versteinerungen gelten, die Augen offenzuhalten.

Bei Straßenbauten und anderen Baugruben sollte man sich jeweils zuvor mit dem Bauführer verständigen, bevor man sich auf das Gelände begibt. Steinbrüche, Sand- und Tongruben werden heute wegen der zum Teil zerstörerischen Tätigkeit von Fossilsammlern, vor allem aus dem Fossilhandel, meistens geschlossen. Man muß sich in jedem Fall die Erlaubnis des Besitzers bzw. Betreibers einholen. Auch bei natürlichen Aufschlüssen in Bachrissen, Böschungen und Berghängen sollte man sich die Zustimmung des jeweiligen Eigners geben lassen.

Versteinerungen können nur in Ablagerungsgestein (sedimentären Formationen), nicht in kristallinem Gestein vorkommen. Aufschlüsse etwa in Granit, Basalt, Gneis usw. sind deshalb für den Fossilsammler, sofern er nicht auch geologische Interessen mitbringt, uninteressant. Dagegen können sich Fossilien in jedem sedimentären Gestein, in Kalk, Mergel, Sandstein oder Ton finden, freilich unterschiedlich häufig. Will man Fossilien sammeln, wird man deshalb seine Ausflüge in Gebiete machen, die aus Sedimentärformationen aufgebaut sind. Erfolgreich ist man nur dann, wenn man über geologische Grundkenntnisse verfügt. In der näheren oder weiteren Umgebung des Wohnorts, mit der man einigermaßen vertraut ist, hat der an Versteinerungen Interessierte normalerweise keine Schwierigkeiten: Er hat im allgemeinen Grundkenntnisse und weiß in großen Zügen über den geologischen Aufbau seines heimatlichen Raumes Bescheid. In fremden, unbekannten Gebieten, etwa während eines Urlaubs, muß man sich erst mit den Grundzügen des geologischen Aufbaus eines Gebietes vertraut machen – erste Voraussetzung einer erfolgreichen Sammeltätigkeit. Man wird zu diesem Zweck geologische Karten oder geologische Führer, soweit vorhanden, zu Rate ziehen. In ihnen findet man meist auch Hinweise auf Aufschlüsse und lohnende Fossilfundstätten.

Die Fossilführung auch der Sedimentärformationen wechselt stark. Neben fossilreichen Schichtpaketen können fossilarme Schichtfolgen auftreten; es gibt sogar mächtige, die nahezu fossilfrei sind. Auch in fossilführenden Schichtfolgen kann die Anreicherung von Ort zu Ort wechseln, können örtlich fossilreiche Partien auftreten und daneben nahezu fossilfreie vorkommen. In einer fossilführenden Schichtfolge können fossilreiche Lagen und Bänke mit fast fossilfreien Lagen abwechseln. Auf solche Besonderheiten wird in den geologischen Karten meist hingewiesen. Man sollte nach dem vorbereitenden Studium solcher Unterlagen seine Sammelausflüge planen. Wo Literatur fehlt, und man auch keinen einheimischen Kenner befragen kann, muß man selbst die

Vorsichtig wird ein Ammonitenfund geborgen (Normandie, Frankreich)

nötige Erfahrung sammeln. Man sollte auf Orientierungsfahrten möglichst viele Aufschlüsse und Schichtstufen auf ihre Fossilführung prüfen, um die auszumachen, die einer gründlicheren Widmung lohnen. Man muß sich dabei genügend Zeit nehmen. Schichten, die nicht besonders fossilreich sind, enthüllen sich erst nach gründlicher Prüfung als fossilführend. Der Inhalt kann unter Umständen besonders interessant und wichtig sein. Örtliche Fossilanreicherungen haben oft einen relativ eintönigen Fossilinhalt. Will der Sammler Erfolg haben, bedarf es vor allem der Geduld. Wenn er eine fossilführende Schichtstufe ausgemacht hat, wird er sich dieser in einem entsprechenden Aufschluß gut einen oder einige Tage widmen.

In Steinbrüchen, Sand und Tongruben sollte man nicht unmittelbar am Fuß der Steinbruch- oder Grubenwand arbeiten. Und man sollte einen Helm tragen, um sich vor herabfallenden Brocken oder nachrutschendem Material zu schützen. Bearbeitet man härteres, splittriges Gestein mit Hammer und Meißel (etwa Kalkstein oder harten Sandstein), empfiehlt es sich, eine Schutzbrille zu tragen. Das Durcharbeiten von Abraumhalden in Steinbrüchen kann durchaus lohnen.

Je nach Gesteinsmaterial, in dem eine fossilführende Schichtstufe entwickelt ist, geht man unterschiedlich vor.

Tonige Schichtstufen sind oft in steilen Böschungen entblößt. Nach starken Regenfällen finden sich die ausgewaschenen

Fossilien nicht selten an der Oberfläche. Man wird also zunächst die Oberfläche auf allen vieren nach oben kriechend absammeln. Will man sich damit nicht begnügen, hilft ein Hammer nicht viel: Man muß sich mit einem kurzstieligen Spaten oder einer Maurerkelle in den meist blättrig verfallenden Ton hineinarbeiten. Verkiest erhaltene Fossilien, wie in Ton häufig, werden leicht gewonnen. Nicht verkiest sind sie meist verdrückt und sehr hinfällig. Man muß die Schichtfläche dann vorsichtig freilegen, eine größere Partie um das Fossil herum herausschneiden und gut verpacken, so daß die Bergfeuchte erhalten bleibt. Das Trocknen zu Hause muß langsam und vorsichtig geschehen, damit das Stück nicht zerfällt.

Hat man es mit fossilführendem, nicht verfestigtem Sand zu tun, so muß man ihn vorsichtig und gründlich durchsuchen. Auch hier empfiehlt es sich zunächst, die abgeregnete Oberfläche nach ausgewaschenen Fossilien abzusuchen. Beim Durchprüfen des Sandes hilft ein Sieb, mit dem man die feineren von den gröberen Sandkörnern und Fossilresten trennt.

Hartes Gestein (Kalk, Sandstein) erfordern körperliche Arbeit. Mit Hammer beziehungsweise Schlegel und Meißel muß man die größeren Gesteinsbrocken zerkleinern, wobei man sie nach Möglichkeit in der Ebene ihrer Schichtung aufspaltet. Wo ein Fossilrest schon auf der Oberfläche eines Gesteinsbrockens sichtbar ist, zerkleinert man den Brocken vom Rande her, macht ihn aber nicht zu klein, da man oft nicht voraussehen kann, wie groß der im Gestein noch verborgene Fossilteil ist. Ganz allgemein sollte man an der Fundstelle die mitzunehmenden Brocken nicht allzusehr zerkleinern, sondern das erst bei der Präparation zu Hause tun. Auch bei unscheinbar erscheinenden Fossilresten empfiehlt es sich, sie mitzunehmen: Erst die Präparation zu Hause läßt entscheiden, ob es sich lohnt, ein Stück aufzuheben.

Sämtliche Sammelstücke müssen einzeln in Papier eingewickelt werden, damit sie sich beim Transport nicht aneinander reiben und beschädigen.

Bei jedem gesammelten und mitzunehmenden Stück sollen schon im Aufschluß Fundort und Fundschicht markiert werden, am besten durch Aufkleben einer Nummer und einer erläuternden Notiz im Fahrtenbuch. So kann später keine Verwechslung stattfinden. Man darf sich nie auf das Gedächtnis verlassen! Denn oft findet man nach der Heimkehr nicht gleich Zeit, das gesammelte Material zu sortieren.

▽ *Plattenkalkhalden des Altmühltals*

Die Aufbereitung des Fundmaterials

Das gesammelte Material wird zu Hause zunächst nach Fundorten und Fundschicht sortiert und mit Wasser und einer kräftigen Bürste gereinigt, es sollte freilich keine Metallbürste sein, die Oberflächenfeinheiten zerstören kann. Das gilt natürlich nicht für verdrückte Fossilien im Ton; bei ihnen muß man anhängende Tonpartikel vorsichtig mit einer Nadel und weichem Pinsel entfernen.

Das gereinigte und nach Fundorten und -schichten geordnete Material ist damit noch nicht sammlungsreif. Es ist, abgesehen von glücklichen Sonderfällen, noch mehr oder weniger stark im umhüllenden Gestein verborgen und kann erst nach dessen Entfernung präpariert werden. Wichtigste Voraussetzung dafür sind Vorsicht und Geduld. Man sollte die nach Herkunft markierten Stücke für Winterabende aufsparen.

Bei verkiesten Fossilien in Ton und verdrückten Fossilien in Tonschiefer kann sich die Präparation weitgehend auf eine vorsichtige Reinigung von anhängenden Tonpartikeln mit einer Nadel und weichem Pinsel, gegebenenfalls unter dem Binokular, beschränken. Bei Fossilien aus sandigen Ablagerungen, die noch wenig zu Sandstein verfestigt sind, wird man anhängende Sandkörner mit der Nadel absprengen.

Fossilien in Hartgestein (Kalk und Sandstein) müssen mit Meißel und einem leichten Hammer angegangen werden. Das Gestein wird vorsichtig abgesprengt. Je mehr man sich dabei der Fossiloberfläche nähert, desto feinere Meißelchen muß man verwenden und darf für sie auch nur ein leichtes Hämmerchen benutzen. Für

△ *Präparator bei seiner Arbeit*

die letzten Feinheiten greift man gegebenenfalls zu einer Nadel. Man wird am Anfang manches Lehrgeld zahlen müssen. Aber durch praktische Erfahrung wird man sich nach und nach eine verbesserte Technik erarbeiten.

Bei verkieselten Fossilien, wie sie sich gelegentlich in Kalkformationen finden, hilft einem die Tatsache, daß Kieselsäure im Gegensatz zum einschließenden Kalk von Salz- oder Essigsäure nicht aufgelöst wird. Man braucht das Kalkstück also nur in die Säure zu legen, damit sich der umhüllende Kalk auflöst und das eingeschlossene verkieselte Fossil freigelegt wird. Auch hierbei ist freilich Geduld vonnöten. Dieser Prozeß hat sehr langsam abzulaufen, das heißt, die Säure muß stark verdünnt sein und von Zeit zu Zeit erneuert werden.

Der Aufbau einer Sammlung

Das präparierte Fossil ist nun anhand der verfügbaren Literatur systematisch zu bestimmen. Ist dies geschehen, erhält es ein Etikett, auf dem sein Name, Fundort und Fundschicht, Finder und Datum des Fundes vermerkt werden.

Die Verwahrung erfolgt am besten in einem Schrank oder einer Vitrine mit Schubfächern. Sie brauchen im allgemeinen nicht sehr hoch zu sein; zweckmäßigerweise richtet man einige höhere Fächer zur Unterbringung größerer Fossilien ein. Das Ordnungsprinzip, nach dem man seine Sammlung aufbaut, hängt von den Interessen und der Zielsetzung ab, die man als Sammler verfolgt. Wem es vor allem um eine Lokalsammlung der engeren oder weiteren Heimat geht, der wird die Fossilgemeinschaften der verschiedenen Fundorte zusammenfassen und die Fundorte nach ihrer stratigraphischen Stellung ordnen (nach ihrer Stellung in den Schichten). Wer stratigraphisch-erdgeschichtliche Interessen verfolgt, wird sein Sammlungsmaterial nach den Schichtstufen ordnen. Hierbei wird der Fossilinhalt jeder Schichtstufe systematisch geordnet. Man kann so die von Stufe zu Stufe fortschreitende Entwicklung der Fossil- bzw. Lebensgemeinschaften darstellen.

Stehen paläontologisch-biologische Interessen im Vordergrund, wird man seine Funde systematisch ordnen. Das heißt, man wird die Vertreter der systematischen Einheiten zusammennehmen, die Schnekken, Ammoniten, Trilobiten usw., und wird in jeder solchen Einheit jeweils nach Untereinheiten und stratigraphischer Verbreitung ordnen, um ein Bild von der fortschreitenden Entwicklung und Umbildung

Freilegen eines 16 cm großen Ammoniten Ataxioceras aus hartem Kalk des Oberjura

der betreffenden Gruppe im erdgeschichtlichen Ablauf zu bekommen.

Das Gebiet der Paläontologie und die Vielfalt der Fossilien aus den aufeinanderfolgenden Formationen der Erdgeschichte sind so gewaltig, daß der einzelne Sammler mit seinen Stücken höchstens kleine Ausschnitte erfassen kann. Er wird sich, wenn er weiter in die Versteinerungskunde eindringt, bald auf ein mehr oder weniger weites Gebiet beschränken. Speziell paläontologisch interessiert, wird er sich auf eine Lieblingsgruppe konzentrieren, etwa Ammoniten, Brachiopoden oder Trilobiten, und danach auch seine Sammelaktivitäten ausrichten. Mehr erdgeschichtlich-stratigraphisch interessiert, wird er sich auf den Fossilinhalt einer bestimmten Zeit- und Formationseinheit, etwa des Devon, des Jura oder der Kreide, festlegen und entsprechend sammeln.

Wo man Schwerpunkte setzt, hängt wohl weitgehend von der geologischen Umwelt des Wohnortes ab. Aber auch innerhalb eines erwählten Spezialgebietes wird man aus der eigenen Sammeltätigkeit nur zu einer mehr oder weniger lückenhaften Fossilrepräsentation kommen. Früher oder später wird man Kontakte zu anderen Sammlern gleicher Interessen aufnehmen und sich dann durch Tausch gegenseitig helfen. Im Lauf der Zeit wird die Sammlung sich vergrößern. Um den Überblick nicht zu verlieren und ein gesuchtes Fossil rasch zu finden, kann man sich eine Kartei anlegen. Die Karten ordnet man am besten nach der Systematik der Fossilien und vermerkt, wo das betreffende Fossil in der Sammlung untergebracht ist, je nach der Ordnung der Sammlung bei einem bestimmten Fundort oder einer Schichtstufe.

Überreich Kernlose Einzeller *(Procaryota)*

Organismen ohne Zellkern

Stamm Bakterien ***(Bacteria)***

Bis in das frühe Archaikum (Gesteine mit einem Alter von 3½ Milliarden Jahren) reichen Anzeichen für das Vorhandensein von Bakterien, die aber keine identifizierbaren Fossilien hinterließen.

Stamm Blaualgen ***(Cyanophyta)***

Als Stromatolithen werden unregelmäßig knollige und oft verzweigte, mehr zylindrische Gebilde mit lamellös-konzentrischer Struktur bezeichnet. In den Kalkformationen des jüngeren Präkambriums (Proterozoikum) finden sie sich oft in gesteinsbildender Häufigkeit, weniger häufig in paläozoischen, seltener noch in nachpaläozoischen Formationen bis zur Gegenwart. Sie werden mit gutem Grund als **Blaualgen** ***(Cyanophyta)*** gedeutet.

Überreich Kernzeller *(Eucaryota)*

Organismen, deren Zellen einen Zellkern haben. Sie umschließen das gesamte Pflanzen- und Tierreich.

Reich Einzeller *(Protista)*

Coccolithophoriden ***(Coccolithophorida)***

Die Coccolithophoriden sind winzige, kugelige, einzellige **Algen,** die ein aus Kalkplättchen bestehendes Skelett hervorbringen. Sie bilden eine wichtige Komponente des Meeresplanktons. Die Kalkplättchen, als Coccolithen bezeichnet, waren aus Gesteinsuntersuchungen schon lange bekannt. Erst viel später konnte man sie einer Gruppe einzelliger **Planktonalgen** zuweisen, die danach als Coccolithophoriden (Coccolithenträger) benannt wurden. Viele Kalkformationen, zum Beispiel die Schreibkreide, sind Coccolithenkalke. ▷

Wurzelfüßer ***(Rhizopoda)***

Die Wurzelfüßer sind gekennzeichnet durch die Fähigkeit zur Scheinfüßchenbildung (Pseudopodien). Wichtig sind die beiden folgenden Klassen:

Klasse Strahlentierchen ***(Radiolaria)***

Die Radiolarien haben ein strahlig gebautes Kieselskelett. Es handelt sich um Planktonorganismen. Die auf den Meeresgrund abgesunkenen Skelette können, vor allem in der Tiefsee, in gesteinsbildender Häufigkeit abgelagert sein (Radiolarienschlick). Durch Auflösung entsteht aus den Kieselskeletten ein amorpher Kieselschiefer, zum Beispiel im mitteleuropäischen Karbon oder im alpinen Jura. Unter besonderen Bedingungen bleiben identifizierbare Radiolarienskelette erhalten. ▷

Klasse Kammerlinge ***(Foraminifera)***

Die Foraminiferen sind teils Bodenbewohner, teils Planktonorganismen. Sie treten im Paläozoikum noch zurück und spielen seit dem ausgehenden Paläozoikum eine zunehmend größere Rolle. Ihr meist kalkiges Gehäuse ist gekammert und sehr vielgestaltig. Im Karbon, Perm und dann wieder in der Oberkreide und dem Alttertiär bringen sie Riesenformen bis zu wenigen Zentimetern Durchmesser hervor, die sich in gesteinsbildender Häufigkeit entfalten: die **Fusulinen** (Ordovizium bis Trias) mit vielkammeriger, spiralig gerollter, spindel- oder (seltener) kugelförmiger Schale (Fusulinenkalke) und die ebenfalls vielkammerigen, spiralig eingerollten **Nummuliten** sowie die zyklisch aufgebauten **Orbitoideen;** die stets scheibenförmigen Gehäuse (Oberkreide bis Alttertiär) können bis zu 5 cm Durchmesser erreichen. Nummulitenkalke sind im Eozän des Mittelmeergebietes weit verbreitet. Alle übrigen Foraminiferen bleiben klein und übersteigen nur selten eine Größe von 5 mm. Vor allem ihre planktonischen Vertreter haben in der Kreide und im Tertiär große Bedeutung als Leitfossilien. ▷ 1–2

1 Foraminifere: Nummulit, 2 cm, Eozän, Kressenberg, Bayern

2 Foraminifere: Operculina, 1 cm, Eozän, Grünten, Allgäu

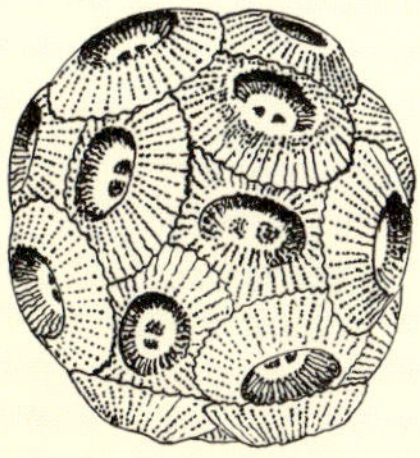

Coccolith

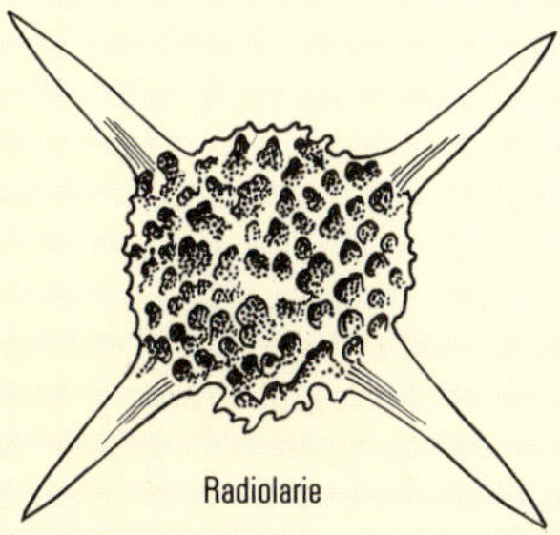

Radiolarie

1

2

Stamm Schwämme *(Porifera)*

Die fast ausschließlich marinen, am Untergrund festgehefteten Schwämme sind die am einfachsten gebauten Wirbellosen ohne Gewebs- und Organdifferenzierungen. Beim **Ascontypus** umgibt der schlauch- oder zylinderförmige Körper einen zentralen Hohlraum, den Paragaster, der nach oben offen ist (Osculum). Die Körperwand ist von Poren durchsetzt, daher der Name *Porifera*; sie besteht aus einer Außenlage plattiger Epithelzellen und einer von Kragengeißelzellen gebildeten Innenlage. Die Zellen haben in den Paragaster hineinragende Geißeln, die an der Basis von einem Kragen umgeben sind. Die Bewegung der Geißeln saugt Wasser durch die Poren ein und treibt es durch das Osculum nach außen. Dabei werden dem Wasser Nahrungspartikel und Sauerstoff entzogen. Zwischen die beiden Zellagen schaltet sich eine oft massig werdende, gallertige Zwischenschicht (Mesogloea), in der einzelne, ortsbewegliche Zellen liegen. Der Ascontyp tritt nur bei wenigen primitiven Formen und in Jugendstadien auf. ▷

Beim **Sycontypus** ist die innere Zellenlage stark in Taschen verfaltet, die in die Zwischenschicht hineinragen. Dadurch vergrößert sich die Oberfläche der Kragengeißelzellen stark, welche die Verdauung und Atmung besorgen. ▷

Bei dem **Leucontypus** mit seinem massigen Körper sind die Kragengeißeltaschen des Sycontypus zu Geißelkammern weitergebildet, in die zuführende Kanäle von den Poren der Außenwand hineinführen und ableitende Kanäle das Wasser in den Paragaster bzw. zum Osculum strömen lassen. Der Ascon- und Syconkörper ist daher noch mehr oder weniger deutlich schlauchförmig, der Leuconkörper unregelmäßig massig und durch ein ihn durchziehendes Kanalsystem gekennzeichnet. ▷

In der Mesogloea-Zwischenschicht wird ein Skelett gebildet; dadurch konnten Schwämme fossil erhalten bleiben. Es besteht entweder aus einer hornähnlichen Substanz (Spongin der Hornschwämme, zum Beispiel Badeschwamm), aus Kalk (Kalkschwämme) oder aus Kieselsäure (Kieselschwämme). Da Spongin relativ rasch zerfällt, sind nur Kalk- und Kieselschwämme fossil vertreten. Ihr Skelett besteht aus kleinen, meist mehrstrahligen Einzelelementen, den Schwammnadeln oder Spikula. Nach Verwesung des Weichkörpers bleiben die isolierten Spikula übrig und gehen ins Sediment ein. Da ihre Gestalt bei den verschiedenen Formenkreisen typisch ist, lassen sich isolierte Spikula bestimmen. Schwammnadeln können durch zusätzliche Ausscheidung von Kalk- bzw. Kieselsäure zu einem festen Netzwerk zusammenwachsen, so daß auch die Gestalt des Schwammkörpers erhalten bleibt.

Klasse »Gemeinschwämme« *Demospongea*

Die Klasse umfaßt Hornschwämme – in der Gegenwart reich entfaltet, fossil nicht bekannt – und Kieselschwämme. Ihre Spikula sind einachsige (Monaxone) oder vierstrahlige Nadeln (Tetraxone) wobei die vier, von einem Zentrum ausgehenden Strahlen die Normalen eines Tetraeders bilden; zwischen den Strahlen entsteht nie ein rechter Winkel. Durch starke Verlängerung eines Strahls auf Kosten der drei anderen, reduzierten, wird das Tetraxon zum Triaen; durch Rückbildung entsteht das dreistrahlige Triaktin, bei dem die drei Strahlen nie im rechten Winkel zusammentreffen. Diese Grundtypen können in mannigfacher Weise abgewandelt werden. Durch zunehmende Reduktion von drei Strahlen kann das Tetraxon bzw. Triaen zum Monaxon übergehen. Die Kieselspikula sind häufig durch Sponginfasern zu einem Netzwerk verbunden. Da das Spongin aber nach dem Tod rasch zerfällt, findet man nur die isolierten tetraxonen oder monaxonen Kieselspikula. Monaxone, stecknadelförmige Spikula (mit rundem Knopf am einen Ende), haben die in diese vielgestaltige Gruppe gehörigen **Bohrschwämme** ***(Clionidae).*** Ihre Bohrgänge beobachtet man vielfach an dicken Muschel- und Schneckenschalen.

Wichtig aus der Klasse der Demospongea ist für den Fossilsammler nur die

Ordnung Steinschwämme *Lithistida.*

Wie bei allen Demospongea ist der Körper nach dem Leucontypus gebaut, daher massig und unregelmäßig knollig von einem Kanalsystem durchzogen. Er erhält sich gut, weil die Kieselspikula kräftig entwickelt sind. Sie gestalten sich unregelmäßig, oft vom Tetraxon- oder Monaxontyp ableitbar, mit unregelmäßigen, wurzelartigen Verästelungen, die sich mit

Bauplan des Schwammkörpers

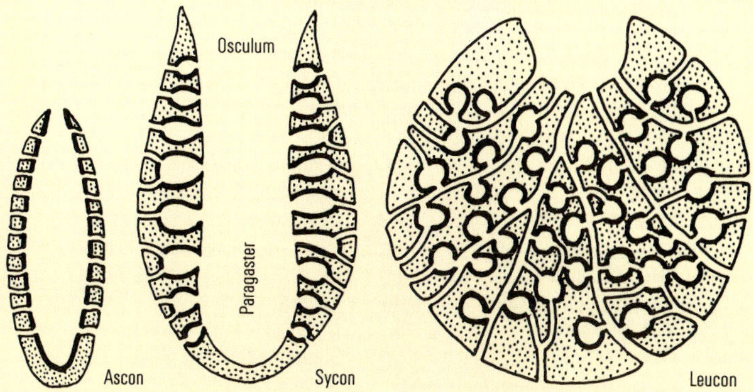

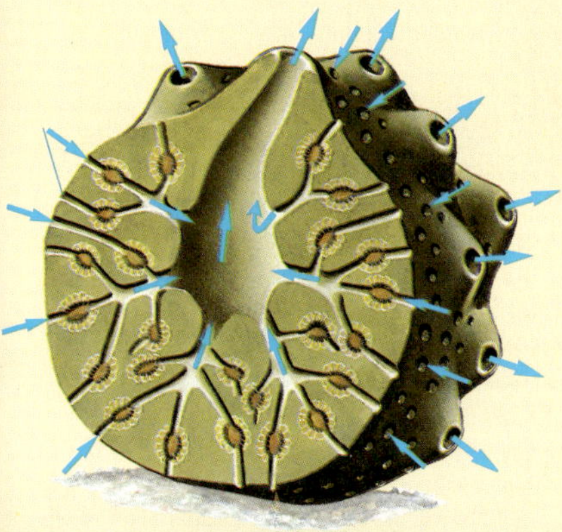

Leucon (Modell)

Schwammnadeln (Skelettspicula)

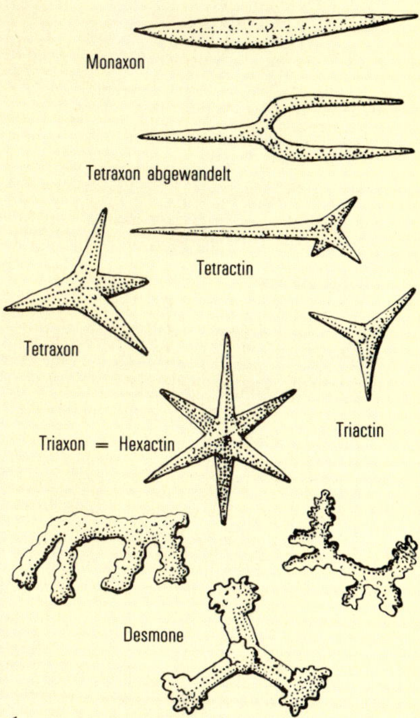

◁
Die Kalkfelsen (»Schwammstotzen«) – hier im Altmühltal bei Dollnstein – bestehen aus winzigen Schwammresten der Jurazeit

denen der benachbarten Spikula fest zusammenfügen (Desmone), so daß ein zusammenhängendes Netzwerk entsteht. Es wird nicht durch Sponginfasern, sondern durch die ineinander verflochtenen Kieselspikula gebildet; sehr widerstandsfähig und fest.
Lithistide Schwämme entfalteten sich reich im Altpaläozoikum (Ordovizium bis Silur), gingen dann stark zurück und entfalteten sich während des Jura und der Kreide zu gewaltiger, individuenreicher Formenfülle. Zum Teil ist der Schwammkörper typisch gestaltet; die genaue Bestimmung erfordert eine Untersuchung des Spikulaskelettes. Typische Vertreter:
Astylospongia – Ordovizium bis Silur – mit kugeliger Gestalt, flachem Paragaster und meridional verlaufenden Kanälen. ▷ 1
Aulocopium – Ordovizium bis Silur – kugelig oder knollig, mit tiefem Paragaster, mit radial verlaufenden, zur Oberfläche parallelen Kanälen.

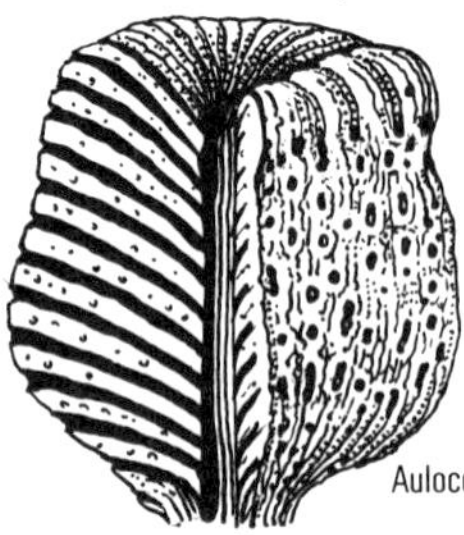

Aulocopium

Cnemidiastrum –Ordovizium bis Jura – mit schüssel- oder tellerförmiger Gestalt; die Oberfläche radial gefurcht, Radialkanäle. ▷ 2
Hyalotragos –Jura und Kreide -- mit ähnlicher, teller-, kreisel- oder trichterförmiger Gestalt, aber meist konzentrischer Runzelung der Oberfläche. ▷ 3–4
Cylindrophyma –Jura – mit zylindrischer oder walzenförmiger Gestalt, tiefem, bis zur Basis reichendem Paragaster und radial verlaufenden Horizontalkanälen.

Cylindrophyma

Isoraphinia –Kreide – mit ähnlicher, zylindrischer Gestalt und ähnlich tiefem, engem Paragaster unterscheidet sich durch das Fehlen der sonst zahlreichen Porenöffnungen in den Kanälen.
Siphonia –Kreide und Tertiär – mit einer auf einem Stiel sitzenden, knolligen oder trichterförmigen Gestalt und tiefem Paragaster. ▷ 5
Jerea –Kreide – mit ähnlicher, birnen- oder trichterförmiger Gestalt, meist auf kurzem Stiel sitzend; hat nur einen ganz flachen Paragaster.

Klasse Glasschwämme *(Hyalospongea)*

Die Klasse ist seit dem Kambrium bekannt. Nach dem Sycontypus gebaut; umfaßt ausnahmslos Kieselschwämme, an deren Skelett nie Spongin teilnimmt. Die Spikula sind regelmäßig dreiachsig (triaxon), derart, daß sich die drei Achsen, senkrecht aufeinander stehend, im Mittelpunkt schneiden, also sechsstrahlig (hexactinellid) sind und als die Normalen eines Kubus verstanden werden können. Die Spikula können isoliert bleiben; in diesem Fall wird oft eine Achse zurückgebildet, so daß zwei in einer Ebene liegende, im Mittelpunkt rechtwinklig sich schneidende Achsen = vier Strahlen (Tetractin) vorhanden sind. Durch sekundäre Kieselausscheidung können die im Schwammkörper parallel angeordneten Hexactine zu einem zusammenhängenden Maschenwerk zusammenwachsen, das stets durch seine rechten Winkel gekennzeichnet ist.

Ordnung Lyssakida

Die Spikula, Hexactine, häufiger Tetractine, liegen isoliert im Schwammkörper. Die isolierten Spikula finden sich seit dem Kambrium in allen Formationen.

Ordnung Dictyida

Die Spikula sind stets einfache Hexactine, die zu einem festen Maschenwerk zusammenge-

1 Astylospongia praemorsa, 3,5 cm, Ordovizium/Silur, Geschiebefund Sylt
2 Snemidiastrum rimulosum, 8 cm, Jura-Kimmeridge, Duhlenbuck, Schweiz
3 u. 4 Hyalotragos patella, 10 cm, Jura-Kimmeridge, Thengen
5 Siphonia, 12 cm, Kreide, Paulmy, Frankreich

1

2

3

4

5

wachsen sind. Sie erscheinen mit seltenen Vertretern im Ordovizium und sind in Jura und Kreide reich entfaltet. Typischer Vertreter:

Tremadictyon –Oberer Jura – hat trichter- bis tellerförmige Gestalt und einen weiten Paragaster. Zahlreiche in Vertikalreihen angeordnete Öffnungen in der Körperwandung.

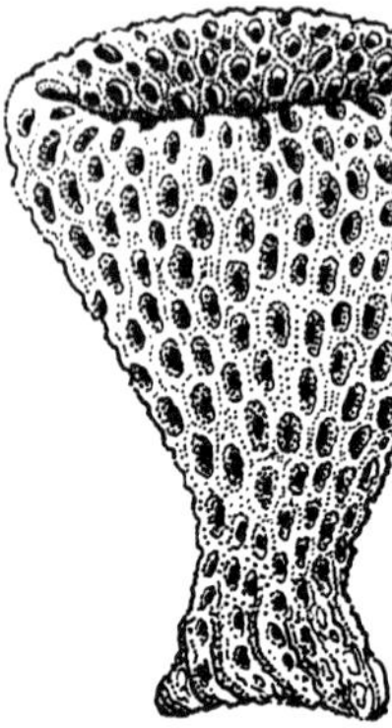

Tremadictyon

Laocaetis –Jura bis Tertiär – trichter- bis becherförmig mit tiefem Paragaster, unterscheidet sich durch regelmäßigere Vertikalreihen der Öffnungen in der Körperwandung.

Ordnung Lychniskida

Die Hexactine sind wie bei den Dictyida zu einem festen, rechtwinkligen Maschenwerk zusammengewachsen, aber der Schnittpunkt der drei Achsen ist durchbrochen und offen. In Jura und Kreide formenreich entwickelt.

Cypellia – Oberer Jura – becher- bis trichterförmig, mit relativ kleinem Paragaster und unregelmäßig runzeliger Oberfläche.

Cypellia

Pachyteichisma – Oberer Jura – breit-schüsselförmig, dickwandig, mit mäßig großem Paragaster und kräftiger Faltung der Körperwand.

Ventriculites – Kreide – schüssel-, becher- oder trichterförmig mit großem, von mäßig dikker Wandung umgebenem Paragaster. Vertikalreihen von Öffnungen in der Körperwandung.

Coscinopora – Kreide – unterscheidet sich bei ähnlicher Gestalt durch eine dünnere Körperwandung, die nur von kleinen Öffnungen durchsetzt ist.

Coeloptychium – Kreide – pilz- oder schirmförmig mit dünnem Stiel und kräftiger Radialfaltung auf der Unterseite. ▷ 1–2

Klasse Kalkschwämme *(Calcispongea)*

Der Körper der nur aus Kalk gebildeten Skelette ist fast immer nach dem Leucontypus gebaut. Die Kalkspikula sind drei-, seltener zwei- oder vierstrahlig. Gegenüber den im Mesozoikum oft recht großwüchsigen Lithistiden und Hyalospongea bleiben die Kalkschwämme ziemlich klein und weniger auffällig. Sie haben im allgemeinen kugelig-knollige, zylindrische oder becherförmige Gestalt.

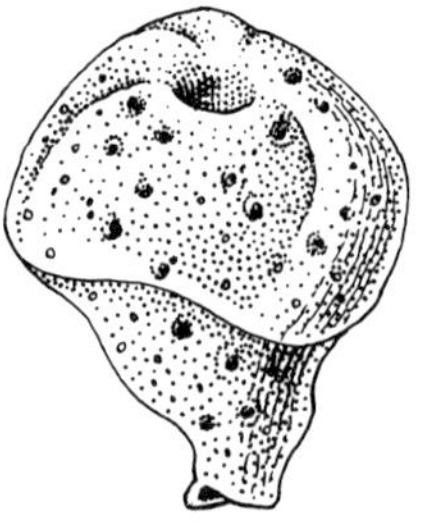

Myrmecium

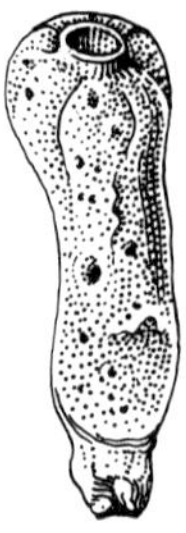

Peronidella

Ordnung Pharetronida

Vom Perm an bekannt, hat dreistrahlige, stimmgabelförmige Spikula, die meist in kalcitische Faserzüge eingebettet sind.

Ordnung Thalamida

Vom Perm an bekannt, kennzeichnet sich durch reihenförmig angeordnete, hohlkugelige Kammern. In der alpinen Trias können sie neben Kalkalgen riffbildend auftreten. ▷ 3–4

1 u. 2 Coeloptychium sulciferum, 8 cm, Kreide-Campan, Holtwick, Westfalen

3 u. 4 Elasmostoma, 6,5 cm, Kreide-Campan, Höver

1

2

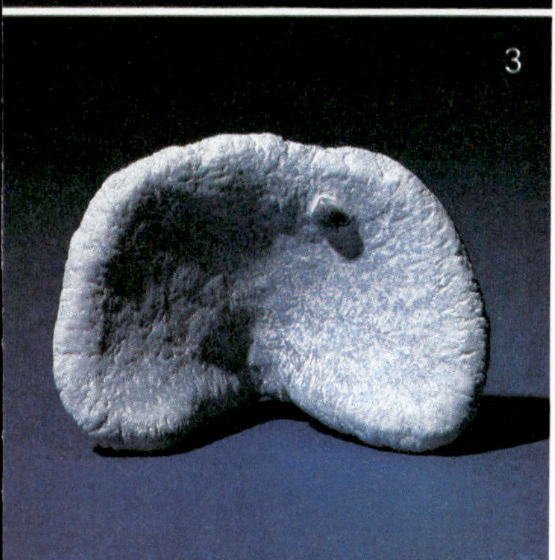
3

4

Stamm Nesseltiere *(Cnidaria)*

Als *Cnidaria* (Nesseltiere) wird ein außerordentlich vielgestaltiger Tierstamm – vorwiegend im Meer entfaltet – zusammengefaßt, die alle Nesselzellen (Cniden) haben. Deren Zellkapsel enthält einen Giftstoff und einen spiralig eingerollten Faden, der bei Reizung ausgestülpt wird und durch den das Gift dem Beutetier oder dem Angreifer eingespritzt wird. Wer beim Baden im Meer mit **Nesselquallen (Medusen)** in Berührung gekommen ist, kennt die Wirkung dieses Vorgangs.

Der Körperbau ist sehr einfach. Die Körperwand besteht aus dem die Außenseite bildenden Ektoderm und dem einen zentralen Magenhohlraum (Coelenterium, daher gelegentlich auch als *Coelenterata* bezeichnet) auskleidenden Entoderm. Ein Blutgefäßsystem und speziell ausdifferenzierte Organe sind nicht vorhanden. Das schlauchförmige Coelenterium bildet die zentrale Körperachse. An einem ihrer Enden, dem vegetativen Pol, liegt die meist von Tentakeln umgebene Mundöffnung. Das gegenüberliegende Ende ist der animale Pol oder Scheitelpol. Er kann am Untergrund festgeheftet sein, dann ist die Mundöffnung nach oben gerichtet. Diese Ausbildungsform nennt man den **Polypen.** Es kann auch umgekehrt der Scheitelpol nach oben gerichtet sein, und der Oralpol (Mundpol) hängt nach unten. Dann ist der Körper meist schirmartig, quer zur Körperachse, verbreitert. Das sind die frei im Wasser schwebenden **Medusen (Quallen)**.

Polypen und Medusen gehören, so verschieden sie äußerlich auch aussehen, durch einen Generationswechsel zusammen und haben die gleiche Grundorganisation. Aus dem Ei bildet sich über ein Larvenstadium der festsitzende Polyp, der sich vegetativ durch Sprossung vermehrt, wodurch Polypenkolonien entstehen. Hin und wieder sich ablösende Knospen werden zu Medusen, die sich geschlechtlich vermehren; aus ihren Eiern entstehen wieder Polypen. Dieses einfache Grundschema kann erheblich modifiziert werden, es kann sowohl die Polypen- als auch die Medusengeneration weitgehend unterdrückt werden. Es kann auch in der Medusengeneration zur Knospung und gelegentlich sogar zur Koloniebildung kommen **(Staatsquallen = Siphonophoren)**.

Die Medusen haben einen gallertigen Körper ohne Hartteile; unter besonderen Bedingungen können Abdrücke fossil erhalten sein. Die Polypen bringen meist vom Ektoderm ausgeschiedene Hartteile (Skelette) hervor, die sich häufig gut erhalten. ▷ 1–4

Klasse Hydrozoa

Die Klasse umfaßt die primitiv gebauten Cnidarier mit einfachem, ungegliedertem Coelenterium; fast immer mit Generationswechsel. Die kleinen Medusen sind fossil nicht bekannt. Die ebenfalls kleinen Polypen bilden meist Kolonien, die ein teils inkrustierendes, teils mehr oder weniger stark verzweigtes, in die Höhe wachsendes, kalkiges Skelett abscheiden. Es zeigt unregelmäßige Horizontallagen, die unregelmäßig von Vertikalröhren durchsetzt sind. Solche Hydrozoenskelette kennt man vom Mesozoikum an. Eine sichere Zuweisung der fossilen Hydrozoenstöcke zu den verschiedenen Formenkreisen der heute lebenden Hydrozoen ist nur selten möglich.

Ordnung Stromatoporen *(Stromatoporida)* ▷ 5

Die Stromatoporen werden meist mit den Hydrozoen in Verbindung gebracht.

Die Stromatoporenstöcke sind unregelmäßig gestaltete, inkrustierende, massige Kalkgebilde, die einen Durchmesser von über einem Meter erreichen und über einen Meter in die Höhe wachsen können. Sie bestehen aus dünnen, horizontal verlaufenden Kalklagen, den Laminae, von denen sich jeweils einige makroskopisch erkennbare Latilaminae zusammenschließen. Die Latilaminae sind durch senkrecht dazu stehende Pfeiler oder Pilae verbunden. Diese können auf den Zwischenraum zwischen zwei Latilaminae beschränkt sein oder durch mehrere Latilaminae hindurchgehen. Eigenartige Gebilde sind die bei vielen Stromatoporen vorhandenen Astrorhizen: feine, durch mehrere Horizontlagen gehende Vertikalkanäle, von denen an der Oberfläche der La-

1 Medusina atara, 1,5 cm, Perm-Rotliegendes, Kusel/Pfalz
2 Medusites, 5 cm, Kambrium, Lugnås/Schweden
3 u. 4 Medusites, 6 cm, Kambrium, Kinnekulle, Schweden
5 Stromatopore, 13 cm, Silur, Schweden

1

2

3

4

5

tilaminae feine, verzweigte Radialkanäle ausgehen. Die Oberfläche von Stromatoporenstökken trägt oft warzenförmige, mitunter durch Astrorhizen gekennzeichnete Erhöhungen, die Monticuli.

Die Bestimmung der Gattungen und Arten der Stromatoporen ist nur durch die Untersuchung ihrer Feinstruktur im Dünnschliff möglich. Bei den erdgeschichtlich älteren Vertretern bilden die Laminae vorherrschendes Strukturelement, die Pilae bleiben nur kurz. Die erdgeschichtlich jüngeren Vertreter zeigen stärker entwickelte Pilae und gehen über zunehmend mehr Laminae hindurch. Bei den jüngsten Vertretern des Jungpaläozoikums kann die Struktur ziemlich unregelmäßig werden.

Seltene Vorläufer werden aus dem Kambrium angegeben; auch im Ordovizium spielen sie noch keine nennenswerte Rolle. Im Silur und Devon sind sie wichtige, weit verbreitete und typische Riffbildner. Nach dem Devon gehen sie mehr und mehr zurück. Sie erlöschen mit seltenen Nachzüglern im frühen Mesozoikum.

▷ S. 43, 5

Klasse Scyphozoa

Die Klasse ist gekennzeichnet durch Vierstrahligkeit: Vom Entoderm ragen vier Längsfalten in den Magenraum (Coelenterium) hinein und teilen diesen in vier Taschen auf.

Unterklasse Scyphomedusae

Bei den Scyphomedusen ist die Polypengeneration auf eine Larvenphase reduziert. Der larvale Scyphopolyp wird durch Einschnürungen quergeteilt. Die Abschnitte lösen sich ab und entwickeln sich zu den groß werdenden Scyphomedusen. Gelegentlich findet man ihre Abdrücke. Am bekanntesten sind die Vorkommen aus den Solnhofer Plattenkalken. Etwas abweichend gestaltete Medusenabdrücke aus dem Ediacarium und dem Kambrium werden ebenfalls den Scyphomedusen zugeordnet.

▷ S. 43, 1–4

Unterklasse Conularien *(Conulata)*

Die Conularien sind eine ausgestorbene, paläozoische Gruppe, die mit letzten Nachzüglern noch in die Trias hineinreicht. Sie haben ein spitzkonisches, schlankes oder pyramidenförmiges Gehäuse mit quadratischem Querschnitt, das von einer chitinig-phosphatischen Schale aufgebaut wird. Die Seitenflächen sind durch eine feine, mediane Längsfurche zweigeteilt, der auf der Innenseite ein kleiner, in den Gehäusehohlraum hineinragender Vorsprung entspricht. Daraus ergibt sich eine deutliche Vierstrahligkeit. Die äußere Oberfläche ist fein quer- und längsgestreift.

Eine Haftnarbe am spitzen Apikalende zeigt, daß das Gehäuse festgewachsen war. Das offene, obere Mündungsende konnte durch dreieckige, vorragende Mundsäume verschlossen werden. In ihm lag die wohl von einem Tentakelkranz umgebene Mundöffnung.

Dieses Verhalten läßt vermuten, daß die Conularien das Gehäuse eines vierstrahligen, solitären Polypen sind, vergleichbar mit dem larvalen Polypen der Scyphozoen. Es scheint, daß sich die Conularien im Alter vom Untergrund ablösen und zu frei schwimmender Lebensweise übergingen. Die Conularien könnte man demnach als einen ausgestorbenen Formenkreis der Scyphozoen deuten, bei dem die Polyparphase des Individualzyklus noch besser entwickelt war als bei den heutigen Scyphomedusen.

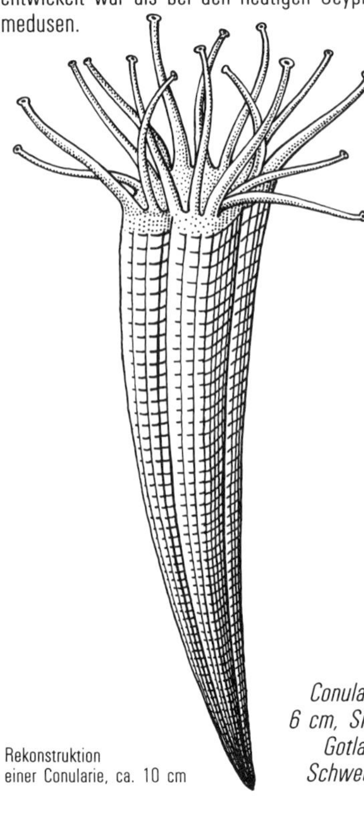

Rekonstruktion einer Conularie, ca. 10 cm

▷ *Conularia, 6 cm, Silur, Gotland, Schweden*

Klasse Korallen *(Anthozoa)*

Die Klasse umschließt die am stärksten differenzierten Formenkreise der Cnidaria, bei denen, anders als bei den Scyphozoa, die Medusenphase des Individualzyklus zugunsten der stark entwickelten und differenzierten Polyparphase völlig unterdrückt ist.

Wie bei den Scyphozoen entstehen vom Entoderm aus radiale, in den Gastralraum hineinragende Längsfalten, die Mesenterien oder Sarcosepten, die aber nicht auf die Vierzahl beschränkt bleiben, sondern mit dem zunehmenden Größenwuchs des Polypen durch zunehmende Mesenterieneinfaltung vermehrt werden. Einige kleinere Formenkreise bringen relativ große Einzelpolypen mit wechselnder Zahl von Mesenterien hervor, ohne die zum Teil ziemlich differenzierten Körper durch Hartteile zu stützen, wie zum Beispiel die Seeanemonen. Sie sind fossil nicht bekannt.

Als Fossilien wichtig sind die ein Skelett ausscheidenden Gruppen der Anthozoen, die Korallen im engeren Sinn.

Unterklasse Steinkorallen *(Zoantharia)*
Hierher gehören auch skelettlose Gruppen wie die Seeanemonen. Die als Fossilien wichtigen Zoantharia im engeren Sinn bilden ein vom Ektoderm ausgeschiedenes Skelett, das den Polypen einschließt und aus Kalk besteht. Es wird als Polyparium bezeichnet. Der basale Anfangsteil des sich festheftenden Polypen scheidet die Fußscheibe aus. Ihr Rand wächst, den Polypen umhüllend und sich nach oben kelchförmig erweiternd, als Außenwand nach oben (Epitheka). Bei stärkerem Höhenwuchs rückt der größer werdende Polyp nach oben und scheidet die verlassenen, unteren Teile durch Querböden (Tabulae) ab. Statt durchgehender Tabulae können sich, vor allem im peripheren Teil des Polypariums, gebogene, plattige Skelettelemente bilden, die Dissepimente, die eine blasige, die verlassenen Teile erfüllende Struktur hervorbringen. Zur Stützung der sich stetig vermehrenden Mesenterien wachsen von der Basis her oder von der Epitheka aus radiale Kalklamellen in das Polypar hinein, die Sklerosepten oder einfach Septen. Sie bedingen die im Polypar-Querschnitt erkennbare Radialstruktur. Während der Polypar wächst, schalten sich neue Septen ein. Diese Anordnung und Einschaltfolge geben Hinweise auf die Anatomie und Ontogenie des Polypen und sind daher für die Systematik und Bestimmung wichtig. Vom Zentrum der Fußscheibe kann ein zentraler Pfeiler nach oben wachsen, die Columella, die sich auch in verschiedene Pfeiler auflösen kann. In der frühen Jugendphase des Polypars erscheinen mehr oder weniger gleichzeitig sechs Septen, die als Protosepten bezeichnet werden. Die im Zug des Wachstums sich einschaltenden Septen werden als Metasepten bezeichnet; sie können in großer Anzahl vorhanden sein.

Die Gonaden (Geschlechtsdrüsen) sitzen an den Sarcosepten; aus den von ihnen gebildeten Zygoten entstehen frei schwimmende Larven, die sich später festsetzen und zu einem neuen Polypen umbilden. Er kann solitär bleiben und bildet dann die Einzelkoralle. Er kann sich aber auch durch Sprossung vegetativ vermehren. Bleibt die Verbindung der Tochterpolypen mit dem Mutterpolypen erhalten, entstehen die oft aus zahlreichen Polypen zusammengesetzten Korallenstöcke.

Ordnung Bodenkorallen *(Tabulata)*
Die auf das Paläozoikum (Ordovizium bis Perm) beschränkten, ausgestorbenen Bodenkorallen sind ausnahmslos koloniebildend. Das Polypar wird von einer kräftigen Epitheka gebildet, die ohne Erweiterung des Durchmessers in die Höhe wächst, da die sprossenden Tochterpolypen dem Mutterpolypen so eng anliegen, daß kein Raum zur Breitenentwicklung vorhanden ist. Das Polypar ist daher eng röhrenförmig. Der Polyp bleibt zwangsweise klein. Aus Raummangel kommt es zu keiner eigentlichen Septenbildung; Septen können durch Dornenlängsreihen angedeutet sein. Der klein bleibende Polyp rückt in der engen Polyparröhre schrittweise nach oben, die verlassenen, basalen Abschnitte werden durch Tabulae abgegliedert. Das Polypar besteht also nur aus der Epitheka und den Tabulae.

Favosites – Ordovizium bis Devon – bildet massive, unregelmäßig knollige Stöcke, deren Polypare – sie haben einen polygonalen Querschnitt – mit den Außenwänden auf ihre ganze Länge zusammengewachsen sind. Die Polypare kommunizieren durch Poren in den Epitheken. Die Böden zahlreich und dicht gestellt, Septen durch Dornenreihen angedeutet. ▷

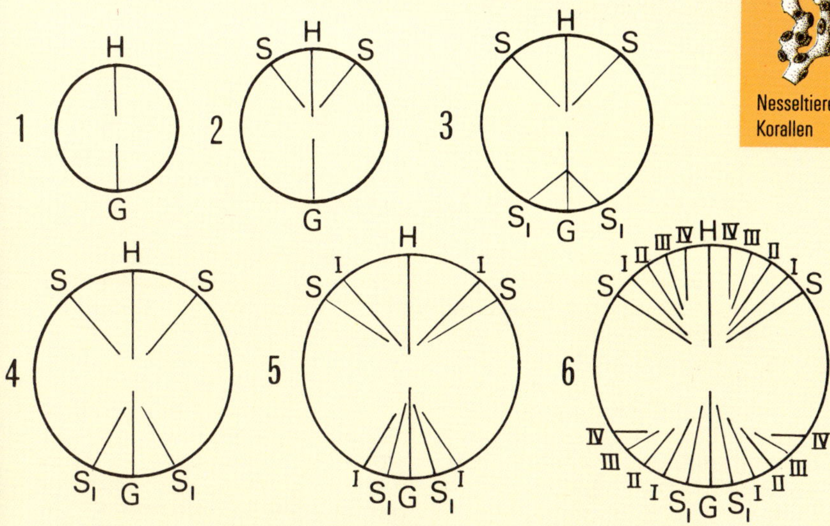

Einschaltschema der Septen in der Entwicklung der Polypare

1. Stadium mit Haupt- (H) und Gegen-Septe (G). 2. Stadium mit dem Seitenseptum (S). 3. Stadium mit dem Gegenseitenseptum (S_1). 4. Stadium: Der fertig ausgebildete Protoseptenkranz. 5. Die 4 ersten, gleichzeitig erscheinenden Metasepten in dem Interseptalraum zwischen Haupt- und Seitensepten, sowie zwischen Seiten- und Gegenseitensepten. Im Interseptalraum zwischen Gegen- und Gegenseitenseptum keine Metasepteneinschaltung. 6. Einschaltung von weiteren Metasepten, jeweils in der Vierzahl. Sie schreitet von der Seite des Gegen- zu der des Hauptseptums vor. Nach der ersten Generation (I), die zweite (II), sodann die dritte (III), die vierte (IV) usw.

▽ *Favosites, 11 cm, Silur, Gotland, Schweden*

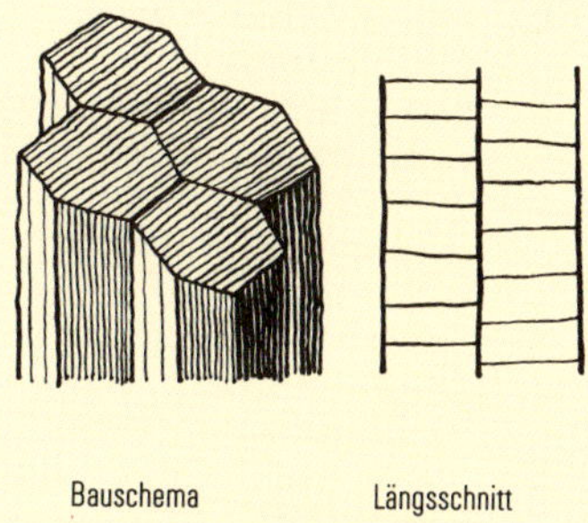

Bauschema   Längsschnitt

Pleurodictyum – ein typisches Devonfossil – hat wie Favosites dicht nebeneinander gestellte Polypare mit Poren in den Polyparwänden. Die Kolonie bleibt klein, halbkugelig oder scheibenförmig. Da vorwiegend in Sandsteinfazies verbreitet, überwiegt die Erhaltung des Steinkerns. Pleurodictyum ist trotz enger Beziehung zu Favosites und gleichem Bauplan auf den ersten Blick sehr verschieden von den mit Skelett erhaltenen Favositen der Kalkfazies. Bemerkenswert ist die häufige Vergesellschaftung mit einem S- oder U-förmig gekrümmten Wurmrest auf der Oberfläche. Ob es sich um eine Symbiose oder Parasitismus handelt, kann nicht entschieden werden.

Halysites – Ordovizium und Silur. Die Polypare haben zylindrischen oder ovalen Querschnitt und sind nur mit den Schmalseiten miteinander verwachsen, so daß gebogene, sich verzweigende Polyparketten entstehen. Die dicht gestellten Tabulae zahlreich. Wandporen und septenähnliche Bildungen fehlen. ▷ 1–2

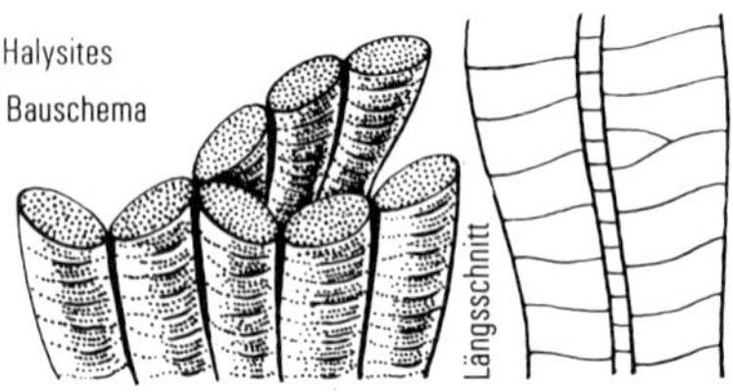

Syringopora – Silur bis Oberkarbon – hat zylindrische, röhrenförmige Polypare, die sich nicht unmittelbar berühren, aber durch dünne Querröhren (Stolonen) miteinander verbunden sind. Zahlreiche engständige Tabulae, meist nach unten gebogen. Wandporen und Dornreihen fehlen. ▷ 3–4

Die Favositen stellen die häufigsten und weitestverbreiteten Tabulaten und sind als Riffbildner wichtig.

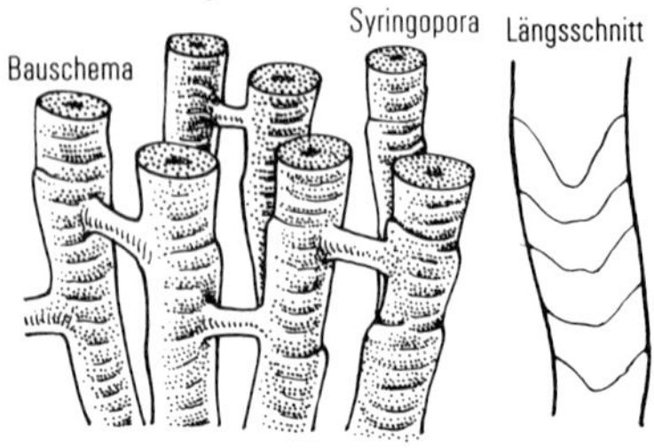

Ordnung Rugose Korallen *(Pterocorallia* oder *Tetracorallia)*

Sind wie die Tabulaten eine ausschließlich paläozoische Ordnung (Ordovizium bis Perm) und umschließen Einzelkorallen und Stöcke. Die Polypare sind relativ groß und verbreitern sich nach oben kelchförmig. Doch wachsen sie im allgemeinen eher in die Höhe als in die Breite. Der Polyp ist in eine kräftig entwickelte Epitheka eingeschlossen, die meist eine runzlige Oberfläche zeigt (Rugose Korallen). Entsprechend dem vorwiegenden Höhenwuchs rückt der Polyp im Polypar oft nach oben. Tabulae und Dissepimente können daher eine erhebliche Rolle im Aufbau des Polypars spielen Infolge des Größenwuchses und der größeren Weite ist auch der Septalapparat gut entwikkelt. Die sechs Protosepten der Jugendphase entstehen so rasch aufeinander, daß zunächst in der Mittellinie ein Seitenpaar auftritt, welches das Polypar in eine rechte und linke Hälfte teilt, das Haupt- und Gegenseptum. Sodann erscheint auf beiden Seiten des Hauptseptums je ein Seitenseptum und schließlich jederseits des Gegenseptums je ein Gegenseitenseptum. Diese Anlage zeigt eine deutliche Bilateralsymmetrie. Diesem Plan folgt auch die Metasepteneinschaltung. Gegen- und Gegenseitensepten rücken nahe zusammen; zwischen ihnen entstehen keine Metasepten. Die Metasepteneinschaltung beschränkt sich auf die vier Räume zwischen Gegenseiten- und Seitenseptum sowie zwischen Seiten- und Hauptseptum, und zwar so, daß die Metaseptenbildung von der Seite des Gegen- zu der des Hauptseptums vorschreitet. Es entstehen daher nacheinander je vier Metasepten gleichzeitig **(Tetrakorallen)**. Häufig bilden sich die Septen in Form feiner Längsrippen auf der Außenseite der Epitheka ab. Dann kann man diese Form der Septeneinschaltung auf der Außenseite in Form einer Fiederstellung beidseitig der von Haupt- und Gegenseptum gebilde-

1 Halysites escharoides, 12 cm, Silur, Gotland, Schweden

2 Halysites-Querschnitt, je Glied 0,2 cm, Silur, Gotland, Schweden

3 Syringopora, 9 cm, Devon, Basem/Eifel

4 Syringopora bifurcata, 7 cm, Silur, Gotland, Schweden

1

2

3

4

ten Mittellinie erkennen. Wird die Zahl der Septen sehr groß, ist deren bilaterale Anordnung oft erst durch genaue Analyse auszumachen.

Wie bei allen sessilen Organismen variiert die äußere Form von Individuum zu Individuum und ist nicht unbedingt typisch. Auch die Bilateralität des inneren Baus bildet sich in der Form des Polyparkelches mit seinem mehr oder weniger kreisförmigen Querschnitt nicht ab. Dank des vorherrschenden Höhenwuchses kann die Kelchform fast röhrenförmig werden.

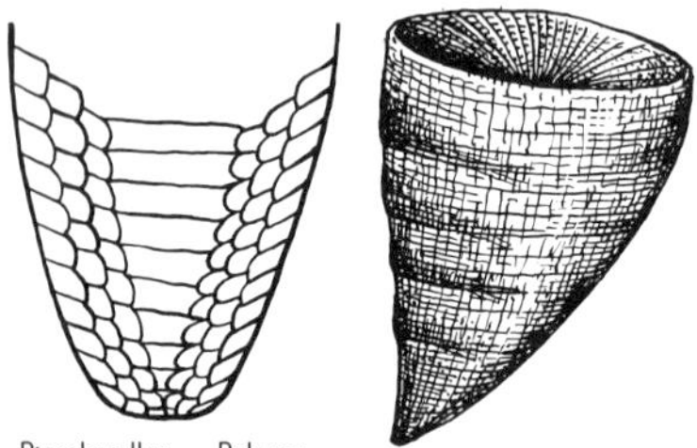

Pterokorallen – Polypar

Streptelasma – Ordovizium und Silur – einfache Kelchform. Neben normal entwickelten Septen im peripheren Bereich zahlreiche kurze Kleinsepten. Keine Dissepimente.

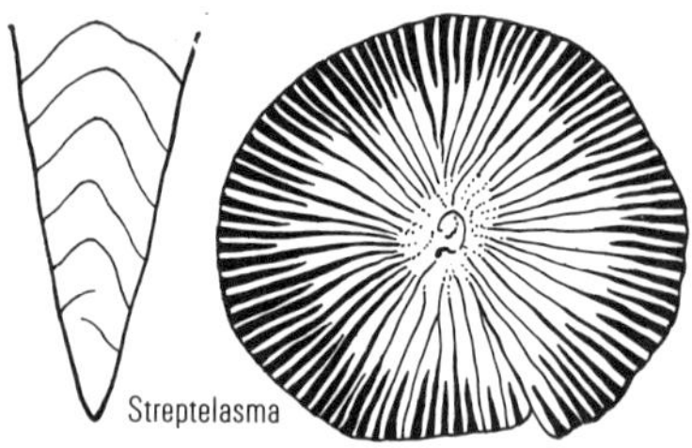

Streptelasma

Holophragma – Ordovizium und Silur – unterscheidet sich durch höheres, schlankeres, fast röhrenförmiges Polypar und eine weniger deutliche periphere Mikroseptenzone.

Ketophyllum – Oberer Silur – Einzelkoralle mit langen, dünnen Septen. Polyparwand mit Querwülsten und oft auch mit Knoten. Böden vorhanden, leicht aufgewölbt; im peripheren Polyparbereich mit großen Dissepimenten. ▷ 1–2

Favistella – Ordovizium – ein koloniebildender Typus, dessen Polypare eng und hoch sind und dicht nebeneinander stehen. Die Zahl der Septen ist klein, doch sind in den engen Polyparröhren zahlreiche Böden vorhanden. Damit erinnert Favistella etwas an die Favositen, von denen sie sich aber durch die gut entwickelten Septen typisch unterscheidet.

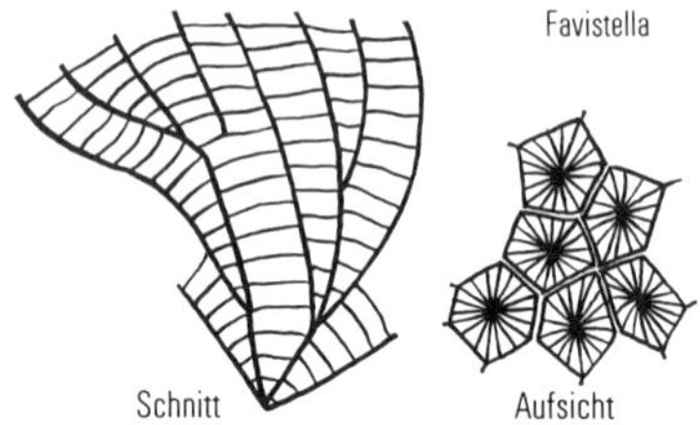

Favistella

Acervularia – Silur. Auch dieser Typus bildet Kolonien, auch bei ihm stehen die Polypare dicht nebeneinander und bekommen dadurch einen polygonalen Querschnitt. Aber der Polyparquerschnitt ist wesentlich größer als bei Favistella, und daher wird auch die Septenzahl größer. In der zentralen Zone des Polypars sind Tabulae, in der peripheren Dissepimente vorhanden. Beide Zonen trennen sich durch eine Innenwand voneinander. Bei der in ihrem Gesamthabitus ähnlichen **Hexagonaria** – Devon bis Unterkarbon – werden die zahlreichen, langen Septen nach innen zu dünner. In der peripheren Zone finden sich viele, rundliche Dissepimente, doch fehlt eine Innen- und Außenzone trennende Innenwand. ▷ 3–4

Ähnlich ist **Disphyllum**-Devon. ▷ 5

Zaphrentis – Devon – enthält neben solitären Arten mit einfachen Kelchformen des Polypars auch einige koloniebildende Arten. Das Hauptseptum ist stark verlängert; die größeren Septen stoßen im Zentrum zusammen. Auf der Kelchaußenseite kann die Fiederstellung der Metasepten deutlich erkannt werden. Zahlreiche, unregelmäßig gewölbte Tabulae und Dis-

1 Ketophyllum, 11 cm, Silur, Gotland/Schweden

2 Ketophyllum subturbinata, 5 cm, Silur, Gotland, Schweden

3 Hexagonaria, Oberseite, 12 cm, Devon, Eifel

4 Hexagonaria, Unterseite, 12 cm, Devon, Eifel

5 Disphyllum caespitosum, 15 cm, Devon, Eifel

1

2

3

4

5

sepimente in einer nur schmalen peripheren Zone. Die einfachen, oft hornförmig gekrümmten Einzelkelche von **Hallia** – Devon – sind sehr ähnlich und zeigen den gleichen Innenbau.

Dohmophyllum – Devon – ist gekennzeichnet durch ziemlich große, oft hornförmig gekrümmte Einzelkelche. Die Septen sind zahlreich und lang und setzen sich bis in die zentrale Achsenzone fort, wo sie sich spiralig ineinanderrollen. Peripher zahlreiche, kleine Dissepimente und zentral unregelmäßig gewölbte, dicht übereinander folgende Tabulae. ▷ 1

Cystiphyllum – Silur. Die großen, oft hornförmig gekrümmten Einzelkelche ähneln äußerlich sehr denen von Dohmophyllum. Die Dissepimente sind aber so kräftig entwickelt, daß das gesamte Innere des Polypars von einem blasigen Dissepimentgewebe ausgefüllt ist. Die Radialstruktur der Septen kann darüber fast ganz verschwinden. ▷ 2

Clisiophyllum – Unterkarbon – zeigt äußerlich den gleichen Habitus wie Cystiphyllum. Das Dissepimentgewebe nimmt einen breiten, peripheren Raum ein; im zentralen Teil aber finden sich zahlreiche, unregelmäßige, konisch nach oben gewölbte Tabulae. Der breite, relativ niedrige Kelch von **Plasmophyllum** – Devon – zeigt neben gut erkennbarer Septalstruktur ein ausgedehnt entwickeltes blasiges Dissepimentgewebe.

Goniophyllum – Silur – ist eine sehr auffällige, aus dem Rahmen der unregelmäßigen Kelchformen herausfallende Einzelkoralle. Der kurze, schwach hornförmig gekrümmte Kelch, der im Bereich der Spitze oft wurzelförmige Fortsätze aufweist, hat einen viereckigen, fast quadratischen Querschnitt. Die vier abgeplatteten Seitenflächen sind durch gerundete Kanten voneinander getrennt. Der tiefe Kelch zeigt ziemlich dicke Septen, verdickte Tabulae und ein blasiges Dissepimentgewebe. Am freien Oberrand der vier Seiten sitzen vier dreieckige Platten, mit denen der Kelch verschlossen werden konnte. ▷ 3

Calceola – typisches Leitfossil des Mitteldevon – wird sehr häufig gefunden. Der kurze, breite, hornförmig gekrümmte Kelch mit halbkreisförmigem Querschnitt hat eine abgeplattete, von gerundeten Kanten begrenzte Seite, an deren Oberrand ein halbkreisförmiger Deckel sitzt. Wurzelförmige Fortsätze sind nicht vorhanden. Die relativ regelmäßige Form lag wohl mit der abgeplatteten Seite frei auf dem Grund. Der tiefe Kelch hat nur kurze Septen. Die regelmäßige Gestalt erinnert an einen Pantoffel:

Pantoffelkoralle *(Calceola sandalina).* ▷ 4

Stylastraea – Karbon – bildet Kolonien. Die Polypare stehen dicht gedrängt, haben kleinen Durchmesser und oft polygonalen Querschnitt. Eine deutlich abgegrenzte periphere Zone zeigt konzentrisch angeordnete Dissepimente. Die zentrale Zone hat konisch aufgewölbte Tabulae.

Koninckophyllum – Karbon – bildet ebenfalls Kolonien, aber die im Vergleich zu Stylastraea etwas größeren Polypare stehen weniger gedrängt und zeigen zahlreiche Septen. Die periphere Dissepimentzone ist breit entwickelt. Die zentrale Axialzone zeigt zahlreiche, konisch aufgewölbte Tabulae. Eine Columella ist vorhanden. Bei der nah verwandten **Lonsdaleia** – Karbon – stehen die hochwachsenden, röhrenförmigen Polypare im Stock locker nebeneinander. Zwischen der Polyparwand und der peripheren Dissepimentzone liegt eine Zone blasiger Struktur, in welche die Septen sich nicht fortsetzen. Eine Columella ist vorhanden.

Cravenia – Karbon – und **Verbeekella** – Perm – sind kleinwüchsige Einzelkorallen mit einfachen, meist etwas gekrümmten Kelchen. Die Septen sind auffällig dick. Tabulae sind vorhanden, aber Dissepimente fehlen. Auch **Cyathaxonia** ist eine kleine, kelchförmige Einzelkoralle mit kräftig entwickelter Columella, mit Tabulae, aber ohne Dissepimente.

Während die Tabulatenkorallen ihre Hauptentfaltung schon im Silur hatten und dann langsam zurückgehen, entfalten sich die Pterokorallen erst vom Silur an reicher, sind bis zum Karbon formenreich entwickelt und gehen erst im Perm rasch zurück.

1 Dohmophyllum helianthoides, 11 cm, Devon, Eifel

2 Cystiphyllum tenue, 6 cm, Silur, Gotland, Schweden

3 Goniophyllum pyramidale, 2,5 cm, Silur, Gotland, Schweden

4 Calceola sandalina, 2,5 und 5 cm, Devon, Eifel

Nesseltiere: Korallen

1

2

3

4

Ordnung Cyclokorallen
(Madreporaria* oder *Hexacorallia)

Während im Perm die letzten Pterokorallen verschwinden, erscheinen in der Trias die ersten Cyclokorallen, die sich vom Jura an rasch zu großer Formenfülle entfalten und bis zur Gegenwart steigern.

Auch die Hexakorallen treten als zum Teil recht groß werdende Einzelkorallen sowie als koloniebildende Formen auf. Koloniebildung ist bei den Hexakorallen verbreiteter und stärker entwickelt (Korallenriffe) als bei den Pterokorallen, bei denen Einzelkorallen eine größere Rolle spielen.

Das Polypar entwickelt sich auch hier von der Fußscheibe her. Eine den Polypen vollständig umhüllende Epitheka (vgl. S. 48), welche die Pterokorallen kennzeichnet, ist nur gelegentlich vorhanden; typisch für die Cyclokorallen ist eine Eutheka, die, aus einer Ringfalte der Fußscheibe entstehend, nach oben wächst. Die Septen wachsen bei den Pterokorallen von der Epitheka aus nach innen, bei den Cyclokorallen aus der Fußscheibe nach oben. Die Kelchform der Cyclokorallen ist stärker durch das Breiten- als durch das Höhenwachstum gekennzeichnet: Die Kelche werden oft sehr breit und können niedrig bleiben. Tabulae und Dissepimente spielen daher bei den Cyclokorallen nicht die Rolle wie bei den Pterokorallen. Vorherrschendes Skelettelement ist der Septalapparat.

Als erstes entstehen gleichzeitig sechs gleichwertige, radialsymmetrisch angeordnete Protosepten. Ein erster Metaseptenkranz von sechs Metasepten schaltet sich in die sechs Zwischenräume der Protosepten, so daß nun zwölf Septenzwischenräume vorhanden sind, in die sich ein zweiter Metaseptenkranz von zwölf Septen schaltet usf. Die Septenzahl nimmt also viel rascher zu als bei den Pterokorallen, und dem entspricht auch der stärkere Breitenwuchs des Kelches. Septeneinschaltung und -anordnung zeigen somit eine auf der Zahl Sechs aufbauende Radialsymmetrie. In der Kelchaußenseite ist daher auch keine bilateralsymmetrische Fiederstellung der Septen vorhanden. Die jüngeren Septenkränze setzen auf der Polyparaußenseite höher ein als die älteren.

Oppelismilia und **Triadophyllum** – alpine Trias – kleine, kelchförmige Einzelkorallen. Septen nicht sehr zahlreich, Dissepimente, Columella sowie eine Epitheka sind vorhanden. Vielleicht schließt an sie der kleine **Cyclolites** – Kreide bis Tertiär – an, eine ebenfalls kleine Einzelkoralle mit einem breiten und flachen Polypar, das keine Epitheka hat. ▷ 1

Montlivaltia – Trias bis Kreide – eine Einzelkoralle mit kelchförmigem Polypar, die groß und gelegentlich fast zylindrisch werden kann. Eine schwach entwickelte Epitheka. Zahlreiche Septen, deren Ränder gezähnelt sind. ▷ 2

Verwandt ist **Thecosmilia,** die ebenfalls von der Trias bis in die Kreide reicht und Kolonien bildet; ihre fast zylindrischen Polypare mit zahlreichen Septen treten an den oberen Enden auseinander. ▷ 3

Enallhelia – Jura bis Untere Kreide – bildet ästig verzweigte Kolonien. Die kleinen, nur wenige Septen enthaltenden Polypare sitzen meist alternierend auf den schlanken Ästen. ▷ 5

Isastraea – Jura bis Kreide – bildet ebenfalls massige Kolonien, in denen die Polypare un-

1 Cyclolites macrostoma, 8 cm, Kreide-Senon, Rußbach, Österreich

2 Montlivaltia obconica, 7,5 cm, Jura-Tithon, Nattheim

3 Thecosmilia trichotoma, 2 cm, Jura-Tithon, Nattheim

4 Isatraea explanata, 1 cm, Jura-Tithon, Gerstetten

5 Enallhelia striata, 0,2 cm, Jura-Tithon, Gerstetten

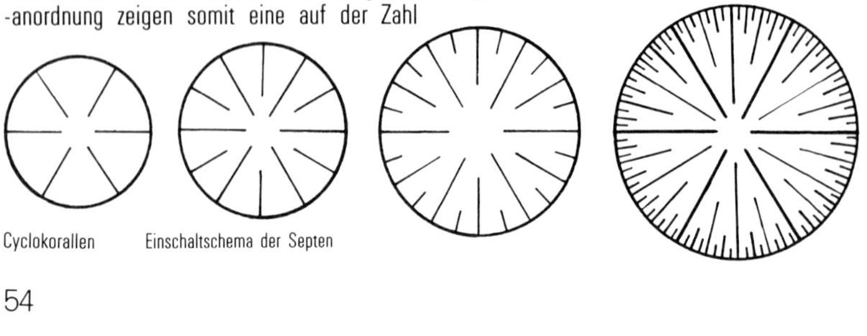

Cyclokorallen Einschaltschema der Septen

1

2

3

4

5

mittelbar nebeneinander stehen und daher oft polygonalen Querschnitt zeigen. Die Oberenden ragen kaum über die Oberfläche heraus. Die Septen sind nicht sehr zahlreich und haben gezähnelte Oberränder. ▷ S. 55, 4

Thamnastraea – Trias bis Kreide – bringt massige, zum Teil inkrustierende oder verästelte Stöcke hervor. Da Trennwände fehlen, sind die Grenzen zwischen den Polyparen verwischt. Die Septen des einen Polypars setzen sich unmittelbar in die der Nachbarpolypare fort. ▷ 1 Diese Eigenschaft ist noch gesteigert bei **Microphyllia** – Jura –, bei der mehrere Polypare nahtlos zusammenwachsen und so langgestreckte, mehr oder weniger gebogene Streifen bilden, die von ähnlichen Nachbarstreifen getrennt sind. Auf der Stockoberfläche treten daher mäandrisch geschwungene Trennlinien auf, welche die Polypargruppen voneinander abgrenzen. Man spricht von der mäandroiden Stockbildung. ▷ 2

Thecocyathus – Jura bis Gegenwart – ist eine kleine Einzelkoralle mit niedrigem, oft scheibenförmigem Polypar und zahlreichen Septen, ohne Außenwand. Sehr ähnlich ist **Discocyathus** – Jura bis Kreide –, der außerdem noch eine Columella besitzt. ▷ 3–4

In der Kreide treten zahlreiche Einzelkorallen mit mäßig hohem Kelch und ohne Epitheka auf. Wir erwähnen als Beispiele:

Rennensismilia – Oberkreide – hat eine nicht hohe, seitlich zusammengedrückte Polyparform. Im peripheren Raum Dissepimente. ▷ 5

Neben diesen Einzelkorallen spielen die oft stattlichen Stöcke der Riffkorallen bis heute eine immer größere Rolle. Weitgehend auf tropische Meere beschränkt, sind sie in der Kreide und dem Tertiär Europas nur schwach vertreten.

Porites – Jura bis Gegenwart – baut massige, oft plumpe Äste bildende oder inkrustierende Stöcke. Die sehr kleinen Polypare haben wenig Septen und eine von kleinen Pfeilern umgebene Columella. Sie stehen ziemlich dicht nebeneinander, weisen keine eigentliche Außenwand auf und sind durch ein maschiges Coenenchym miteinander verbunden.

Porites

Acropora – Tertiär bis Gegenwart – bildet stark verästelte Kolonien. Die kleinen Polypare mit wenigen, kurzen Septen und ohne Columella bauen die Äste auf und ragen mit den Kelchoberteilen frei heraus.

Acropora

Aufgrund ihres aragonitischen Skeletts haben sich die Cyclokorallen weniger gut erhalten als die Pterokorallen. Ist deren widerstandsfähiges kalcitisches Skelett meist fossil erhalten, so finden wir bei den Cyclokorallen oft nur Steinkerne, die nicht eindeutig bestimmbar sind. Im süddeutschen Oberjura sind die hier häufigen Korallen oft verkieselt; weil sie in Kalk eingebettet sind, lassen sie sich gut präparieren und bestimmen.

1 Thamnastraea, 7 cm, Jura-Tithon, Gerstetten

2 Microphyllia astroides, 1 cm, Jura-Tithon, Gerstetten

3 Thecocyathus mactrus, 1,7 cm, Jura-Toarc, Wöhrsberg, Schwäbische Alb

4 Discocyathus, 2,2 cm, Jura-Bathon, Anwil, Schweiz

5 Rennensismilia complanata, 4 cm, Kreide-Senon, Rußbach, Österreich

Unterklasse Lederkorallen *(Octocorallia* oder *Alcyonaria)*

Sind die Steinkorallen dank ihres massiven Kalkskelettes gut erhalten und daher als Fossilien weit verbreitet und wichtig, so treten die Octokorallen in der fossilen Überlieferung sehr stark zurück, da ihre Hartteile meist nur hornig, die Fossilisationsmöglichkeiten daher gering sind.

2

3

4

5

Stamm Weichtiere *(Mollusca)*

Der Stamm der Mollusken umfaßt nicht nur in der Gegenwart, sondern die ganze verfolgbare Erdgeschichte hindurch eine fast unübersehbare Fülle von Arten. Ihre Fossilien gehören zu den am weitesten verbreiteten, zu den bekanntesten und oft auch bezeichnendsten der Erdgeschichte seit dem Ordovizium. In Sammlungen nehmen sie einen bevorzugten Platz ein.

Der außerordentlich vielgestaltig abgewandelte Grundbauplan zeigt drei unscharf voneinander getrennte Abschnitte des Weichkörpers: einen vorderen Kopfabschnitt, der rückgebildet sein kann, einen ventralen muskulösen Fußabschnitt und einen dorsalen Eingeweidesack. Jedem Abschnitt ist ein paarig entwickelter, durch Nervenstränge miteinander verbundener Nervenknoten zugeordnet.

Im Dorsalbereich des Weichkörpers wird schon im frühen Jugendstadium eine ringförmige Falte ausgestülpt, die sich zu einem den gesamten Weichkörper umhüllenden Hautlappen weiterbildet, Mantel oder Pallium genannt. Zwischen Mantel und Weichkörper bleibt ein wechselnd großer, freier Zwischenraum, in den die Kiemen hineinragen (Kiemenhöhle). Die äußere Manteloberfläche scheidet an ihrem weiterwachsenden Rand, aber auch auf der Gesamtoberfläche Kalk aus und bringt damit ein den Weichkörper umhüllendes, kalkiges Gehäuse hervor, das kalzitisch oder aragonitisch sein kann. Am Aufbau der Gehäuseschale nimmt außer dem Kalk auch eine am Mantelrand ausgeschiedene, organische Skelettsubstanz teil, das dem Chitin chemisch nahestehende Conchiolin. Bei den fossilen Resten der Mollusken haben wir es ausschließlich mit dem Kalkgehäuse zu tun. Conchiolin und Weichkörper verschwinden bei der Fossilisation.

Innerhalb der Weichtiere heben sich zwei Unterstämme deutlich voneinander ab:

1. Die **Amphineura**
2. Die **Conchifera**

Die formenarmen Amphineuren umfassen die beiden Klassen der **Wurmschnecken** ***(Solenogastres)***, ohne Hartteile, fossil nicht vertreten, und der **Käferschnecken** ***(Polyplacophora)*** mit länglich ovalem Körper, der auf der Dorsalseite von meist acht rechteckigen Kalkplatten bedeckt ist. Sie sind zwar seit dem Kambrium nachgewiesen, Reste von ihnen jedoch selten. ▷

Die Conchiferen kennzeichnen sich durch das kalkige Schalengehäuse und umfassen die vielgestaltige Formenfülle, die man gemeinhin unter den Weichtieren versteht.

Die Schale wird vom Mantelrand her gebildet. Er ragt nicht über den Schalenrand vor, ist nach außen zurückgebogen und bildet eine kleine Tasche. In ihr wird zunächst Conchiolin ausgeschieden, und zwar in Form eines dünnen Häutchens. Darin wird in Form von senkrecht zur Oberfläche stehenden, feinen Kalzitprismen Kalk (Kalzit) ausgeschieden. So entsteht eine aus einem äußeren Conchiolinhäutchen (Periostracum) und einer verschieden dikken, darunter liegenden Prismenschicht aufgebaute Schale. Die Skulpturelemente der Schalenoberfläche (Rippen, Stacheln usf.) werden in der Prismenschicht angelegt. Von der gesamten Manteloberfläche wird schließlich Aragonit in Form von feinen, dünnen, zur Schalenoberfläche parallel verlaufenden Lamellen ausgeschieden (Perlmutterschicht), welche die Prismenschicht innen auskleiden. Die Perlmutterschicht ist daher am Schalenrand dünn und um so dicker, je mehr man sich den Anfangsteilen des Gehäuses nähert. So wird auch verständlich, daß nur die Außenseite des Gehäuses Verzierungen zeigt, während die mit Perlmutter ausgekleidete Innenseite der Schale glatt ist. Wo die innere Auskleidung mit Perlmutter nur dünn bleibt, können die Verzierungen auch auf der Innenseite der Schale noch mehr oder weniger deutlich durchschimmern.

Der ursprünglich vorhandene, dreischichtige Schalenaufbau kann sekundär bei den höher differenzierten Conchiferen stark abgewandelt werden. Bei den Ammoniten zum Beispiel und bei den höher differenzierten Muscheln wird die Schale ganz aragonitisch; im anderen Extrem, bei den Austern, ist sie kalzitisch und von parallel zur Oberfläche verlaufenden Kalzitlagen aufgebaut.

Käferschnecke Chiton saeniensis, 3,5 cm, Tertiär-Pliozän, Siena, Toskana, Italien

Klasse Muscheln *(Lamellibranchiata, Pelecypoda oder Bivalvia)*

Bei den Muscheln wächst die dorsale Mantelanlage in zwei Lappen über die Flanken des Weichkörpers ventralwärts. In den beiden Mantellappen wird die Kalkschale ausgeschieden; in der dorsalen Mittellinie unterbleibt die Kalkausscheidung, so daß zwei getrennte, laterale Kalkklappen entstehen, die dorsal durch das elastische Conchiolin verbunden sind. So kommt es zu dem zweiklappigen Muschelgehäuse, dessen beide Klappen, rechts und links, die beiden Körperflanken überdecken und sich spiegelbildlich zueinander verhalten. Die Symmetrieebene des bilateral-symmetrischen Körpers verläuft zwischen diesen Klappen. Der Dorsalrand, an dem die beiden durch Conchiolin miteinander verbunden sind, ist der Ligamentrand. Der gegenüberliegende Ventralrand endet frei. Die beidseitigen Mantellappen und damit auch die beiden Gehäuseklappen wachsen so stark nach vorn, hinten und unten, daß der Weichkörper, legen sich die freien Ränder aneinander, völlig im Gehäuse eingeschlossen ist. Dieser Zustand wird dadurch hergestellt, daß im vorderen und hinteren Abschnitt des Gehäuses ein von der einen zur anderen Klappe verlaufender Muskel (Schließmuskel, Adduktor) kontrahiert. Durch diese Drehbewegung der beiden Klappen wird das Ligament des Dorsalrandes gedehnt. Beim Erschlaffen der Schließmuskeln zieht sich das Ligament dank seiner Elastizität zusammen, so daß die freien Ränder klaffen. Dieses ursprünglich äußere Ligament, das aus dem die Schalenoberfläche bildenden Conchiolin hervorgegangen ist, wird bei vielen fortschrittlicheren Muscheln zum Resilium (inneres Ligament) weitergebildet. Das ursprünglich äußere Ligament bleibt erhalten, hat aber nur mehr die Funktion, die beiden Klappen zusammenzuhalten. Innerhalb des dorsalen Schalenrandes entwickelt sich eine in einer kleinen Grube untergebrachte elastische Masse, die beim Schalenschluß komprimiert wird und sich beim Erschlaffen der Schließmuskeln dank ihrer Elastizität ausdehnt und damit ein Klaffen der Klappen bewirkt.

Der am stärksten gewölbte und dorsal mehr oder weniger stark vorspringende Anfangsteil der Schale ist der Wirbel (Umbo). Er ist meist etwas nach vorn gedreht (prosogyr), seltener weist er nach hinten (opisthogyr). Das ist ein Hinweis auf die Schalenorientierung.

Da der Mantelrand etwas über den Schalenrand vorragt, muß er beim Schalenschluß zurückgezogen werden. Das besorgen radiale Muskelfasern im peripheren Mantelteil. Ihre hinteren Haftstellen hinterlassen Marken auf der Schaleninnenseite, die eine zum Mantelrand parallele Linie, die Mantellinie bilden. Bei fortschrittlichen Muscheln verwachsen die ventralen Mantelränder auf beiden Seiten. Die dadurch entstehende, den Weichkörper mit der Kiemenhöhle umschließende Mantelröhre kann sich nach hinten über den Gehäuserand (Sipho) verlängern; er ist oft in Atem- und Nahrungssipho geteilt. Um ihn beim Schalenschluß zurückziehen zu können, verlängern sich die Mantelrandmuskeln; sie greifen im Gehäuseinneren weiter zurück, so daß der Mantelrand ausgebuchtet wird (sinupalliater im Gegensatz zum ursprünglichen integripalliaten Mantelrand).

Um bei der Schließ- und Öffnungsdrehbewegung eine Verkantung der beiden Klappen zu verhindern, bilden sich am verdickten, dorsalen Schalenrand Erhebungen (Zähne), die in Gruben der gegenüberliegenden Klappe eingreifen. Dieses die Drehbewegung führende Scharnier ist das Schloß. Ist der dorsale Schalenrand geradegestreckt, bildet er eine die Drehbewegung führende Drehachse. Der

Crassatellites, 5 cm, Kreide, Tennessee, USA

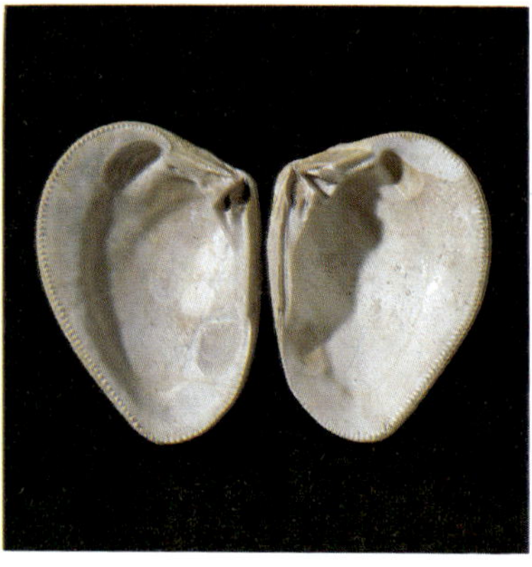

Merkmale der Muschelschale

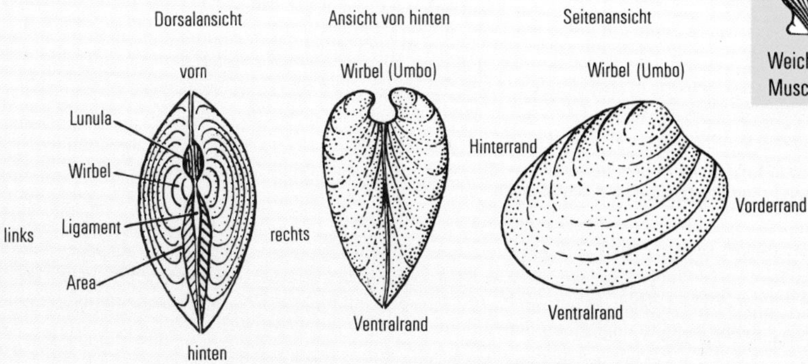

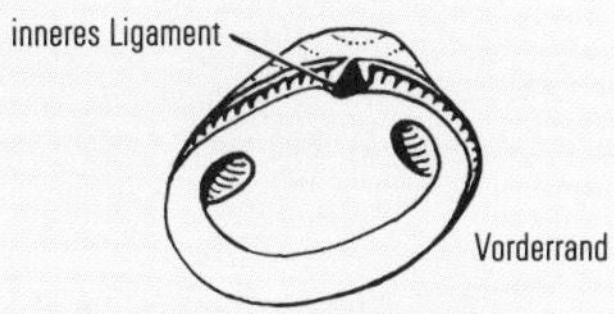

ctenodontes (taxodontes) Schloß
2 gleiche Schließmuskeln (dimyar-isomyar)
Mantellinie integripalliat

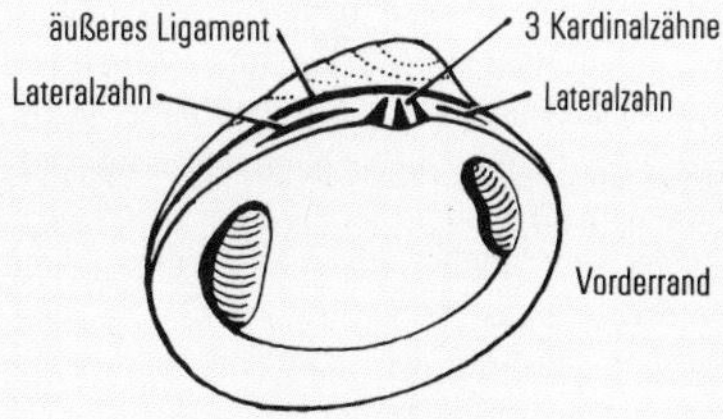

heterodontes Schloß
isomyar, integripalliat

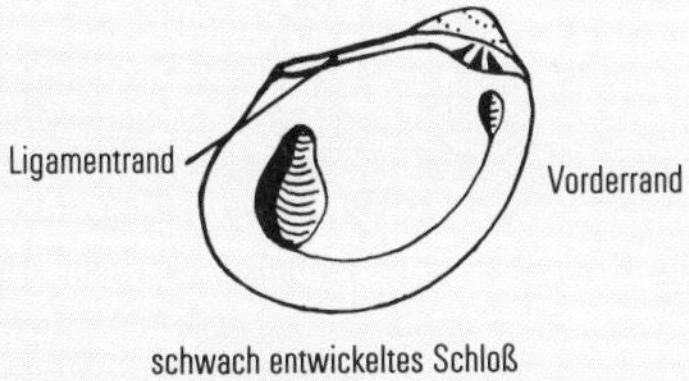

schwach entwickeltes Schloß
großer hinterer und kleiner vorderer
Schließmuskel (anisomyar)

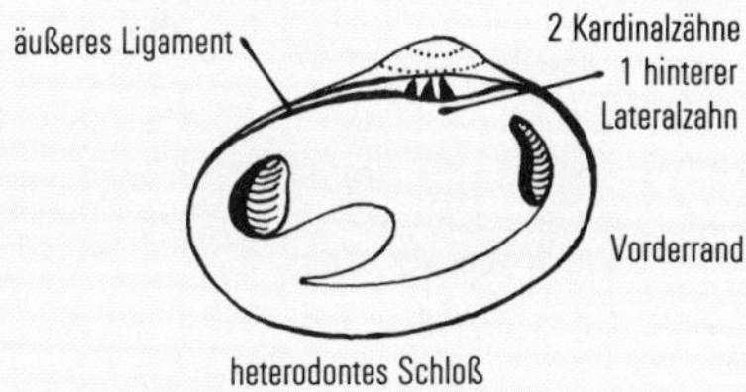

heterodontes Schloß
isomyare Schließmuskeln
Mantellinie mit Bucht (sinupalliat)

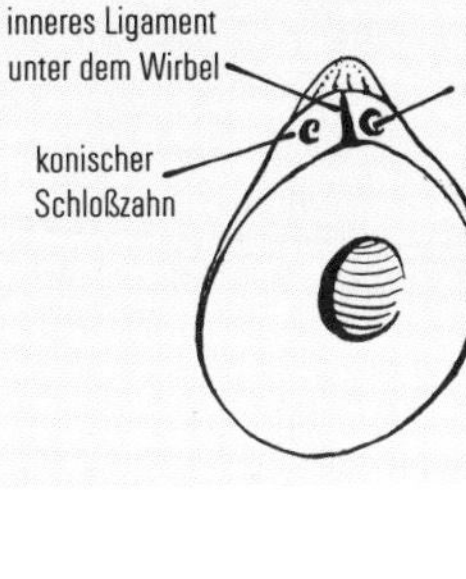

je 1 konischer Schloßzahn (isodont)
nur ein (hinterer) Schließmuskel
(monomyar)

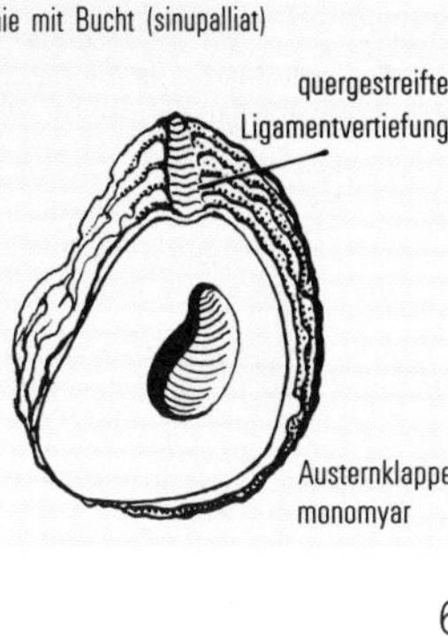

Austernklappe
monomyar

Schloßrand bleibt dann zahnlos. Häufiger ist der Schloßrand gebogen. Dann tritt ein Schloß auf, das bei den verschiedenen Gruppen durch Zahl, Anordnung und Ausbildung der Schloßzähne und Gruben typisch verschieden ausgebildet sein kann. Das taxodonte Schloß hat zahlreiche gleiche, kleine Zähnchen, das heterodonte ist gekennzeichnet durch wenige größere Kardinalzähne unter dem Wirbel und einige wenige schalenrand-parallele, lamellenförmige, vordere und hintere Lateralzähne. Das heterodonte Schloß zeigt verschiedene, typische Modifikationen. Beim Vorhandensein eines Resiliums schaltet sich zwischen die Schloßelemente eine Ligamentgrube.
Schloß, Haftnarben für Ligament bzw. Resilium, Haftnarben der Schließmuskeln sowie Ausbildung der Mantellinie sind wichtige Merkmale des Gehäuses, die in Beziehung zu der Organisation des Weichkörpers stehen und daher neben der oft untypischen äußeren Gestalt des Gehäuses wichtige Bestimmungsmerkmale liefern.
Wichtig kann auch die Verzierung des Gehäuses sein, die aus konzentrischen, zum Schalenrand parallelen und/oder radialen, vom Wirbel ausgehenden, auf dem Schalenrand mehr oder weniger senkrecht stehenden Elementen gebildet sein kann.
Da die Schalen am Rand wachsen, entstehen auf der Außenseite sichtbare Anwachsstreifen. Ihr Verlauf hilft bei Bruchstücken, den Umriß zu rekonstruieren und gibt auch Hinweise auf Veränderungen der Gehäuseumrisse im Laufe des Wachstums.

Unterklasse Palaeotaxodonta

Sie umfassen die primitivsten Muscheln mit einem taxodonten Schloß und zwei gleich gut entwickelten Schließmuskeln.

Ctenodonta – Ordovizium bis Karbon – ist eine kleine, kräftig gewölbte Muschel mit rundlichem bis ovalem Umriß. Einfaches äußerliches Ligament und gebogener, einfacher Schloßrand. ▷

Nucula – Ordovizium bis Gegenwart –, heute in mehrere Gattungen aufgelöst, ist einer der langlebigsten Muscheltypen und vor Ordovizium bis heute in der äußeren Gestalt kaum verändert. Sie lebt in den Ozeanen, von der Flachsee bis in mehrere 1000 m Tiefe. Klein, kräftig gewölbt, rundlicher bis ovaler Umriß. Oberfläche glatt mit Anwachsstreifen. Eine Grube für das Resilium trennt einen vorderen Abschnitt des taxodonten Schlosses von dem hinteren.

Unterklasse Cryptodonta

Sie sind eine kleine, vorwiegend paläozoische Gruppe, noch unzureichend bekannter, primitiver Muscheln verschiedener Gehäusegestalt mit zahnlosem Schloß und integripalliatem Mantelrand.

Solemya – Kreide bis Gegenwart – ist der einzige noch bis in die Gegenwart reichende Vertreter der Gruppe. Langgestreckter, ovaler Umriß, dünnschalig, mit dem Hinterende stark genähertem Wirbel. ▷

Janeia – Devon und Karbon – mit ähnlich langgestreckter Umrißform und stark nach hinten verlagertem Wirbel dürfte ein Vorläufer von Lolemya sein. ▷

Grammysia – Silur bis Karbon – wird relativ groß. Länglicher ovaler Umriß und weit nach vorn verlagerter, kräftig prosogyrer Wirbel. Zwei bis drei vom Wirbel nach hinten unten verlaufende Furchen. Schwache konzentrische Wellung. ▷ 1

Cardiomorpha und **Edmondia** – Karbon und Perm – werden ebenfalls ziemlich groß. Länglicher ovaler Umriß, weit vorn gelegener, prosogyrer Wirbel, kräftig gewölbt. Konzentrische Runzelung. Unterscheiden sich von Grammysia durch kräftige Wölbung und das Fehlen der beiden vom Wirbel ausgehenden Furchen.

Cardiola – Silur – im Gegensatz zu den vorhergehend genannten Formen ziemlich dickschalig. Der gerundet dreieckige Umriß mit stark vorragendem Wirbel erinnert an die Herzmuschel. Unter den Wirbeln ist eine dreieckige Area abgegrenzt. Die Oberfläche mit kräftiger, radialer und konzentrischer Furchung, so daß die Oberfläche vergittert verziert ist.

Buchiola – Silur und Devon – hat eine ähnliche, dreieckig gerundete Form mit kräftiger Wölbung. Der Dorsalrand (Schloßrand) ist gerade und relativ lang. Breite Radialrippen und kräftige Anwachsstreifung. Ähnlich **Praecardium** – Silur und Devon. ▷2

1 *Grammysia, 3,5 cm, Silur, Gotland, Schweden*

2 *Praecardium clymeniae, 1,8 cm, Devon, Nehden*

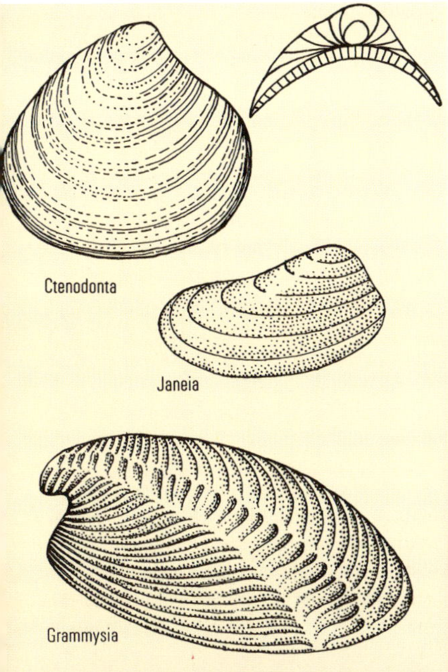
Ctenodonta
Janeia
Grammysia

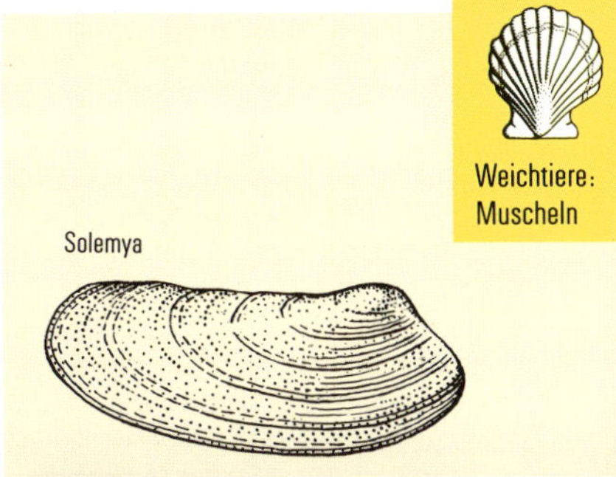
Solemya

1

2

Unterklasse Pteriomorpha

Sie sind eine außerordentlich vielgestaltige Gruppe, die vom Altpaläozoikum an reich entwickelt ist und vom ausgehenden Paläozoikum bis zur Gegenwart eine zunehmend größere Rolle spielt. Die primitiveren Formenkreise haben ein vor allem nach hinten entwickeltes Gehäuse, so daß der Wirbel ganz vorn liegt. Der Dorsalrand ist lang und gerade, vor allem hinter dem Wirbel. Kleine Schloßzähnchen sind nur ganz vorn unter dem Wirbel vorhanden. Der vordere Schließmuskel ist sehr klein, der hintere dagegen groß und kräftig **(Anisomyarer Typus)**. Hierher gehören:

Pterinea – Ordovizium bis Devon – mit schiefovalem Umriß und fast endständigem, vorn gelegenem, kleinem Wirbel. Meist ungleichklappig, linke Klappe größer, stärker gewölbt als rechte. Glatt oder radial berippt. Langer, gerader, sich vom Wirbel nach hinten erstreckender Dorsalrand mit äußerem Ligament. Heute in zahlreiche Gattungen aufgelöst.

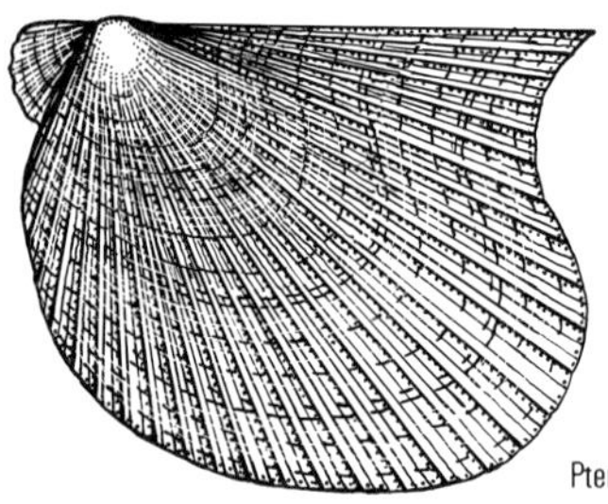

Pterinea

Ambonychia – Silur – unterscheidet sich von Pterinea durch dickere und stärker gewölbte Schalenklappen: einige kleine Schloßzähnchen unter dem Wirbel und einige lange, randparallele Lateralzähne oder nur einer am Dorsalrand. ▷ 1

Pteria – Trias bis Gegenwart –, heute in zahlreiche Gattungen aufgelöst, schief dreieckig mit endständigem, vorderem Wirbel; linke Klappe etwas stärker gewölbt als die rechte. Postero-Dorsalrand als flaches »Ohr« von der stärker gewölbten Klappe abgesetzt; oft auch kleines vorderes Ohr. Perlmutterschicht kräftig entwickelt. Ähnlich **Oxytoma** – Trias und Kreide. ▷ 2

Posidonia – Karbon bis Kreide – hat schiefovalen bis fast kreisförmigen Umriß, endständigen Wirbel, dünne Schale, konzentrische, deutliche Anwachsstreifung. Schwach gewölbt. Ihr sehr ähnlich ist die kleine, fast kreisrunde, dünnschalige, konzentrisch gestreifte **Steinmannia** – Unterer Jura – ▷ 3 sowie die größere **Daonella** – alpine Trias –, die sich von Posidonia durch das Fehlen der Ohren unterscheidet.

Modiolus – Devon bis Gegenwart – hat einen langgestreckt schiefovalen Umriß mit endständigem Wirbel, ist gleichklappig, kräftig gewölbt. Der gerade gestreckte, hintere Ligamentrand ist als hinteres Ohr abgesetzt, oft ist auch ein kleineres vorderes Ohr vorhanden. Perlmutterschicht kräftig entwickelt. **Mytilus (Miesmuschel)** – Jura bis Gegenwart – unterscheidet sich durch das Fehlen deutlich abgesetzter Ohren, der Umriß wird dadurch schief spitzdreieckig mit endständigem Wirbel.

Im Gegensatz zu diesen anisomyaren Gattungen ist bei den folgenden der vordere Schließmuskel ganz rückgebildet, der hintere große nimmt eine mehr zentrale Lage im Gehäuse ein: **Einmuskler = Monomyare Muscheln**, die sich vom ausgehenden Paläozoikum an reich entfalten.

Gervillia – Trias bis Kreide – mit schiefovalem, nach hinten verlängertem Umriß ist kräftig gewölbt, linke Klappe größer als rechte. Konzentrisch gestreift. Das Ligament liegt in einigen Querfurchen des langen, geraden Postero-Dorsalrandes. ▷ 4 Gleiche Ligamententwicklung zeigt das schiefdreieckige bis schiefovale, schwächer gewölbte **Isognomen** – Trias bis Gegenwart – mit kräftig entwickelter Perlmutterschicht.

Inoceramus – Jura bis Gegenwart – heute in zahlreiche Gattungen aufgelöst; die zahlreichen zum Teil großwüchsigen Arten der Kreide

1 *Ambonychia corragata, 6 cm, Ordovizium, Siljan, Schweden*
2 *Oxytoma inaequivalvis, 3,5 cm, Jura-Pliensbach, Göppingen*
3 *Steinmannia bronni, 1 cm, Jura-Toarc, Dotternhausen*
4 *Gervillella sublanceolata, 20 cm, Kreide, Isle of Wight, England*
5 *Inoceramus concentricus, 6 cm, Kreide-Alb, Troyes, Frankreich*
6 *Inoceramus, 14 cm, Kreide-Senon, Rußbach, Österreich*

1

2

3

4

5

6

als Leitfossilien wichtig. Ungleichklappig mit größerer linker Klappe. Schiefovaler bis gerundet dreieckiger Umriß mit endständigem Wirbel. Ligament in zahlreichen Querfurchen am Postero-Dorsalrand. Konzentrisch gestreift oder gewellt, seltener Radialrippung. Prismenschicht vor allem der Kreideformen sehr kräftig entwickelt. ▷ S. 65, 5–6

Pinna – Perm bis Gegenwart – langgestreckt, gleichseitig dreieckig mit spitzem, endständigem Wirbel, mit dem die Muschel im Sediment steckt (Steckmuschel). Hinterer, nach oben gerichteter Rand klaffend. Beide Klappen mit einer medianen Längskante, so daß der Gehäusequerschnitt vierkantig wird. Langes, gerades Ligament. Stark entwickelte Prismenschicht.

Aviculopecten – Karbon bis Perm – hat fast kreisrunden Umriß mit median gelegenem, kleinem Wirbel und vorderem und hinterem, deutlich abgesetzten Ohr. Linke Klappe größer und stärker gewölbt als rechte. Schloßrand gerade, ziemlich kurz mit äußerem Ligament. Radial gerippt.

Während bei allen bisher genannten Formen die linke, meist kräftiger gewölbte Klappe die Unterklappe ist, wird bei den wohl an Aviculopecten anschließenden **Kammuscheln** ***(Pectinidae)*** die rechte Klappe zur Unterklappe. Allen gemeinsam ist ein gleichschenklig dreieckiger bis kreisrunder Umriß mit median gelegenem Wirbel; ein inneres, in einer dreieckigen Grube unter dem Wirbel gelegenes Ligament; ein großer, zentral gelegener Schließmuskel. Die Orientierung des Gehäuses wird erleichtert durch einen meist vorhandenen Ausschnitt unter dem vorderen Ohr. Wichtige zu den Pectiniden gehörende Gattungen sind: **Entolium** – Trias bis Kreide – fast kreisrund, glatt, gleichklappig mit zwei gleichen, kleinen, vorspringenden Ohren. ▷ 1 – **Amusium** – Jura bis Gegenwart – fast kreisrund, hinteres Ohr meist größer als vorderes, außen glatt, innen mit einigen Radialrippen. – **Chlamys** – Trias bis heute – schwach ungleichklappig mit stärker gewölbter, linker Oberklappe. Gitterskulptur mit kräftigen Anwachsstreifen und meist feiner Radialrippung. ▷ 2 – **Camptonectes** – Jura bis Kreide – mit stärker gewölbter, linker Klappe, Radialrippung und konzentrischer Streifung. – **Aequipecten** – Jura bis Gegenwart – fast gleichklappig, mit nahezu gleich großen Ohren. Relativ breite, dicht stehende Radialrippen. ▷ 3 – **Pecten** – Tertiär bis heute – in zahlreichen Gattungen aufgelöst. Rechte Klappe stärker gewölbt. Beide Ohren meist gleich groß. Ausgeprägte, im einzelnen verschiedene Radialrippung. ▷ 4 – **Neithea** – Kreide – mit sehr stark gewölbter rechter Unterklappe, flacher bis konkaver Oberklappe, kleinen, gleichen Ohren. Vier bis sechs kräftige Radialrippen, zwischen die sich feinere Radialrippen schalten. Wichtige Leitfossilien in der Kreide. ▷ 5

Wie die Pectiniden eine größere rechte, meist festgewachsene Unterklappe, die, anders als diese, zusätzlich einen kräftigen Schloßzahn jederseits der Ligamentgrube haben

Plicatula – Trias bis Gegenwart – mit unregelmäßig dreieckigem Umriß, unregelmäßigen, oft mit Dornen besetzten Radialrippen und kräftiger Anwachsstreifung sowie der größer werdende, dickschalige **Spondylus** – Jura bis Gegenwart – mit unregelmäßig dreieckigem Umriß, unregelmäßiger Radialrippung, meist mit kräftigen Dornen.

Lima – Karbon bis Gegenwart –, in zahlreiche Gattungen aufgelöst, ist gleichklappig, mit schiefdreieckigem Umriß, zwei kleinen Ohren, mit innerem, in einer dreieckigen Grube unter dem Wirbel gelegenen Ligament. Glatt oder radial berippt. ▷ 6 Das groß werdende **Ctenostreon** hat kräftige Radialrippung, lamellös verstärkte Anwachsstreifung und etwas unregelmäßige Gehäusegestalt.

Ein letzter wichtiger, monomyarer Formenkreis ist die Familie der **Austern** ***(Ostreidae)***.

Sie sind mit einer Klappe, und zwar der linken unteren, festgewachsen. Die Schale ist dick

1 Entolium corneolum, 4,5 cm, Jura-Bajoc, Bayeux, Frankreich

2 Chlamis, 2 cm, Jura-Sinemur, Göppingen

3 Aequipecten opercularis, 5,5 cm, Tertiär-Miozän, Warthausen, Oberschwaben

4 Pecten gigas, 10 cm, Tertiär-Pliozän, Empoli, Italien

5 Neithea quadricostata, 7 cm, Kreide-Santon, Haltern, Westfalen

6 Plagiostoma striatum, 5 cm, Trias-Muschelkalk, Braunsbach/Kocher

1

2

3

4

5

6

und von oberflächenparallelen Kalzitlamellen aufgebaut (Calcitostracum), so daß lamellöse Anwachslinien entstehen. Der große Schließmuskel liegt zentral. Das große, zum Teil innere Ligament in einer flachen, meist trapezförmigen Eindellung unter dem Wirbel ist fein quergestreift. Wichtigste Vertreter sind:

Gryphaea – Jura – nur in der Jugend festgewachsen; Unterklappe länglich oval, tiefschlüsselförmig mit spiralig eingerolltem Wirbel. Oberklappe flach ausgebildet. ▷ 1

Pycnodonte – Kreide – mit gleicher Schalengestalt unterscheidet sich durch die Schalenstruktur.

Auch **Exogyra** – Jura und Kreide – hat eine tief schlüsselförmige, große Unterklappe und eine als flachen Deckel ausgebildete Oberklappe; der stark spiralig eingerollte Wirbel ist jedoch in der Schalenebene eingerollt.

Liostrea – Jura – hat eine der Eßauster ähnliche, unregelmäßige Gestalt, unterscheidet sich von dieser durch die Schalenstruktur. ▷ 2

Ostrea – Kreide bis Gegenwart –, hierzu gehört die **Eßauster**, hat eine unregelmäßige Gestalt.

Lopha – Trias bis Gegenwart – ist durch die kräftige Radialfaltung beider Klappen gekennzeichnet. ▷ 3–5

Bei **Arctostrea** schließlich – Jura und Kreide – ist das Gehäuse langgestreckt schmal mit einer Mittelkante, von der eine kräftige Faltung zu den Seitenrändern ausgeht.

Der von pterineaähnlichen Formen des Altpaläozoikums ausgehende Formenkreis der **Arcoiden** zeigt eine völlig andere Entwicklung. Der Dorsalrand verlängert sich nach vorn, so daß der Wirbel sich mehr der Mitte nähert. Damit wird auch die vordere Schalenhälfte wieder größer, der vordere Schließmuskel erreicht, statt zu verkümmern, wieder die Größe des hinteren, so daß der ursprüngliche, isomyare Zustand (zwei gleiche Schließmuskeln) wiederhergestellt wird. Das Ligament bleibt äußerlich und liegt in einer dreieckigen Area zwischen Wirbel und Schalenrand. Das Schloß entwickelt neben den kleinen, unter dem Wirbel liegenden, quer zum Rand orientierten Zähnchen lange, lamellenförmige Lateralzähne, die parallel zum Schalenrand stehen und mehr und mehr von kleinen, quergestellten Zähnchen verdrängt werden, so daß sich ein geradegestrecktes, taxodontes Schloß entwickelt.

Parallelodon – Silur bis Jura – langgestreckt, gerundet rechteckig, mit weit vorn gelegenem Wirbel. Zwei bis drei kleine Schloßzähne unter dem Wirbel, dahinter zwei bis drei lange Lateralzähne.

Cucullaea – Jura bis Gegenwart – kräftig gewölbt, schiefrechteckig. Große Ligamentarea. Vordere und hintere Lateralzähne und wechselnde Anzahl kleinerer, quergestellter Schloßzähne unter dem Wirbel.

Arca – Kreide bis Gegenwart – rechteckig bis gerundet dreieckig mit stark vorspringendem Wirbel, großer, dreieckiger Ligamentarea und taxodontem Schloß ohne Seitenzähne. Wie Cucullaea kräftig radial berippt. Heute in zahlreiche Gattungen aufgelöst.

Glycimeris – Kreide bis Gegenwart – fast kreisrund, mäßig gewölbt, schwach gebogener taxodonter Schloßrand und kleine Ligamentarea. Oberfläche meist glatt. ▷ 6

Unterklasse Palaeoheterodonta

Sie sind durch das palaeoheterodonte Schloß gekennzeichnet (zwei bis drei kräftige Schloßzähne unter dem Wirbel, ohne Lateralzähne); Schloßrand mäßig gebogen. Ligament äußerlich hinter dem Wirbel. Mantelrand stets integripalliat. Zwei mehr oder weniger gleich entwickelte Schließmuskeln (isomyar).

Modiomorpha – Silur bis Perm – hat querovales, stark nach hinten verlängertes Gehäuse und einen weit vorn liegenden Wirbel. Keine Rippung, konzentrische Anwachsstreifen. Bei dem sehr ähnlichen **Leptodomus** – Devon – tritt häufig eine vom Wirbel nach hinten unten verlaufende Kante auf.

Mecynodon – Devon – dickschalig, gerundet

1 *Gryphaea arcuata, 4,5 cm, Jura-Sinnemur, Aldingen*
2 *Liostrea eduliformis, 12 cm, Jura-Bajoc, Gosheim*
3 *Lopha marshi (2 Exemplare), 12 cm, Jura-Bajoc, Fürstenberg*
4 *Lopha marshi (Einzelklappe), 10 cm, Jura-Bajoc, Gosheim*
5 *Beispiel einer Auster (2,5 cm), die mit ihrer linken Klappe auf einer Ammonitenschale festwuchs und deren Struktur auf die rechte Klappe übertrug*
6 *Glycimeris, 3,5 cm, Oligozän, Hildesheim*

1

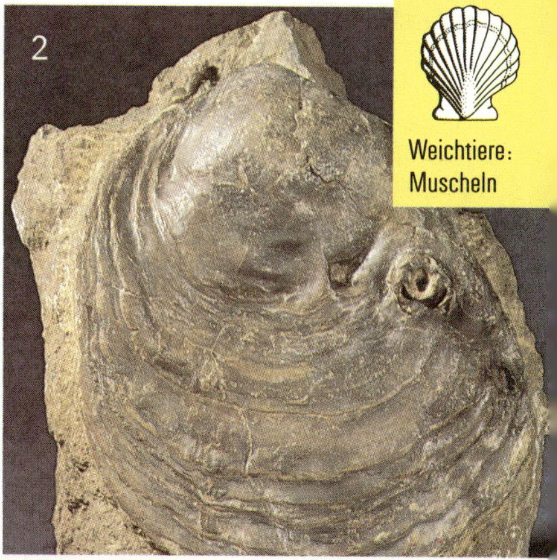
2

3

4

5

6

rechteckig mit weit vorn liegendem Wirbel. Zwei kräftige Schloßzähne unter dem Wirbel und zwei vom Wirbel nach hinten unten verlaufende Kanten. Der im übrigen sehr ähnliche **Pleurophorus** – Devon – hat nur einen kräftigen Schloßzahn und mehrere nach hinten unten verlaufende Rippen.

Sphenotus – Devon und Karbon – queroval, nach hinten verlängert. Der Wirbel liegt vor der Mitte. Meist eine kräftige, vom Wirbel nach hinten unten verlaufende Kante.

Die für den Fossilsammler interessanteste Palaeoheterodontengruppe ist die der **Schizodonten (Spaltzähner)** mit einem dreieckigen, meist gespaltenen Schloßzahn in der linken und zwei, den Spaltzahn umgreifenden Schloßzähnen in der rechten Klappe. Schalenumriß gerundet dreieckig, mit vorspringendem, oft opisthogyren Wirbel.

Schizodus – Devon bis Jura – gerundet dreieckig mit mäßig vorspringendem Wirbel und glatter Oberfläche. Das schizodonte Schloß bleibt ziemlich klein.

Myophoria – Trias – schief dreieckig, oft nach hinten etwas verlängert, so daß der Wirbel deutlich vor der Mitte sitzt; prosogyr. Vom Wirbel nach hinten unten verlaufende Kante trennt einen kleineren, hinteren, steiler abfallenden Schalenteil ab. Vor ihr können eine oder einige Radialrippen liegen; im Extremfall tritt Radialrippung auf. Die Gattung wird heute in einige Gattungen aufgeteilt. Verschiedene Arten als Leitfossilien in der Trias wichtig.

Trigonia – Jura bis Gegenwart – ebenfalls in verschiedene Gattungen aufgelöst, formenreich entfaltet im Jura, in der Kreide zurückgehend und mehr und mehr auf die Südhemisphäre beschränkt. Ein letzter Nachzügler der im Jura kosmopolitischen Gruppe lebt in den Meeren um Australien. Das schizodonte Schloß ist kräftig entwickelt, die Schloßzähne sind gerieft. Wirbel mäßig opisthogyr, liegen vor der Mitte. Das hintere Unterende oft kräftig ausgezogen. Die vom Wirbel nach hinten unten verlaufende Kante trennt eine hintere, steiler abfallende Area, die anders skulptiert ist als die übrige Schale. Die Verzierung mit konzentrischen oder radialen oder schräg verlaufenden Rippen oder entsprechend orientierten Knotenreihen ist sehr mannigfaltig und Grundlage der Gattungsaufteilung. ▷

Zu den Palaeoheterodonten gehören auch die **Süßwassermuscheln (Unioniden)** mit meist länglichovalem Umriß und vor der Mitte liegendem Wirbel; äußeres Ligament hinter dem Wirbel; das Schloß ist oft zurückgebildet. Unsere heutige **Flußmuschel** *(Unio)* war in tertiären Süßwasserformationen ziemlich verbreitet. Die ältesten Vertreter der Familie stammen aus dem Karbon:

Anthracosia – Karbon bis Perm – länglich oval, dünnschalig, Wirbel kaum vorragend, erinnert an unsere heutige **Teichmuschel** *(Anodonta)*, bleibt aber wesentlich kleiner.

Carbonicola – Karbon – kräftiger gewölbt, hat einen etwas stärker vorspringenden Wirbel. Beide Gattungen haben deutliche Anwachsstreifen.

Zusammen mit Asiathracon kommt in den karbonischen Süßwasserformationen noch **Najadites** vor, die mit einem vorderen, endständigen Wirbel, einem nach hinten verlängerten, geraden Ligamentrand und schief dreieckigem Umriß ein Abkömmling der Pteriomorphen sein dürfte.

Anoplophora – Trias – klein, länglich oval, kaum vorspringender Wirbel, dünnschalig, mit einfachem Schloßzahn in jeder Klappe, findet sich vorwiegend in brackischer Fazies, geht aber ins Süßwasser und gelegentlich in die marine Fazies.

Unterklasse Heterodonta

Sie sind neben den monomyaren Pteriomorphen im Mesozoikum und Känozoikum die formenreichste und verbreitetste Muschelgruppe. Bei sehr verschiedener Gehäusegestalt, äußerem oder innerem Ligament und integri- oder sinupalliatem Mantelrand haben alle das heterodonte Schloß gemeinsam, mit zwei oder drei Schloß- und ein oder zwei vorderen und hinteren Lateralzähnen, sowie die isomyare Ausbildung der Schließmuskeln. Das Schloß kann stark rückgebildet werden. Auch die Weichkörperorganisation mit gut entwickelten Blattkiemen (Lamellibranchien) weist auf die Zusammengehörigkeit der vielgestaltigen Angehörigen des Formenkreises hin. Die Schale ist oft rein aragonitisch, daher auch eine die Bestimmung erschwerende Steinkernerhaltung.

Scaphotrigonia navis, 7,5 cm, Jura-Aalen, Weilerstoffeln, Schwäbische Alb

Paracyclas – Devon – fast kreisrund, schwach gewölbt, konzentrisch gestreift. Integripalliat, zwei kleine Schloßzähne.

Lucina – Kreide bis Gegenwart – angenähert kreisrund, kleiner Wirbel, mit einer als Lunula bezeichneten, kleinen, abgetrennten Fläche vor dem Wirbel. Konzentrisch gestreift. Integripalliat. Zwei Schloß- und ein oder zwei Lateralzähne. Freie Schalenränder innen gezähnelt. Ähnliche, nahe verwandte Formen kommen seit dem oberen Paläozoikum vor.

Chama – Tertiär bis Gegenwart – dickschalig, mit der linken Klappe festgewachsen. Kräftige, konzentrische, oft stachelige oder schuppige Anwachsstreifen. Integripalliat. Links zwei Schloßzähne, rechts ein Schloßzahn. ▷ 1

Cardita – Tertiär bis Gegenwart – dickschalig: Schief dreieckig bis trapezförmig mit weit vorn gelegenem Wirbel. Kräftige Radialrippung. Links zwei, rechts drei kräftige Schloßzähne, Lateralzähne schwach entwickelt. Ligament äußerlich, hinter dem Wirbel. Verwandte, sehr ähnliche Formen seit dem Jungpaläozoikum bekannt.

Astarte – Jura bis Gegenwart – ist ein Sammelbegriff für zahlreiche unter sich eng verwandte Gattungen. Gerundet dreieckig bis trapezförmig. Mäßig gewölbt, konzentrisch gestreift, seltener radial berippt. Ligament äußerlich, hinter dem Wirbel. Integripalliat. Beiderseits zwei kräftige Schloß- und schwache Lateralzähne. ▷ 2 – Nahestehend: **Crassatella** – Kreide und Tertiär.

Cardinia – Trias und Jura – dreieckig, nach hinten etwas verlängert. Konzentrisch gestreift. Integripalliat. Beidseitig nur je ein Schloßzahn; dafür sind die vorderen und hinteren Lateralzähne kräftig entwickelt. ▷ 3

Cardium (Herzmuschel) – Trias bis Gegenwart. Ein Sammelname für viele sehr ähnliche, unter sich nahe verwandte Gattungen, die früher alle als Cardium bezeichnet wurden. Das kräftig gewölbte Gehäuse ist gerundet dreiekkig bis fast kreisrund und hat einen vorstehenden Wirbel. Ligament äußerlich, hinter dem Wirbel. Integripalliat. Das Schloß hat in beiden Klappen zwei kräftige, konische, kurze Schloßzähne und je einen vorderen und hinteren Lateralzahn. Meist kräftig radial berippt. ▷ 4

Bei der angenähert kreisrunden **Protocardia** – Trias bis Kreide – bleiben die meist feinen Radialrippen auf die hintere Hälfte der Oberfläche beschränkt. – Der als Herzmuschel aus den heutigen Meeren allgemein bekannte Typus ist seit der Oberkreide weit verbreitet. Die zahlreichen Gattungen werden nach den Merkmalen der Radialrippung unterschieden.

Mactra – Kreide bis Gegenwart – kreisrund bis queroval oder gerundet dreieckig, oft mit kräftiger, vom Wirbel nach hinten unten ziehender Kante, sonst glatt mit feinen Anwachsstreifen. Sinupalliat mit kleiner Mantelbucht. Das Schloß mit ein bis zwei dünnen Schloßzähnen, zwischen denen eine große, dreieckige Grube das innere Ligament aufnimmt. Linke Klappe mit einem Lateralzahn, rechte mit zwei Lateralzähnen. Seit der Oberkreide reich entwickelt, weit verbreitet, in zahlreiche Gattungen aufgeteilt.

Congeria – Oligozän bis Gegenwart – ist ein aberranter Vertreter der Heterodonten, der seiner Gehäuseform nach mehr an Pteriomorphe erinnert. Gerundeter bis quadratischer Umriß mit vorderständigem Wirbel. Sehr stark gewölbt, dickschalig. Das Schloß ist fast ganz zurückgebildet. Integripalliat. Die Gattung umfaßt vorwiegend Brackwasserformen, geht aber auch ins Süßwasser. Bezeichnend für das jüngste Tertiär des südosteuropäisch-pontischen Raumes.

Die nahe verwandte **Dreissena** – Tertiär bis Gegenwart – hat eine mytilusähnliche Gehäuseform und ist ganz ins Süßwasser übergegangen. Seit Anfang unseres Jahrhunderts aus dem Wolgagebiet in die mitteleuropäischen Gewässer eingewandert.

Donax – Tertiär bis Gegenwart – mit verlängertem, querovalem Umriß, bei dem sich der Wirbel dem Hinterrand nähert, und der vordere Schalenteil zur Aufnahme eines kräftigen Grab-

1 *Echinocama arcinella, 4 cm, Tertiär-Pliozän, Florida, USA*
2 *Astarte voltzi, 1 cm, Jura-Aalen, Tuningen, Schwäbische Alb*
3 *Cardinia, 7 cm, Jura-Hettang, Göppingen*
4 *Cardites, 3,5 cm, Tertiär-Eozän, Damery, Frankreich*

1

2

3

4

fußes stark vergrößert ist. Sinupalliat mit großer Mantelbucht. Schloß mit zwei Schloßzähnen. Wirbel leicht opisthogyr.

Tellina – Tertiär bis Gegenwart, nahe verwandte, ähnliche Formen seit Trias – im Gegensatz zu Donax dünnschalig, flach gewölbt, mit nach hinten verlagertem, opisthogyrem Wirbel; sehr große Mantelbucht. Zwei sehr kleine Schloßzähne. Donax und Tellina sind typische Grabformen des Litoralbereiches.

Corbicula (Cyrena) – Jura bis Gegenwart – gerundetdreieckig bis fast kreisrund, mäßig gewölbt, mit glatter oder konzentrisch gestreifter Oberfläche. Ligament äußerlich. Integripalliat. Drei Schloßzähne, ein bis zwei Lateralzähne.

Arctica (Cyprina) – Kreide bis Gegenwart – unterscheidet sich bei ähnlichem Schloßbau durch dickere Schale und wird im allgemeinen auch etwas größer.

Venus – Kreide bis Gegenwart. Der Name steht für eine Reihe nahe verwandter Gattungen. Die Gruppe hat sich seit der Unterkreide bis zur Gegenwart immer reicher entfaltet. Die ziemlich dickschaligen Gehäuse sind mäßig gewölbt, gerundetdreieckig bis fast kreisförmig, mit mäßig vorspringendem, deutlich prosogyrem Wirbel. Oberfläche glatt oder konzentrisch gestreift. Sinupalliat, die Mantelbucht klein bis ziemlich groß. Ligament äußerlich. Schloß mit drei kräftigen Schloß-, aber keinen Lateralzähnen. Die Angehörigen der Formenkreise um Astarte, Corbicula und Venus sind ohne Kenntnis von Mantellinie und Schloß oft nicht eindeutig zu unterscheiden. ▷ 1–2

Eine eigenartige, ziemlich isoliert stehende Form, die meist zu den Heterodonten, mitunter aber auch zu den Palaeoheterodonten gestellt wird, ist **Megalodon** – Devon bis Trias – mit gerundet dreieckigem Umriß, spiralig eingerolltem Wirbel. Gehäuse kräftig gewölbt, dickschalig. Unter dem Wirbel sitzen auf einer verbreiterten Schloßplatte in jeder Klappe zwei Schloßzähne. ▷ 3

Im Zug einer Anpassung an grabende oder bohrende Lebensweise entfernen sich die folgenden, stets sinupalliaten Gattungen vom normalen Heterodontentyp durch dünnschaliges, nach hinten verlängertes, hinten oft klaffendes, in Extremfällen reduziertes Gehäuse sowie durch ein weitgehend rückgebildetes Schloß (zahnloser Schloßrand):

Corbula – Jura bis Gegenwart – meist kleinwüchsig, ungleichklappig (linke Klappe kleiner), mit dreieckigem Umriß und schnabelartig ausgezogenem Hinterende. Im Tertiär sehr häufig; auch in brackischer Fazies verbreitet.

Mya – Tertiär bis Gegenwart – queroval, nach hinten verlängert und klaffend, da die langen Siphonen nicht mehr in das Gehäuse zurückgezogen werden können. Sinupalliat mit großer Mantelbucht. Das innere Ligament ragt auf einem Ligamentlöffel in das Gehäuseinnere hinein.

Panopaea – Kreide bis Gegenwart – wie Mya ziemlich großwüchsig, aber kräftiger gewölbt als diese. Länglich oval, verlängert. Vorderende wie auch Hinterende des Gehäuses klaffen (für den Fuß bzw. die Siphonen). Sinupalliat mit großer Mantelbucht. ▷

Petricola – Tertiär bis Gegenwart – und **Pholas** – Kreide bis Gegenwart – haben eine langgestreckte, fast zylindrische Gehäuseform mit weit vorn gelegenem Wirbel. Vorder- und Hinterende klaffen. Unter dem Wirbel bisweilen noch Rudimente kleiner Kardinalzähnchen, die teils in Holz, teils auch in Fels bohren (z. B. in Korallenriffen).

Teredo – Kreide bis Gegenwart – hat ein stark reduziertes Gehäuse, das nur noch den Vorderteil des Weichkörpers einschließt. Bohrt in Holz (Schiffsbohrwurm).

Extremster Vertreter dieser Bohrmuscheln ist **Clavagella** – Tertiär bis Gegenwart –, vor deren beiden Klappen nur noch kleine Rudimente vorhanden sind; eine sekundär ausgeschiedene, kalkige Röhre umgibt den Weichkörper. – Als Fossilien sind die Bohrmuscheln ziemlich selten. Ihre Zeugnisse, die von ihnen stammenden Bohrlöcher, trifft man indessen immer wieder. ▷ 4

1 u. 2 Venus excentrica, 6 cm, Tertiär-Pliozän, Italien

3 Megalodon abbreviatus, 4 cm, Devon-Givet, Bergisch Gladbach

4 Bohrmuschel-Löcher im Oberjura-Kalk an der Klifflinie des Molassemeeres in Heldenfingen bei Ulm

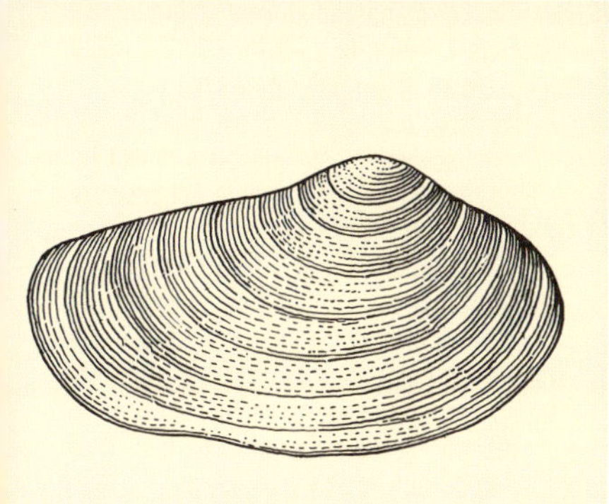

Panopaea

Unterklasse Pachyodonta

Diese die **Hippuriten** oder **Rudisten** einschließende Unterklasse ist die eigenartigste und aberranteste Muschelgruppe. Das Gehäuse gleicht so sehr einer großen Einzelkoralle, daß die Gruppe ursprünglich den Korallen zugeordnet wurde. Erst die Untersuchung des inneren Baues enthüllte die Muschelnatur.

Diceras – Oberjura –, die Ausgangsform der in der Kreide reich entfalteten Hippuriten, ist auch dem oberflächlichen Blick noch eindeutig als Muschel erkennbar. Sehr dickschalig und sehr stark gewölbt, mit rundlichem Umriß und ungleichklappig. Der Wirbel springt kräftig vor und ist spiralig, fast schneckenförmig aufgerollt. Mit der Wirbelspitze der größeren Klappe am Untergrund festgewachsen. Das äußere Ligament liegt in einer der Wirbelspirale folgenden Furche, die von der Wirbelspitze bis zum Schloßrand reicht. Das auf einer verbreiterten Platte liegende Schloß hat zwei kräftige, konische bis zapfenförmige Schloßzähne. Integripalliat, zweimuskelig. Die gesamten Merkmale weisen auf Heterodonten hin. ▷ 1 Die zwei zapfenförmigen Schloßzähne erinnern an das Schloß der **Cardien**, die daher als die Stammgruppe angesehen werden. An der Wende von Jura zu Kreide entwickeln sich aus Diceras die eigentlichen **Hippuriten**, die sich, auf warme Flachmeere beschränkt, in gestein- und riffbildender Häufigkeit reich entfalteten und am Ende der Kreide nachkommenlos ausstarben. Wie Diceras sind die Hippuriten mit der Wirbelspitze der größeren Unterklappe, es kann die rechte oder die linke sein, am Untergrund festgeheftet. Die Wirbelspirale verschwindet rasch, und die Unterklappe wächst kelch- oder zylinderförmig nach oben, ähnlich einem Korallenkelch. Die Oberklappe zeigt oft noch eine schwache Wirbelspirale, wird aber schließlich zu einem einfachen, kreisrunden Deckel. Die Schloßplatte verbreitert sich und trägt zwei bis drei lange, zapfenförmige Zähne, die in entsprechend tiefe Zahngruben hineinragen. Ein Öffnen des Gehäuses durch Drehbewegung der Klappen wird dadurch unmöglich. Das Ligament, nunmehr in einer gerade gestreckten Furche liegend, wird rudimentär. Öffnen und Schließen werden durch Muskeln bewirkt, die an den Zähnen ansetzen und die Deckelklappe etwas anheben können. Dieses von allen anderen Muscheln abweichende Verhalten berechtigt dazu, sie als selbständigen Formenkreis von den Heterodonten abzugliedern.

Requienia – Unterkreide. Die große, linke Unterklappe zeigt noch Spiralrollung; auch an der zu einem flachen Deckel gewordenen Oberklappe ist die Wirbelspirale noch deutlich. ▷

Monopleura – wie Requienia nur Unterkreide – hat eine kelchförmige, rechte Unterklappe; der Deckel ist flach und kreisrund. Bei der bis in die Oberkreide reichenden **Caprina** zeigt die flache Deckelklappe die Wirbelspirale. ▷

Radiolites – Unter- bis Oberkreide – hat eine kelchförmige, rechte Unterklappe. Die flache, kreisrunde Deckelklappe hat vom Zentrum ausstrahlende Radialrippen.

Hippurites – Oberkreide – besitzt in der flachen Deckelklappe radial vom Zentrum ausstrahlende Kanäle. ▷ 2–3

Unterklasse Anomalodesmata

Sie sind ein relativ kleiner Formenkreis vorwiegend dünnschaliger, sinupalliater Muscheln; sie führten eine meist grabende Lebensweise und hatten einen leicht verdickten, aber zahnlosen Schloßrand. Sie wurden früher mit an grabende Lebensweise angepaßten Heterodonten, deren Schloß stark reduziert ist, als Desmodonta vereinigt. Bei diesen aber sind rudimentäre Schloßbildungen meist noch erkennbar, während sich die hier vereinigten Gattungen durch den verdickten, völlig glatten Schloßrand kennzeichnen. Gelegentlich werden die im vorhergehenden Kapitel bei den Cryptodonten aufgeführten Grammysia, Edmondia und Cardiomorpha als paläozoische Vorläufer der Anomalodesmata betrachtet.

Pholadomya – Trias bis Gegenwart – hat ein kräftig gewölbtes, stark nach hinten verlängertes Gehäuse mit weit vorn gelegenem Wirbel. Ligament äußerlich. Wechselnde Anzahl weitstehender Radialrippen, oft auf die Vorderhälfte beschränkt. ▷ 4

1 *Diceras, 6 cm, Jura-Malm, Ladendorf, Österreich*

2 *Hippurit Vaccinites, gosauviensis, doppelklappig, 6 cm, Kreide, Rußbach, Österreich*

3 *Hippurites – rechte Klappe von innen – 8 cm Kreide, Campan, Bordeaux, Frankreich*

4 *Pholadomya protei, 12 cm, Jura-Kimmeridge, Liesberg, Schweiz*

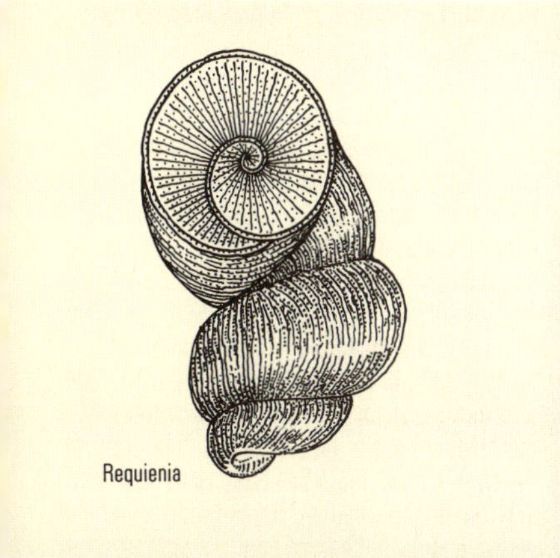
Requienia

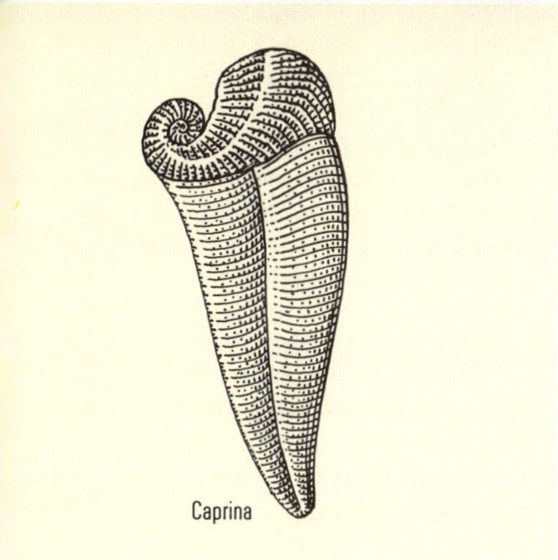
Caprina

Goniomya – Jura bis Tertiär – ist bei gleicher Gehäusegestalt im allgemeinen etwas weniger gewölbt und durch V-förmig geknickte Rippen gekennzeichnet. ▷ 1

Pleuromya – Trias bis Unterkreide – hat einen querovalen, mäßig nach hinten verlängerten Umriß; Hinterende klaffend. Ligament äußerlich. Oberfläche mit einfachen Anwachsstreifen. ▷ 2

Homomya – Trias – unterscheidet sich bei ähnlicher Gehäusegestalt durch ein vorn schwach, hinten stärker klaffendes Gehäuse.

Klasse Kahnfüßer oder Grabfüßer *(Scaphopoda)*

Wie bei den Muscheln wächst auch bei den Scaphopoden der Mantel in einem rechten und linken Mantellappen ventralwärts über die Flanken des Weichkörpers. Die beiden Mantellappen wachsen auf der Ventralseite zusammen, so daß ein röhrenförmiges, vorn und hinten offenes, sich nach hinten verjüngendes Gehäuse entsteht. Durch die größere, vordere Öffnung können ein verschieden gestalteter Grabfuß und einige, die Mundöffnung umgebende Fangfäden herausgestreckt werden. Das Vorderende ist in das Sediment eingegraben. Die kleinere Hinteröffnung ragt aus ihm heraus ins freie Wasser. Durch sie erfolgt der Austausch von Wasser für die Atmung.

Die Scaphopoden sind, anders als die vielgestaltigen Muscheln, eine formenarme Weichtiergruppe. Älteste Reste kennt man aus dem Devon. Vordevonische Reste sind fraglich. Häufiger treten sie erst vom Mesozoikum an auf, vor allem seit dem Tertiär. Sie kennzeichnen strandnahe Ablagerungen; in solchen können sie örtlich gehäuft auftreten (Dentalien).

Dentalium – Devon bis Gegenwart. Das Röhrchen ist leicht gebogen, von kreisrundem Querschnitt. Arten, Gattungen bzw. Untergattungen werden auf Grund der Schalenverzierungen unterschieden. ▷ 3–4

1 *Goniomya literata, 6 cm, Jura-Bajoc, Weilerstoffeln, Schwäbische Alb*

2 *Pleuromya elongata, 5 cm, Trias-Muschelkalk Crailsheim*

3 *Dentalium antiquum, 3,5 cm, DEVON-Givet, Bergisch Gladbach*

4 *Dentalium sexangulum, 6,5 cm, Tertiär-Pliozän, Piacenza, Italien*

Klasse Einplatter *(Monoplacophora)*

Auch die Monoplacophoren sind nur eine kleine, formenarme Weichtierklasse. Die Mantelanlage wächst hier nicht in zwei Lappen über die Flanken hinab, sondern erweitert sich gleichmäßig nach allen Seiten, so daß die vom Mantel ausgeschiedene Schale mehr oder weniger kreisförmig wird und sich schüsselförmig über die Dorsalseite des Weichkörpers legt, ähnlich wie bei den **Napfschnecken (Patelliden)**, mit denen man sie ursprünglich in Beziehung gebracht hat. Anders als bei diesen und den Schnecken überhaupt ist bei den Monoplacophoren die ursprüngliche Bilateralsymmetrie erhalten geblieben. Das zeigt sich deutlich an den zu beiden Seitenrändern parallel verlaufenden Reihen von fünf bis acht Muskelhaftnarben. Die Spitze des napfförmigen Gehäuses liegt meist vor der Mitte und ist nach vorn gerichtet.

Die klein bleibenden Monoplacophorengehäuse finden sich im älteren Paläozoikum (Kambrium bis Silur). Man hielt sie bis vor wenigen Jahrzehnten für ausgestorben, bis 1957 in den Tiefen des Pazifiks ein noch lebender Nachzügler entdeckt worden ist. Die Untersuchung des Weichkörpers hat die Vorstellungen, die aus den fossilen Resten des Altpaläozoikums entwickelt wurden, bestätigt. Demnach entsprechen die Monoplacophoren ungefähr dem primitiven Ausgangstyp der conchiferen Mollusken, wie man ihn aus dem Vergleich von Muscheln, Schnecken und Tintenfischen theoretisch konstruiert hatte.

Offenbar sind die Monoplacophoren im Altpaläozoikum noch relativ reich entfaltet gewesen und danach in größere ozeanische Tiefen abgewandert, wo sie relativ unverändert bis zur Gegenwart überlebt haben.

Scenella – Kambrium – hat ein relativ hohes, napfförmiges Gehäuse mit hornförmig nach vorn gekrümmter und vor der Mitte gelegener Spitze. Der Umriß ist breitoval.

Tryblidium – Silur – hat ein niedriges Gehäuse mit länglich ovalem, nach hinten etwas breiter werdendem Umriß. Die nach vorn gerichtete Spitze liegt nahe am Vorderrand. Die Anwachsstreifen sind lamellös verstärkt.

Die im Pazifik lebend gefundene **Neopilina** hat eine ähnliche Gehäusegestalt wie Scenella, aber der Umriß ist fast kreisförmig.

Weichtiere:
Muscheln
Weichtiere:
Grabfüßer
Weichtiere:
Einplatter

1

2

3

4

Klasse Schnecken *(Gastropoda)*

Die Schnecken, noch vielgestaltiger als die Muscheln, sind die formenreichste Weichtierklasse, die als einzige unter den Weichtieren erfolgreich auch in den festländischen Lebensraum vorgedrungen ist.

Mantel und damit auch Schale wachsen wie bei den Monoplacophoren von der ersten dorsalen Anlage aus nach allen Seiten, so daß ein den Weichkörper dorsal bedeckendes, napfförmiges Gehäuse entsteht, das sich durch randlichen Schalenzuwachs bei nur geringer Erweiterung des Durchmessers zu einem röhrenförmigen Gehäuse weiterbildet: es umgibt den Eingeweidesack mit den verschiedenen Organen, aus dem ventral der muskulöse Kriechfuß und der Kopfabschnitt herausgestreckt werden können.

Das entscheidende Merkmal, durch das sich die Schnecken nicht nur von den Monoplacophoren, sondern von allen anderen Weichtieren unterscheiden, ist, daß der Eingeweidesack mit dem umhüllenden Gehäuse gegenüber dem Kopf-Fuß-Abschnitt gedreht werden kann, so daß die ursprünglich hinten liegende Mantelhöhle mit den Kiemen nach vorn über dem Kopf zu liegen kommt. Dadurch wird rechts und links vertauscht: Die ursprünglich rechte Kieme und Niere und die anderen ursprünglich links gelegenen Organe liegen rechts. Das zeigt sich deutlich daran, daß sich die Nervenstränge, welche die Nervenknoten des Kopf- und des Fußabschnitts mit denen des Eingeweidesackes verbinden, überkreuzen. Während die Monoplacophoren und auch alle übrigen Weichtiere die ursprüngliche Lage der Mantel- und Kiemenhöhle auf der Hinterseite bewahren, werden die Schnecken durch die Körperdrehung zu Vorderkiemern. Bei abgeleiteten Gruppen kann die Körperdrehung rückgängig gemacht werden, aber die Organisation des Weichkörpers bezeugt, daß es sich um eine sekundäre Abwandlung handelt.

Seinem Verhalten entspricht die Gestaltung des Gehäuses. Verstärkter randlicher Schalenzuwachs im Bereich der Kiemenhöhle bewirkt die hornförmige Krümmung der napfförmigen Anlage, so daß bei den Monoplacophoren die Gehäusespitze nach vorn gerichtet und gekrümmt ist, bei den Schnecken aber umgekehrt nach hinten gerichtet. Im Zug der röhrenförmigen Weiterbildung bei den Schnecken bildet sich die hornförmige Krümmung zur Spirale weiter. Wird der Weichkörper um genau 180 Grad gedreht, also in die Symmetrieebene hinein, so resultiert eine äußerliche Bilateralität in Form einer bilateralen planen Spirale. Ist die Drehung unvollständig oder geht sie über die Symmetrieebene hinaus, resultiert daraus eine zur Symmetrieebene schräge Spiralebene, wodurch eine Kippung ausgelöst wird; das Ergebnis ist, daß die einander folgenden Windungen aus der Ebene heraustreten und eine helicoidale Schneckenspirale entsteht. Diese ist normalerweise rechtsgewunden: Bei nach oben gerichteter Gehäusespitze liegt die Mündung des Gehäuses rechts von der Spiralachse. Nur in seltenen Fällen ist die Spirale linksgewunden: Bei gleicher Orientierung liegt die Mündung links von der Spiralachse.

Die Spitze der Helikoidalspirale heißt Apex. Die Zahl der Windungen (Umgänge) variiert stark. Sie bleibt klein, wenn der Durchmesser der Windungen stark zunimmt und wird um so größer, je langsamer der Windungsdurchmesser zunimmt. Die Spirale kann hoch turmförmig oder (bei geringerer Anzahl von Windungen) niedrig konisch (trochiform) sein. Die Windungen können sich einfach aneinanderlegen oder die jeweils folgende Windung umgreift die vorhergehende mehr oder weniger weit. In diesem Fall kann die Endwindung im Verhältnis zur Spirale sehr hoch sein, und die Gesamtgestalt wird spindelförmig (fusiform). Die Linie, in der die Windungen auf der Außenseite aneinanderstoßen, heißt die Naht (Sutur). Die Außenseite der Windungen ist deren Flanke. Die Windungsachse der Spirale kann hohl sein, wenn sich die Windungen auch mit der Innenseite nicht berühren; dann erscheint an der Basis des Gehäuses eine zentrale Öffnung, der Nabel. In der Mehrzahl der Fälle berühren sich die Windungen auf der Innenseite und bilden dann eine solide Windungsachse, die Spindel, deren Oberfläche glatt sein oder Spiralfalten (Spindelfalten) zeigen kann.

Wichtig ist die Gestaltung der Endwindung und vor allem deren Mündung. Diese hat entweder einen glatten, ununterbrochenen Rand, dann

Typische Gehäuseformen

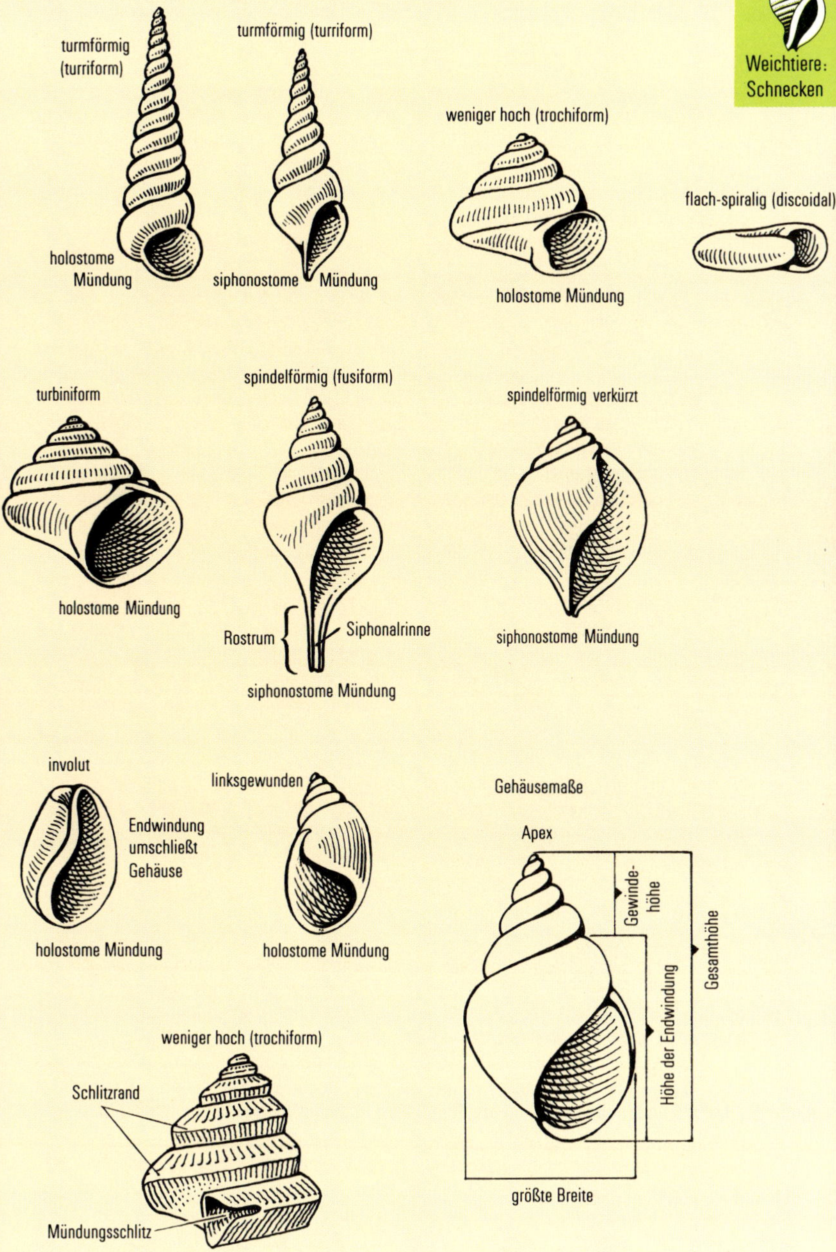

ist sie ganzrandig (holostom); oder sie ist vorn, an der Basis des Gewindes, durch einen Ausschnitt, der röhrenförmig ausgezogen sein kann, unterbrochen (siphonostom). Die Außenseite der Mündung ist die Außenlippe, die der Gewindeachse angelegte Seite die Innenlippe. Auch am Hinterende der Mündung können Außen- und Innenlippe durch einen Ausschnitt, den Analausschnitt, getrennt sein. Die holostome Mündung der primitiven Schnecken kann in der Mitte einen oft schlitzartig zurückspringenden Einschnitt haben, den Mündungsschlitz. Da er gegenüber dem Mündungsrand erst verspätet zuwächst, bleibt er durch seine Anwachsstreifung auf der Flanke sämtlicher Windungen als Schlitzband (Selenozone) erkennbar.

Die Gehäuseaußenseite kann, abgesehen von der Anwachsstreifung, durch Rippen, Leisten, Furchen, Knoten oder Dornen verziert sein, die entweder axial – das heißt in der Richtung der Spindelachse – oder spiral – das heißt den Windungen folgend – angeordnet sind; bei gleichzeitigem Auftreten axialer und spiraler Elemente tritt eine Vergitterung auf. Die durch Perlmutterschicht ausgekleidete Innenseite ist glatt. Steinkerne zeigen daher nie die Schalenverzierung und sind, da diese auch systematisch wichtig sein kann, oft nicht bestimmbar.

Da bei den Schnecken – anders als bei den Muscheln, bei denen Schloß und Ligament, Schließmuskeln und Mantellinie Hinweise auf die Weichkörperorganisation geben –, abgesehen vom Verhalten der Mündung, die Weichkörperorganisation nicht im Gehäuse abgebildet ist, ähnliche oder gleiche Gehäusegestalten aber in den verschiedensten Gruppen auftreten, ist eine eindeutige Bestimmung von fossilen Schnecken, vor allem bei Steinkernerhaltung, oft kaum möglich.

Unterklasse Vorderkiemer (*Prosobranchia* oder *Streptoneura*)

Die Vorderkiemer haben eine durch die Körperdrehung bedingte Vorderlage der Kiemenhöhle und gekreuzte Nervenstränge. Bei den als **Archaeogastropoda** zusammengefaßten primitiveren Formenkreisen sind noch beide Kiemen und beide Nieren gut entwickelt. Bei den fortschrittlicheren Formenkreisen, die als **Caenogastropoda** zusammengefaßt werden, sind nur noch eine Kieme und eine Niere vorhanden, da die auf der Spindelseite der Windung liegende Körperhälfte zugunsten der auf der Außenseite liegenden Körperhälfte stark eingeengt und reduziert wird.

Ordnung Archaeogastropoda

Schon vom Altpaläozoikum an reich entfaltet, haben sie meist ein relativ niedriges Gehäuse mit wenig Windungen und stets holostomer Mündung, die einen Mündungsschlitz zeigen kann (Selenozone).

Temnodiscus –Ordovizium und Silur – hat ein planspirales, bilateral-symmetrisches Gehäuse von wenigen Windungen. Der Mundrand hat an seinem Vorderrand eine breite Einbuchtung.

Bellerophon – Ordovizium bis Perm, ? Trias –, in zahlreiche Gattungen aufgeteilt, unterscheidet sich von Temnodiscus durch einen Mündungsschlitz und das Vorhandensein einer Selenozone. ▷ 1

Salpingostoma – Ordovizium bis Devon –, mit gleicher Gehäusegestalt wie Temnodiscus, zeichnet sich durch trompetenartig erweiterte Mündung aus. ▷ 3–4

Maclurites – Ordovizium bis Devon – hat ein flaches, fast ebenes Gewinde; die wenigen rasch zunehmenden Windungen umschließen einen weiten und tiefen, offenen Nabel. ▷ 2

Euomphalus – Ordovizium bis Karbon –, in zahlreiche, unter sich ähnliche Gattungen aufgeteilt, hat eine ganz flache, aus sieben bis acht Windungen bestehende Spirale. Der Nabel zwischen den sich lose aneinanderlegenden Windungen ist sehr weit und flach. Auf der Oberseite der Windungen verläuft eine kräftige Kante. ▷ 5

Lesueurilla – Ordovizium – unterscheidet sich von Euomphalus dadurch, daß die letzte Windung frei ist und die vorhergehende Windung nicht mehr berührt.

1 Bellerophon, 10 cm, Devon-Givet, Bergisch Gladbach
2 Maclurites magnum, 5,5 cm, Ordovizium, Indiana, USA
3 u. 4 Tremanotus dilatatus, 6 und 10 cm, Silur, Gotland, Schweden
5 Euompholus angulatum, 3,5 cm, Silur, Gotland, Schweden
6 Ecculiomphalus, 3,5 cm, Ordovizium, Hällekis, Schweden

1

2

3

4

5

6

Eccyliopterus – Ordovizium – hat eine offene, nahezu plane Spirale aus drei bis vier Windungen, die sich nicht mehr berühren. ▷ S. 83, 6

Straparollus – Ordovizium bis Kreide – hat eine sehr variable Gehäusegestalt mit einem flachen bis trochiformen Gewinde und mehr oder weniger kreisförmigem Windungsquerschnitt. Gegenüber den im vorhergehenden aufgeführten, sehr vielgestaltigen, fast ausschließlich paläozoischen Formenkreisen ist der sehr langlebige Formenkreis der **Pleurotomarien** sehr klar umgrenzt, gekennzeichnet durch ein trochiformes Gehäuse mit nicht sehr zahlreichen Windungen, die stets eine Selenozone zeigen.

Pleurotomaria – Jura bis Gegenwart – hat ein mäßig hohes, trochiformes Gehäuse mit außen abgeflachten Windungen, Spiralstreifung und kräftige Anwachsstreifung, oft eine spirale Knotenreihe, Selenozone deutlich, nahe der Sutur. Ähnliche Formen in der Kreide weit verbreitet. ▷ 1–2

Worthenia – Devon bis Trias – hat ein etwas höheres Gewinde, treppenförmig abgestufte Umgänge mit zwei Spiralkanten, unter der oberen verläuft die Selenozone.

Euryzone – Ordovizium bis Devon – hat ein niedrigeres Gehäuse, flache Flanken und ein auffällig breites Schlitzband. ▷ 3

Ptychomphalina – Devon und Karbon – hat wenige rasch zunehmende, gerundete Windungen und ein schmales, auf der Peripherie gelegenes Schlitzband.

Mourlonia – Karbon – hat abgeplattete Flanken eines mäßig hohen Gewindes, eine gewölbte Unterseite und ein schmales, peripher gelegenes Schlitzband.

Trochonema und **Cyclonema** – Ordovizium bis Devon – haben ein den Pleurotomarien ähnliches, mäßig hohes, trochiformes Gewinde; sie unterscheiden sich durch das Fehlen eines Schlitzbandes. Die Umgänge haben gewölbte Flanken und oft Spiralstreifung oder spirale Kanten.

Murchisonia – Ordovizium bis Trias –, in mehrere Gattungen aufgeteilt, hat wie die Pleurotomarien ein gut ausgeprägtes Schlitzband, unterscheidet sich durch ein hohes, turmförmiges Gehäuse und nimmt dadurch eine Sonderstellung unter den paläozoischen Archaeogastropoden überhaupt ein.

Naticopsis – Silur bis Trias – und **Praenatica** – Silur bis Devon – haben ein sehr kleines Gewinde und eine kugelig geblähte, große Endwindung und zeigen damit einen den heutigen Naticiden ähnlichen Habitus, haben mit diesen aber nichts zu tun.

Platyceras – Silur bis Karbon – hat eine große Endwindung, die napf- oder trichterförmig werden kann, während das Gewinde fast völlig reduziert ist. ▷ 4

Platyostoma – Ordovizium – ist eine Vorläuferform mit noch etwas besser entwickeltem Gewinde.

Neritopsis – Trias bis Gegenwart – hat wie Naticopsis ein kleines Gewinde und eine kugelig geblähte, große Endwindung, sie unterscheidet sich durch die wulstig verdickte, glatte Innenlippe in der Mündung.

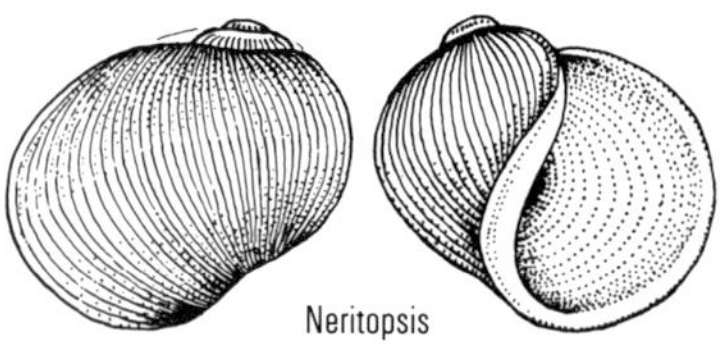

Neritopsis

Nerita – Trias bis Gegenwart – unterscheidet sich dadurch, daß bei gleicher Gehäusegestalt die Innenwände der Windungen nicht mehr ausgebildet sind, so daß ein einheitlicher Schaleninnenraum entsteht und die Spirale nur noch durch die Naht auf der Außenwand des Gehäuses angedeutet wird. Nerita geht auch ins Brack- und sogar Süßwasser über und spielt im Tertiär eine große Rolle. ▷ 5–6

Trochus – Trias bis Gegenwart – steht hier als Sammelbegriff für eine sich von der Kreide an reich entfaltende Gruppe, die aus sehr ähnlichen, um Trochus i.e.S. gruppierenden Gat-

1 *Gyronema armata, 5 cm, Devon-Givet, Bergisch Gladbach*
2 *Pleurotomaria armata, 6,5 cm, Jura-Bajoc, Bayeux, Frankreich*
3 *Euryzone delphinuloides, 6 cm, Devon-Givet, Bergisch Gladbach*
4 *Platyceras niagarense, 2,5 cm, Silur, Waldron, Indiana, USA*
5 *Theodoxus crenulatus, 0,6 cm, Tertiär-Miozän, Pflummern, Oberschwaben*
6 *Nerita gigantea, 3,5 cm, Tertiär, Epfenhofen*

1

2

3

4

5

6

tungen besteht; mäßig hohes, konisches Gewinde mit abgeplatteten Flanken und eine flache, durch eine periphere Kante von der Flanke scharf abgesetzte Basis gekennzeichnet. Die Mündung ist klein, viereckig, meist rhombisch. Spirale Leisten oder Körnchenreihen und deutliche Anwachsstreifung; oft bilden radiale Rippen vergitterte Flächenverzierungen. ▷ 1

Turbo – Trias bis Gegenwart – unterscheidet sich bei gleicher Gehäusegestalt durch gewölbte Umgangsflanken, das Fehlen der peripheren Kante sowie eine rundliche Mündung.

Eucyclus – Trias bis Alttertiär – hat ein höheres, häufig fast turmförmiges Gewinde und gewölbte Umgangsflanken mit fünf oft gekörnelten Spiralkanten.

Amberleya – Trias und Jura – unterscheidet sich bei gleicher Gehäusegestalt durch geknotete Spiralkanten.

Ditremaria – Jura – hat ein niedriges Gewinde, in dem die Umgänge treppenförmig gestuft sind. Wenige Windungen, offener Nabel; Oberfläche spiral gestreift. Ein rudimentäres Schlitzband in Form einer oft zweigeteilten, schlitzförmigen Öffnung auf der Peripherie der Endwindung.

Die Tendenz zur Rückbildung des Gewindes (Platyceras, Nerita usf.) steigert sich ins Extrem bei **Fissurella** – Tertiär und Gegenwart –, deren Gehäuse gewindelos napfförmig ist. Umriß oval. Eine Öffnung in der Spitze des Gehäusekonus ist Relikt eines Schlitzbandes.

Haliotis –Tertiär und Gegenwart – ebenfalls gewindelos. Das flache, ohrförmige Gehäuse zeigt eine spiral verlaufende Reihe runder Öffnungen (unvollständig geschlossenes Schlitzband).

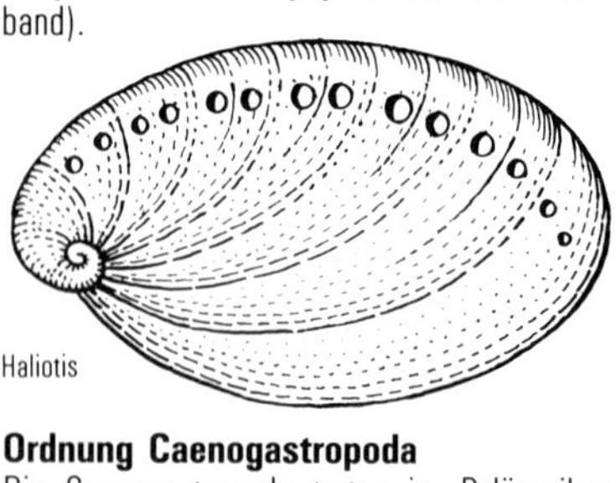

Haliotis

Ordnung Caenogastropoda

Die Caenogastropoda treten im Paläozoikum noch stark zurück hinter den reich entfalteten Archaeogastropoden und entwickeln sich vom Mesozoikum, vor allem von der Kreide an zu gewaltiger Formenvielfalt. Turmförmige, windungsreiche Gehäuse spielen eine große Rolle; im Zug zunehmender Involution werden die Gehäuse spindelförmig, und es kann auch eine Gewindeverkürzung eintreten. Die Mündung ist holostom oder siphonostom; Mündungsschlitz bzw. Schlitzband sind nie vorhanden.

Unterordnung Mesogastropoda

Diese Unterordnung umschließt eine kaum übersehbare Formenfülle von turmförmigen bis stark involuten und spindelförmigen Gehäusegestalten mit teils holostomer, teils siphonostomer Mündung.

Subulites – Ordovizium bis Devon – hat ein schlankes, turmförmiges Gehäuse mit relativ wenigen, aber hohen Windungen, deren Flanken kaum gewölbt sind. Mündung holostom, länglichoval. ▷ 2

Ianthinopsis – Devon bis Perm – unterscheidet sich durch gedrungenere Gehäusegestalt; ziemlich dickschalig.

Loxonema – Ordovizium bis Trias – hat ein schlank turmförmiges Gehäuse mit zahlreichen Windungen, deren Flanken mäßig gewölbt sind. Mündung holostom. Oberfläche glatt. In mehrere ähnliche Gattungen aufgeteilt. Loxonema dürfte die Wurzelgruppe der Mesogastropoda sein. ▷ 3

Pseudomelania – Trias bis Kreide – unterscheidet sich von Loxonema dadurch, daß die Flanken der Windungen abgeflachter und die Nähte kaum eingetieft sind. ▷ 5

Zygopleura – Trias und Jura – unterscheidet sich von Loxonema durch das Auftreten flacher, axialer Rippen. **Allocosmia** – Trias und Jura – hat bei gleicher Gehäusegestalt feine Spiralstreifung.

Turritella – Kreide bis Gegenwart, Vorläuferformen seit Devon – schlank, turmförmig mit zahlreichen Windungen und kräftigen Spirallei- ▷ 4

1 *Trochus, 1,5 cm, Jura-Kimmeridge, Geisingen, Donau*
2 *Subulites, 12 cm, Ordovizium, Siljan, Schweden*
3 *Loxonema, 5 cm, Silur, Gotland, Schweden*
4 *Turritella turris, 5 cm, Tertiär, Miozän, Ermingen*
5 *Chemnitzia hehli, 5,5 cm, Trias-Muschelkalk, Königslutter*

1

2

3

4

5

sten. Die holostome Mündung ist rundlich.
Haustator – Kreide bis Gegenwart – unterscheidet sich durch mehr viereckige Mündung.
Mesalia – Kreide bis Gegenwart – hat ein etwas gedrungeneres, turmförmiges Gehäuse. Der Formenkreis der Turritellen spielt seit der Oberkreide eine ziemlich große Rolle und ist vor allem im Tertiär häufig und weit verbreitet.
Vermetus – Jura bis Gegenwart – ist ein aberranter Abkömmling der Turritellen. Die Anfangswindungen sind noch Turritellen-artig; dann aber löst sich die Spirale auf in eine freie, unregelmäßig gebogene Röhre, die an die von Röhrenwürmern (Serpuliden) erinnert.

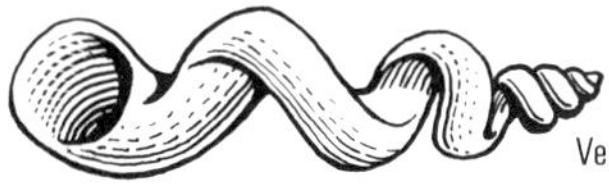

Vermetus

Den Turritellen nahe steht auch **Paraglauconia** – Jura und Kreide – mit mäßig schlankem, turmförmigem Gehäuse und zwei spiralen Knotenreihen auf den Flanken der Windungen, zwischen denen auch axiale Rippen auftreten können.
Ein schlank turmförmiges Gehäuse mit zahlreichen Windungen kennzeichnet auch den Formenkreis der **Cerithien,** deren meist schiefviereckige Mündung aber vorn einen kurzen Ausschnitt zeigt.
Procerithium – Jura – ist kleinwüchsig und hat eine Gitterskulptur mit axialen und spiralen Knötchenreihen.
Tympanotonos – Kreide bis Gegenwart – hat einen verdickten Mundrand mit einfachem vorderem Ausguß und zahlreichen Spiralleisten auf den flachen Windungsflanken. ▷ 1
Cerithium – Kreide bis Gegenwart –, in zahlreiche Gattungen aufgelöst, hat eine schiefviereckige Mündung, deren vorderer Ausguß in eine kurze Siphonalröhre ausgezogen ist. Wechselnde Verzierung mit axialen und spiralen Knötchenreihen.
Campanile – Oberkreide bis Gegenwart – wird sehr groß. Windungsflanken abgeflacht. Unmittelbar unter der Naht eine Spiralreihe kräftiger Knoten. Mündung schief mit kurzem Sipho. ▷ 2
Nerinea – Jura und Kreide. Der Name steht hier als Sammelbegriff für einen in mehrere

Nerinea

Gattungen aufgeteilten Formenkreis. Das turmförmige, windungsreiche Gehäuse schlank bis überschlank. Die Windungsflanken abgeflacht, mitunter leicht konkav, so daß die Nähte zwischen den Windungen leicht erhaben sein können. Oberfläche meist glatt. Mündung gerundet viereckig mit vorderem Ausguß, der aber nicht zu einem Sipho verlängert wird. Bemerkenswert die kräftige Entwicklung von Spindelfalten, durch die das Lumen der Windungen stark eingeengt werden kann. Zahl, Form und Anordnung dieser Innenfalten sind wichtiges Merkmal für die Unterscheidung der verschiedenen Gattungen. Die Nerineen waren Bewohner bewegter Flachmeere kalkiger Fazies. Sie treten hier oft in gesteinsbildender Häufigkeit auf: Nerineenkalke des Jura und der Kreide. Auch als Leitfossilien wichtig.
Aporrhais – Kreide bis Gegenwart – hat ein mäßig hohes, gedrungenes, turmförmiges Gewinde. Die große Endwindung umschließt auch den basalen Teil der vorletzten Windung. Mündung schmal, siphonostom mit mäßig verlängertem Rostrum. Innenlippe verdickt, Außenlippe mit zwei oder mehr fingerförmigen Fortsätzen. Die Windungsflanken mit axialen Knotenreihen.
Harpagodes – Jura und Kreide – hat auf der großen, geblähten Endwindung kräftige Spiralkanten, die sich in fünf gekrümmte, fingerförmige Fortsätze der Außenlippe fortsetzen.
Anchura – Jura und Kreide – und **Drepanocheilus** – Kreide und Alttertiär – haben ein etwas höheres, turmförmiges Gewinde und eine weniger geblähte Endwindung. Auf den Windungsflanken zwei Spiralkanten, oft auch Knötchenreihen. Außenlippen flügelartig verbreitert mit einem bis zwei fingerförmigen Fortsätzen. Das Rostrum mit der Siphonalrinne stark verlängert. ▷ 3

1 *Tympanotonos margaritaceus, 4 cm, Tertiär-Oligozän, Mainzer Becken*
2 *Campanile giganteum, 30 cm, Tertiär-Lutet, Pariser Becken*
3 *Anchura subpunctata, 4 cm, Jura-Aalen, Heiningen*

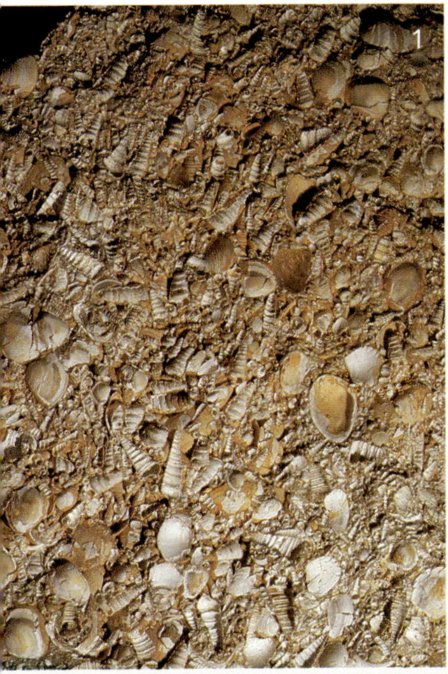
1

2

3

Bei dem ältesten Vertreter des Formenkreises um Aporrhais, bei **Spinigera** – Jura und Kreide –, ist das turmförmige Gewinde noch schlanker und höher, die Endwindung nicht vergrößert; langes Rostrum. Die Umgangsflanken mit einer Spiralkante und einem langen Dorn.

Tibia – Oberkreide bis Gegenwart – hat ein schlankes, turmförmiges Gewinde, eine glatte oder schwach axial berippte Oberfläche. Die lange, schmale Mündung ist siphonostom und die Siphorinne zu kurzem Rostrum ausgezogen. Die flügelartig verbreiterte Außenlippe hat keine Fortsätze, wächst aber als plattiger Saum über die Gehäusewindungen bis zum Apex und kann das gesamte Gewinde umrahmen. ▷1

Strombus – Oberkreide bis Tertiär – wird sehr groß. Das Gewinde ist gegenüber Tibia verkürzt, die große Endwindung umgreift den basalen Teil des Gewindes. Die Mündung ist siphonostom mit kurzem Rostrum. Außenlippe flügelartig verbreitert, greift oft auf das Gewinde zurück. Oberfläche glatt, oft mit einer spiralen Knotenreihe.

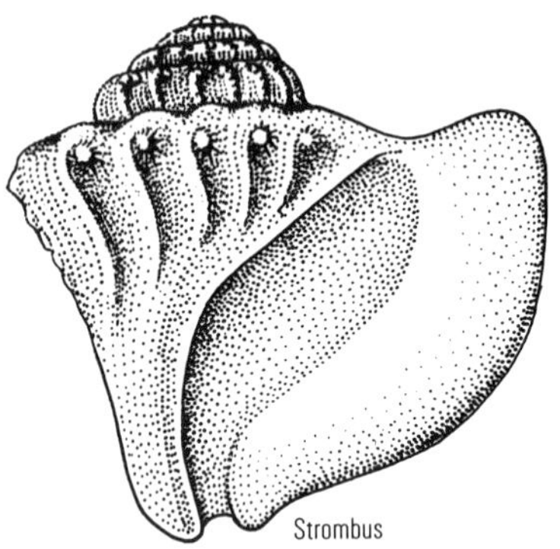
Strombus

Cypraea – Tertiär bis Gegenwart. Die bei Tibia und Strombus vorhandene Tendenz, die Außenlippe über das Gewinde nach hinten auszudehnen, ist hier derart gesteigert, daß die Endwindung das gesamte Gewinde umgreift. Ergebnis ist eine oval eiförmige Gestalt, die äußerlich kein Gewinde mehr zeigt. Die Mündung ist schmal langgestreckt, siphonostom, aber nicht in ein Rostrum ausgezogen. Der Innenrand von Außen- und Innenlippe meist gezähnelt.

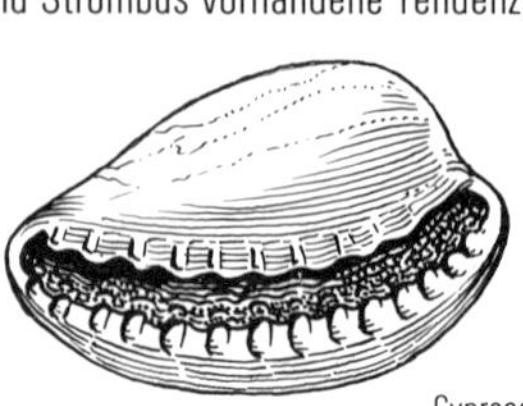
Cypraea

Natica – Jura bis Gegenwart – hat ein kleines, niedriges, windungsarmes Gewinde und eine große, kugelig geblähte Endwindung, die den basalen Teil des Gewindes umgreift. Die Mündung groß und weit, oval bis kreisförmig, nicht siphonostom. Die Oberfläche glatt mit kräftiger Anwachsstreifung. Von der Gestalt her ist Natica den **Neritopsiden** sehr ähnlich. Ob hierher gestellte Triasformen in den Formenkreis von Natica gehören und nicht zu den Neritopsiden, bleibt fraglich. Der Formenkreis um Natica ist in zahlreiche Gattungen aufgelöst. Im Jura und vor allem in der Kreide sind verschiedene hierher zu stellende Formen zum Teil recht häufig. Bei ihnen ist das Gewinde im allgemeinen noch etwas höher und größer, die Endwindung noch weniger gebläht. ▷2 Das ist vor allem bei **Ampullina** – Jura bis Tertiär – der Fall, siehe S. 21, bei der die Windungen treppenförmig voneinander abgesetzt sind, und bei der zum Teil recht groß werdenden **Tylostoma** – Kreide – mit relativ großem Gewinde und abgeflachten Flanken.

Cassis – Oberkreide bis Gegenwart – hat ein niedriges, kleines Gewinde und eine große, geblähte, eiförmige Endwindung mit siphonostomer, weiter Mündung, ohne Rostrum. Die Innenlippe ist wulstig verdickt, ebenso die gezähnelte Außenlippe. ▷3–4

Ficus – Tertiär bis Gegenwart – hat bei ähnlicher Gehäuseform eine zu einem Rostrum ausgezogene Siphorinne und eine gegitterte Oberflächenverzierung.

1 *Tibia fissura, 6 cm, Tertiär-Eozän, Pariser Becken*
2 *Natica tigrine, 8 cm, Tertiär-Eozän, Vicenza, Italien*
3 *Semicassis variabilis, 3 cm, Tertiär-Miozän, Baldissero, Italien*
4 *Cassis mammilaris, 7 cm, Tertiär-Miozän, Wiener Becken*

2

3

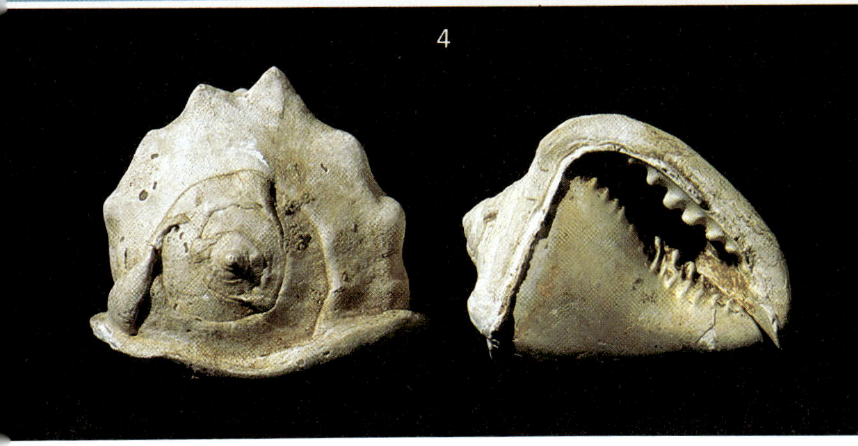
4

Der Weichkörperorganisation nach zu den Mesogastropoden gehörend, doch mit einer völlig anderen Gehäusegestaltung, sind die ins Süßwasser und zum Teil aufs feste Land übergegangenen Gattungen:

Hydrobia – Jura bis Gegenwart – kleinwüchsig, mäßig hohes Gewinde mit wenig Umgängen. Umgangsflanken schwach gewölbt; Endwindung nicht vergrößert. Die holostome Mündung oval. Glatte Oberfläche. Hydrobia lebt vorwiegend im Brack- und Süßwasser. Im Tertiär oft in fast gesteinsbildender Häufigkeit konzentriert (Hydrobienschichten).

Viviparus (Paludina = Sumpfschnecke) – Jura bis Gegenwart – mittelgroß mit mäßig hohem, aus wenig Windungen gebildetem Gehäuse; Endwindung relativ groß, aber nicht umfassend. Die Umgangsflanken kräftig gewölbt, die Nähte tief eingesenkt. Die holostome Mündung weit mit ovalem Umriß. Anwachsstreifen kräftig. Süßwasser, geht gelegentlich auch ins Brackwasser. In tertiären Süßwasserformationen mitunter häufig. ▷ 1

Pomatias – Tertiär bis Gegenwart – hat eine Viviparus ähnliche Gehäusegestalt, bleibt aber kleinwüchsig. Feine Axial- und Spiralstreifung. Die holostome Mündung nahezu kreisrund. Zum Landleben übergegangen.

Unterordnung Neogastropoda

Diese Unterordnung erscheint erst in der Oberkreide und ist bis zur Gegenwart reich entfaltet. Turm- und spindelförmige Gehäusegestalten herrschen vor. Mündung stets siphonostom, oft in ein Rostrum ausgezogen.

Murex – Tertiär bis Gegenwart – hat ein mäßig hohes Gewinde mit großer Endwindung. Stets kräftig verziert mit Spiralstreifen und Axialrippen, die oft Knoten und Stacheln tragen. Siphonalrinne mit mäßig langem Rostrum. Kleine, ovale Mündung mit verdickter Innen- und wulstig verdickter Außenlippe, die auf der Innenseite gezähnelt ist. Vorläuferformen in der Oberkreide. Auf Grund der Verzierung in verschiedene Gattungen aufgeteilt.

Buccinum (Wellhornschnecke) – Tertiär bis Gegenwart – relativ hohes Gewinde mit gleichmäßig zunehmenden Umgängen; Endwindung nicht vergrößert. Die weite, ovale Mündung läuft in einen weiten, kurzen Siphonalkanal aus. Gitterskulptur mit zahlreichen Spiralstreifen und weitstehender, axialer Wellung.

Nassa – Oberkreide bis Gegenwart – bleibt bei ähnlicher Gehäusegestalt kleiner. Gitterskulptur durch zahlreichere, enger stehende Axialrippen stark ausgeprägt.

Fusinus – Oberkreide bis Gegenwart – hat ein relativ schlankes, turmförmiges Gewinde mit sehr hoher Endwindung. Die Umgangsflanken gewölbt mit Spiralstreifung und schwach ausgeprägten Axialrippen, oft mit spiraler Knotenreihe. Die ovale Mündung läuft in ein oft ziemlich langes Rostrum mit Siphonalrinne aus.

Clavilithes – Tertiär – unterscheidet sich bei ähnlicher Gehäusegestalt durch mehr abgeflachte Umgangsflanken und eine schwächere Oberflächenverzierung. Die Oberfläche kann fast ganz glatt werden mit einfachen Anwachsstreifen. ▷ 2

Aquilofusus – Tertiär – hat bei ähnlicher Gehäusegestalt kräftig gewölbte Umgangsflanken. Ausgeprägte Spiralstreifung, gelegentlich auch Axialrippen. Die ovale Mündung läuft in ein nicht sehr langes Rostrum mit Siphonalrinne aus.

Tudicla – Oberkreide bis Gegenwart – hat wie die vorhergehenden ein langes, gerades Rostrum mit Siphonalrinne, aber das Gewinde ist niedrig und klein. Die Endwindung groß und breit, sie hat eine periphere Spiralkante, die mit Knoten oder Stacheln besetzt ist.

Oliva – Oberkreide bis Gegenwart – hat ein schlankes, eiförmiges bis fast zylindrisches Gehäuse, das beinahe ganz von der hohen Endwindung gebildet wird, während der sichtbare Teil des Gewindes nur klein ist. Die lange, schmale Mündung verbreitert sich nach vorn und endigt in einem weiten Ausschnitt, der sich nicht in ein Rostrum verlängert. Die Oberfläche bleibt glatt. Der Formenkreis um Oliva wird in mehrere ähnliche Gattungen aufgegliedert.

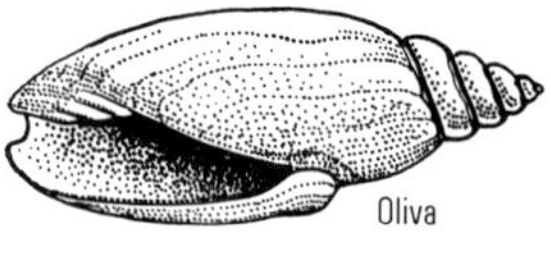

Oliva

1 Viviparus suevicus, 4 cm, Tertiär-Miozän, Ulm

2 Clavilithes, 5 cm, Tertiär-Eozän, Pariser Becken

1

Volutilithes – Oberkreide bis Tertiär – verhält sich hinsichtlich der Mündung ähnlich wie Oliva: Die lange, schmale Mündung endigt vorn in einem breiten, nicht zu einem Rostrum ausgezogenen Ausschnitt. Aber anders als bei Oliva ist das aus wenigen Windungen bestehende Gewinde relativ hoch und schlank. Die Umgänge sind treppenförmig gegeneinander abgesetzt, da ihr oberer Teil eine flache Schulter bildet, die von einer stachelbesetzten Spiralkante begrenzt wird. Von den Stacheln aus verlaufen Axialrippen nach vorn. Die Endwindung ist viel größer als das freie Gewinde und verjüngt sich gleichmäßig von der Spiralkante nach vorn bis zum breiten Ausschnitt. Es sind drei bis fünf Spindelfalten vorhanden, die auf der Innenlippe der Mündung auslaufen. Volutilithes ähnelt von der Gestalt der lebenden **Voluta** und kann wie diese und wie alle Angehörigen des Formenkreises um Voluta recht groß werden. Der Formenkreis ist im Tertiär und der Gegenwart formenreich entfaltet. ▷ 1–2

Wir erwähnen noch **Volutispina** – Oberkreide bis Gegenwart –, die bei gleicher Gehäusegestalt auf den Umgangsflanken auch noch Spiralstreifung zeigt. ▷ 3

Turris – Tertiär bis Gegenwart – hat ein mäßig schlankes, hohes, turmförmiges Gehäuse, dessen Endwindung nicht besonders vergrößert ist. Die Umgangsflanken mäßig gewölbt. Die Oberfläche mit Spiralstreifung und deutlichen Anwachsstreifen, gelegentlich schwache Axialrippen. Die nicht sehr große, ovale Mündung hat einen gut ausgeprägten Analausschnitt und läuft vorn in ein breites, nicht sehr langes Rostrum mit Siphonalrinne aus. Spindelfalten fehlen. Außenlippe nicht verdickt, mit einer tiefen, schmalen Einbuchtung, die sich im Verlauf der Anwachsstreifen abbildet und die etwas an das Schlitzband der Archaeogastropoden erinnert. Die Arten sind vor allem im Miozän auch als Leitfossilien wichtig. ▷

Conus – Tertiär bis Gegenwart – hat ein meist sehr niedriges, sichtbares Gewinde und eine sehr hohe, sich nach vorn gleichmäßig verjüngende, konische Endwindung. Die Mündung ist lang und schmal und läuft vorn in einen breiten Ausschnitt aus, der sich nicht zu einem Rostrum verlängert. Die Oberfläche ist glatt. ▷

Terebra – Tertiär bis Gegenwart – hat ein schlankes, turmförmiges Gehäuse mit vielen Windungen und keine vergrößerte Endwindung. Die Umgangsflanken sind abgeflacht; die Oberfläche ist glatt und zeigt nur gelegentlich schwache Axialrippung. Die Mündung klein, schiefoval mit breitem, vorderem Ausschnitt ohne Rostrum. Das Erscheinungsbild erinnert damit an das der Nerineen. ▷

Aus der gewaltigen Formenfülle der Prosobranchier konnten wir nur stichprobenartig die wichtigsten und die typischen Formenkreise herausheben. Aber schon daran erkennen wir, daß im Altpaläozoikum die primitiven Archaeogastropoden reich entfaltet waren, neben denen die Caenogastropoden nur eine untergeordnete Rolle spielten; daß im Jungpaläozoikum und im älteren Mesozoikum die prosobranchen Schnecken auffällig zurückgingen und vom jüngeren Mesozoikum an fortschrittlichere Gruppen der Archaeogastropoden und vor allem die Caenogastropoden eine rasche, bis zur Gegenwart zunehmende Entfaltung zeigten, so daß in den tertiären Fossilgemeinschaften die Prosobranchierschnecken eine vorherrschende Rolle spielten.

Unterklasse Euthyneura

Die Euthyneura haben weder die Vorderlage der Kiemenhöhle noch die Überkreuzung der Nervenstränge der Prosobranchier; die für sie typische Körperdrehung hat offensichtlich nicht stattgefunden. Das ist kein ursprünglicher Zustand, sondern die den Typus der Schnecken kennzeichnende Körperdrehung ist sekundär wieder zurückgenommen. Das zeigt sowohl die Weichkörperorganisation als auch die Tatsache, daß sie erdgeschichtlich sehr viel später erscheinen. Sind die Prosobranchier schon im Ordovizium reich entfaltet, erscheinen seltene, primitive Vertreter der Euthyneuren erst vom Karbon an.

Die Euthyneuren sind eine abgeleitete Unterklasse der Schnecken, deren Wurzeln bei den paläozoischen Archaeogastropoden zu vermuten sind.

1 *Volutilithes, 9 cm, Tertiär-Eozän, Pariser Becken*

2 *Voluta spinosa, 4,5 cm, Tertiär-Eozän, Altavilla, Italien*

3 *Volutispina, 4 cm, Tertiär-Eozän, Pariser Becken*

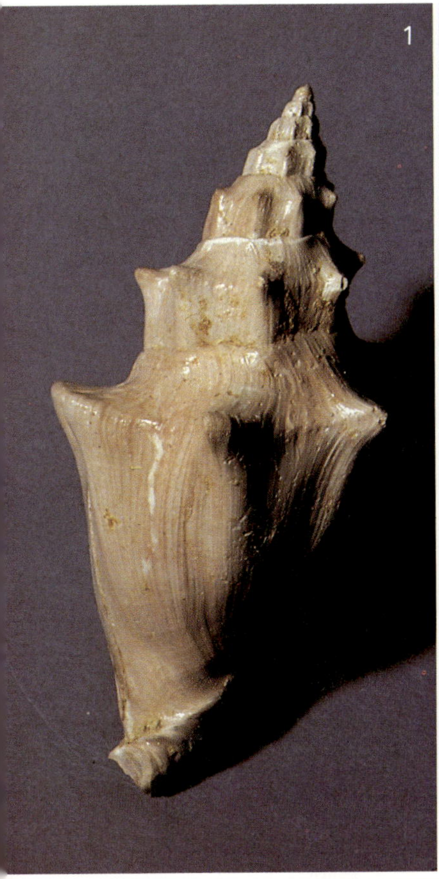
1

2

3

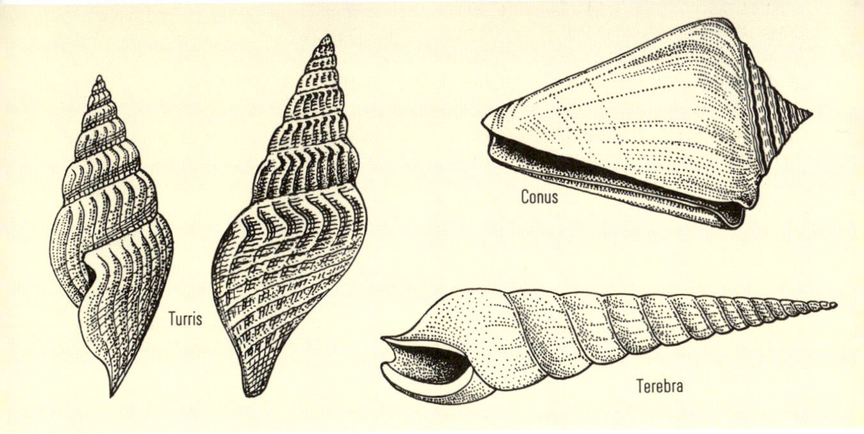
Turris
Conus
Terebra

Überordnung Hinterkiemer *(Opisthobranchia)*

Die Hinterkiemer erscheinen mit seltenen und fraglichen Vertretern erst im Karbon und sind von der Trias an eindeutig fossil dokumentiert. Ein gut entwickeltes Gehäuse bilden nur die primitiveren Gruppen; bei den fortschrittlicheren ist es mehr oder weniger stark bis ganz zurückgebildet. Gegenüber den Vorderkiemern treten sie daher als Fossilien zurück und spielen nur im jüngeren Mesozoikum eine gewisse Rolle.

Die auf der rechten Körperseite liegende Kiemenhöhle öffnet sich nach hinten. Die Mündung ist stets holostom mit der Tendenz, sich nach hinten auszuweiten. Das Gehäuse wird daher fortschreitend stärker involut und hat eine völlig andere Wuchsform als bei den Vorderkiemern.

Actaeonina – Karbon, Trias bis Jura – hat noch ein relativ gut entwickeltes, hohes Gewinde, das von der Endwindung nur wenig umgriffen wird. Dies ist hoch, schlank eiförmig. Die Mündung schmal und lang.

Actaeonella – Trias bis Kreide – wird großwüchsig und dickschalig. Die große, ovale, relativ breite Endwindung umgreift das Gewinde weitgehend, von ihm wird daher außen nur ein kleiner Teil sichtbar. Die Mündung schmal und lang; Außen- und Innenlippe parallel. Innenlippe mit drei weit vorn gelegenen Spindelfalten. ▷ 2

Trochactaeon – Kreide – sehr ähnlich, ebenfalls groß und dickschalig; unterscheidet sich durch etwas höheres, freies Gewinde. Beide Gattungen in der Kreide häufig und typisch (Gosaukreide).

Cinulia – Kreide – kleinwüchsig, dünnschalig. Nur ein kleiner Gewindeteil sichtbar. Endwindung kugelig, gebläht. Die Mündung relativ breit. Oberfläche mit Spiralstreifung.

Cinulia

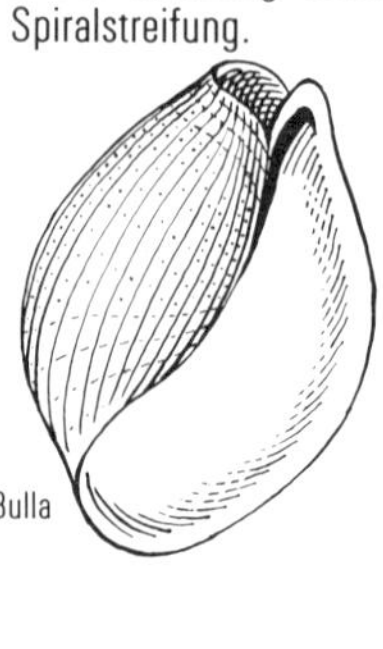

Bulla

Acera – Kreide bis Gegenwart – ebenfalls klein und dünnschalig mit großer, eiförmiger Endwindung, die das Gewinde fast ganz umhüllt. Die weite Mündung nach vorn verbreitert. Oberfläche glatt.

Bulla – Kreide bis Gegenwart – klein und dünnschalig. Die geblähte, eiförmige Endwindung umschließt das Gewinde völlig. Die große Mündung verbreitert sich nach vorn. Die Oberfläche ist glatt.

Nach der kräftigen Schalenentwicklung der **Actaeoniden** in der Kreide zeigen diese dünnschaligen, kleinen Formen vom Bullatypus die Tendenz zur Schalenrückbildung. Diese Entwicklung führt einerseits zu den **Pteropoden (Flügelschnecken)**, die nur noch ein kleines Schalenrudiment hervorbringen und den Kriechfuß seitwärts zu einer Art flügelförmiger Flosse verbreitert haben. Sie sind schwimmende Hochseeformen geworden. Fossil spielen die hinfälligen Schälchen keine Rolle. Andererseits führt diese Entwicklung zu den in großer Formenvielfalt entwickelten, marinen **Nacktschnecken**, von denen keine fossile Dokumentation vorhanden ist.

Überordnung Lungenschnecken *(Pulmonata)*

Zum Landleben übergegangen, wohl von primitiven Hinterkiemern abgeleitete Schnecken. Die Kiemen sind rückgebildet, die Wandung der rechts vorn gelegenen Kiemenhöhle ist zu einem Luftatmungsorgan umgebildet.

Früheste, seltene Zeugnisse von Pulmonaten kennt man als Seltenheiten aus dem Karbon. Aber erst im Tertiär, wo Land- und Süßwasserformationen in größerer Verbreitung vorkommen, spielen sie auch als Fossilien eine größere Rolle.

Lymnaea – Tertiär bis Gegenwart –, in verschiedene Gattungen aufgeteilt, hat eine hohe Gehäusegestalt mit spitzem Apex, einem aus wenigen Windungen bestehenden Gewinde und einer großen, eiförmig geblähten Endwindung. Dünnschalig mit glatter Oberfläche und feinen Anwachsstreifen. ▷ 1

1 Radix socialis, 2,5 cm, Tertiär-Miozän, Zwiefalten, Oberschwaben

2 Actaeonella, 8 cm, Kreide-Turon, Brandenberg, Österreich

Physa – Jura bis Gegenwart – hat die gleiche Gehäusegestalt wie Lymnaea, ist aber linksgewunden.

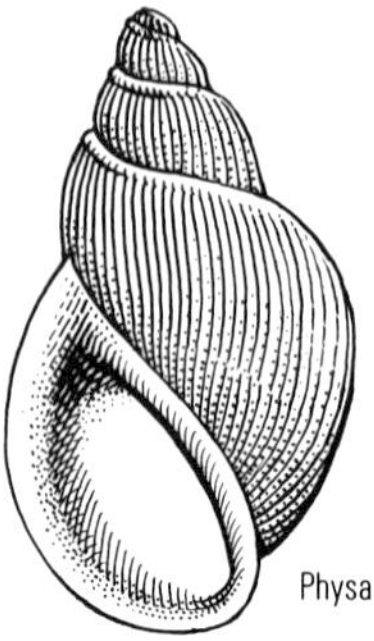
Physa

Planorbarius (Tellerschnecke oder Posthornschnecke) – Tertiär bis Gegenwart – hat eine discoidale Gehäusegestalt mit einer fast in der Ebene aufgerollten Spirale. ▷ 1

Gyraulus – Jura bis Gegenwart – ist kleinwüchsig, hat ein flaches, gelegentlich mäßig erhabenes Gewinde und eine etwas breitere Mündung als Planorbarius.

Die genannten Gattungen leben im Süßwasser, sind aber, wie ihre »Lunge« ausweist, erst sekundär wieder ins Wasser zurückgekehrt. Landschnecken sind neben den fossil nicht bekannten Nacktschnecken die außerordentlich formenreich entwickelten, seit dem Karbon bekannten **Heliciden (Schnirkelschnecken).** ▷

Helix (Typusart die **Weinbergschnecke**) ist ein Sammelbegriff. Auf Grund der Nabelentwicklung und der Gestalt der Mündung sind zahlreiche Gattungen unterschieden worden; allen gemeinsam ist ein kleines Gewinde aus wenigen Umgängen. Wir erwähnen: **Trichia** – Tertiär bis Gegenwart – mit relativ zahlreichen Umgängen, relativ großer Endwindung und offenem Nabel und **Cepaea** – Tertiär bis Gegenwart – (zum Beispiel unsere heutige **Garten-Schnirkelschnecke**) mit wenigen Umgängen des kleinen Gewindes, einer relativ großen

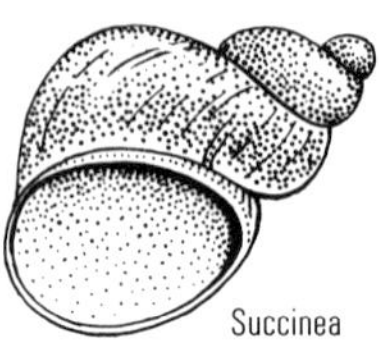
Succinea

Endwindung und geschlossenem Nabel. ▷ 2

Succinea (Bernsteinschnecke) – Tertiär bis Gegenwart – kleinwüchsig, dünnschalig. Kleines, aus wenigen Umgängen bestehendes Gewinde und große, etwas geblähte Endwindung; weite, ovale Mündung.

Pupilla – Tertiär bis Gegenwart – kleinwüchsig und hoch. Die Flanke des Gewindes konvex gewölbt, so daß der Apex stumpf gerundet und der vordere Gehäuseteil fast zylindrisch ist. Die Mündung klein, rundlich mit verdickten Rändern.

Pupilla

Clausilia – Tertiär bis Gegenwart – schlank, turmförmig mit zahlreichen Umgängen. Die Mündung klein mit verdickten Rändern. Häufig axial gestreift oder berippt. Der Apex ist stumpf. Die Spirale meist linksgewunden.

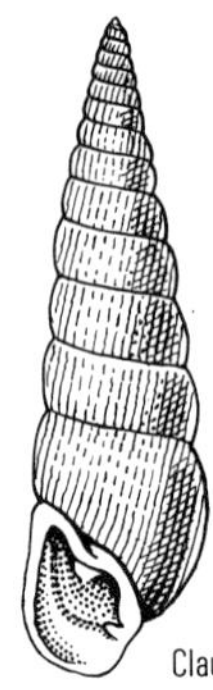
Clausilia

1 *Coretus cornu, 3 cm, Tertiär-Miozän, Pflummern, Oberschwaben*
2 *Cepaea, 2,5 cm, Tertiär-Miozän, Pflummern, Oberschwaben*

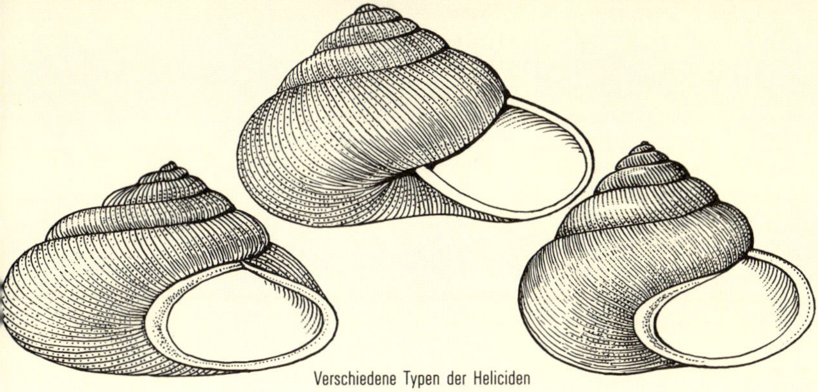

Verschiedene Typen der Heliciden

Klasse Kopffüßer *(Cephalopoda)*

Die Kopffüßer sind die dritte, wie Muscheln und Schnecken ungeheuer vielgestaltige, durch die ganze Erdgeschichte hindurch entfaltete Klasse der conchiferen Weichtiere. Als Fossilien sind sie noch wichtiger als Muscheln und Schnecken. Den allgemein bekannten Namen **Tintenfische** für die Klasse zu wählen ist falsch, da Tintenfische, die vorherrschenden Vertreter der Klasse in den heutigen Meeren, nur eine einseitig hoch differenzierte Gruppe der Klasse darstellen und insofern untypisch sind, als ihnen das Charaktermerkmal aller conchiferen Weichtiere, das den Weichkörper umhüllende Gehäuse, abgeht.

Anders als Muscheln und Schnecken, die sich mit all ihren Gruppen bis zur Gegenwart entfaltet haben, liegt das Schwergewicht der Cephalopoden in der erdgeschichtlichen Vergangenheit; nur wenige, abseitig differenzierte Gruppen haben bis zur Gegenwart überlebt.

Wie Muscheln und Schnecken haben auch die Cephalopoden primär ein den Weichkörper einschließendes Gehäuse, dessen Bauplan die Weichkörperorganisation entscheidend beeinflußte. Auch die der gehäuselosen Tintenfische und Kraken kann nur vom Typus der **Gehäusecephalopoden** verstanden werden.

Die Gehäuseanlage der Cephalopoden ist wie bei den Schnecken ein konisch napfförmiges, dorsales Gebilde, das sich durch randlichen Zuwachs bei geringer Erweiterung des Durchmessers röhrenförmig weiterbildet. Während sich aber bei den Schnecken der Eingeweidesack, dem Längenwachstum des Gehäuses folgend, wurmförmig verlängert und so die ganze Gehäuseröhre erfüllt, bleibt bei den Cephalopoden der Weichkörper kompakt und rückt in der länger werdenden Gehäuseröhre nach vorn; so kammert er die verlassenen Gehäuseabschnitte durch Querwände, Septalwände oder kurz Septen genannt, ab. Die Septen folgen sich in regelmäßigen Abständen. Das Gehäuse besteht somit aus einem gekammerten Abschnitt, dem Phragmokon, und der vom Weichkörper erfüllten Endkammer, der Wohnkammer. Die Linie, in welcher der Rand des Septums auf die äußere Gehäusewand trifft, ist die Suturlinie. Sie ist auf dem Gehäuse nicht erkennbar, zeigt sich aber am Steinkern als feine Naht.

Das Hinterende des Weichkörpers ist an der Anfangskammer festgeheftet. Diese Haftstelle bleibt erhalten, und mit dem Vorrücken des Weichkörpers gliedert sich von seinem Hinterende ein Gewebestrang mit Gefäßen ab; er wird Sipho genannt und zieht sich durch alle Kammern bis zur Wohnkammer. Die Septen sind daher für den Durchtritt des Sipho durchbohrt. Der Siphonalstrang ermöglicht einen Stoffaustausch zwischen dem Weichkörper der Wohnkammer und den von ihm verlassenen Kammern. Die Kammern sind also nicht völlig aus dem Stoffwechsel ausgegliedert. Die letzten, frisch gebildeten Kammern sind mit einer Flüssigkeit gefüllt, die in der weiteren Entwicklung durch eine Gasfüllung verdrängt wird. Die Kammern werden dadurch zu Gaskammern. Sie verleihen dem Gehäuse einen gewissen Auftrieb, der durch Veränderung des Gasdrucks oder der Flüssigkeitsmenge über den Sipho verstärkt oder abgeschwächt werden kann. Das Gehäuse mit dem Phragmokon wird dadurch zu einem Schwebeorgan, das ein Auf- und Absteigen im Wasser ermöglicht.

Dank dieser besonderen Gehäusebildung können die Cephalopoden von der für die Weichtiere sonst typischen kriechenden Lebensweise abweichen und zu einer schwimmenden Lebensweise übergehen. Der muskulöse Kriechfuß, wie ihn Muscheln und Schnecken haben, wird in sehr typischer Weise umgebildet. Aus seinem hinteren Abschnitt entwickeln sich zwei muskulöse Lappen, die sich zu einer Röhre am Ausgang der Kiemenhöhle zusammenlegen, dem Trichter. Durch wechselndes Einsaugen und Ausstoßen des Wassers aus der Kiemenhöhle durch den Trichter wird durch Rückstoß eine gerichtete Schwimmbewegung bewirkt. Der vordere Abschnitt des Fußes wird zu muskulösen Fangarmen (Tentakeln) umgebildet, die auch als Kriech- bzw. Schreitorgane benützt werden können. Daher der Name Kopffüßer. Der zum Trichter und Tentakelapparat umgewandelte Fuß und das gekammerte Gehäuse mit Sipho sind die wichtigsten Charaktermerkmale der Cephalopoden, die dadurch zu den höchst differenzierten, conchiferen Weichtieren werden.

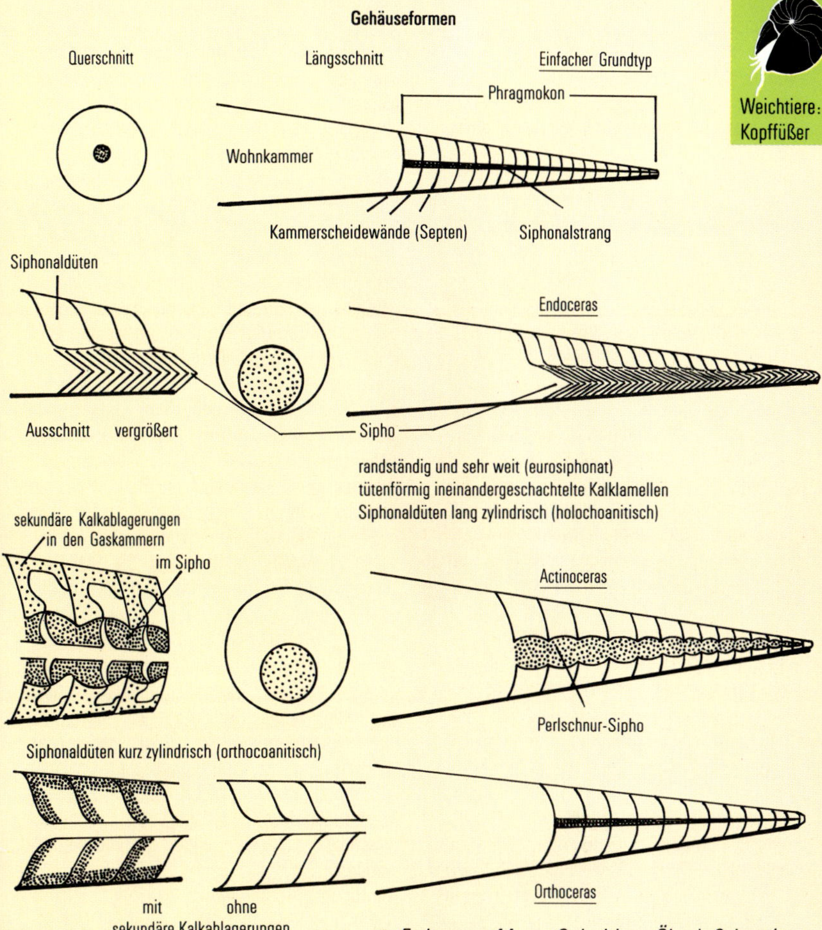

▽ *Endoceras, 44 cm, Ordovizium, Öland, Schweden*

Die durch ihre gekammerte Schale gekennzeichneten Gehäusecephalopoden erscheinen schon im oberen Kambrium und machen bis zum Ende der Kreide eine ungeheuer vielgestaltige Entfaltung durch. Ein einziges Relikt, der **Nautilus**, überlebte bis zur Gegenwart. ▷ 1–2

Nur die abgeleiteten, hoch differenzierten, gehäuselosen Tintenfische und Kraken, die mit primitivsten Vertretern im Jungpaläozoikum erscheinen, haben sich vom Mesozoikum bis zur Gegenwart noch reich entfaltet.

Für die Einteilung der Gehäusecephalopoden ist zunächst die Gehäusegestalt wichtig. Sie ist im einfachsten Fall geradegestreckt konisch bis röhrenförmig verlängert (orthokon) oder hornförmig gekrümmt (cyrtokon) oder zu einer offenen Spirale eingerollt (gyrokon) oder schließlich zu einer geschlossenen, mehr oder weniger windungsreichen Spirale weitergebildet (nautilokon). Mit wenigen Ausnahmen ist die Spirale plan und bilateral-symmetrisch. Die Krümmung bzw. Einrollung kann nach vorn, über das Kopfende gerichtet sein (exogastrisch) oder nach hinten (endogastrisch). Exogastrische Einrollung ist der Normalfall.

Wichtig sind sodann die Siphonalbildungen. Der Siphonalstrang kann die Septalwand mehr zentral oder mehr peripher durchbohren. Wo der Sipho das Septum durchbohrt, bildet dieses eine kalkige, den Siphonalstrang umgebende Siphonaldüte, die verschieden ausgebildet sein kann. Zwischen der Siphonaldüte und dem nächsten Septum ist eine meist häutige Siphonalwandung vorhanden. Der Siphonalstrang selber kann sehr weit oder auch stark eingeengt sein. Innerhalb des Siphonalstranges können die Gefäße umhüllende Verkalkungen auftreten. Auch innerhalb der Gaskammern kann vom Sipho aus sekundär Kalk abgelagert werden, wodurch die Gaskammern verengt werden.

Wichtig ist schließlich, vor allem bei den höher differenzierten Gehäusecephalopoden, die Ausbildung der Septalwände und der Suturlinie. ▷ 3

Unterklasse Nautiliden *(Nautiloidea)*

Die durch das ganze Paläozoikum und Mesozoikum hindurchgehenden und mit einem Relikt bis in die Gegenwart hineinreichenden Nautiloidea sind sehr vielgestaltig. Das Gehäuse kann geradegestreckt, cyrtokon gekrümmt oder spiral eingerollt sein. Der Siphonalstrang ist eng oder mäßig erweitert und verschiedenartig ausgebildet.

Der im Oberkambrium auftretende Formenkreis der **Elleresmerocerida** hat einen kleinen, cyrtokon gekrümmten Phragmokon mit engstehenden Septen und einen mäßig weiten, ventral gelegnen Siphonalstrang sowie eine relativ große Wohnkammer. Er bildet wohl die Wurzelgruppe der Cephalopoden, deren Organisation man sich vielleicht wie die von primitiven Schnecken vorstellen kann.

Orthoceras – Ordovizium bis Trias – hat ein schlankes, orthokones, dünnschaliges Gehäuse und einen zentral die weitstehenden Septen durchbohrenden, engen Sipho. Die Siphonaldüten zylindrisch und relativ kurz, nach hinten gerichtet, aber nicht bis zum nächsten Septum reichend (orthochoanitisch). Sekundäre Kalkablagerungen in den Gaskammern können auftreten. Orthoceras bringt im Ordovizium mehrere Meter lange Gehäuse hervor und gehört neben **Endoceras** zu den Typusfossilien des Ordoviziums. Die nachordovizischen Vertreter der Gattung bleiben viel kleiner. ▷ S. 101

Michelinoceras – Ordovizium bis Trias – unterscheidet sich durch weiter gestellte Septalwände.

Kionoceras – Ordovizium und Silur – kennzeichnet sich durch Längsrippung der Oberfläche. **Cycloceras** – Ordovizium und Silur – hat ringförmige Querrippung.

Cyrtoceras – Ordovizium – hat ein cyrtokones Gehäuse.

1 Nautilus-Gehäuse, 17 cm, Außenseite

2 Innenseite mit durch Septen gekammertem Teil, der im Inneren den Siphonalstrang und in der Folge die Siphonaldüten zeigt. Nicht gekammert: die Wohnkammer

3 Auffällig ausgebildete Lobenlinie (Suturlinie) am Steinkern eines Kreide-Ammoniten Placenticeras meeki, 16 cm, Süddakota, USA

1

2

3

Ascoceras – Ordovizium und Silur – hat ein orthocerasähnliches, schlankes, orthokones Gehäuse, das im adulten Zustand abgestoßen wird. Die Wohnkammer wird etwas bauchig erweitert, in ihr sind die zuletzt gebildeten Gaskammern an die ventrale Gehäusewand angelagert, sie erweitern sich nach vorn.

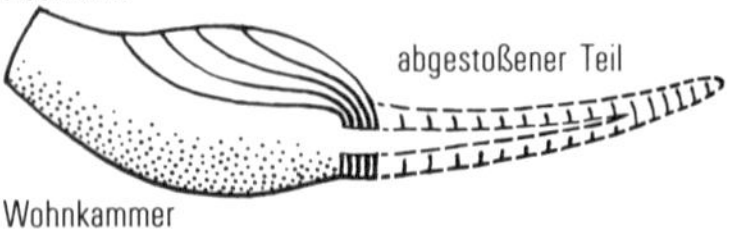

Gomphoceras – Ordovizium bis Karbon – hat, anders als der Formenkreis um Orthoceras, einen gedrungenen, kurzen Phragmokon mit engstehenden Septen und eine schlitzartig verengte Mündung der Wohnkammer; der Mündungsschlitz kann schmale Ausbuchtungen zeigen. Der zentral gelegene Sipho ist eine Perlschnursipho mit sekundären Kalkablagerungen, aber anders strukturiert als bei den **Actinoceraten** und ohne deren Gefäßsystem. Das ventrale Ende des Mündungsschlitzes zeigt eine Erweiterung für den Trichter. ▷ 1

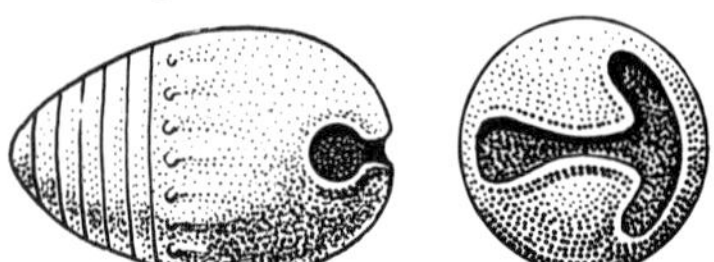

Oncoceras – Ordovizium und Silur – unterscheidet sich von Gomphoceras durch den exogastrisch cyrtokonen Phragmokon.

Phragmoceras – Silur und Devon – hat einen endogastrisch cyrtokonen bis gyrokonen Phragmokon, eng stehende Septen und einen Perlschnursipho mit sekundären Kalkablagerungen. Die schlitzartig verengte Mündung der großen Wohnkammer zeigt eine Trichterbucht. ▷ 2

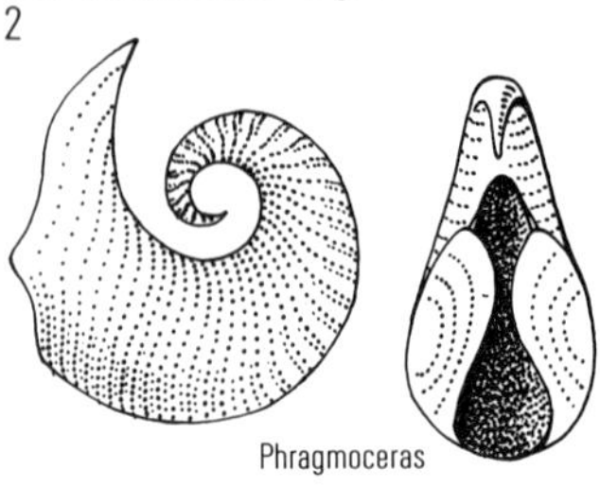

Anders als die Formenkreise um Gomphoceras und Phragmoceras mit ihrem verkürzten Phragmokon und ihrem Perlschnursipho hat **Lituites** – Ordovizium – ein langes, schlankes, orthokones Gehäuse mit zentral gelegenem, orthochoanidem Sipho; er ähnelt darin Orthoceras, von dem er sich aber deutlich durch den exogastrisch spiral eingerollten Anfangsteil des Gehäuses und eine Trichtereinbuchtung im Mundrand der Wohnkammer unterscheidet. Der ursprüngliche Kriechfuß ist also nun zum Trichter umgebildet, und der Übergang zu schwimmender Lebensweise, der bei den Orthoceren wohl schon eingeleitet war, ist endgültig vollzogen; damit setzt auch die exogastrische Spiraleinrollung des Gehäuses ein. ▷ 3

Ophioceras – Ordovizium – unterscheidet sich von Lituites dadurch, daß der orthokone Endabschnitt des Gehäuses im Vergleich zu dem spiral eingerollten Anfangsteil nur kurz ist. ▷ 4

Pleuronoceras – Devon – und **Trochoceras** – Devon – haben ein in offener Spirale eingerolltes Gehäuse ohne orthokonen Endabschnitt. Der Windungsdurchmesser nimmt nur langsam zu.

Aipoceras – Karbon – hat ebenfalls ein in offener Spirale eingerolltes Gehäuse, aber der Windungsdurchmesser nimmt rasch und kräftig zu.

Tetragonoceras – Devon – hat eine geschlossene Gehäusespirale, deren Windungen sich kaum umfassen. Die Suturlinie ist schwach gewellt, der zentral gelegene Sipho dünn.

1 Gomphoceras inflatum, 7 cm, Devon, Gerolstein, Eifel
2 Phragmoceras, 9 cm, Silur, Gotland, Schweden
3 Lituites lituus, 9 cm, Ordovizium, Öland, Schweden
4 Estonioceras, 9 cm, Ordovizium, Schweden

1

2

3

4

Germanonautilus – Trias – hat ein stärker eingerolltes Gehäuse, bei dem die Windungen sich etwas stärker umgreifen. Der Querschnitt ist rechteckig mit abgeplatteter Außenseite. Der zentral gelegene Sipho hat Perlschnurcharakter. ▷ 1 + 2

Paranautilus – Trias – hat ein stark involutes Gehäuse, in dem die Endwindung die Anfangswindungen völlig umfaßt. Die Suturlinie ist kaum gewellt.

Cenoceras – Trias und Jura –, ebenfalls stark involut, mit abgeplatteter Außenseite, hat auf der Windungsflanke eine stark gewellte Suturlinie mit kräftiger Ausbuchtung nach hinten. ▷ 3

Pseudonautilus – Jura und Kreide –, ebenfalls mit stark involutem Gehäuse, hat abgeflachte Flanken der Windungen, die immer höher als breit sind. Die Suturlinie hat auf der Flanke eine tiefe, mitunter zugespitzte Ausbuchtung nach hinten.

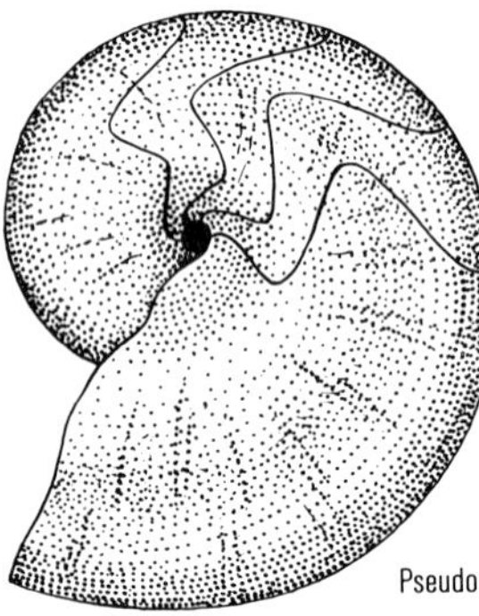

Pseudonautilus

Hercoglossa – Alttertiär – und **Cimomia** – Jura bis Alttertiär – haben ein stark involutes Gehäuse; der ovale Windungsquerschnitt ist meist höher als breit; Außenseite und Flanken sind gleichmäßig gewölbt. Die Suturlinie bei Cimomia ist sehr flach, bei Hercoglossa stärker gewellt. ▷ 4

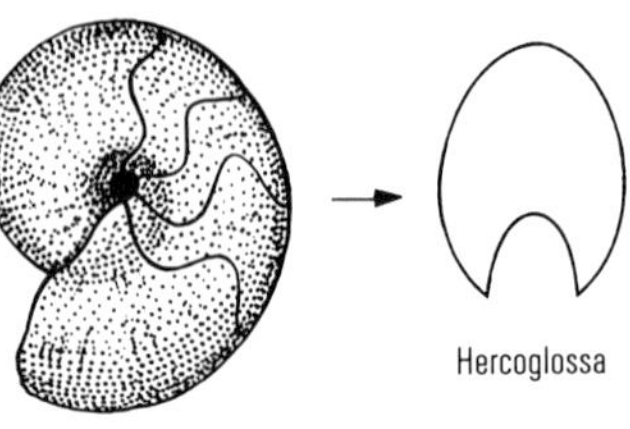

Hercoglossa

Aturia – Tertiär – hat ein völlig involutes, scheibenförmiges Gehäuse; die Windungsflanken sind abgeflacht, und die Windungshöhe ist größer als die Breite. Die Suturlinie hat auf der Flanke eine tiefe, nach hinten mäßig zugespitzte Einbuchtung.

Nautilus – das in den Meeren um Australien lebende einzige Relikt findet sich in ungefähr 400 m Tiefe über dem Meeresboden schwimmend. Der Trichter ist einfach gestaltet. Der Tentakelapparat besteht aus zwei Kränzen von ungefähr 90 feinen Tentakeln, deren dünne, cirrenartige Endabschnitte zurückziehbar sind. ▷ S. 103, 1–2

Ähnliche Organisation hat man nach den Ähnlichkeiten im Gehäusebau auch für den Formenkreis um Orthoceras angenommen. Neueste Funde deuten an, daß der Tentakelapparat von Orthoceras dem der Tintenfische ähnlich ist. Vielleicht müssen die Orthoceren aus den **Nautiloiden** herausgenommen und in die Vorfahrenreihe der Tintenfische gestellt werden.

Die Spiraleinrollung ist eine Anpassung an die Schwimmbewegung. Dank des Auftriebs der Gaskammern hängt die mit dem Weichkörper erfüllte Wohnkammer nach unten. Ein langes, orthokones Gehäuse, dessen Spitze nach oben weist und an dessen unterem Ende der Trichterrückstoß erfolgt, ist kaum manövrierfähig. Durch die Spiraleinrollung wird der Phragmokon zur Wohnkammer hin konzentriert, wodurch die Manövrierfähigkeit verbessert wird. Daher geht bei den eingerollten **Nautiloiden** die Entwicklung zu zunehmender Involution, bei der die Wohnkammer einen Teil des Phragmokons umschließt. Vom Mesozoikum an herrschen stark involute Gehäuse.

Vielleicht war die starke Verkürzung des Phragmokons bei den Formenkreisen um Gomphoceras und Phragmoceras ein anderer Versuch, die Manövrierfähigkeit beim Rückstoßschwimmen zu verbessern, der sich aber als weniger er-

1 *Germanonautilus tridorsatus, 13 cm, Trias-Muschelkalk, Bad Mergentheim*
2 *Germanonautilus-Querschnitt, 5 cm, Trias-Muschelkalk, Crailsheim*
3 *Cenoceras lineatum, 7 cm, Jura-Bajoc, Bayeux, Frankreich*
4 *Hercoglossa, 5 cm, Tertiär-Lutet, Vicenza, Italien*

1

2

3

4

folgreich erwies, da der kurze Phragmokon mit den dichtgestellten Septen nur noch einen verringerten Auftrieb ergab. Sie verschwanden daher rasch wieder, während die eigentlichen Nautiloiden wesentlich langlebiger waren.

Unterklasse Endoceratoidea

Die **Endoceren**, fast ausschließlich ordovizisch mit wenigen Nachzüglern im Silur, haben ein orthokones, gelegentlich schwach cyrtokon gekrümmtes Gehäuse mit langem Phragmokon und vergleichsweise kurzer Wohnkammer. Mit mehr als 6 m Gehäuselänge erreichen sie schon im unteren Ordovizium Riesenwuchs. Die Septen sind weit gestellt. Der Sipho ist sehr weit und liegt peripher auf der Ventralseite. Die Siphonaldüten sind zylindrisch und lang; sie erstrecken sich nach hinten bis in das nächstfolgende Septum, so daß eine geschlossene Siphonalröhre entsteht (holochoanitischer Sipho). Durch sekundäre Kalkablagerung im Siphonalkanal in Form von tütenförmig ineinander geschachtelten Kalklamellen wird die Siphonalröhre von der Gehäusespitze her mehr oder weniger vollständig ausgefüllt. Diese Kalkfüllung findet sich als ein spießähnliches Gebilde oft fossil isoliert. ▷ 1

Die **Endoceraten** sind häufige und typische, weltweit verbreitete Fossilien in den ordovizischen Kalkformationen. Auch als Diluvialgeschiebe im norddeutschen Flachland sind sie nicht selten. Meistens trifft man freilich nur Bruchstücke. Die vollständigen, lang röhrenförmigen Gehäuse sind nur im Anstehenden zu beobachten. ▷ S. 101

Unterklasse Actinoceratoidea

Auch die **Actinoceren** sind eine auf das Paläozoikum beschränkte Gruppe, die vom Ordovizium bis zum Karbon reicht. Auch sie haben ein relativ großes, orthokones Gehäuse, das aber nicht die Riesengröße der Endoceren erreicht.

Actinoceras – Ordovizium bis Karbon – hat relativ weit stehende Septalwände.

Bei **Armenoceras** – Ordovizium und Silur – stehen die Septen enger, und die Siphonalröhre ist weiter.

Die **Actinoceraten** sind vor allem im Ordovizium und Silur reich entfaltet. Danach werden sie seltener, um im Karbon zu erlöschen.

Unterklasse Bactritoidea

Mit einem schlanken, orthokonen Gehäuse gleichen die vom Ordovizium bis zum Perm reichenden Bactritoidea äußerlich den Orthoceren, bleiben aber wesentlich kleiner. Die Septen stehen relativ weit; sie sind nach hinten gleichmäßig gewölbt. Sie unterscheiden sich von den Orthoceren durch den dünnen, randlich zur Ventralseite verlagerten Sipho, dessen Siphonaldüten kurz und zylindrisch nach hinten gerichtet sind. Entsprechend der Randlage der Sipho sind die Septalwände ventral stark nach hinten zurückgebogen. Auch die Suturlinie, die bei den Orthoceren eine einfache Kreislinie bildet, ist daher auf der Ventralseite stark nach hinten zurückgebogen und zeigt eine nach hinten gerichtete Spitze. Solche nach hinten gerichteten, zugespitzten Ausbuchtungen der Suturlinie, die durch eine entsprechende Randverfaltung der Septalwand verursacht sind, nennt man Loben (Einzahl: Lobus). Die Suturlinie wird, wo solche Loben auftreten, zur Lobenlinie. **Bactrites** ist durch eine Lobenlinie mit einem Ventrallobus – da auf der Ventralseite gelegen – gekennzeichnet, was sie von den Orthoceren unterscheidet. Zu dem Ventrallobus kann noch ein zweiter, schwächerer auf der Flanke kommen, der Laterallobus heißt. Von den durch eine einfache Suturlinie gekennzeichneten primitiven Gehäusecephalopoden (Endoceraten, Actinoceraten, Nautilen) heben sich die **Bactriten** durch die Entwicklung einer Lobenlinie deutlich ab.

Eobactrites – Ordovizium – mit langem, schlankem, orthokonem Gehäuse mit kreisförmigem Querschnitt und schmalem, tiefem Ventrallobus.

Bactrites – Silur und Devon – von Eobactrites durch seitlich abgeflachten, elliptischen Gehäusequerschnitt unterschieden. ▷ 2, ▷

Cyrtobactrites – Devon – mit crytokonem Gehäuse hat neben dem Ventral- noch einen schwachen Laterallobus. ▷

Parabactrites – Karbon und Perm – hat ein verkürztes, cyrtokones Gehäuse mit engstehenden Septen.

1 Endoceras-Querschnitt, 6 cm breit, Ordovizium, Öland, Schweden

2 Bactrites ausaviensis, 1 cm, Devon, Nehden

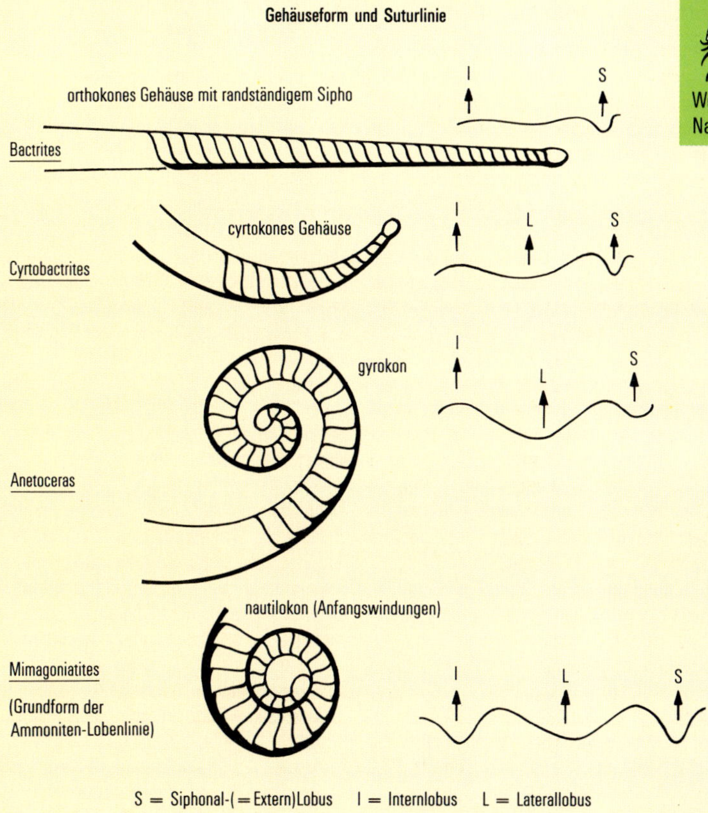
Gehäuseform und Suturlinie
orthokones Gehäuse mit randständigem Sipho
Bactrites
I
S
cyrtokones Gehäuse
Cyrtobactrites
I
L
S
gyrokon
Anetoceras
I
L
S
nautilokon (Anfangswindungen)
Mimagoniatites
(Grundform der
Ammoniten-Lobenlinie)
I
L
S
S = Siphonal-(= Extern)Lobus I = Internlobus L = Laterallobus

1

2

Unterklasse Ammoniten *(Ammonoidea)*

Die Ammoniten sind die formenreichste und höchst differenzierte Gruppe der Gehäusecephalopoden, die vom Devon bis zum Ende der Kreide weltweit die Meere bevölkerten; sie gehörten im Jungpaläozoikum und Mesozoikum zu den verbreitetsten und typischen Fossilien, und spielen als Leitfossilien eine große Rolle.
Sie sind gekennzeichnet durch ein exogastrisch in der Ebene spiral eingerolltes Gehäuse und eine als Lobenlinie ausgebildete Suturlinie. Wegen der exogastrischen, bilateral-symmetrischen Gehäusespirale hat man sie früher mit den ebenfalls exogastrischen Nautilen in Verbindung gebracht. Die exogastrische Gehäusespirale ist aber bei Nautilen und Ammoniten unabhängig voneinander entstanden. Die Ammoniten sind Abkömmlinge der Bactriten, die ja ebenfalls schon eine Lobenlinie bilden. Im Unterdevon fanden sich Übergangsformen von den orthokonen Bactriten über cyrtokone und gyrokone Formen bis schließlich zu der geschlossenen Ammonitenspirale.
Die Gehäusegestalt variiert von evolut, wobei die Windungen sich aneinanderlegen, bis zu involut, wobei die folgende Windung die vorhergehende mehr oder weniger weit umfaßt. Der innerhalb der Endwindung sichtbare Teil der Innenwindungen heißt Nabel. Das Verhältnis von Gesamtdurchmesser zu Nabeldurchmesser ist ein Maß der Involution. Evolute Spiralen sind weitnablig, involute um so engnabliger, je stärker die Involution ist. Der Windungsdurchmesser kann langsam zunehmen, dann entstehen windungsreiche Spiralen, oder rasch, dann ist die Zahl der Windungen geringer.
Wichtig für die Gehäusegestalt ist auch der Windungsquerschnitt. Man unterscheidet die Außen- oder Externseite (= Ventralseite), die Innen- oder Internseite (= Dorsalseite) und die Flankenseite (= Lateralseite). Die Entfernung zwischen den beiden Flanken ist die Breite, die zwischen Extern- und Internseite bzw. Nabelrand ist die Höhe der Windung. Ist die Windungsbreite größer als die Höhe, wird der Nabel tief; bei geringer Breitenzunahme bleibt der Nabel flach. Die Außenseite kann gerundet in die Flanken übergehen oder abgeplattet oder zugeschärft sein.
Die Oberfläche des Gehäuses kann glatt oder mehr oder weniger stark verziert sein. Spiral verlaufende Skulpturelemente sind relativ selten. Verbreitet sind radiale Skulpturelemente in Form radialer Wellung oder Rippung. Die Radialrippen können radial, nach vorwärts oder (seltener) nach hinten geneigt verlaufen, ein-

1 Längsschnitt (Medianschnitt) durch einen Ammoniten Pleuroceras, 7 cm, Fränkische Alb

2 Ammoniten-Querschnitt mit Wasserwaage Sonninia, 22 cm, Jura-Bajoc, Nenningen, Schwäbische Alb

Ammonitenrekonstruktion (geöffnet)

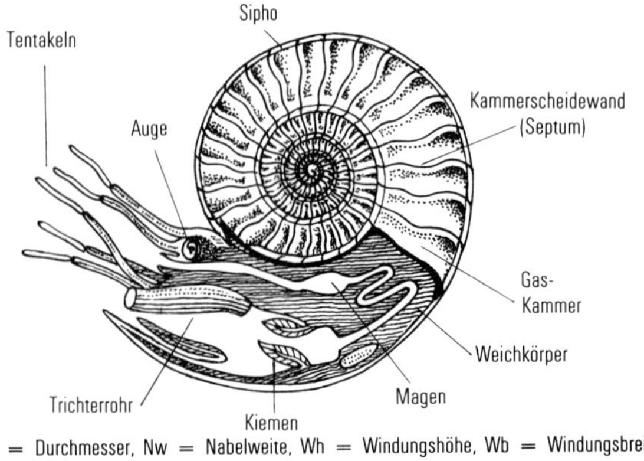

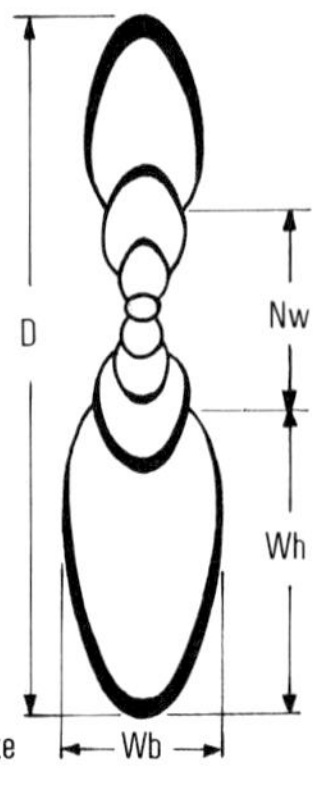

D = Durchmesser, Nw = Nabelweite, Wh = Windungshöhe, Wb = Windungsbreite

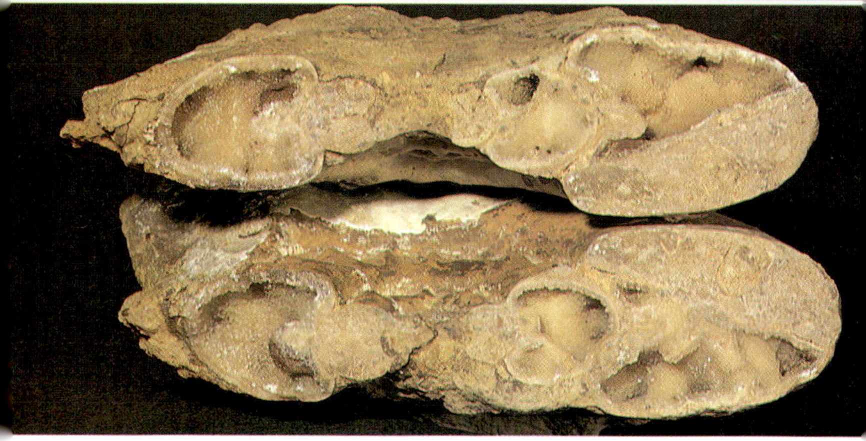

fach oder vergabelt sein. Neben den Rippen tauchen auch Dornen oder Stacheln auf. Die Abwandlungsmöglichkeit der Verzierung ist sehr groß. Da der Weichkörper immer nur auf die Wohnkammer beschränkt bleibt, die Gaskammern aber verlassen sind, ist die Perlmutterauskleidung des Gehäuses von innen – anders als bei Schnecken und Muscheln – nur gering. Die Skulpturenelemente werden daher nicht verdeckt. Die Gehäuseverzierung ist meistens auch am Steinkern erhalten und sichtbar.

Gehäusegestalt und Verzierung liefert dank ihrer großen Abwandlungsfähigkeit wichtige Bestimmungsmerkmale, sind aber für sich allein nicht entscheidend, da ähnliche Gestalten und Verzierungen in verschiedenen Gruppen unabhängig voneinander auftreten können. Ergänzendes und wichtigstes Merkmal für die Klassifizierung und Bestimmung der Ammoniten wird daher die zur Lobenlinie weitergebildete Suturlinie, die eine durchgreifende und charakteristische Differenzierung durchmacht. Die Septalwand ist bei den Ammoniten nicht mehr nach hinten gewölbt wie bei den Nautiloiden, sondern flach oder schwach vorwärts. Ihr peripherer Teil wird fortschreitend stärker verfaltet, was sich in der Suturlinie in den nach hinten gerichteten, spitz endenden Loben, sie voneinander trennenden, nach vorn gerichteten, gerundeten Sätteln abbildet. Die Intensität der Lobenaufspaltung nimmt im Lauf der Entwicklung der Ammoniten stetig zu. Mit guten Gründen nimmt man an, daß durch die zunehmende Lobenverfaltung die Widerstandsfähigkeit des Gehäuses gegen den äußeren Wasserdruck zunimmt. Die Ammoniten lebten ja nicht, wie man früher annahm, als Hochseeschwimmer, sondern, ähnlich dem Nautilus, in größeren Wassertiefen nahe über dem Meeresboden, wo sie ihre Nahrung fanden. Der Phragmokon hatte daher einen relativ hohen Wasserdruck auszuhalten.

Die ursprünglichste Lobenlinie umfaßt den Externlobus (Ventrallobus) E, den ihm gegenüberliegenden Internlobus (Innenlobus) I sowie den auf der Flanke liegenden Laterallobus L. Zwischen E und L liegt der Lateralsattel, zwischen I und L der Umbilikalsattel, der auf dem Umschlag von der Flanke zu der konkaven Innenseite der Windung liegt. Der Raum zwischen L und I ist wegen des Umschlags relativ breit, der Umbilikalsattel wird daher noch durch zusätzliche Loben, die Umbilikalloben (U), unterteilt; ihre Zahl wird bei stark involuten Gehäusen größer. Auch der Lateralsattel kann durch zusätzliche Loben, die Adventivloben (A), unterteilt werden.

Bei den primitiven Ammoniten bleiben die Loben einspitzig und relativ klein; mit zunehmendem Wachstum werden die Loben durch Bildung von A und vor allem U vermehrt. Bei den fortschrittlicheren Ammoniten werden die primären Lobenelemente größer, die Einschaltung von Zusatzloben A und U bleibt geringer. Es treten dann im allgemeinen keine A mehr auf, und auch die Zahl der U kann geringer werden. Dafür werden dann die größer gewordenen Loben noch zusätzlich durch Sekundärloben zerschlitzt. Schließlich werden auch die breiten, gerundeten Sättel noch durch solche Sekundärloben unterteilt. Sie wiederum werden durch kleine Tertiärloben zerschlitzt.

Es erfolgt also eine Fixierung auf wenige Hauptelemente, E, L, I, U, die aber größer werden und sich ihrerseits stark aufgliedern. Nur hinsichtlich der U kann bei zunehmender Involution die Zahl variieren und noch zunehmen.

Der Sipho ist bei den Ammoniten nur dünn und hat – anders als bei den primitiven Gehäusecephalopoden – nach vorn gerichtete Siphonaldüten. Er liegt – mit einer Ausnahme (**Clymenien**) – ventral, das heißt auf der Außenseite, unmittelbar unter der Gehäusewand.

Kammerwand eines Ammoniten (Aspidoceras, 6 cm, Jura-Tithon, Laisacker-Donau). Die Ausbildung von Loben und Sätteln wird deutlich.

Typische Lobenlinien

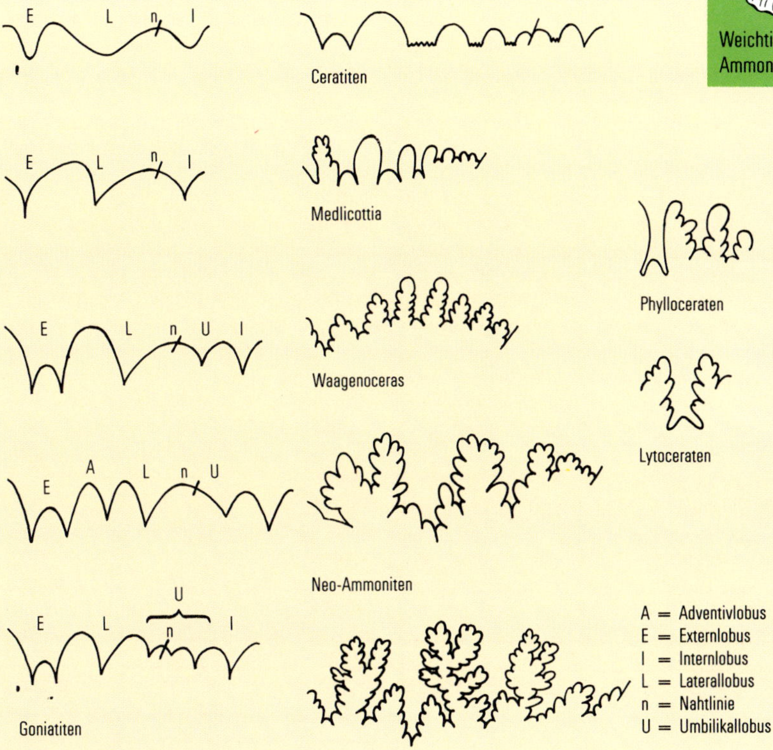

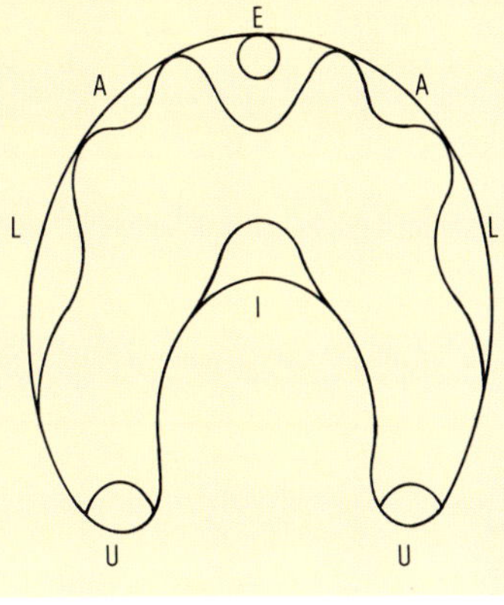

Überordnung Altammoniten *(Palaeoammonoidea)*

Als Altammoniten kann man verschiedene, auf das Paläozoikum beschränkte Gruppen zusammenfassen. Sie liefern im Oberdevon und Karbon wichtige Leitfossilien. Im allgemeinen werden sie nicht groß, haben bei wechselnder Gehäusegestalt eine glatte Oberfläche und bringen nur gelegentlich schwache Radialrippung hervor. Die Loben sind einfach, einspitzig, und nur bei den differenziertesten Vertretern kann sekundäre Lobenzerschlitzung auftreten. Die Zahl der Lobenelemente wird mitunter recht groß.

Anarcestes – Unter- und Mitteldevon – ziemlich weitnablig mit fast kreisrundem Windungsquerschnitt. Lobenlinie einfach mit breitem, gerundetem I und L und schmälerem E. ▷ 1

Maenioceras – Mitteldevon – engnablig und hochmündig. L relativ tief und zugespitzt.

Manticoceras – Unteres Oberdevon – engnablig, hochmündig, mit zur Externseite konvergierenden, flachen Flanken. E groß und tief, durch Mediansattel zweigeteilt. ▷ 2

Beloceras – Unteres Oberdevon – engnablig, flach scheibenförmig, sehr hochmündig. Zahlreiche kleine, einspitzige Loben auf den Windungsflanken.

Prolobites – Oberdevon – klein, sehr engnablig mit breiten Windungen und kugeliger Gehäusegestalt. Die einfache Lobenlinie zeigt einen großen, zugespitzten L.

Tornoceras – Oberdevon – ohne Einschnürungen. ▷ 3

Cheiloceras – Mittleres Oberdevon – dick scheibenförmig, sehr engnablig, mit zwei bis drei nur auf dem Steinkern erscheinenden Einschnürungen auf der Endwindung. E einspitzig ohne Mediansattel. Außer dem L noch ein U auf der Flanke vorhanden. ▷ 4

Sporadoceras – Mittleres Oberdevon – mit ähnlicher Gehäusegestalt wie Cheiloceras, aber ohne Einschnürungen. Außer dem L und U noch ein A auf der Flanke vorhanden.

Imitoceras – Mittleres Oberdevon bis Perm – dick scheibenförmig, sehr engnablig. Außer dem tiefen L und A ein kleiner U auf der Flanke.

Ammonellipsites (Periyclus) – Unterkarbon – dick scheibenförmig mit etwas weiterem Nabel und schwacher Radialrippung. E breit mit kleinem Mediansattel, zweispitzig; kein A vorhanden.

Goniatites – Unterkarbon – hat einen tiefen, ziemlich engen Nabel. E mit relativ großem Mediansattel. L sehr tief, zugespitzt.

Gastrioceras – Oberkarbon – ziemlich weitnablig. Die geblähten Windungen mit einfacher Radialrippung sind breiter als hoch. E breit mit großem Mediansattel.

Schistoceras – Oberes Oberkarbon – dem Gastrioceras sehr ähnlich, unterscheidet sich durch gerundet quadratischen Windungsquerschnitt.

Shumardites – Oberes Oberkarbon – unterscheidet sich bei gleicher Gehäusegestalt durch mehrspitzigen L.

Waagenoceras – Mittelperm – hat kugelig geblähtes, sehr involutes Gehäuse mit zahlreichen, schwach sekundär zerschlitzten Loben auf den Flanken.

Cyclolobus – Oberperm – mit gebläht scheibenförmigem, engnabligem Gehäuse hat einen breiten, sekundär zerschlitzten E und zahlreiche, nicht sehr große, sekundär zerschlitzte Loben auf den Flanken. Die Lobenvermehrung ist Folge der Einschaltung mehrerer A neben den U.

Perrinites – Unterperm – unterscheidet sich von Cyclolobus dadurch, daß bei den zahlreichen Loben auf den Flanken die sekundäre Zerschlitzung auf die Loben beschränkt bleibt, die Sättel aber breit gerundet und unzerschlitzt sind.

1 Anarcestes, 3,5 cm, Devon, Erfoud, Marokko

2 Manticoceras, 7 cm, Devon, Eifel

3 Tornoceras planidorsatum, 2,4 cm, Devon, Nehden

4 Cheiloceras subpartitum, 2,7 cm, Devon, Nehden

1

2

3

4

Ordnung Clymeniida

Innerhalb der Altammoniten heben wir die Ordnung Clymeniida heraus, da sie eine Sonderstellung dadurch einnimmt, daß der Sipho auf die Innenseite der Windungen verlagert ist. Die klar umgrenzte, sehr typische Gruppe ist sehr kurzlebig, auf das obere Oberdevon beschränkt, in diesem kurzen Zeitabschnitt aber weltweit verbreitet und damit ein ideales Leitfossil. Mit der Verlagerung des Sipho auf die Innenseite verschwindet auch der, bei allen Ammoniten sonst vorhandene E, wodurch die Lobenlinie etwas vereinfacht wird.

Gonioclymenia ist flach scheibenförmig, weitnablig, mit zahlreichen Windungen, die langsam zunehmen und kreisförmigen Querschnitt haben. Die Lobenlinie hat noch einen E, einen gut entwickelten I, sowie neben dem L einen flachen A und U.

Hexaclymenia hat einen gerundet dreieckigen Windungsquerschnitt. Die Loben werden flacher und gerundet. ▷ 1

Platyclymenia hat die gleiche weitnablige, scheibenförmige Gehäusegestalt wie Gonioclymenia, aber flache Radialrippung. Statt des verschwundenen E ein flacher breiter Externsattel vorhanden. L und I breit und flach. ▷ 2

Clymenia unterscheidet sich von Platyclymenia durch das Fehlen der Radialrippung. ▷ 3

Lobenlinie Clymenia

Parawocklumeria hat einen Externsattel, einen flachen L und I und einen schwach angedeuteten U. Das Gehäuse wird sehr involut mit Einschnürungen auf der Endwindung; der Umriß wird gerundet dreieckig.

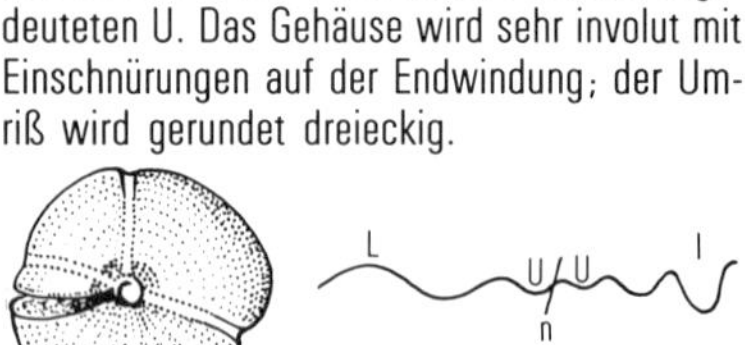

Parawocklumeria

Überordnung Mittelammoniten *(Mesoammonoidea)*

Von den in Devon bis Karbon reich entfalteten Palaeoammonoidea erlöschen die meisten Formenkreise ohne Nachkommen zu haben. Nur ein Formenkreis überlebt, der sich in der Trias reich und rasch zu den Mesoammonoidea entfaltet. Sie sind gekennzeichnet durch eine sekundäre Lobenzerschlitzung, die auch auf die Sättel übergreift, und durch stärkere Oberflächenverzierung, die vorwiegend durch Radialrippung gebildet wird.

Ordnung Prolecanitida

Die Ordnung umfaßt die jungpaläozoischen Vorläufer der eigentlichen Mittelammoniten.

Prolecanites – Unterkarbon – Gehäuse weitnablig. Windungsquerschnitt oval. Die Lobenlinie wird von unzerschlitzten, einspitzigen, aber ziemlich breiten Loben gebildet. Auch E ist einspitzig ohne Mediansattel. ▷

Medlicottia – Perm – flach scheibenförmig, hochmündig, sehr involut. Außenseite mit Externfurche. Die Lobenlinie besteht aus zahlreichen, zweispitzigen Loben, deren Größe von außen zum Nabelrand abnimmt. E zerschlitzt. ▷

Popanoceras – Perm – ebenfalls involut, hochmündig, etwas dicker scheibenförmig, ohne Externfurche. Die zahlreichen kleinen Loben am Grunde gezähnelt.

Stacheoceras – Perm – kugelig gebläht, involut mit zahlreichen kleinen, zweispitzigen Loben. Die Sättel einfach gerundet.

Ordnung Ceratitida

Die Ordnung umfaßt die eigentlichen, auf die Trias beschränkten Mittelammoniten.

Die ceratitische Lobenlinie hat breite, unzerschlitzte, gerundete Sättel und relativ breite Loben, die am Grund gezähnelt sind. E mit Mediansattel. Diese Lobenlinie findet sich bei folgenden Gattungen:

Hungarites – Oberperm – engnablig, hochmündig, flach scheibenförmig. Oberfläche glatt. Auf der Windungsflanke nur zwei breite, gerundete Sättel.

Xenodiscus – Oberperm – flach scheibenförmig, weitnablig mit hoch rechteckigem Windungsquerschnitt. Weitstehende, einfache Radialrippen. Loben tiefer als bei Hungarites.

Tirolites – Untere Trias – ebenfalls weitnablig, flach scheibenförmig, unterscheidet sich von Xenodiscus dadurch, daß die einfachen Radialrippen enger stehen und außen in einem Knoten endigen.

1 Hexaclymenia, 8 cm, Devon, Iberg, Harz
2 Platyclymenia, 5 cm, Devon, Erfoud, Marokko
3 Clymenia, 5 cm, Devon, Eifel

1

2

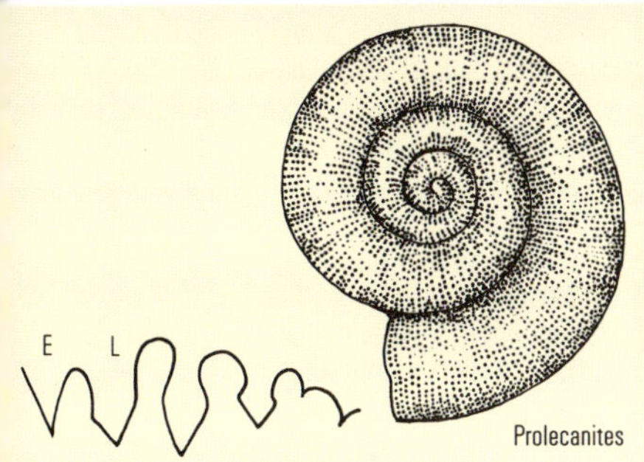

Prolecanites

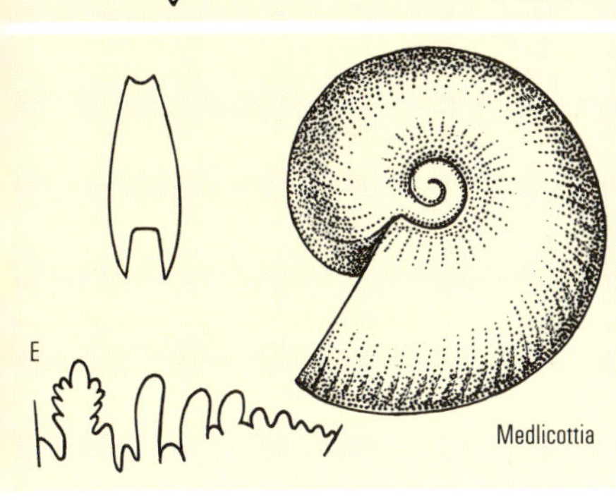

Medlicottia

3

Beneckeia – Untere und Mittlere Trias – flach scheibenförmig, sehr involut, hochmündig mit zugeschärfter Außenseite. Lobenlinie mit zahlreichen flachen Sätteln und Loben.

Ceratites – Mittlere Trias – Typusfossil des Muschelkalks – mäßig weit- bis engnablig. Windungsquerschnitt gerundet quadratisch bis hoch rechteckig. Weitstehende, kräftige Radialrippen, die durch Knoten verstärkt sein können. ▷ 1

Discoceratites – Mittlere Trias – engnablig, hochmündig, flach scheibenförmig. Die Radialrippen sind zu flacher Radialwellung rückgebildet, die schließlich auch verschwinden kann. ▷ 2

Choristoceras – Obere Trias – sehr weitnablig mit hoch rechteckigem Windungsquerschnitt. Kräftige Radialrippung. Die Endwindung wird frei und löst sich von der vorhergehenden Windung.

Bei den fortschrittlicheren Mesoammonoidea greift die Zerschlitzung der Lobenlinie auch auf die Sättel über. Lobengrund nicht mehr einfach gezähnelt, sondern in verschiedener Form kräftig zerschlitzt. Die Lobenlinie kann recht kompliziert werden.

Ptychites – Mittlere Trias – flach bis dick scheibenförmig. Außenseite gerundet, Flanken mäßig gewölbt. Ziemlich engnablig. Einfache, weitstehende, flache Radialrippen. Loben und Sättel gleichmäßig zerschlitzt; das Lobenende mit drei Hauptspitzen.

Trachyceras – Mittlere und Obere Trias – mäßig weit- bis engnablig, hat hoch rechteckigen bis trapezförmigen Windungsquerschnitt. Kräftige, leicht vorwärts geneigte Radialrippen mit vier bis sechs knotenförmigen Verdickungen, die in Spiralreihen angeordnet sind. Loben und Sättel wie bei Ptychites gleichmäßig, nicht allzu stark zerschlitzt. ▷ 3

Margarites – Mittlere Trias – weitnablig. Außenkiel und Flankenknoten. ▷ 4

Gymnites – Untere und Mittlere Trias – weitnablig, flach scheibenförmig mit hochovalem Windungsquerschnitt. Oberfläche glatt. Die Zerschlitzung der Sättel und Loben wesentlich stärker als bei Ptychites und Trachyceras.

Pinacoceras – Mittlere und Obere Trias – flach scheibenförmig, sehr hochmündig und involut. Die abgeflachten Windungsflanken konvergieren zur zugeschärften Außenseite. Oberfläche glatt. Die einspitzigen, schmalen Loben stark zerschlitzt, ebenso die etwas breiteren Sättel. Zahlreiche kleine, sich zum Nabelrand verkleinernde, ebenfalls stark zerschlitzte U. Pinacoceras ist der Riese unter den Mesoammonoideen und kann einen Durchmesser von einem Meter erreichen.

Pinacoceras

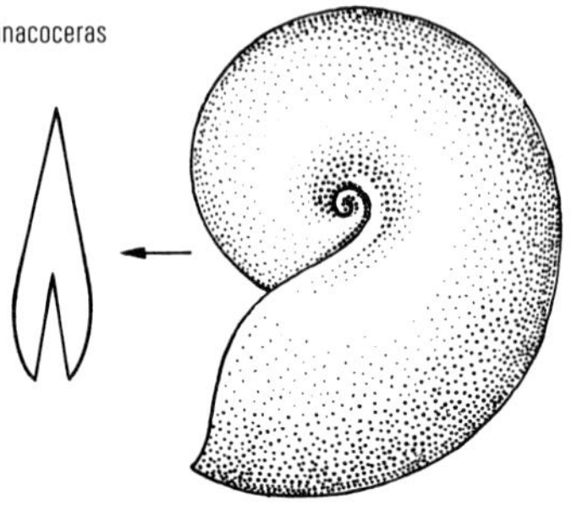

Cladiscites – Mittlere und Obere Trias – sehr involut, dicht scheibenförmig mit gerundet quadratischem bis hoch rechteckigem Windungsquerschnitt. Oberfläche mit kräftiger Spiralstreifung. Loben breit rechteckig, sehr stark zerschlitzt, während die Sättel vor allem an der Basis sehr schmal und ebenfalls intensiv zerschlitzt sind. Nur wenige U vorhanden. ▷ 5–6

Joannites – Mittlere Trias – extrem involut. Die Endwindung mit einigen kräftigen Einschnürungen umgreift die Innenwindungen vollständig, so daß ein eigentlicher Nabel nicht vorhanden ist. Windungsquerschnitt hochoval, Flanken und Außenseite gleichmäßig gewölbt. Oberfläche glatt. Loben und Sättel sehr intensiv zerschlitzt.

1 *Ceratites nodosus, 17 cm, Trias-Muschelkalk, Gemünd*

2 *Discoceratites semipartitus, 27 cm, Trias-Muschelkalk, Kitzingen*

3 *Trachyceras austriacum, 10 cm, Trias-Karn, Röthelstein, Österreich*

4 *Margarites circumspinatus, 7 cm, Trias-Karn, Röthelstein, Österreich*

5 *Cladiscites multilobatus, 6 cm, Trias-Karn, Röthelstein, Österreich*

6 *Cladiscites subtornatus, 11 cm, Trias-Karn, Röthelstein, Österreich*

1

2

3

4

5

6

Arcestes – Mittlere und Obere Trias – ebenfalls extrem involut, hat eine gebläht ovale bis fast kugelige Gehäusegestalt ohne sichtbaren Nabel. Oberfläche glatt. Einschnürungen können auftreten oder fehlen. Wohnkammer sehr lang. Mündung verengt. Loben und Sättel sehr intensiv zerschlitzt. ▷ 1 + 2

Die ceratitischen Mesoammonoidea sind auf die Untere und Mittlere Trias beschränkt und erlöschen ohne Nachkommen. Die fortschrittlicheren Vertreter mit stärker zerschlitzter Lobenlinie haben ihre Hauptentfaltung in der Mittleren Trias und gehen in der Obertrias stark zurück. Auch von ihnen erlöschen die meisten ohne Nachkommen. Nur wenige Formen reichen in die Oberste Trias hinein, und aus diesen entfaltet sich vom Untersten Jura an die

Überordnung Neuammoniten *(Neoammonoidea)*

Die Neuammoniten kommen vom Unterjura bis zum Ende der Kreide vor, um dann endgültig zu verschwinden. Sowohl hinsichtlich der Gehäusegestalt als auch hinsichtlich der Schalenverzierungen bringen sie eine ungleich größere Mannigfaltigkeit hervor als die Alt- und die Mittelammoniten. Obwohl auch kleinwüchsige Formenkreise vertreten sind, werden die Neuammoniten im Durchschnitt doch etwas größer als die Mittelammoniten, so wie diese im Durchschnitt größer sind als die paläozoischen Altammoniten. In der Gesamtentwicklung der Ammoniten nimmt somit die mittlere Größe zu.

Ebenso steigert sich auch die Differenzierung der Lobenlinie. Gegenüber den einspitzigen Loben und ganzrandigen Sätteln der Altammoniten sahen wir bei den Mittelammoniten sekundäre Zerschlitzung der Loben, die schließlich auf die Sättel übergreift. Bei den Neuammoniten finden wir nunmehr eine sekundäre bis tertiäre Zerschlitzung der Loben und Sättel.

Das Schema der Lobenlinie zeigt stets einen Externlobus (E) und einen großen Laterallobus (L), der durch einen äußeren Lateralsattel vom E und einen inneren Lateralsattel von den Umbilikalloben (U) getrennt wird. Die U sind kleiner und in wechselnder Zahl vorhanden. Adventivloben (A) treten nie auf. Diese Grundelemente sind verschieden gestaltet und jeweils mehr oder weniger stark sekundär und tertiär zerschlitzt.

Ordnung Phylloceratida

Es handelt sich um eine klar umgrenzte, langlebige, aber konservative und formenarme Neuammoniten-Gruppe. Die Phylloceratida gliedern sich von den eigentlichen Mesoammoniten schon in der Unteren Trias mit mäßig engnabligen, hochmündigen, glatten oder radial gestreiften Formen ab, deren stark zerschlitzte Lobenlinie durch blattförmig ovale, vordere Sattelenden (auch bei den Sekundärsätteln) gekennzeichnet ist.

Phylloceras – Jura und Kreide – Sammelbegriff für mehrere, heute unterschiedene, unter sich sehr ähnliche Gattungen – ist extrem langlebig und wandelt nur wenig ab. Wohl vorwiegend Bewohner größerer Wassertiefen der offenen Ozeane. In flachmeerischen Formationen bleibt Phylloceras daher relativ selten. Das mäßig weit- bis engnablige Gehäuse ist scheibenförmig und wird von hochovalen Windungen mit gerundeter Außenseite aufgebaut. Oberfläche glatt oder radial gestreift, gelegentlich flache Radialwellung. Die Sattelenden der stark zerschlitzten Lobenlinie stets blattförmig oval. ▷ 3–4

Tragophylloceras – Obere Trias bis Lias – etwas weiter genabelt, hat meist auf der Außenhälfte der Windungsflanken breite und flache Radialrippen.

Ordnung Lytoceratida

Die Lytoceratida sind ebenfalls eine langlebige, wenig abwandelnde Neuammonitengruppe, die schon in der Obertrias erscheint und bis in die Oberkreide reicht. Die triasische Vorläuferform (**Trachyphyllites**) geht wohl auf primitive **Phylloceraten** zurück. Anders als diese werden sie aber ausgesprochen weitnablig. Die einen fast kreisförmigen Querschnitt zeigenden Windungen legen sich aneinander, ohne sich wesentlich zu umgreifen. Die Lobenlinie ist sehr stark und fein zerschlitzt.

1 *Arcestes cheilostomus, 6 cm, Trias-Karn, Röthelstein, Österreich*
2 *Arcestes cymbiformis, 7 cm, Trias-Karn, Röthelstein, Österreich*
3 *Calliphylloceras aveyronense, 3 cm, Jura-Toarc, Mende, Frankreich*
4 *Phylloceras heterophyllum, 3 cm, Jura-Toarc, Mende, Frankreich*

1

2

3

4

Lytoceras – Lias bis Oberkreide – Sammelbegriff für mehrere unter sich sehr ähnliche Gattungen – weitnablig; Windungsquerschnitt kreisrund bis mäßig hochoval. Die Windungen umgreifen sich kaum. Glatt oder kräftig radial gestreift. Die den Anwachsstreifen entsprechenden Radialstreifen können lamellös vorragen. Gelegentlich treten Einschnürungen auf. ▷ 1

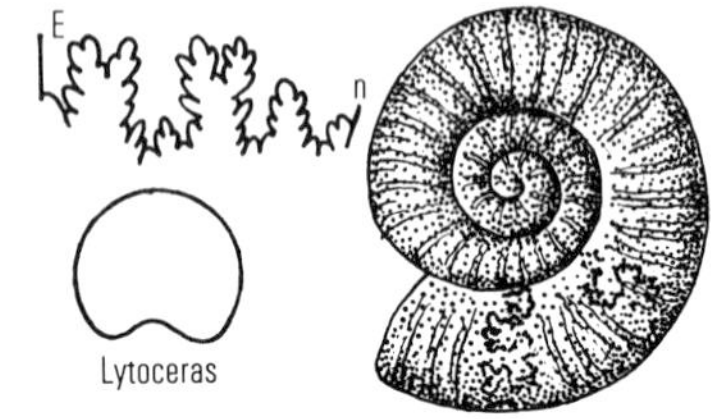

Lytoceras

Alocolytoceras – Lias – hat außer feinen Radialrippen auf der Windung etwa zehn radiale Einschnürungen.

Pachylytoceras – Dogger – hat etwas stärker umgreifende Windungen und zahlreiche dickwulstige, kräftige Radialrippen.

Ordnung Ammonitida

Die Ammonitida sind, anders als die abwandlungsträgen, konservativen Phylloceratida und Lytoceratida, eine Neuammonitengruppe, die sich in zahlreiche, oft kurzlebige, in mannigfachster Weise abwandelnde Formenkreise entfaltet. Sie gliedern sich daher in zahlreiche Familien und Familiengruppen auf, deren Beziehungen untereinander nicht immer klar sind.

Während Phylloceratida und Lytoceratida wohl ihren Lebensraum vorwiegend in den offenen Ozeanen hatten, bewohnen die Angehörigen der Ammonitida vorwiegend flachmeerische Räume. Da die mesozoischen Formationen vorwiegend Schelfmeerbildungen sind, bestimmen die Ammonitida weitgehend das Bild der Fossilgemeinschaften.

Man hat die Ammonitida früher als im untersten Jura von Phylloceratiden und Lytoceratiden abgeleitete Gruppe aufgefaßt. Nach neueren Erkenntnissen haben sie sich schon in der Obertrias mit einer Vorläufergruppe von den Phylloceraten abgespaltet. Sie stellen also einen dritten Stamm dar, der die Trias-Jura-Grenze überschritten hat.

Psiloceras – Unterlias – hat ein sehr weitnabliges Gehäuse mit zahlreichen, sich nur wenig umgreifenden Windungen. Windungsquerschnitt hochoval bis fast kreisrund. Feine Anwachsstreifung oder schwache, einfache Radialrippung. ▷ 2

Arietites – Unterlias – wird sehr großwüchsig, hat ebenfalls ein weitnabliges Gehäuse mit wenig umgreifenden Windungen. Windungsquerschnitt gerundet quadratisch oder hoch rechteckig. Kräftige Radialrippen. Beidseitig von einer Furche begleiteter Kiel auf der Außenseite. ▷ 3

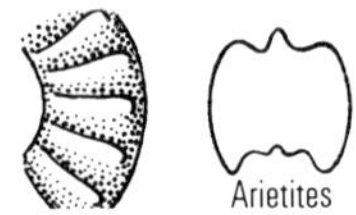
Arietites

Schlotheimia – Unterlias – wird mehr engnablig; die Windungen haben einen hochovalen Windungsquerschnitt. Die kräftigen Radialrippen biegen nach vorn um und treffen sich auf der schmalen, aber nicht zugeschärften Außenseite in einem spitzen, nach vorn gerichteten Winkel. ▷ 4

Oxynoticeras – Unterlias – hat ein sehr engnabliges, diskusförmiges Gehäuse mit zugeschärfter Außenseite. Glatt oder schwache Radialrippen, die auf der Außenhälfte der Flanken nach vorn abbiegen. ▷ 5

Echioceras – Unterlias – sehr weitnablig mit kaum umgreifenden Windungen, deren Querschnitt kreisrund oder hochoval ist. Kräftige weitstehende Radialrippen. Auf der Außenseite ein feiner, schwacher Außenkiel. ▷ 6

Uptonia – Mittlerer Lias – weitnablig, flach scheibenförmig, hochovaler bis hoch rechteckiger Windungsquerschnitt. Weitstehende, schwach vorwärts geneigte Radialrippen laufen in flachem Bogen über die Außenseite weg.

1 Lytoceras fimbriatum, 33 cm, Jura-Pliensbach, Fresney, Frankreich

2 Psiloceras plicatulum, 5 cm, Jura-Hettang, Wellingen

3 Arietites solarium, 45 cm, Jura-Sinemur, Aldingen

4 Schlotheimia angulata, 6 cm, Jura-Hettang, Buer

5 Oxynoticeras oxynotum, 5 cm, Jura-Sinemur, Schömberg

6 Echioceras raricostatum, 4 cm, Jura-Sinemur, Schömberg

1

2

3

4

5

6

Androgynoceras – Mittlerer Lias – sehr weitnablig mit kaum umgreifenden Windungen, deren Querschnitt kreisrund bis gerundet quadratisch ist. Kräftige Radialrippen laufen wulstartig verdickt in flachem Bogen über die Außenseite weg. ▷ 1

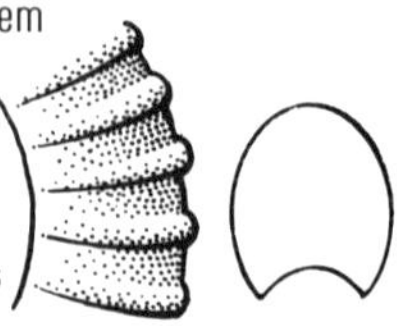

Androgynoceras

Coeloceras – Mittlerer Lias – hat breite, querovale, schwach umgreifende Windungen und daher einen weiten und tiefen Nabel. Die Radialrippen endigen in einem Knoten auf der Flankenmitte, von wo aus feinere Rippen über die Außenseite verlaufen.

Amaltheus – Mittlerer Lias – weit- bis engnablig, scheibenförmiges, flaches Gehäuse. Die Radialrippen, mitunter mit einem Knoten auf der Flanke, biegen sich abschwächend auf der äußeren Flankenhälfte nach vorn ab, sie vereinigen sich auf der schmalen Außenseite zu einem Zopfkiel. ▷ 2

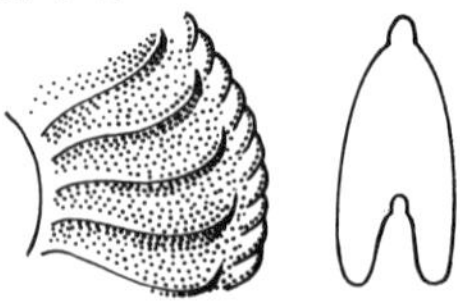

Amaltheus

Prodactylioceras – Mittlerer Lias – sehr weitnablig, scheibenförmig. Die Windungen mit kreisrundem Querschnitt umgreifen sich kaum. Zahlreiche feine Radialrippen verlaufen, außen schwach nach vorn geneigt, über Flanken und Außenseite. In unregelmäßigen Abständen kräftige Knoten auf der Außenhälfte der Flanke. ▷ 4

Dactylioceras – Oberlias – bei gleicher Gehäusegestalt wie Prodactylioceras mit kreisrundem bis hochovalem Windungsquerschnitt, hat kräftigere Radialrippen, die sich auf der Außenhälfte der Flanken oft in zwei Äste vergabeln und über die Außenseite gehen. ▷ 3

Die durch einfache Radialrippen gekennzeichneten, im vorhergehenden genannten Gattungen sind typische Leitfossilien im unteren und mittleren Lias. Im Mittleren Lias erscheinen Ammoniten mit sichelförmig geschwungenen Rippen, die im Oberen Lias und unteren Dogger vorherrschen.

Harpoceras – Oberlias – hat ziemlich engnabliges, scheibenförmiges Gehäuse; Windungsquerschnitt hochoval mit glattem, scharfem Außenkiel. Zahlreiche feine, sichelförmige Rippen, die nach außen zu kräftiger werden.

Pleydellia – Oberlias – etwas weiter genabelt; die Rippen sind kräftiger und stehen etwas weiter. Der Außenkiel scharf und deutlich abgesetzt.

Dumortieria – Oberlias – wird noch weitnabliger. Die kräftigen Rippen weitgestellt und nur schwach sichelförmig geschwungen. Der Außenkiel sehr schwach entwickelt.

Hildoceras – Oberlias – unterscheidet sich durch eine auf der Flankenseite verlaufende Spiralfurche.

Leioceras – Unterer Dogger – flach scheibenförmig, sehr hochmündig und engnablig; Außenseite ohne abgesetzten Kiel, aber zugeschärft. Sichelförmig geschwungene Anwachsstreifen, neben denen eine ihnen parallele, sehr schwache Rippung auftreten kann.

Ludwigia – Unterer Dogger – etwas weiter genabelt; die dickeren, hoch rechteckigen Windungen tragen einen deutlich abgesetzten Außenkiel. Die kräftigen, sichelförmig geschwungenen Rippen nach außen oft vergabelt.

Hammatoceras – Oberlias – ziemlich weitnablig. Windungsquerschnitt gerundet dreiekkig mit größter Breite nahe dem Nabelrand, von wo die Flanken nach außen zu dem deutlich abgesetzten Außenkiel konvergieren. Nahe dem Nabelrand eine Knotenreihe; von den Knoten entspringen zwei bis drei über die Flanken verlaufende, schwach geschwungene Rippen. ▷ 5

1 *Androgynoceras, 10 cm, Jura-Pliensbach, Braunschweig*

2 *Amaltheus subnodosus, 3 cm, Jura-Pliensbach, Hechingen*

3 *Dactylioceras, 6 cm, Jura-Toarc, links plattgedrückt, aus Balingen*
rechts in Körpererhaltung aus der Normandie, Frankreich

4 *Prodactylioceras davoei, 12 cm, Jura-Pliensbach, Tuningen, Schwäbische Alb*

5 *Hammatoceras insigne, 9 cm, Jura-Toarc, Caen, Frankreich*

1

2

3

4

5

Sonninia – Mittlerer Dogger – mäßig weit bis eng genabelt. Windungsquerschnitt hochoval. Deutlich abgesetzter, schmaler, aber hoher Außenkiel. Schwach geschwungene, kräftige, in nicht ganz regelmäßigen Abständen stehende Radialrippen. In größeren, unregelmäßigen Abständen tragen einzelne Rippen auf der Flankenmitte einen kräftigen Knoten.

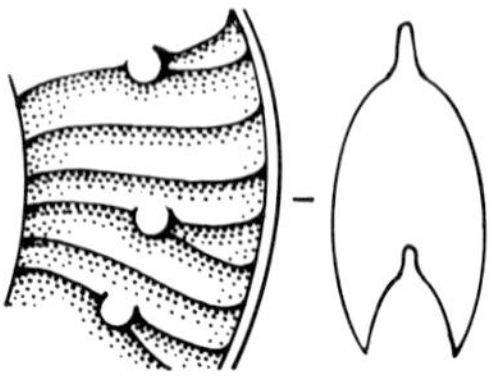
Sonninia

Glochiceras – Unterer bis Mittlerer Malm – kleinwüchsig, sehr involut mit hochmündigen Windungen. Außenseite schmal gerundet. Oberfläche glatt. Am Mundrand auf der Flankenmitte ein schmaler, langer, zungenförmiger Fortsatz; die »Lingulaten« (Quenstedt). ▷ 2

Haploceras – Mittlerer und Oberer Malm – stark involut, engnablig mit hochovalem Windungsquerschnitt; etwas dicker gebläht als Glochiceras. Oberfläche glatt. Wird wesentlich größer als das kleine Glochiceras.

Oppelia und **Oxycerites** – Mittlerer und Oberer Dogger – flach diskusförmig, sehr engnablig mit zugeschärfter Außenseite, ohne deutlich abgesetzten Außenkiel. Schwache, sichelförmig geschwungene Rippen, die auf der Außenhälfte der Flanken etwas kräftiger werden.

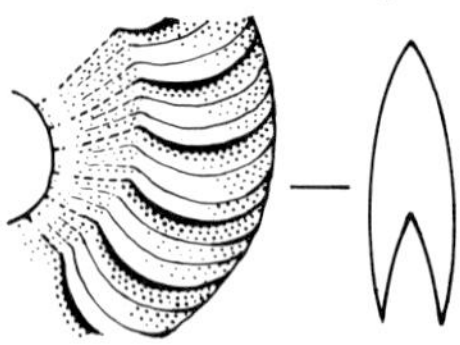
Oppelia

Trimarginites – Unterer Malm – unterscheidet sich bei gleicher Gehäusegestalt und höchstens schwach angedeuteten Sichelrippen durch drei dicht nebeneinander verlaufende, scharfe Kiele auf der Außenseite. ▷ 1

Streblites – Mittlerer Malm – mit ebenfalls diskusförmigem Gehäuse, sehr engnablig, hat eine zugeschärfte Außenseite ohne deutlich abgesetzten Außenkiel. ▷ 3

Ochetoceras – Malm – flach diskusförmig, hat deutliche Sichelrippung, die auf der Flankenmitte durch eine Spiralfurche unterbrochen wird. ▷ 4

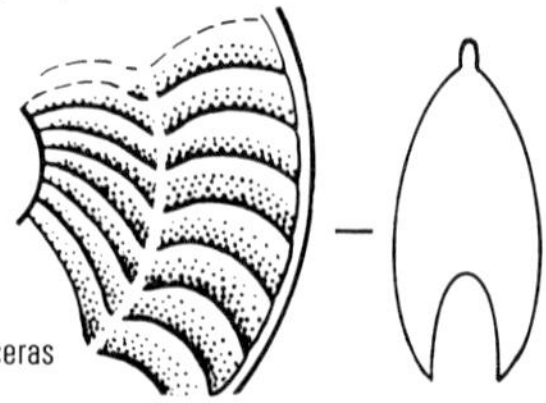
Ochetoceras

Creniceras – Malm – kleinwüchsig, diskusförmig mit meist glatter Oberfläche, zeichnet sich durch gezähnelten Außenkiel auf dem Wohnkammerabschnitt aus. ▷ 5

Taramelliceras – Malm – scheibenförmig, sehr involut, engnablig, hat einen etwas geblähteren, hoch rechteckigen Windungsquerschnitt mit abgeplatteter Außenseite, die drei Knotenreihen trägt. Zum Teil kräftige Sichelrippen, die oft auf der Flankenseite durch einen Knoten verstärkt sind. ▷ 6

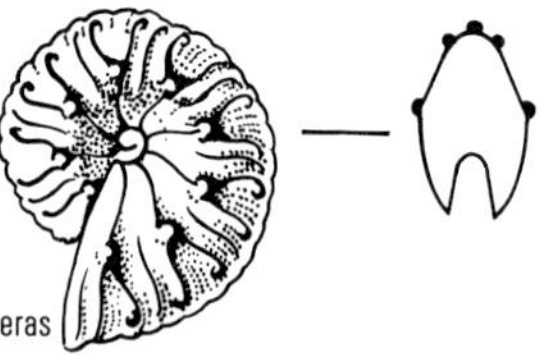
Taramelliceras

Neben den **Sichelrippern**, die mit dem Formenkreis um Oppelia bis in den oberen Malm hineinreichen, setzen vom mittleren Dogger an Ammoniten von sehr wechselnder Gehäusegestalt ein; die meist kräftigen Radialrippen vergabeln sich auf der Flanke. Zwischen die Gabelrippen schalten sich oft zusätzliche Schaltrippen ein. Sie herrschen im Malm und der unteren Kreide vor.

1 *Trimarginites, 6 cm, Jura-Oxford, Blumberg*
2 *Glochiceras, 2 cm, Jura-Kimmeridge, Geisingen*
3 *Streblites tenuilobatus, 6 cm, Jura-Kimmeridge, Geisingen*
4 *Ochetoceras canaliculatum, 4 cm, Jura-Oxford, Lochen bei Balingen*
5 *Creniceras renggeri, 2 cm, Jura-Oxford, Liesberg, Schweiz*
6 *Taramelliceras trachynotum, 7 cm, Jura-Kimmeridge, Geisingen*

1

2

3

4

5

6

Stephanoceras – Mittlerer Dogger – weitnablig, Windungen niedrig, breit, queroval, daher der Nabel tief. Vom Nabelrand verlaufen kräftige Radialrippen bis zur Flankenmitte, wo sie sich durch einen Knoten verstärkt, in drei Spaltrippen aufgabeln, die über die Außenseite wegziehen.

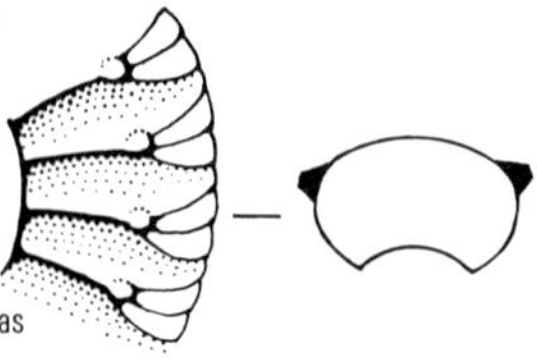

Stephanoceras

Teloceras – Mittlerer Dogger – wird sehr großwüchsig. Sehr niedere und breite Windungen mit kräftigem Knoten auf der Flankenmitte, in dem sich die kurze, vom Nabelrand kommende Stammrippe in einige Spaltrippen aufgabelt; sie ziehen über die breite, mäßig gewölbte Außenseite weg. Nabel sehr tief; die »Coronaten« (Quenstedt). ▷ 2

Macrocephalites – Oberer Dogger – sehr engnablig. Die geblähten, hochovalen Windungen mit zahlreichen dichtstehenden, vorwärtsgeneigten, sich vergabelnden Rippen, die über die Außenseite wegziehen. ▷ 1

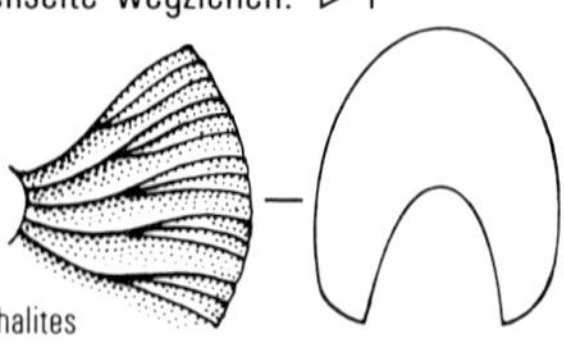

Macrocephalites

Garantiana – Mittlerer Dogger – mäßig weitnablig. Zahlreiche Radialrippen, die auf der Flankenmitte einen Knoten tragen, in dem sich die Rippen vergabeln. Auf der Außenseite sind sie durch eine Furche unterbrochen. ▷ 3

Sehr ähnlich das ebenfalls im mittleren Dogger vorkommende **Strenoceras** mit gut ausgeprägter Außenfurche.

Parkinsonia – Oberer Dogger – scheibenförmig, mäßig weit- bis enggenabelt. Windungsquerschnitt hochoval. Die schwach vorwärtsgeneigten, auf der äußeren Hälfte der Flanken oft vergabelten Radialrippen sind auf der Außenseite durch eine Furche unterbrochen. Keine Knoten vorhanden. ▷ 4

Spiroceras – Mittlerer Dogger – bleibt klein, bildet eine offene Spirale, wenige Windungen, die sich nicht berühren. Windungsquerschnitt kreisförmig bis hochoval. Kräftige Radialrippen. ▷ 5

Kosmoceras – Oberer Dogger – relativ weit- bis enggenabelt. Windungsquerschnitt hochoval bis breit rundlich und sechseckig. Radialrippen mit Knoten auf der Flankenmitte, von denen aus die Rippen aufgabeln. Sie enden vor der abgeplatteten und mäßig eingesenkten Außenseite in einem Knoten. ▷ 6

Quenstedtoceras – Oberer Dogger – engnablig, involut. Windungsquerschnitt gerundet dreieckig. Die Flanken konvergieren von der Nabelkante nach außen zu der schwach zugeschärften Außenseite. Die schwach vorwärtsgeneigten Radialrippen vergabeln sich und stoßen auf der Außenseite in einem spitzen, nach vorn gerichteten Winkel zusammen.

Cardioceras – Unterer Malm – ziemlich engnablig, scheibenförmig. Die Windungsflanken konvergieren von der Nabelkante nach außen.

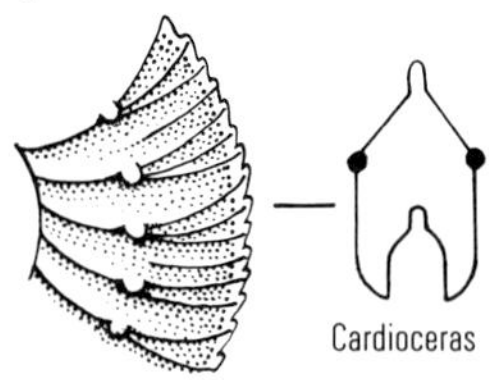

Cardioceras

Die schwach geschwungenen, vorwärtsgeneigten Radialrippen stoßen auf der Außenseite zusammen und bilden einen schwach abgesetzten, gezähnelten Außenkiel. Das daran anschließende **Amoeboceras** – Malm – unterscheidet sich dadurch, daß sich die Außenseite etwas verbreitert und abgeflacht wird; der gezähnelte Kiel wird dadurch deutlich abgesetzt und von zwei Furchen begleitet.

1 *Macrocephalites macrocephalus, 6 cm, Jura-Callov, Geisingen*
2 *Teloceras, 20 cm, Jura-Bajoc, Beuren, Schwäbische Alb*
3 *Garantiana baculata, 4 cm, Jura-Bajoc, Bayeux, Frankreich*
4 *Parkinsonia parkinsoni, 15 cm, Jura-Bajoc, Bayeux, Frankreich*
5 *Spiroceras, 3 cm, Jura-Bajoc, Dorset, England*
6 *Kosmoceras ornatum, 4 cm, Jura-Callov, Albstadt-Lautlingen*

1

2

3

4

5

6

Schon im mittleren Dogger gliedert sich, zunächst noch zurücktretend, im Malm vorherrschend, der vielgestaltige Formenkreis der **Perisphincten** ab. Sie haben ein wechselnd weit genabeltes, scheibenförmiges Gehäuse mit hochovalen Windungen. Die Radialrippen sind immer vergabelt, und zwischen den Gabelrippen können zusätzliche Schaltrippen auftreten. Knotenbildungen fehlen im allgemeinen. Große Variabilität macht die genaue Bestimmung schwierig. ▷ 1–2

Perisphinctes – Unterer Malm – weitnablig, scheibenförmig, mit hochovalem Windungsquerschnitt. Die kräftigen Radialrippen vergabeln sich auf dem äußeren Flankendrittel in zwei bis drei Spaltrippen. ▷ 3

Perisphinctes

Orthosphinctes – Unterer und Mittlerer Malm – unterscheidet sich bei gleicher Gestalt und gleichem Berippungstyp durch das Auftreten von einzelnen Schaltrippen zwischen den Spaltrippen.

Ataxioceras – Mittlerer Malm – flach scheibenförmig. Die weitstehenden, radialen Stammrippen vergabeln sich auf der Flankenmitte in drei bis vier Spaltrippen, neben denen Schaltrippen auftreten. Außerordentlich variabel. ▷ 4

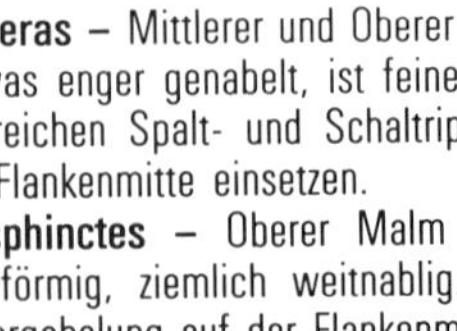
Ataxioceras

Lithacoceras – Mittlerer und Oberer Malm – wird etwas enger genabelt, ist feiner berippt mit zahlreichen Spalt- und Schaltrippen, die auf der Flankenmitte einsetzen.

Virgatosphinctes – Oberer Malm – flach scheibenförmig, ziemlich weitnablig. Zu der Rippenvergabelung auf der Flankenmitte kann es zu einer zweiten Vergabelung auf der äußeren Hälfte der Flanke kommen.

Rasenia – Mittlerer Malm – wird engnabliger und dicker. Die radiale Stammrippe wird zu einem dem Nabelrand genäherten Knoten verkürzt, von dem drei bis vier über die Außenseite wegziehende Spaltrippen ausgehen. ▷ 5

Rasenia

Aulacostephanus – Mittlerer Malm – unterscheidet sich von Rasenia durch im allgemeinen engeren Nabel und eine die Rippen unterbrechende Außenfurche.

Gravesia – Oberer Malm – hat sehr niedrige, breitovale Windungen und daher einen tiefen, mäßig weiten Nabel. Kräftige Knoten auf der Flankenmitte, von denen einige über die Außenseite wegziehende Spaltrippen ausgehen.

Idoceras – Unterer und Mittlerer Malm – weitnablig, flach scheibenförmig; hochovaler Windungsquerschnitt. Die kräftigen, schwach vorwärts geneigten Radialrippen vergabeln auf dem äußeren Flankendrittel in zwei Äste, die auf der schmalen Außenseite in einem nach vorn gerichteten Winkel zusammenstoßen.

Sutneria – Malm – bleibt kleinwüchsig. Die Innenwindungen perisphinctenförmig. Die dicke Endwindung, die die Innenwindungen weitgehend umgreift, mit querovalem oder quadratischem Querschnitt, glatt oder einfache oder einfach vergabelte Rippen. Bemerkenswert, daß die Endwindung einen knieförmigen Knick hat. Mundrand mit seitlichem Ohrfortsatz. ▷ 6

1 *Homoeoplanulites balinensis, 5 cm, Jura-Callov, Geisingen*
2 *Grossouvria sulcifera, 6 cm, Jura-Callov, Staffelstein, Fränkische Alb*
3 *Arisphinctes plicatilis, 6 cm, Jura-Oxford, Sengental, Oberpfalz*
4 *Ataxioceras planulatum, 14 cm, Jura-Kimmeridge, Geisingen*
5 *Rasenia, 9 cm, Jura-Kimmeridge, Geisingen*
6 *Sutneria platynota, 3 cm, Jura-Kimmeridge, Geisingen*

1

2

3

4

5

6

Dem Formenkreis der Perisphincten steht der ebenfalls durch den ganzen Malm hindurchgehende Formenkreis der **Aspidoceraten** nahe:

Peltoceras – Oberer Dogger – weitnablig, Windungen mit kreisrundem oder gerundet quadratischem Querschnitt, wenig umgreifend. Kräftige, selten vergabelte Radialrippen, die nach außen verstärkt und oft leicht rückwärts geneigt werden. ▷ 1

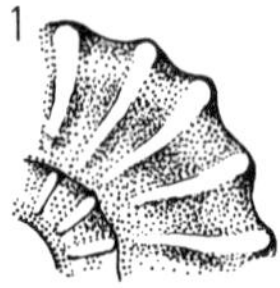

Peltoceras

Euaspidoceras – Unterer Malm – relativ weitnablig, Windungen mit quadratischem oder hoch rechteckigem Querschnitt. Weitstehende Radialrippen, die am Nabelrand und außen durch einen Knoten verstärkt werden. ▷ 2

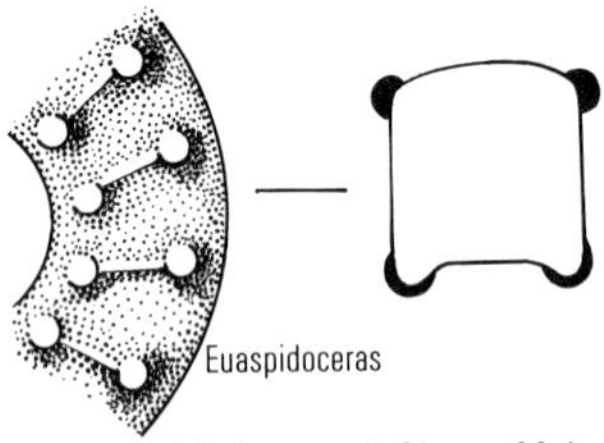

Euaspidoceras

Aspidoceras – Mittlerer und Oberer Malm – wird enger genabelt. Windungsquerschnitt rundlich gebläht. Eine Knotenreihe am Nabelrand, eine zweite auf der Flanke. Keine Radialrippen. ▷ 3

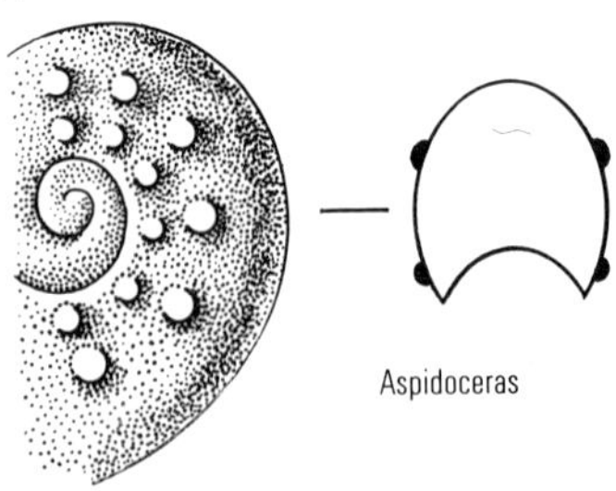

Aspidoceras

Physodoceras – Mittlerer Malm – engnablig, kugelig gebläht. Nur eine Reihe dornenartig verlängerter Knoten am Nabelrand, deren Spitzen zum Nabel gerichtet sind. Sonst glatt.

Die Spätformen des Formenkreises um die Perisphincten im weiteren Sinn reichen noch in die Unterkreide hinein: ▷ 4

Craspedites – Untere Unterkreide – mäßig weitnablig; Windungsquerschnitt hochoval. Rippen zu länglichen Knoten am Nabelrand verkürzt, die sich auf der Flanke verlieren.

Platylenticeras – Unterkreide – engnablig, scheibenförmig, mäßig dick und glatt. Außenseite zugeschärft. ▷ 5

Olcostephanus – Unterkreide – engnablig, hat breite, quer- bis hochovale Windungen. Von einer Knotenreihe am Nabelrand gehen einige Teilrippen aus, die sich auf der Flanke noch einmal vergabeln.

Polyptychites – Unterkreide – unterscheidet sich bei gleicher Gehäusegestalt durch kurze, nicht zu Knoten verdickte Stammrippen, von denen einige sich auf der Flanke zum zweiten Mal vergabelnde Teilrippen ausgehen. ▷ 6

Dichotomites – Unterkreide – wird etwas dikker. Die mehrfach vergabelten Rippen sind stärker vorwärts geneigt.

Astieria – Unterkreide – wird flacher und engnabliger. Von schmalen Nabelknoten gehen mehrfach vergabelte Spaltrippen aus.

Neocomites – Unterkreide – engnablig, scheibenförmig. Die schmalen, mehrfach vergabelten Rippen leicht sichelförmig geschwungen, sie ziehen nicht über die Außenseite.

Acanthodiscus – Unterkreide – hat dicker geblähte Windungen mit hochovalem Querschnitt. Knotenreihen am Nabelrand, auf der Flankenmitte und außen. Radial- und Spaltrippen verbinden die einzelnen Knotenreihen.

Neben den in der Unterkreide verschwindenden Spätformen des Formenkreises um Perisphinctes erscheinen in der höheren Unterkreide neue Formenkreise, die zu neuer Formenmannigfaltigkeit in der Oberkreide führen; ihre Zusammenhänge sind im einzelnen noch nicht befriedigend geklärt.

1 *Peltoceras annulare, 3,5 cm, Jura-Callov, Albstadt-Lautlingen*

2 *Euaspidoceras perarmatum, 10 cm, Jura-Oxford, Obernheim, Schwäbische Alb*

3 *Aspidoceras binodum, 10 cm, Jura-Kimmeridge, Geisingen*

4 *Physodoceras, 15 cm, Jura-Kimmeridge, Geisingen*

5 *Platylenticeras heteropleurum, 12 cm, Kreide-Valangin, Sachsenhagen*

6 *Polyptychites, 15 cm, Kreide-Valangin, Sachsenhagen*

1

2

3

4

5

6

Pulchellia – Oberes Neokom und Apt – sehr engnablig, scheibenförmig; hochovaler Windungsquerschnitt mit gerundeter Außenseite. Breite, wulstförmige, sich nach außen verbreiternde Rippen ziehen über die Außenseite weg und sind nur durch sehr schmale Rippen voneinander getrennt.

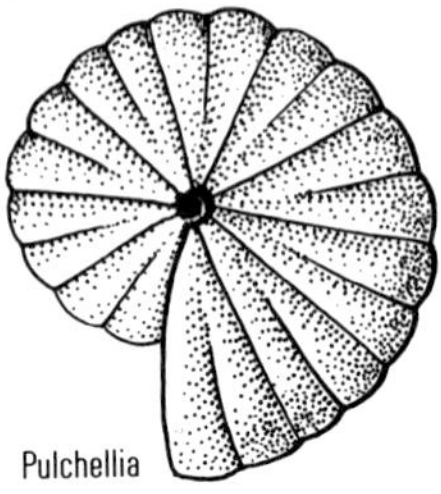

Pulchellia

Callizoniceras – Oberes Neokom bis Alb – mäßig weitnablig, scheibenförmig mit hochovalem Windungsquerschnitt. Einfache, radiale oder schwach vorwärts geneigte Rippen ziehen unverändert über die gerundete Außenseite weg. Die Gattung leitet den Formenkreis der **Desmoceraten** ein:

Desmoceras – Oberes Neokom bis Cenoman – wird bei ähnlicher Gehäusegestalt etwas dicker. Nur schwach angedeutete Rippen. Vorwärts geneigte Anwachsstreifen deutlich. Gelegentlich Einschnürungen vorhanden.

Puzosia – Oberkreide – hat hochovalen bis kreisrunden Windungsquerschnitt. Radialrippen vor allem auf der äußeren Flankenhälfte schwach, oder sie fehlen. Einschnürungen vorhanden. Windungen kaum umgreifend.

Pachydiscus – Obere Oberkreide – mäßig weit- bis engnablig. Hochovaler bis kreisrunder Windungsquerschnitt. Weitstehende, schwach vorwärts geneigte Rippen in unregelmäßigen Abständen. Hierher gehört der Riese unter den Ammoniten mit einem Gehäusedurchmesser von fast 2 m. ▷ 1–2

Durch Außenfurche und kräftige Radialrippung sind die **Hopliten** gekennzeichnet, die vor allem als Leitfossilien des Alb wichtig sind.

Leymeriella – Unteralb – relativ weit genabelt, dick scheibenförmig. Windungsquerschnitt hoch rechteckig. Kräftige, nicht vergabelte, vorwärts geneigte Radialrippen.

Hoplites – Alb – ziemlich weitnablig. Die kräftigen, weitstehenden, schwach vorwärts geneigten Rippen tragen einen Knoten auf der Flankenmitte und enden in einem Knoten am Rand der Außenfurche. ▷ 3–4 – Das sehr ähnliche **Saynoceras** – Alb – wird dicker, hat weiterstehende Rippen und kräftigere Knoten.

Einen mehr oder weniger deutlich ausgeprägten Außenkiel zeigen folgende Gattungen:

Oxytropidoceras – Alb – flach scheibenförmig, engnablig, hochmündig mit breiten, nach vorn geschwungenen Rippen und einem hohen, scharfen Außenkiel.

Mortoniceras – Alb – dicker und weiter genabelt; Windungsquerschnitt hoch rechteckig bis quadratisch. Radialrippen am Nabel- und Außenrand durch Knoten verstärkt. Außenkiel deutlich abgesetzt.

Schloenbachia – Cenoman – scheibenförmig, mäßig dick. Hochovaler Windungsquerschnitt. Die nicht ganz regelmäßigen, teilweise vergabelten Radialrippen oft mit Knoten und nach außen verstärkt. Außenkiel deutlich abgesetzt. ▷ 5

Dipoloceras – Alb – mäßig weitnablig. Windungsquerschnitt breiter als hoch. Kräftige Radialrippen enden außen in Knoten, die in unregelmäßigen Abständen zu auswärts gerichteten Dornen verlängert sind.

Mantelliceras – Cenoman – mäßig involut, kann relativ weitnablig werden. Windungsquerschnitt dick, hoch rechteckig bis fast kreisförmig, Nabel tief. Weitstehende Radialrippen durch Knoten am Nabelrand, auf den Flanken und außen verdickt. Außenseite abgeplattet.

Acanthoceras – Cenoman – unterscheidet sich bei ähnlicher Gehäusegestalt und Verzierung durch eine mediane Knotenreihe auf der Außenseite und kräftige Knoten auf den Flanken. ▷ 6

1 *Pachydiscus stobaei, 40 cm, Kreide-Campan, Rorup, Westfalen*
2 *Pachydiscus, 14 cm, Kreide, Süddakota, USA*
3 *Hoplites interruptus, 4 cm, Kreide-Alb, Troyes, Frankreich*
4 *Otohoplites bulliensis, 6 cm, Kreide-Alb, Bully, Frankreich*
5 *Schloenbachia varians, 4 cm, Kreide-Cenoman, Mühlheim, Westfalen*
6 *Acanthoceras rhotomagense, 44 cm, Kreide-Cenoman, Wettringen, Westfalen*

1

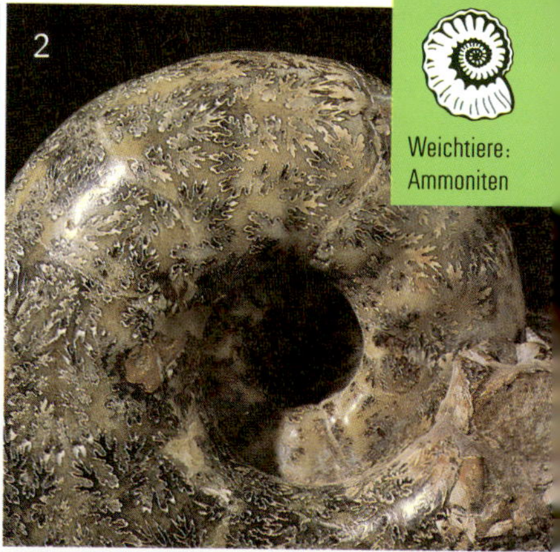
2

3

4

5

6

Der Formenkreis der **Vascoceraten** wiederholt die Gehäusegestalt der Aspidoceraten des Malm.

Vascoceras – Turon – sehr involut, kugelig gebläht, hat glatte Oberfläche. Bei weniger stark geblähten Vertretern erweitert sich der enge, sehr tiefe Nabel etwas.

Vascoceras

Pseudaspidoceras – Turon – mäßig weitnablig. Windungsquerschnitt quadratisch bis mäßig hoch rechteckig. Knoten am Nabelrand und außen können durch schwache Radialrippen verbunden sein.

Mammites – Turon – unterscheidet sich bei gleicher Gehäusegestalt von Pseudaspidoceras dadurch, daß die Knoten am Nabelrand sehr kräftig werden und die Außenknoten zu auswärts gerichteten Stacheln verlängert sind.

Mammites

Hoplitoides und **Coilopoceras** – Turon – unter sich sehr ähnlich, haben eine sehr involute, scheibenförmige Gestalt. Windungsquerschnitt hochoval mit flachen Flanken und schmaler, gerundeter Außenseite. Glatt oder mit flacher, radialer Wellung. Lobenlinie sekundär vereinfacht. Sättel breit und niedrig, bei Hoplitoides noch mäßig zerschlitzt, bei Coilopoceras ganzrandig gerundet, während die Loben gezähnelt sind, so daß die Lobenlinie ceratitischen Habitus erreichen kann.

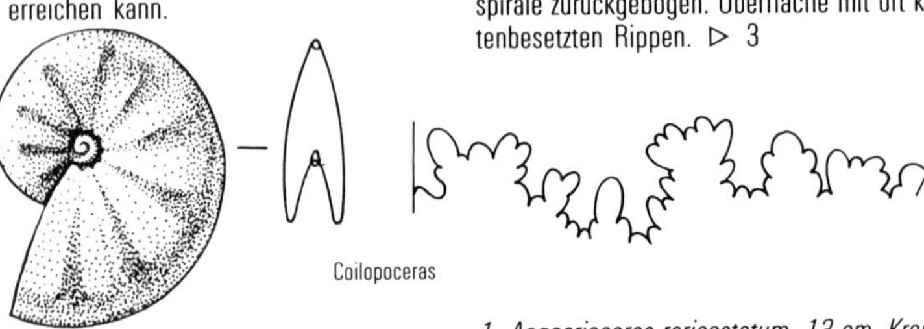

Coilopoceras

Tissotia – Höhere Oberkreide – und **Sphenodiscus** – Campan – sehr engnablig, mit flacher, diskusförmiger Gehäusegestalt und zugeschärfter Außenseite. Lobenlinie mit breiten, niederen, ganzrandigen Sätteln und gezähnelten Loben ceratitisch (»Kreideceratiten«).

Ordnung Ancyloceratida

Ausschließlich kretacisch nehmen die Ancyloceratida unter den Ammoniten eine Sonderstellung ein, da bei ihnen die alle übrigen Ammoniten kennzeichnende, regelmäßige, geschlossene Gehäusespirale in mannigfachster Weise abgewandelt wird. Es sind die sogenannten heteromorphen Ammoniten.

Crioceras – Unterkreide – ist gekennzeichnet durch eine lose Spirale, deren Windungen sich leicht berühren können, meist aber ganz frei sind. Windungen mit ovalem oder kreisförmigem Querschnitt. Kräftige, die Windungen ringsum umgebende Rippen, oft durch Knoten verstärkt. Innerhalb des Formenkreises werden verschiedene Gattungen unterschieden. Ähnliche Auflösung der Spirale zeigte sich schon wenig ausgeprägt bei Choristoceras (Obertrias) und bei dem kurzlebigen Spiroceras (Mittlerer Dogger). ▷ 1–2

Baculites – Unter- und Oberkreide – kehrt zu dem orthokonen Gehäuse der paläozoischen Orthoceren zurück, hat aber die randständige Lage des ammonitisch ausgebildeten Sipho und die etwas vereinfachte Lobenlinie der Neuammoniten. Der selten erhaltene Anfangsteil des Gehäuses zeigt zwei normale Spiralwindungen, dann streckt sich das Gehäuse stabförmig gerade. Es kann bis zu 2 m Länge erreichen. ▷ 4

Ancyloceras – Unterkreide – hat im Anfangsteil des Gehäuses eine lose, Crioceras-ähnliche Spirale, der ein geradegestreckter Abschnitt folgt. Der Endabschnitt ist gegen die Anfangsspirale zurückgebogen. Oberfläche mit oft knotenbesetzten Rippen. ▷ 3

1 *Aegocrioceras raricostatum, 13 cm, Kreide-Hauterive, Stadthagen*
2 *Crioceras, 22 cm, Kreide-Barrême, Castellane, Frankreich*
3 *Macroscaphites ivani, 9 cm, Kreide-Barrême, Alpes-de-Provence, Frankreich*
4 *Baculites, 35 cm, Kreide, Montana, USA*

1

2

3

4

Ptychoceras – Obere Unterkreide – hat ein gerade gestrecktes Gehäuse, das ungefähr in der Mitte scharf zurückbiegt. Der jüngere, zurückgebogene Gehäuseabschnitt legt sich dem älteren dicht an. ▷ 1

Ptychoceras

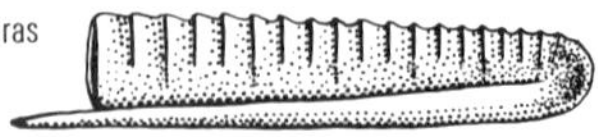

Hamites – Obere Unterkreide – hat einen geradegestreckten Anfangsteil, der hakenförmig in die Gegenrichtung abbiegt, um nach einem längeren, geradegestreckten Abschnitt wiederum hakenförmig in die ursprüngliche Wachstumsrichtung zurückzubiegen. Der Endabschnitt biegt wieder hakenförmig in die Gegenrichtung um. Die verschiedenen, geradegestreckten Zwischenabschnitte sind mehr oder weniger parallel, berühren sich aber nicht.

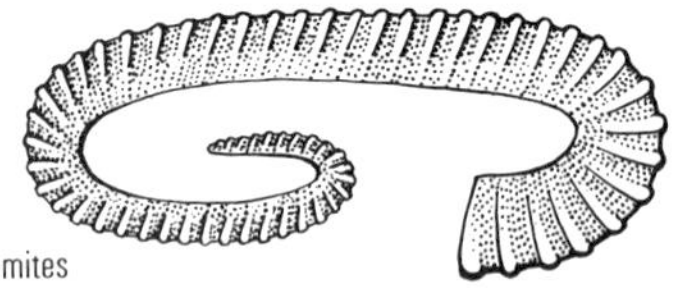

Hamites

Scaphites – Oberkreide – hat in seinen frühen Vertretern ein Ancyloceras-ähnliches Gehäuse mit Anfangsspirale, dem ein gestreckter Abschnitt folgt. Er biegt hakenförmig gegen die Anfangsspirale zurück. In der weiteren Entwicklung verkürzt sich der geradegestreckte Gehäuseabschnitt. Die Spätformen haben schließlich eine große Anfangsspirale und eine verkürzte, knieförmig zurückgebogene Endwindung; das Ergebnis ist eine an Sutneria (Malm) erinnernde Gehäuseform. Wechselnd starke Berippung, zum Teil mit Knoten. ▷ 2–3

Turrilites – Alb und Cenoman – bildet eine helikoidale, ziemlich hohe Schneckenspirale. Kräftige Rippung, oft mit Knoten. ▷ 4

Hyphantoceras – Höhere Oberkreide – löst die Spirale korkzieherartig auf, so daß die Windungen sich nicht mehr berühren. ▷ 5

Welche Bedeutung dieser heteromorphen Abwandlung der vom Devon bis in die Kreide unverändert festgehaltenen, regelmäßigen Spirale zukommt, ist unbekannt und um so schwerer zu verstehen, als sekundär wieder eine Rückkehr zur normalen Ammonitenspirale erfolgen kann. Solche Tendenz zeigt schon Scaphites, bei dem der Ancyloceras-ähnliche Abschnitt zugunsten der Ammonitenspirale mehr und mehr reduziert wird.

Douvilleiceras – Apt und Alb – zeigt eine weitnablige Ammonitenspirale; Windungsquerschnitt nahezu kreisförmig. Bei den Anfangsvertretern legen sich die Windungen lose aneinander, die Endwindung kann frei werden; bei den späteren Vertretern umgreifen sich die Windungen schwach. Einfache, kräftige Radialrippen mit in Spiralreihen angeordneten Knoten. Douvilleiceras ist wohl ein Abkömmling von Crioceras. ▷ 6

Deshayesites – Apt – zeigt eine mäßig weitgenabelte, scheibenförmige Ammonitenspirale. Windungsquerschnitt hochoval mit abgeflachter Außenseite. Nach vorn geschwungene Radialrippen, die sich nach außen verbreitern und über die Außenseite wegziehen. Nach der Loben ebenfalls ein Abkömmling von Crioceras.

Gleiches gilt auch für die sogenannten falschen Hopliten, die gleichzeitig mit den eigentlichen Hopliten vorkommen und diesen durch Gehäusegestalt und schwach ausgebildete Außenfurche ähneln:

Parahoplites – Apt – flach scheibenförmig; Windungsquerschnitt hochoval mit abgeflachter Außenseite ohne eigentliche Außenfurche. Nach vorn geschwungene, vergabelte Radialrippen.

Acanthoplites – Alb – hat einen hoch rechteckigen Windungsquerschnitt und eine schwache Außenfurche. Zahlreiche einfach vergabelte Radialrippen.

Offenbar sind es nur die **Crioceraten** mit ihrer einfachen, aufgelösten Spirale, die zur normalen Ammonitenspirale zurückfinden, während die übrigen heteromorphen Formenkreise diese endgültig aufgegeben haben.

1 *Ptychoceras, 28 cm, Kreide, Höllengebirge, Österreich*
2 *Crioscaphites, 7 cm, Kreide, Montana, USA*
3 *Scaphites geinitzi, 4 cm, Kreide-Turon, Baddeckenstedt*
4 *Turrilitoides saxonicum, 9 cm, Kreide-Turon, Halle, Westfalen*
5 *Hyphantoceras reussianum, 7 cm, Kreide-Turon, Halle, Westfalen*
6 *Douvilleiceras mammilatum, 10 cm, Kreide-Alb, Troyes, Frankreich*

1

2

3

4

5

6

Die **Aptychen** sind kalzitische, dreieckige, schwach gewölbte Gebilde, deren eine Seite gerade ist, während die beiden anderen konvex bzw. konkav gebogen sind. Zwei solcher Gebilde gehören zusammen und legen sich mit der geraden Seite fest aneinander, so daß sie an Muscheln erinnern könnten. Da Ligament, Schloß, Schließmuskelabdrücke, Mantellinie fehlen, haben sie mit Muscheln sicher nichts zu tun. Weil sie sich häufig in der Wohnkammer von Ammoniten finden, hat man sie schon frühzeitig mit diesen in Verbindung gebracht.
Man unterscheidet verschiedene Typen von Aptychen, die jeweils bestimmten Ammonitengruppen zugeordnet werden können:
Cornaptychus – Lias und Dogger – klein, hornig, nicht verkalkt, gehören zum Formenkreis der **Harpoceraten**. Fossil nur selten. ▷ 1
Lamellaptychus – Malm – mit Rippen parallel zum Außenrand; gehören zum Formenkreis der **Oppelien**. ▷ 5–6
Praestriaptychus – Dogger – selten fossil, sehr dünn mit fein gerunzelter Oberfläche, gehören zu den **Stephanoceraten**.
Striaptychus – Malm – selten fossil, ziemlich dünn mit konzentrischer Streifung, den Stephanoceraten und Perisphincten zuzuordnen. Auch bei den **Scaphiten** der Kreide.
Granulaptychus – Malm – mit konzentrischen Knotenreihen, ebenfalls den Perisphincten zuzuordnen.
Laevaptychus – Malm – dick, fossil am häufigsten, mit fein gekörnelter Oberfläche, den Aspidoceraten zuzuordnen. ▷ 3–4
Die zweiteiligen, kalkigen Aptychen sind auf Jura und Kreide beschränkt, damit also nur bei den Neuammoniten vorhanden. Bei den Alt- und Mittelammoniten finden sich – selten fossil erhalten, da nur hornig – im Umriß ähnliche Gebilde, die aber nicht durch eine Mediansutur zweigeteilt sind; sie werden **Anaptychen** genannt.
Da der Umriß der Aptychen ungefähr mit dem Wohnkammerquerschnitt der zugehörigen Ammoniten zusammenpaßt, hat man sie als Dekkel gedeutet, mit dem die Ammoniten die Wohnkammer verschließen konnten, ähnlich dem Deckel (Operculum) der Schnecken.
Nach neuen Untersuchungen werden sie mit dem Kieferapparat der Ammoniten in Zusammenhang gebracht. Nautilus und die Tintenfische haben im Vorderdarm einen Kieferapparat mit Unter- und Oberkiefer, der einem Vogelschnabel ähnelt. Er ist normalerweise hornig, bei Nautilus gelegentlich verkalkt. Solche verkalkten Nautiluskiefer sind schon lange als **Rhyncholithus** bekannt; im Muschelkalk nicht allzu selten. ▷ 2
Es konnte nachgewiesen werden, daß die hornigen Anaptychen und **Cornaptychen** dem Unterkiefer des Kieferapparates der Cephalopoden entsprechen. Da die kalkigen Aptychen des Jura eindeutig eine Weiterbildung der Cornaptychen sind, müssen auch sie als Unterkiefer des Ammoniten-Kieferapparates gedeutet werden. Die Ammoniten hatten also nach diesen neuen Erkenntnissen einen Kieferapparat wie alle anderen Cephalopoden. Bei den hoch differenzierten Neuammoniten des Jura und der Kreide ist er zu den Aptychen weitergebildet worden. Welche Bedeutung diese Weiterbildung hat und ob die Aptychen vielleicht eine neue Funktion übernommen haben, bleibt eine noch offene Frage.

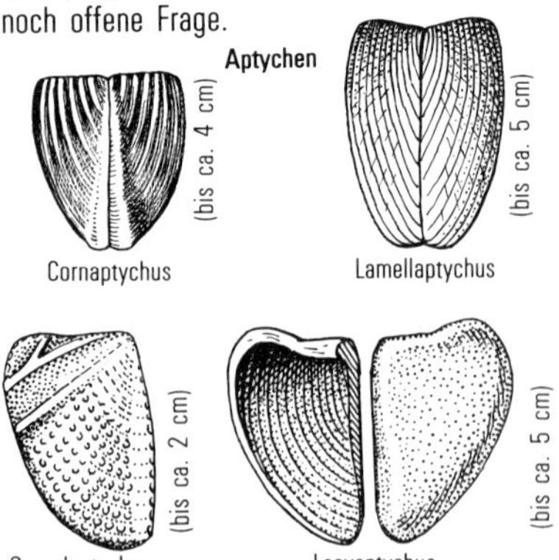

1 *Cornaptychus in plattgedrücktem Ammoniten Hildoceras, 4 cm, Jura-Toarc, Weilstetten, Schwäbische Alb*
2 *Rhyncholithes, 2 cm, Trias-Muschelkalk, Kirchberg*
3 *Laevaptychus-Außenseite, 5 cm, Jura-Kimmeridge, Geisingen*
4 *Laevaptychus-Innenseite, 4 cm, Jura-Kimmeridge, Geisingen*
5 *Neochetoceras, 8 cm, mit Aptychus lamellosus, Jura-Tithon, Ensfeld, Altmühltal*
6 *Taramelliceras, 10 cm, mit Aptychus lamellosus, Jura-Oxford, Obernheim*

1

2

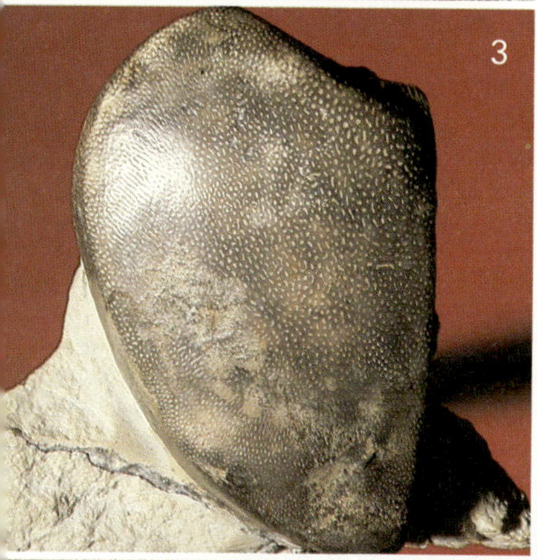
3

4

5

6

Unterklasse Tintenfische *(Coleoidea)*

Mit den am Ende der Kreide verschwindenden Ammoniten schließt die vielgestaltige Entwicklung der Gehäusecephalopoden ab. Der altertümliche Nautilus ist deren einziges bis zur Gegenwart überlebendes Relikt. Die in den heutigen Meeren formenreich entfalteten Cephalopoden – die Tintenfische (**Sepien** und **Kalmare**) und **Kraken** – haben kein den Weichkörper umschließendes Gehäuse. Sie werden als Coleoidea zusammengefaßt.

Die Coleoiden erscheinen im Karbon und sind wie die Ammoniten Abkömmlinge der Bactriten. Ihre Weichkörperorganisation unterscheidet sich von der der Nautiloiden (bekannt durch Nautilus) vor allem dadurch, daß sie anstelle des rund 90 cirrenähnliche, dünne Tentakeln umfassenden Tentakelkranzes von Nautilus acht oder zehn kräftige, muskulöse Tentakeln mit Saugnäpfen um die Mundregion angeordnet besitzen. Neuere Befunde machen wahrscheinlich, daß der Tentakelapparat auch der Ammoniten und sogar der **Orthoceren** ähnlich gebaut war wie der der Coleoiden. Da die Coleoiden ebenso wie die Ammoniten über die Bactriten auf die Orthoceren zurückgehen, scheint es wahrscheinlich, daß der Tentakelapparat, wie er von den Kraken und Tintenfischen allgemein bekannt ist, auch bei den Gehäusecephalopoden weit verbreitet vorkommt und der Tentakelapparat des Nautilus eine abseitige Sonderentwicklung darstellt, die für die Nautiloiden im engeren Sinn charakteristisch ist. Die auf Ähnlichkeiten im Bauplan des Gehäuses begründete Unterklasse der Nautiloidea würde also verschiedene selbständige Formenkreise einschließen, die aber anhand der Gehäusemerkmale nicht eindeutig voneinander zu trennen wären.

Ordnung Kraken *(Octopoda)*

Die Kraken haben acht kräftige, muskulöse Tentakeln mit Saugnäpfen ohne Verstärkung durch Chitinhäkchen und keine Gehäuserudimente, das heißt, keinerlei Hartteile. Abgesehen von einigen seltenen Weichkörperabdrükken sind sie fossil nicht vertreten. Nur bei **Argonauta** bringt das Weibchen ein Brutgehäuse hervor, das eine sekundäre Neubildung darstellt und mit dem Gehäuse der Gehäusecephalopoden nichts zu tun hat. ▷ 1

Man hat die Kraken gelegentlich als Nachfahren der Ammoniten gedeutet, die ihre Schale verloren haben. Für diese Vorstellung könnte man ins Feld führen, daß der Kieferapparat der Ammoniten dem der Kraken sehr ähnelt und daß die Ammoniten offenbar keine Chitinhäkchen auf ihren Tentakeln haben.

Ordnung Decabrachia

Anders als die Kraken besitzen die übrigen Coleoidea, soweit bekannt, zehn muskulöse Tentakeln, deren Saugnäpfe meist mit Chitinhäkchen verstärkt sich. Sie wurden früher als **Decapoda** bezeichnet. Um Verwechslungen mit den **Decapodenkrebsen** zu vermeiden, ist die Bezeichnung Decabrachia vorzuziehen.

Unterordnung Aulacoceratida

Die Aulacoceratiden erscheinen selten im Perm und sind vor allem in der Trias reich entfaltet. Ihre letzten Nachzügler finden sich im unteren Jura. Sie haben einen schlanken, Bactritenähnlichen Phragmokon und eine röhrenförmige Wohnkammer. Der Phragmokon ist von sekundären, teils conchiolinigen, teils kalkigen Schalenbildungen umkleidet, was eine Umhüllung des ganzen Gehäuses durch den Mantel beweist. Die Phragmokon-Umhüllung wird als Telum oder Rostrum bezeichnet. Die Umkleidung und damit Beschwerung des Phragmokons ermöglicht eine horizontale Lage im Wasser und damit besseres Schwimmen.

Aulacoceras – Trias – kräftig längsgestreiftes Rostrum. – Bei **Atractites** – Trias bis Lias –, bis zu einem Meter Länge, die Oberfläche des Rostrums ist glatt. ▷ 2

Unterordnung Sepien *(Sepioidea)*

Die Sepien sind nur selten fossil vertreten. Älteste Reste aus der Oberkreide bekannt. Als Fossilien bedeutungslos.

Das als Schulp bekannte, ins Körperinnere verlegte Gehäuse von **Sepia** entspricht dem Phragmokon und hat zahlreiche, schräg verlaufende, dicht gestellte Septen, so daß der Schulp lamellös aufgebaut erscheint.

1 Argonauta, 8 cm, Tertiär-Miozän, Rimini, Italien

2 Atractites dubium (gestreift) und Atractites triadicum, je 10 cm, Trias-Karn, Röthelstein, Österreich

1

2

Spirula – eine kleine, im offenen Ozean lebende Gattung – hat einen endogastrischen, spiral eingerollten, ins Körperinnere verlagerten Phragmokon. Die durch den Gaskammerauftrieb im Wasser triftenden Schälchen finden sich oft an Ozeanstränden von Meeresströmungen angespült. ▷ 2

Unterordnung Kalmare *(Teuthoidea)*
Die Kalmare sind fossil ebenfalls bedeutungslos. Das Gehäuse ist zu einem flachen, länglich ovalen Gebilde, dem sogenannten Gladius, der nur noch hornig aufgebaut ist, reduziert. Sie sind gute Hochseeschwimmer. Fossil aus dem Jura bekannt. ▷ 1

Unterordnung Belemniten *(Belemnitida)*

Die Belemniten erscheinen schon im Karbon, sind aber in dieser Zeit bisher nur in Nordamerika gefunden worden. Sie entfalten sich reich vom Unteren Jura an und sind im Jura und der Kreide typische und häufige Fossilien.

Der Phragmokon ist stark verkürzt und durch engstehende Septen gekammert. Der Sipho, wie bei Bactrites randständig, liegt ventral. Das den Phragmokon umhüllende Rostrum ist massiv, kalzitisch, von kegelförmiger oder zylindrischer Gestalt. Normalerweise ist es der einzige, fossil erhaltene Gehäuseteil (Donnerkeil). Die im Vergleich zur Rostrumlänge meist nur kurze, kegelförmige Aushöhlung am Vorderende, die Alveole, war ursprünglich vom Phragmokon erfüllt, der nur selten erhalten wurde. Wahrscheinlich reichte der Phragmokon nach vorn noch etwas aus der Alveole heraus. Die Wohnkammer ist auf eine oval-zungenförmige Kalkplatte reduziert, das Proostracum, das eine Stütze für den Weichkörper bildete. Es ist nur in Ausnahmefällen erhalten. Wahrscheinlich hatte das Belemnitentier zehn gleich lange Tentakeln mit Chitinhäkchen an den Saugnäpfen. ▷ 4

Die Belemnitenrostren sind von wechselnder Größe. Sie werden normalerweise nicht länger als 10 cm, können in Extremfällen aber bis zu 1 m erreichen. Das vollständige Belemnitentier muß gut dreimal so lang oder länger gewesen sein als das normalerweise erhaltene Rostrum.

Belemniten-Anhäufung (bis 5 cm) »Donnerkeile«

Die karbonischen Belemniten bleiben relativ klein und haben einen schlanken und langen Phragmokon. Wichtiger werden die Belemniten aus Jura und Kreide, deren Bestimmung, vor allem bei Bruchstücken, wegen der einfachen Rostrumgestalt oft schwierig ist. ▷ 5

1 *Plesioteuthis prisca, 30 cm, Jura-Tithon, Daiting*
2 *Spirula, 2 cm, rezent, Lanzarote*
3 *Hibolites hastatus (Querschnitt), 17 cm, Jura-Kimmeridge, Treuchtlingen*
4 *Passaloteuthis paxillosa, 25 cm, Jura-Toarc, Holzmaden, Museum Hauff. Belemnit mit fossil erhaltenem Mantelmuskel, zerbissener Alveole, ausgelaufener Tinte und Armkrone mit Fanghäkchen*
5 *Belemniten-Rostrum mit Phragmocon, 12 cm, Jura-Aalen, Wutachgebiet*

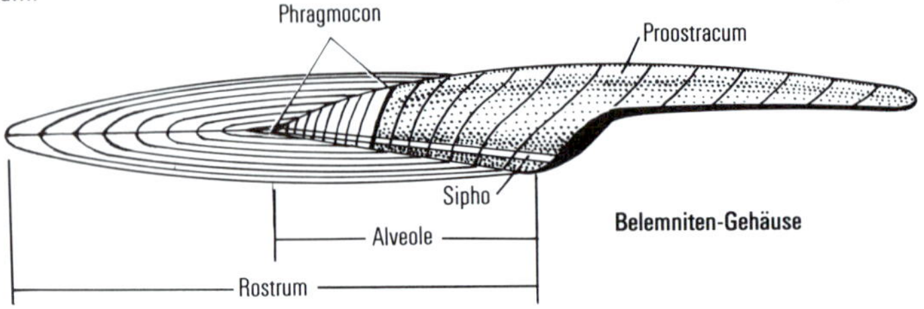

Belemniten-Gehäuse

1

2

Weichtiere:
Tintenfische

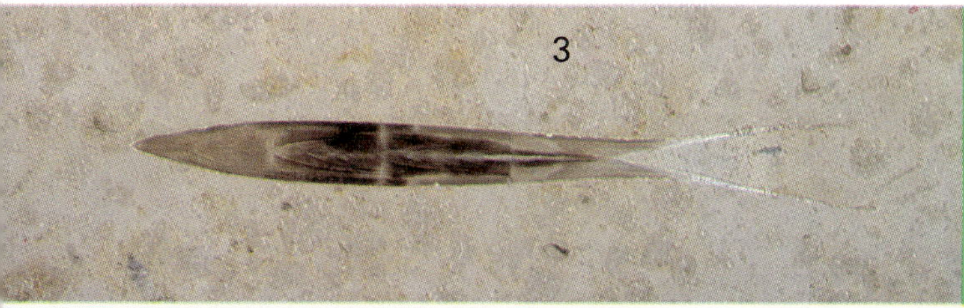
3

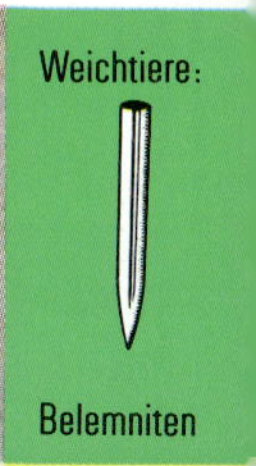
Weichtiere:
Belemniten

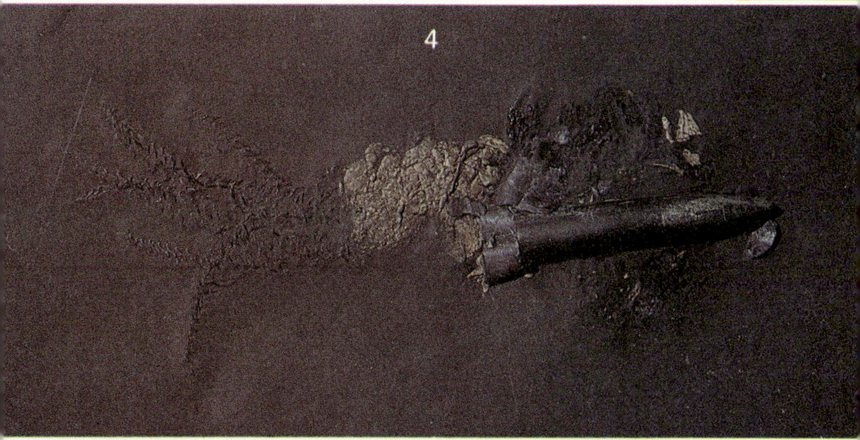
4

5

Nannobelus – Lias – hat ein kurzes, konisches, spitz zulaufendes Rostrum. ▷ 2

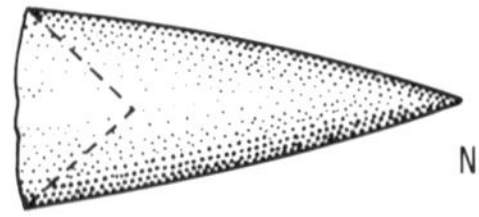

Nannobelus

Passaloteuthis – Lias – wird größer, hat ein zylindrisches Rostrum, das in einer allmählich auslaufenden Spitze mit zwei Dorsolateralfurchen endet. ▷ 1

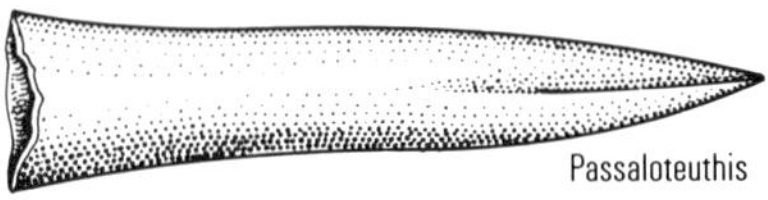

Passaloteuthis

Dactyloteuthis – Lias – hat ein kurzes, plumpes Rostrum mit ovalem Querschnitt und abgestumpfter Spitze. ▷ 3

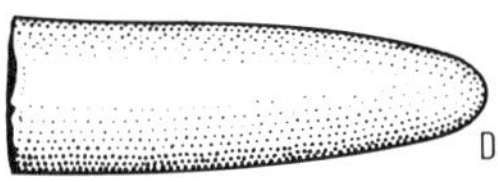

Dactyloteuthis

Megateuthis – Lias und Dogger – hat ein spitz zulaufendes Rostrum mit zwei Längsfurchen in der Spitzenregion. Querschnitt oval. Kann bis zu einem Meter lang werden. ▷ 4

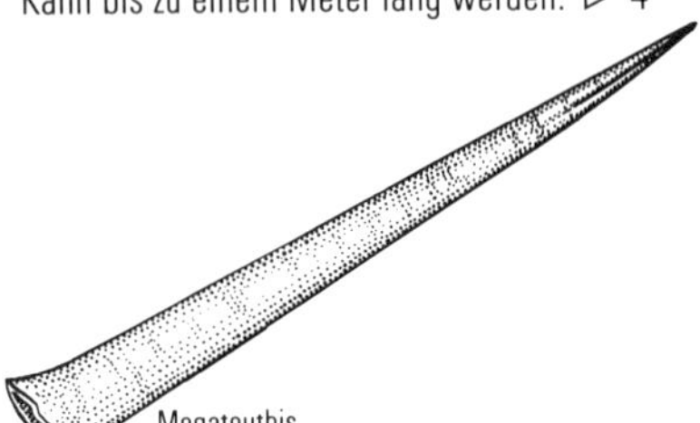

Megateuthis

Hastites – Lias bis Malm – hat ein sehr schlankes Rostrum, das in der hinteren Hälfte keulenförmig verdickt ist, aber ein spitzes Hinterende hat. ▷ 5

Hastites

Hibolites – Dogger bis Malm – hat ähnliche Gestalt. Die keulenförmige Verdickung in der Hinterhälfte weniger stark. Eine kräftige Ventralfurche im Alveolar-Abschnitt reicht weit nach hinten. ▷ 6

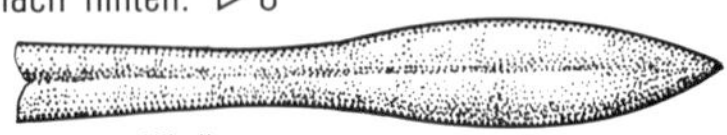

Hibolites

Neohibolites – Abt bis Cenoman – hat ähnliche Keulengestalt, aber die kräftige Ventralfurche bleibt auf den Alveolar-Abschnitt beschränkt.

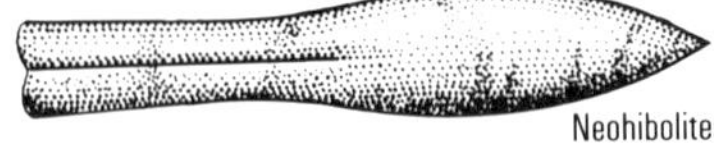

Neohibolites

Belemnopsis – Dogger – hat ein schlankes, zylindrisches Rostrum mit kräftiger, fast bis zum Hinterende reichender Ventralfurche.

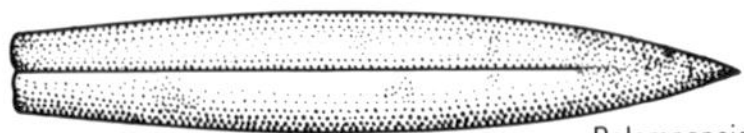

Belemnopsis

Gonioteuthis und **Actinocamax** – Cenoman bis Campan –, mit als Leitfossilien wichtigen Arten, haben ein schlankes, zylindrisches, oft schwach keulenförmiges Rostrum. Dem spitz zulaufenden Hinterende ist oft noch eine deutlich abgesetzte Spitze aufgesetzt. Die beiden Gattungen unterscheiden sich durch die Ausbildung des Alveolar-Abschnittes. ▷ 7

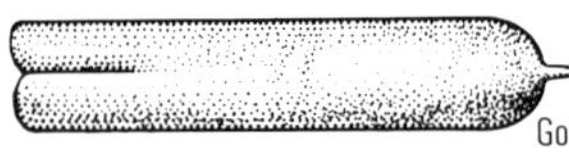

Gonioteuthis

Belemnitella – Santon bis Maastricht – hat ein relativ großes, zylindrisches Rostrum mit deutlich abgesetzter Spitze. Die oft gekörnelte Oberfläche zeigt meist Gefäßabdrücke. Der Ventralrand des Alveolar-Abschnittes tief schlitzartig eingeschnitten. ▷ 8

Belemnitella

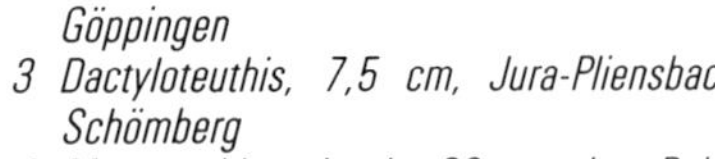

1 *Passaloteuthis paxillosa, 16 cm, Jura-Pliensbach, Unterstürmig, Fränkische Alb*
2 *Nannobelus acutus, 5 cm, Jura-Sinemur, Göppingen*
3 *Dactyloteuthis, 7,5 cm, Jura-Pliensbach, Schömberg*
4 *Megateuthis aalensis, 32 cm, Jura-Bajoc, Bopfingen*
5 *Hastites subclavatus, 6 cm, Jura-Toarc, Hechingen*
6 *Hibolithes hastatus, 13 cm, Jura-Kimmeridge, Geisingen*
7 *Actinocamax plenus, 7 cm, Kreide-Cenoman, Mülheim, Westfalen*
8 *Belemnitella mucronata, 12 cm, Kreide-Campan, Rorup, Westfalen*

1

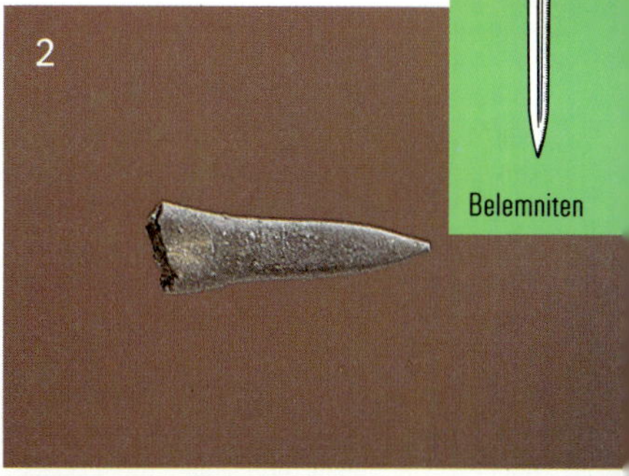
2

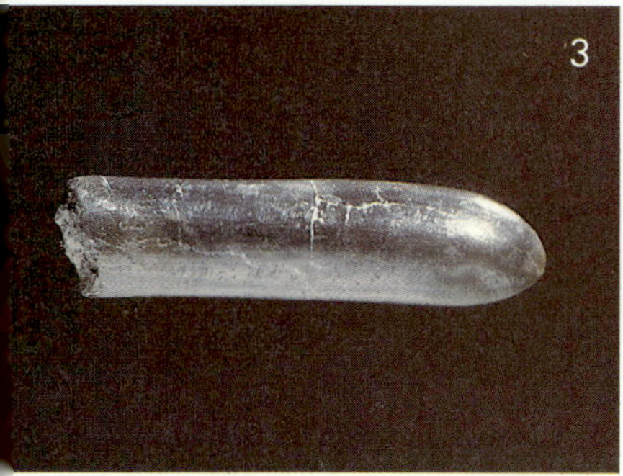
3

4

5

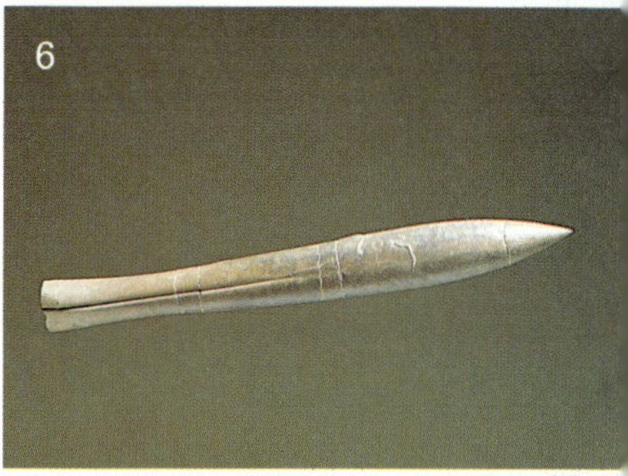
6

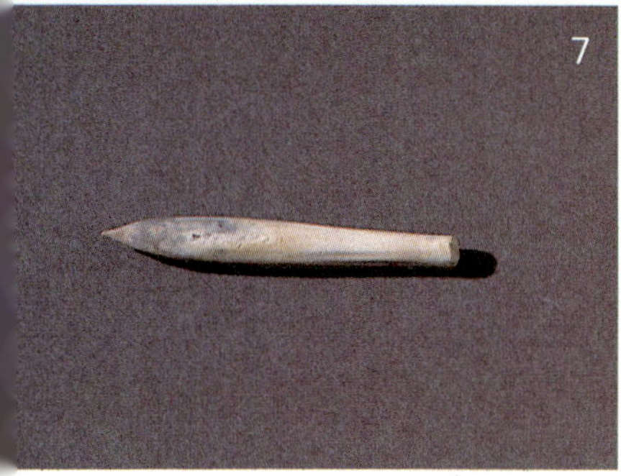
7

8

Klasse Tentakuliten *(Cricoconarida)*

Die vom Ordovizium bis zum Oberdevon vorkommenden, mitunter in gesteinsbildender Häufigkeit (Tentakulitenschiefer) auftretenden Tentakuliten werden heute als selbständige Klasse unter dem Namen *Cricoconarida* den Weichtieren zugeordnet. Sie haben sich als gute Leitfossilien erwiesen.

Die Tentakuliten bilden kleine (meist weniger als 1 cm lange), spitzkonische (Apikalwinkel 2–8 Grad), röhrenförmige, kalkig aufgebaute Gehäuse. Oberfläche durch ringförmig umlaufende, oft gekörnelte Rippen verziert, zu denen noch Längsstreifung kommen kann. Der Anfangsteil des Gehäuses ist oft kalkerfüllt oder durch Querwände abgekammert. ▷ 1–2

Die Weichkörperorganisation dieser ausgestorbenen Gruppe ist unbekannt. Auf Grund der Gehäusegestaltung und der Feinstruktur der Schale wird heute eine Zuordnung zu den Weichtieren als selbständiger Formenkreis (Klasse) allgemein angenommen. Die Tentakuliten waren wohl teils planktonisch, teils aktiv schwimmende Bewohner der offenen Ozeane.

Die Klassifizierung und Bestimmung gründet auf Gehäusemerkmalen (zum Beispiel Apikalwinkel) und vor allem auf der Oberflächenverzierung. Die Ringrippen treten meist in Gruppen von Groß- und Feinrippen auf, die in der verschiedensten Weise alternieren oder zu größeren oder kleineren Gruppen zusammengefaßt sind. Die Rippen selber können verschieden gestaltet sein, glatt, gekörnelt, stumpf oder zugeschärft usf. Es gibt zahlreiche Abwandlungsmöglichkeiten. Wegen der geringen Größe sind die Tentakuliten vorwiegend Objekte für die Mikropaläontologie.

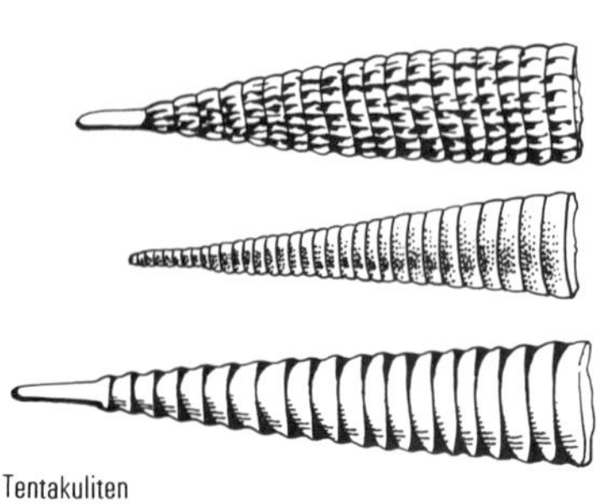

Tentakuliten

Klasse Hyolithen *(Calyptopomatida)*

Auch die Hyolithen sind ein ausschließlich paläozoischer Formenkreis. Sie spielen im Kambrium eine größere Rolle und nehmen danach stetig ab; ihre letzten seltenen Nachzügler finden sich im Perm.

Die systematische Stellung ist zweifelhaft. Am wahrscheinlichsten ist die Zugehörigkeit zu den Weichtieren, denen sie unter Vorbehalt als selbständige Klasse mit dem Namen *Calyptopomatida* zugeordnet werden.

Sie bilden ein spitzkonisches (Apikalwinkel 10–40 Grad), bis circa 5 cm langes, kalkiges Gehäuse mit gerundet dreieckigem, ovalem oder kreisförmigem Querschnitt. Die Oberfläche ist glatt oder fein quer gestreift. Der Anfangsteil des Gehäuses meist durch Querwände gekammert. Die Mündung konnte durch einen Deckel (Operculum) verschlossen werden. ▷ 4

Die Weichkörperorganisation der ausgestorbenen, aber sehr typischen und gut umgrenzten, formenarmen Gruppe ist unbekannt. Nach Gehäusegestalt und Schalenstruktur hält man heute die Zuordnung zu den Weichtieren als selbständige Klasse für die wahrscheinlichste Deutung. Doch könnte man, vor allem auf Grund des sehr typisch gestalteten Operculums, auch an Beziehungen zu den **Würmern** denken. ▷ 3

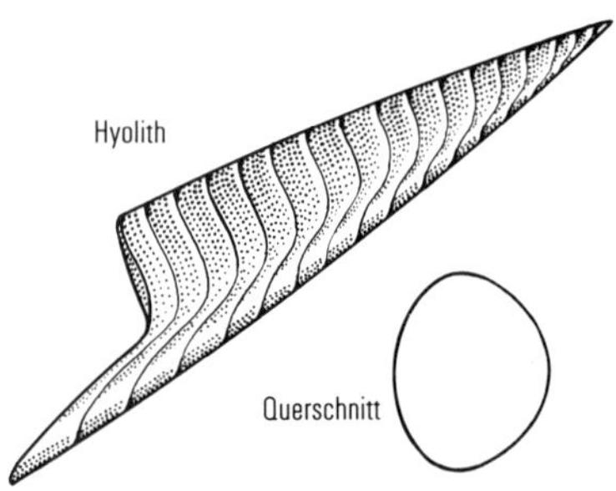

1 Tentakuliten, 0,7 cm, im »Tentakulitenschiefer«, Devon, Eifel

2 Tentaculites ornatus, 2 cm, Silur, Gotland, Schweden

3 Cornulites serpularius, 3 cm, Silur, Gotland, Schweden

4 Hyolithes, 3 cm, Ordovizium, Geschiebe, Dänemark

1

2

3

4

Stamm Ringelwürmer *(Annelida)*

Die Ringelwürmer haben einen meist langgestreckten, aus zahlreichen gleichen Körperabschnitten (Segmente, Metamere) aufgebauten Körper. Jedes Segment hat auf der Ventralseite ein Paar ungegliederter Ausstülpungen, die Parapodien, die den festländischen Vertretern **(Regenwürmer, Blutegel)** fehlen. Der Körper ist weichhäutig, doch kann die Körperhülle (Tegument) chitinig verstärkt sein. Sie ist mit chitinigen Borsten besetzt, die auf den Parapodien büschelförmig konzentriert auftreten können.

Wegen des Fehlens widerstandsfähiger Hartteile sind die Möglichkeiten fossiler Erhaltung gering. Von den festländisch lebenden Gruppen, die keine Parapodien und nur wenig Borstenbesatz haben **(Klasse Oligochaeten)** gibt es keine fossile Dokumentation. Die marinen Ringelwürmer mit Parapodien und starker Borstenentwicklung **(Klasse Polychaeten)** sind sehr formenreich und haben in allen Formationen seit dem Kambrium ihre Spuren hinterlassen.

Ein Großteil der Polychaeten lebt im Sediment eingegraben und durchwühlt dieses, wodurch die Ablagerungsschichtung zerstört werden kann (Wühlgefüge = Bioturbation). In tonigen und mergeligen Gesteinen sind diese Wühl- und Grabgänge oft in Form dunkler Streifen und Flecken erkennbar; die in den Wühlgängen zu Bitumen umgewandelte, organische Substanz bewirkt die Dunkelfärbung. ▷ 1

Viele grabende Polychaeten, die sich nicht als Schlammfresser durch das Sediment wühlen, leben in Wohngängen und Wohnröhren, deren Wandung sie verkitten. **Arenicola** im Wattenmeer bildet U-förmige, verkittete Grabgänge. Solche U-Röhren finden sich seit dem Kambrium vor allem in Sandsteinformationen. **Sabellaria (Sandkoralle)** bildet senkrechte Wohnröhren im Sediment, die oft in großen Mengen dicht nebeneinander vorkommen. Das sandige oder schlickige Sediment bekommt dadurch eine vertikale Pfeilerstruktur. Das zeigt zum Beispiel der kambrische Scolithus-Sandstein Skandinaviens, der auch als Geschiebe gefunden wird. In seltenen Ausnahmefällen können auch Polychaeten-Abdrücke erhalten sein, so in den jünst-präkambrischen Ediakaraschichten und den kambrischen Burgess-Schiefern. Die Grab- und Wohnspuren von Polychaeten (ähnliche Grabgänge können auch von **Krebsen** stammen) dokumentieren deren Vorhandensein seit dem ausgehenden Präkambrium und beweisen ihre geologische Bedeutung bei der Sedimentbildung, hinterließen aber keine bestimmbaren Fossilreste.

Ordnung Röhrenwürmer *(Sedentaria)*

Durch Fossilien innerhalb der Klasse der Polychaeten wichtig ist nur die Ordnung der Röhrenwürmer, die am Untergrund festgeheftete, oft kalkige Wohnröhren bilden.

Serpula – Silur bis Gegenwart – bildet eine unregelmäßig geknäulte Röhre mit kreisrundem Querschnitt. ▷ 2 + 3

Ditrupa – Kreide bis Gegenwart – hat eine gerade oder schwach gebogene, kurze, an beiden Enden offene Röhre.

Spirorbis – Ordovizium bis Gegenwart – hat eine schneckenförmig oder planspiral gewundene Gehäuseröhre. ▷ 4

Rotularia – Kreide und Tertiär – hat eine wenig erhobene oder plane Spirale, die auf ihre ganze Länge am Untergrund festgewachsen ist.

Die Röhren sind häufig auf Muschel-, Schnecken- oder Ammonitengehäusen angewachsen.

1 *Rhizocorallium commune (Platte 25 cm), Trias-Muschelkalk, Crailsheim*
2 *Serpula grandis, Durchmesser 1,5 cm, Jura-Bajoc, Fürstenberg*
3 *Serpula gordialis (Platte 15 cm), Jura-Oxford, Liesberg, Schweiz*
4 *Spirorbis valvata (»Posthörnchen«), 0,2 cm, Trias-Muschelkalk, Obersontheim, Bühlertal*

1

2

3

4

Stamm Gliederfüßer *(Arthropoda)*

Die Gliederfüßer, wie die Ringelwürmer seit dem ausgehenden Präkambrium fossil bezeugt, haben den gleichen, metameren Bauplan wie diese. Aber die Körperhülle (Tegument) ist durch verstärkte Chitinisierung und oft noch durch zusätzliche Kalkeinlagerung zu einem festen Außenskelett geworden. Daher konnten die Parapodien zu gegliederten, leistungsfähigen Extremitäten werden: Gliederfüßer.

Das Außenskelett ist entsprechend dem Körperbau in metamere Skelettringe gegliedert, die häutig miteinander verbunden sind und so Beweglichkeit ermöglichen. Jeder Skelettring besteht aus einem dorsalen Teil (Tergit) und einem ventralen Teil (Sternit). In der häutigen Naht zwischen beiden entspringen die Extremitäten mit ihren Kiemenanhängen.

Bei den Ringelwürmern folgen hinter dem Kopf gleichartig gebaute Metamere (homonome Metamerie). Mit der Skelett- und damit zusammenhängenden Extremitätenbildung wird eine zunehmend stärkere Differenzierung der Körpersegmente eingeleitet, so daß verschieden ausgebildete Segmentgruppen entstehen (heteronome Metamerie). Allen Arthropoden gemeinsam ist, daß einige vordere Körpersegmente mit dem Kopfabschnitt verschweißt und ihre Extremitäten in den Dienst der Nahrungsaufnahme genommen und entsprechend abgewandelt werden. In dem verbleibenden, zunächst homonomen Körperstamm kann in der Folge noch eine weitere Differenzierung einzelner Segmentgruppen auftreten. Nach der verschiedenen Form der sich so bildenden Heteronomie werden die Klassen des Arthropodenstammes unterschieden. Die Gliederung des Außenskeletts spiegelt die Anatomie des Körperstamms und seiner Heteronomie wieder. Seine Widerstandsfähigkeit schafft gute Fossilisationsmöglichkeiten. Fossile Arthropodenreste, vor allem der marinen Formenkreise, sind daher weit verbreitet, und die Möglichkeiten der Bestimmung und Rekonstruktion sind günstig. Dem steht gegenüber, daß die einzelnen Teile des Außenskeletts häutig miteinander verbunden sind, daher nach dem Tode relativ rasch auseinanderfallen. Bei den fossilen Resten hat man es daher oft nur mit den Einzelteilen zu tun. Nur bei relativ rascher Einbettung ins Sediment bleibt der ursprüngliche Zusammenhang des Gesamtskeletts auch im Fossil erhalten.

Durch die skelettale Verfestigung des Tegumentes wird das Außenskelett zum Panzer, der das weitere Wachstum verhindert. Daher wird der Körperpanzer in Abständen abgeworfen und danach ein neuer, größerer ausgeschieden (Häutung = Ecdysis). Ein Individuum kann so eine wechselnde Anzahl von bei der Häutung abgeworfenen Außenskeletten (Exuvien) hinterlassen, die fossil werden können. Fossile Reste von Außenskeletten können daher in einzelnen Schichten eine größere Häufigkeit vortäuschen als der ursprünglichen Population entspricht.

Klasse Dreilapper *(Trilobitae)*

Die Trilobiten erscheinen schon im frühesten Kambrium und erreichen ihre reichste Entfaltung im Kambrium und Ordovizium. Vom Silur an gehen sie langsam zurück, und die letzten Nachzügler verschwinden im Perm.

Den Namen Trilobiten verdanken sie der ausgeprägten Dreigliederung in einen vorderen Kopfschild (Cephalon), einen mittleren, segmentierten Rumpfabschnitt (Thorax) und einen hinteren Schwanzschild (Pygidium). Deutliche Dreigliederung ist auch in der Querrichtung vorhanden: durch eine Mittelachse (Spindel = Rhachis) und beidseitig davon abgegliederte Seitenteile (Pleuren). Den früher oft gebrauchten Begriff **Dreilappkrebse** sollte man vermeiden, da die Trilobiten nichts mit den Krebsen zu tun haben, wie man früher glaubte, sondern einen selbständigen Arthropodenstamm darstellen.

Der Kopfschild (Cephalon), mehr oder weniger halbkreisförmig, zeigt einen stärker gewölbten, von einer Furche umgrenzten Mittelteil, die Glatze (Glabella), die durch einige Querfurchen unterteilt sein kann. Der vor der vordersten Querfurche liegende Abschnitt heißt Frontallobus (Stirnlappen). Seitlich der Glabella liegen die als Wangen bezeichneten, flacheren, pleu-

Trilobiten-Skelett

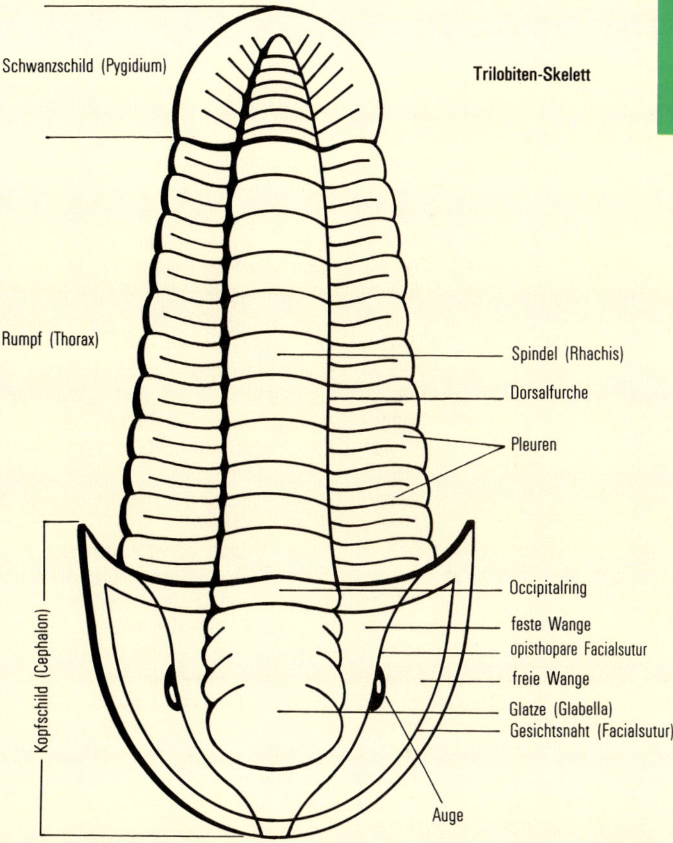

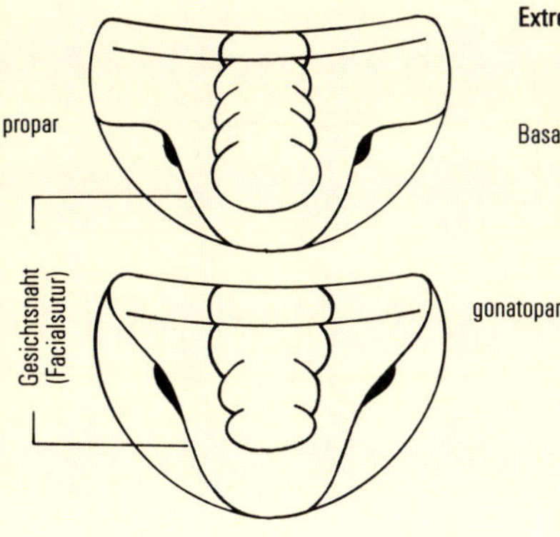

Extremität

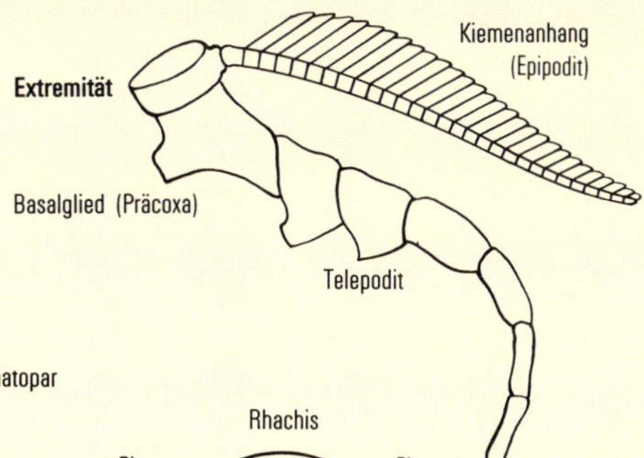

Rückenpanzer Segment-Querschnitt

ralen Teile. Auf den Wangen liegt der Augenhügel mit dem Facettenauge. Die Wangen werden durch eine feine Naht (Gesichtsnaht = Facialsutur), die vom Vorderrand ausgeht und auf der Innenseite des Augenhügels nach hinten verläuft, in eine feste Wange (zwischen Glabella und Augenhügel) und eine seitliche, freie Wange geteilt. Läuft die Facialsutur zum Hinterrand, ist sie opisthopar, läuft sie zum Seitenrand, ist sie propar; endet sie am Winkel zwischen Hinter- und Seitenrand, heißt sie gonatopar. Wird das Auge zurückgebildet, verschwindet die Facialsutur auf der Oberseite und verlagert sich auf die Unterseite; sie ist dann hypopar. Der Verlauf der Facialsutur ist für die Klassifizierung und Bestimmung der Trilobiten wichtig. Der Winkel zwischen Seiten- und Hinterrand des Kopfschildes ist häufig zu einem nach hinten gerichteten Stachel ausgezogen, dem Wangenstachel. Eine zum Hinterrand parallel verlaufende, stets vorhandene Furche ist die Occipitalfurche, die den Occipitalring abgliedert. Isolierte Kopfschilder sind die häufigsten, fossilen Reste von Trilobiten. Oft ist die freie Wange abgefallen, so daß vom Kopfschild nur die Glabella mit der festen Wange vorhanden ist.

Der Rumpfabschnitt (Thorax) besteht aus einer wechselnden Anzahl von Segmenten, deren Tergite weichhäutig miteinander verbunden sind. Die die Glabella seitlich begrenzende Furche setzt sich auf den Thoraxsegmenten fort und umgrenzt den stärker gewölbten Mittelteil dieser Segmente, der die Spindel (Rhachis) bildet. Seitlich der Furche setzt sich der Tergit in die flachen Pleuren fort.

Der Schwanzschild (Pygidium) von halbkreisförmigem oder verlängertem Umriß und sehr unterschiedlicher Größe, überdeckt eine wechselnde Anzahl von hinteren Segmenten. Die Rhachis setzt sich auf dem Pygidium fort und kann sich bis zum Hinterrand erstrecken oder stark verkürzt sein. Der Pleuralteil des Pygidiums, von wechselnder Größe, zeigt parallel zum Vorderrand Querfurchen, die seitlich nach hinten abbiegen und bei stark verkürzter Rhachis fächerförmig verlaufen; oder er wird mehr oder weniger glatt.

Die wenig widerstandsfähige Unterseite des Trilobitenskeletts und die Körperanhänge (Extremitäten) sind nur in Ausnahmefällen erhalten. Jedem durch ein Tergit markierten Körpersegment kommt ein Extremitätenpaar zu. Die Extremität besteht aus einem Basalglied (Präcoxa), an das die aus sieben Gliedern bestehende, eigentliche Extremität (Telopodit) anschließt. An der Präcoxa befindet sich außerdem ein nach außen gerichteter, verschieden entwickelter Anhang, der wohl in der Hauptsache als Kieme funktionierte.

An dem unter dem Kopfschild liegenden Kopfabschnitt sitzen eine einfache Geißelantenne sowie vier Extremitätenpaare, die gleich wie die der Thoraxsegmente ausgebildet sind. Dem ursprünglichen Kopf sind also vier vordere Körpersegmente eingegliedert, doch ihre Extremitäten sind noch nicht als Mundorgane umgebildet. Hier besteht also noch die ursprüngliche Homonomie; nur im Dorsalskelett ist schon Heteronomie entwickelt. Auch die Extremitäten der Pygidiumsegmente gleichen denen des Thorax, abgesehen davon, daß sie nach hinten kleiner werden.

Durch die Extremitätenhomonomie unterscheiden sich die Trilobiten von allen anderen Arthropoden, bei denen die Extremitäten der in den Kopfverband einbezogenen Segmente zu Kopfextremitäten geworden sind, zu Mundwerkzeugen (Mandibeln und Maxillen, eventuell auch Antennen). Die Trilobiten erweisen sich als ein auf ganz ursprünglicher Organisationsstufe fixierter Arthropodenstamm, was auch dem erdgeschichtlichen frühen Auftreten mit der eigentlichen Entfaltung schon im frühen Altpaläozoikum entspricht.

Eine Sonderstellung unter allen Trilobiten nehmen die vom Mittelkambrium bis zum Ordovizium vorkommenden **Agnostiden** ein. Sie bleiben klein und erreichen selten 10 mm Länge. Kopf- und Schwanzschild sind groß, halbkreisförmig oder verlängert, fast gleich und nur von zwei bis drei Thoraxsegmenten voneinander getrennt. Meist augenlos.

Pagetia – Mittelkambrium – mit kleinen Augen und proparer Facialsutur. Zwei Thoraxsegmente. Hinterrand des Kopf- und Schwanzschildes mit nach hinten gerichtetem Stachel. ▷ 2, ▷

1 Trilobit Ampyx, 4,5 cm, Ordovizium, Hällekis, Schweden

2 Peronopsis interstrictus, 0,6 cm, Kambrium, Utah, USA

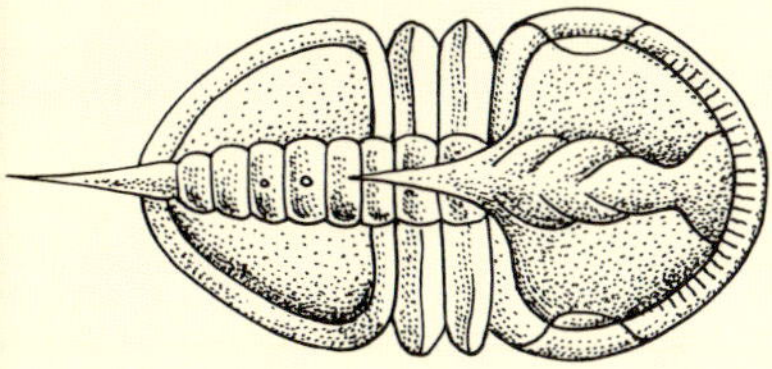

Pagetia

Eodiscus – Mittelkambrium – ohne Augen und Facialsutur; drei Thoraxsegmente.

Agnostus – Oberkambrium – augenlos, ohne Facialsutur; zwei Thoraxsegmente. Ähnliche Formen finden sich noch im Ordovizium.

Alle übrigen Trilobiten haben ein vom Kopfschild sehr verschiedenes Schwanzschild; es bleibt stets kleiner als der aus einer wechselnden Zahl von Segmenten (meist mehr als acht) bestehende Thorax.

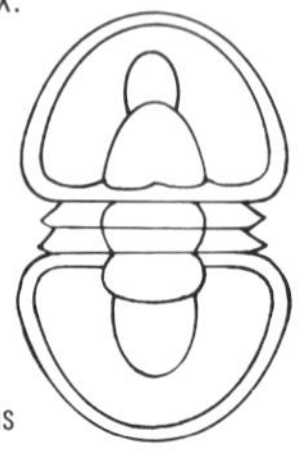

Agnostus

Olenellus – Unterkambrium – Kopfschild schwach quer verbreitert mit Wangenstacheln. Glabella reicht parallelrandig bis zum Vorderrand. Augen langgestreckt, nahe der Glabella. Facialsutur verläuft vom Hinterrand des Kopfschilds am Glabellarand, umrandet die Augenwülste und biegt wieder zum Hinterrand zurück. Bis zu 40 Thoraxsegmente. Hinterer Thoraxabschnitt wurmförmig verschmälert. Anstelle eines Pygidiums ein Schwanzstachel vorhanden.

Holmia – Unterkambrium – sehr ähnlich. Zahlreiche Thoraxsegmente, deren Größe gleichmäßig nach hinten abnimmt. Kleines Pygidium vorhanden.

Opisthopare Trilobiten (mit Gesichtsnaht)

Paradoxides – Mittelkambrium. Wird mehr als 20 cm lang; großes, halbkreisförmiges Kopfschild mit nach vorn verbreiterter Glabella; Wangenstacheln. Zahlreiche Thoraxsegmente, deren Pleuren in nach hinten gerichtete Spitzen auslaufen. Sehr kleines Pygidium. ▷ 1

Ellipsocephalus – Unter- bis Mittelkambrium – bleibt klein. Kopfschild halbkreisförmig ohne Wangenstacheln. Glabella parallelrandig, endet vorn dreieckig. 12–15 Thoraxsegmente, deren Pleuren nicht spitz auslaufen. Sehr kleines Pygidium. ▷ 2

Ptychoparia – Mittelkambrium – klein bis mittelgroß. Kopfschild halbkreisförmig mit Wangenstacheln. Glabella klein, reicht nicht bis zum Vorderrand, nach vorn verschmälert, mit nach hinten gebogenen Querfurchen. 14–15 Thoraxsegmente. Pygidium klein, fünf Segmente einschließend, quer verbreitert. ▷ 3

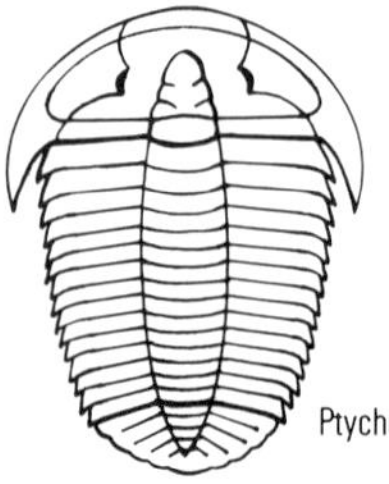

Ptychoparia

Protolenus – Mittelkambrium – sehr ähnlich, unterscheidet sich dadurch, daß sich die kleine Glabella nach vorn nicht verschmälert und keine Querfurchen zeigt. Facialsutur stark nach der Seite verlagert.

Euloma – Unteres Ordovizium – unterscheidet sich durch die kleine, rechteckige Glabella mit schwach angedeuteten Querfurchen und näher zur Glabella liegender Facialsutur.

Conocoryphe – Mittelkambrium – mit halbkreisförmigem Kopfschild und Wangenstacheln, hat eine Ptychoparia ähnliche Glabella. Pygidium klein. Die Augen rückgebildet und die opisthopare Facialsutur daher verschwunden.

Olenus – Oberkambrium – Kopfschild quer verbreitert, Wangenstacheln. Glabella klein, parallelrandig mit Querfurchen, nicht bis zum Stirnrand reichend. Facialsutur ungefähr in der Mitte zwischen Glabella- und Seitenrand. 13–15 Thoraxsegmente. Rhachis schmal, die langen Pleuren laufen in Spitzen aus. Pygidium klein, halbkreisförmig, im Mittel fünf Segmente einschließend.

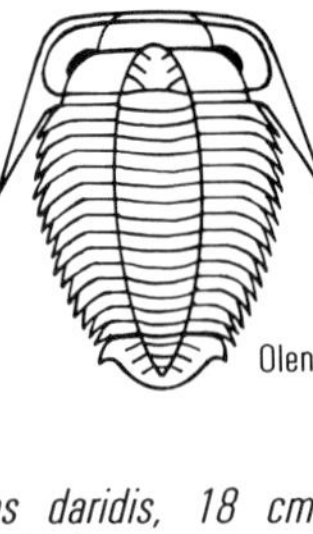

Olenus

1 Paradoxides daridis, 18 cm, Kambrium, Wales, England

2 Ellipsocephalus hoffi, 2,5 cm, Kambrium, Jinče, ČSSR

3 Elrathia kingii, 2 cm, Kambrium, Utah, USA

1

2

3

Parabolina – Oberkambrium und Unteres Ordovizium – unterscheidet sich durch etwas größer werdende Glabella und Randstacheln am Pygidium.
Peltura – Oberkambrium – hat ein querovales Cephalon ohne Wangenstacheln. Glabella breit, bis zum Stirnrand reichend, mit Querfurchen. 12–13 Thoraxsegmente. Pygidium sehr klein mit Randstacheln.

Peltura

Eurycare – Oberkambrium – hat ein querovales Cephalon mit seitwärts gerichteten Wangenstacheln. Glabella klein wie bei Olenus. Pygidium klein, umschließt vier bis fünf Segmente, deren Pleurenenden Randstacheln bilden.
Ceratopyge – Unteres Ordovizium – Kopfschild halbkreisförmig; Glabella klein und schmal. Facialsutur der Glabella genähert. Kräftige Wangenstacheln. Pygidium ungefähr gleich groß wie das Kopfschild, mit subquadratischem Umriß und zwei hinten gelegenen Randstacheln.
Die im vorhergehenden genannten, mittel- bis oberkambrischen Gattungen bleiben relativ klein und haben kleine Pygidien und 12–15 Thoraxsegmente. Ihre ordovizischen Abkömmlinge werden größer; die Zahl der Thoraxsegmente ist auf im Mittel acht bis zehn reduziert; das Pygidium wird größer.
Niobe – Unteres Ordovizium – hat ein halbkreisförmiges Kopfschild ohne Wangenstacheln. Glabella deutlich umgrenzt, nach vorn nicht verbreitert, ohne Querfurchen. Facialsutur nahe dem Glabellarand. Pygidium halbkreisförmig, ungefähr gleich groß wie das Kopfschild, mit die Segmentierung andeutenden Querfurchen.

Niobe

Megalaspis – Unteres Ordovizium – wird wesentlich größer. Das nach vorn gelgentlich zugespitzte und dadurch dreieckig werdende Kopfschild mit kurzen Wangenstacheln hat eine unscharf umgrenzte, nach vorn nicht verbreiterte Glabella. Die Querfurchen des großen, halbkreisförmigen Pygidiums sind nur schwach entwickelt. ▷ 1
Asaphus – Unteres und Mittleres Ordovizium – kann bis zu 40 cm lang werden. Halbkreisförmiges Kopfschild mit großer, nach vorn stark verbreiterter, unscharf umgrenzter Glabella. Facialsutur dem Glabellarand genähert. Acht Thoraxsegmente, deren Pleuren gerundet enden. Halbkreisförmiges Pygidium, ungefähr gleich groß wie Kopfschild, mit stark verwaschenen Querfurchen oder ganz glatt. ▷ 2
Aeglina – Ordovizium – hat ein stark gewölbtes Kopfschild mit breiter, unscharf umgrenzter Glabella und schmalen Wangen. Kein Wangenstachel. Nur sechs Thoraxsegmente.
Nileus – Ordovizium – hat ein breites, querovales Kopfschild mit breiter, unscharf umgrenzter Glabella und ein sehr ähnliches, glattes Pygidium. Acht Thoraxsegmente. Keine Wangenstacheln.

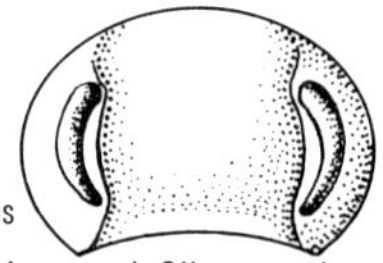
Nileus

Illaenus – Ordovizium und Silur – mit stark gewölbtem Kopf- und Schwanzschild, die unter sich sehr ähnlich sind; hat eine sehr verwaschene Furchengliederung, so daß im Kopfschild Glabella und Wangen, im Thorax und Pygidium Rhachis und Pleuren kaum voneinander abzugrenzen sind. Augen nahe am Seitenrand. Zehn Thoraxsegmente. ▷ 3

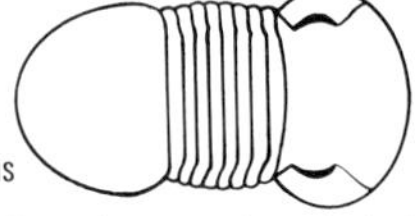
Illaenus

Scutellum – Unterdevon – hat ein halbkreisförmiges Pygidium mit stark verkürzter Rhachis und fächerförmig angeordneter Furchung. Pygidium größer als das halbkreisförmige Kopfschild, dessen deutlich umgrenzte Glabella sich nach vorn verbreitert. ▷ 4

1 *Pseudomegalaspis patagiata, 9 cm, Ordovizium, Hållekis, Schweden*
2 *Asaphus expansus, 5 cm, Ordovizium, Närke, Schweden*
3 *Illaenus linnarssoni, 3,5 cm, Ordovizium, Siljan, Schweden*
4 *Scutellum flabelliferum, 2 cm, Devon, Gerolstein, Eifel*

1

2

3

4

Gegenüber den im Mittel relativ großwüchsig werdenden Formenkreisen um Asaphus und Illaenus, die in der Hauptsache auf Ordovizium und Silur beschränkt bleiben, ist der ebenfalls schon im Ordovizium einsetzende Formenkreis um **Proetus** kleinerwüchsig und setzt sich mit seinen Spätformen bis ins Perm fort:

Paraaulacopleura (Arethusina) – Ordovizium bis Mitteldevon – hat ein halbkreisförmiges Kopfschild mit Wangenstacheln, kleine, nicht bis zum Stirnrand reichende Glabella; im Mittel 15 Thoraxsegmente mit schmaler Rhachis. Das kleine, quer verbreiterte Pygidium mit Querfurchung zeigt noch Anklänge an den Formenkreis um Ptychoparia.

Proetus – Ordovizium bis Mitteldevon – hat eine bis an den Stirnrand reichende Glabella und keine Wangenstacheln. Sich nach vorn verschmälernde Glabella mit Querfurchen; Facialsutur nahe dem Glabellarand. Zehn Thoraxsegmente. Halbkreisförmiges Pygidium mit Querfurchen (sieben Segmente) kleiner als Cephalon. ▷ 1

Dechenella – Mitteldevon – unterscheidet sich durch kleinere, kürzere Glabella, hat nicht sehr lange Wangenstacheln und ein größeres Pygidium (zwölf Segmente).

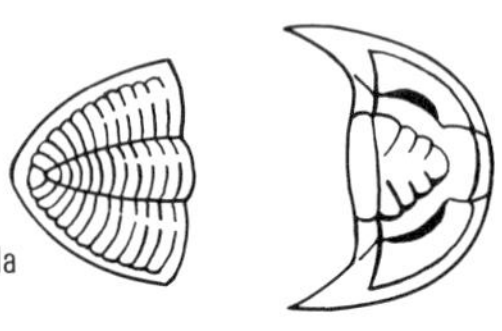

Dechenella

Cyrtosymbole – Oberdevon – mit ebenfalls kleiner, kurzer, nach vorn verschmälerter Glabella, hat kräftigere Wangenstacheln.

Griffithides – Karbon – mit halbkreisförmigem Cephalon und Wangenstacheln, hat eine nach vorn mäßig verbreiterte, bis zum Stirnrand reichende Glabella, nur neun Thoraxsegmente, aber ein großes, etwas verlängertes Pygidium mit einer mindestens 14 Segmente andeutenden Querfurchung.

Phillipsia – Karbon und Perm – mit parallelrandiger Glabella auf dem halbkreisförmigen Kopfschild, mit dem Glabellarand stark genäherter Facialsutur, hat ebenfalls nur neun Thoraxsegmente und ein großes, deutlich quergefurchtes, etwas verlängertes Pygidium mit mindestens 15 Segmenten.

Hypopar und augenlos sind:

Trinucleus – Ordovizium – mit halbkreisförmigem Kopfschild und bis zum Stirnrand reichender Glabella. Im Mittel nur sechs Thoraxsegmente; Pygidium klein, queroval oder dreieckig. Den Rand des Kopfschildes umgibt ein flacher, siebartig durchbohrter Randsaum, der sich in lange Wangenstacheln fortsetzt.

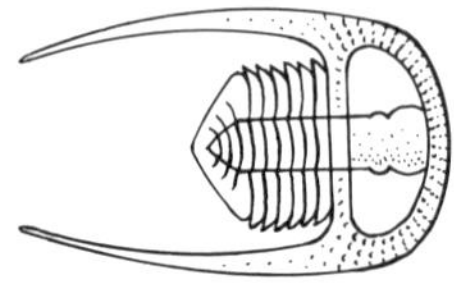

Trinucleus

Ampyx – Ordovizium – unterscheidet sich durch etwas größeres Pygidium, durch großen, vom Frontallobus der Glabella ausgehenden, nach vorn gerichteten Stachel und Fehlen des breiten Randsaumes. ▷ S. 155, 1

Harpes – Ordovizium bis Mitteldevon – hat wie Trinucleus einen breiten, siebartig durchlöcherten Randsaum des Kopfschildes, der sich in lange Wangenstacheln fortsetzt. Die Glabella ist sehr klein. Der Thorax umfaßt mehr als 20 sehr kurze Segmente. Pygidium sehr klein.

Eine opisthopare Facialsutur, aber eine von den übrigen opisthoparen Trilobiten ganz abweichend gestaltete Ausbildung des Kopfschildes mit einer großen, meist gekörnelten, hoch gewölbten, oft über den Stirnrand vorgewölbten Glabella, die keine normale Querfurchengliederung und sehr kleine, schmale Wangen hat, zeigt der Formenkreis um

Lichas – Ordovizium bis Devon. Thorax mit acht bis zehn Segmenten. In dem nur wenige Segmente einschließenden Pygidium setzen sich deren Pleuren in kräftige Randstacheln fort. Lichas kann eine Länge von 70 cm erreichen und wird damit noch größer als Asaphus und Paradoxides. Die Körnelung der stark gewölbten Glabella, die kräftigen Randstacheln des Pygidiums sowie die kräftigen Wangenstacheln und die in Stacheln auslaufenden Thoraxsegmente machen schon relativ unvollständige Reste gut kenntlich.

1 Proetus cuvieri, 2,5 cm, Devon, Gerolstein, Eifel

2 Acanthalomina minuta, 1 cm, Silur, Morina, ČSSR

1

2

Die Tendenz zur Stachelbildung steigert sich durch lange, hornförmig gekrümmte Stacheln auf Glabella und Pygidium bei **Cerataarges** –

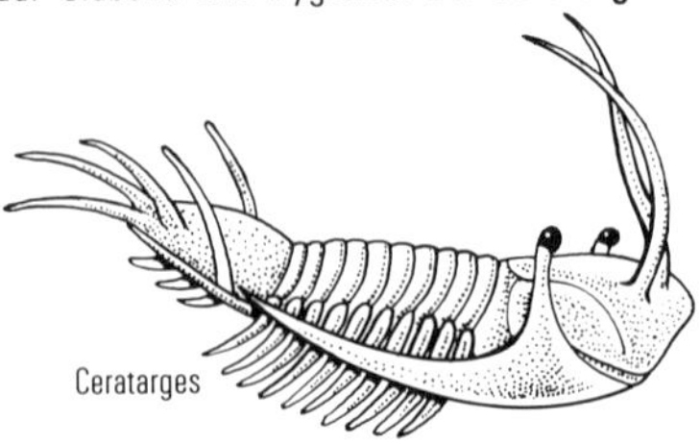

Ceratarges

Devon –, der durch diese Stacheln ein bizarres Aussehen bekommt.

Acidaspis – Ordovizium bis Devon – und **Odontopleura** – Silur – haben eine weniger stark vorgewölbte Glabella als Lichas. Das Kopfschild ist quer verbreitert. Die Pleuren der Thoraxsegmente enden in langen Stacheln, und die Randbestachelung des Pygidiums ist sehr ausgeprägt. ▷ S. 161, 2

Gonatopare und Propare Trilobiten

Calymene – Ordovizium bis Mitteldevon – hat ein mäßig verbreitertes, halbkreisförmiges Kopfschild ohne Wangenstacheln mit gonatoparer Facialsutur. Glabella nach vorn verschmälert, reicht nicht ganz bis zum Stirnrand und hat deutliche Querfurchen. 12–13 Thoraxsegmente. Pygidium relativ klein mit deutlichen Querfurchen, halbkreisförmig oder dreieckig. ▷ 1

Homalonotus – Silur bis Devon – hat gerundet dreieckiges Kopf- und Schwanzschild. Glabella breit, nur ganz unscharf begrenzt, ebenso geht die breite Rhachis von Thorax und Pygidium fast unmerklich in die kurzen Pleuren über.

Cheirurus – Ordovizium und Silur – mit halbkreisförmigem Kopfschild ist propar und hat eine große, bis zum Stirnrand reichende Glabella. Wangenstacheln nur schwach angedeutet. Das nicht sehr große Pygidium hat breite Randstacheln.

Encrinurus – Ordovizium und Silur – unterscheidet sich durch die große, kräftig nach vorn vorgewölbte Glabella, die längeren Wangenstacheln, die auf einem zum Augenstiel verlängerten Hügel sitzenden Augen sowie das dreieckige, glattrandige, aber oft nach hinten in einen Stachel ausgezogene Pygidium. ▷ 2

Der wichtigste Formenkreis proparer Trilobiten ist der der **Phacopiden**:

Chasmops – Ordovizium – hat ein halbkreisförmiges Kopfschild mit kräftigen Wangenstacheln und eine große, nach vorn verbreiterte Glabella. Das halbkreisförmige Pygidium ist quergefurcht und nahezu gleich groß wie das Kopfschild.

Dalmanitina – Ordovizium und Silur – unterscheidet sich durch wesentlich kleinere Wangenstacheln und ein nach hinten in eine Spitze auslaufendes, glattrandiges Pygidium. Die nach vorn verbreiterte Glabella ist deutlich durch Querfurchen gegliedert.

Acaste – Silur und Devon – hat ein halbkreisförmiges Kopfschild ohne Wangenstacheln, eine nach vorn nur schwach verbreiterte Glabella mit Querfurchen, ein ganzrandiges, halbkreisförmiges Pygidium, das wesentlich kleiner ist als das Kopfschild.

Odontochile – Devon – hat kräftige Wangenstacheln, eine nicht ganz bis zum Stirnrand reichende Glabella und ein großes, nach hinten zugespitztes Pygidium.

Asteropyge – Devon – hat ein gerundet dreieckiges Kopfschild mit kräftigen Wangenstacheln, eine nicht ganz bis zum Stirnrand reichende Glabella und ein mäßig großes Pygidium mit Randstacheln. ▷ 5

Phacops – Silur und Devon – hat ein halbkreisförmiges Kopfschild ohne Wangenstacheln. Die meist gekörnelte Glabella ist groß, nach vorn verbreitert und kräftig vorgewölbt. Die ebenfalls gewölbten Wangen bleiben demgegenüber relativ klein und schmal. Das Pygidium ist einfach halbkreisförmig und mäßig groß. Wie auch bei allen anderen Vertretern der Phacopiden sind elf Thoraxsegmente vorhanden. Mit letzten Nachzüglern reicht Phacops noch in das Unterkarbon hinein. ▷ 3–4

1 *Flexicalymene, 2,5 cm, Devon, Utah, USA*
2 *Encrinurus punctatus, 3 cm, Silur, Gotland, Schweden*
3 *Phacops ferdinandi, 7,5 cm, Devon, Bundenbach, Hunsrück*
4 *Phacops rana, 2,5 cm, Devon, Sylvania, Ohio, USA*
5 *Asteropyge, 5 cm, Devon, Vireux, Frankreich*

1

2

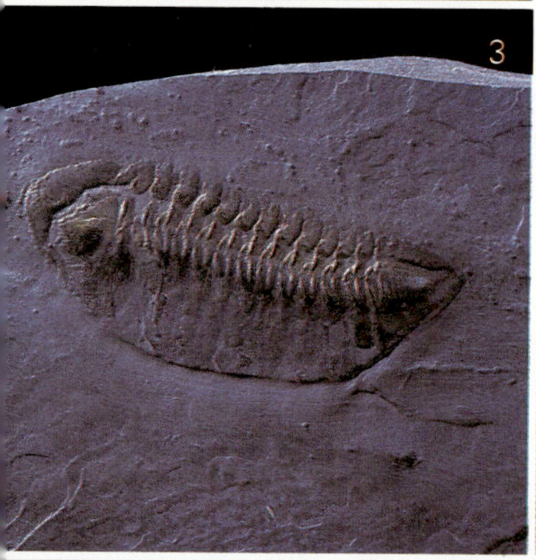
3

4

5

Unterstamm Fühlerlose *(Chelicerata)*

Die Cheliceraten sind ein Arthropodenstamm, der wie die Trilobiten schon im Kambrium erschien, aber mit den **Spinnen** und **Skorpionen** auch in der Gegenwart noch formenreich vertreten ist.

Sie unterscheiden sich von den anderen Arthropodenstämmen dadurch, daß sie keine geißelförmige Antenne haben und daß der als Prosoma bezeichnete, vordere Körperabschnitt die Funktion der Nahrungsaufnahme und der Fortbewegung ausübt, ein getrennter Kopf- und Brustabschnitt also nicht vorhanden ist. Der vom Prosoma abgesetzte, hintere Körperabschnitt, das Opisthosoma, enthält die Verdauungs- und Atmungsorgane.

Das Prosoma ist von einem einheitlichen Dorsalschild, das mit dem Kopfschild der Trilobiten vergleichbar ist, bedeckt. Auf ihm liegen die Augen. Ventral zum Dorsalschild sind sechs Extremitätenpaare vorhanden, das erste endet in einer Schere (Chelicere – daher der Name *Chelicerata*); das zweite, ebenfalls oft in einer Schere endend, ist ein Taster (Pedipalpe). Die vier folgenden sind als Gehbeine entwickelt, und bei den ursprünglichen Vertretern ist deren Basalglied auch in den Dienst der Nahrungsaufnahme getreten.

Das Opisthosoma umfaßt ursprünglich zwölf Segmente, von denen jedes in einen aus Tergit und Sternit gebildeten Skelettring eingeschlossen ist. Dem hintersten Segment folgt meist noch ein Schwanzstachel (Telson). Nur bei den primitivsten Vertretern tragen die Opisthosomasegmente noch eine Art Extremitäten. In der Mehrzahl der Fälle sind sie ganz zurück- oder zu Atmungsorganen umgebildet.

Innerhalb der Chelicerata unterscheidet man die marinen **Merostomata** und die zum Landleben übergegangenen **Arachnida** (**Skorpione** und **Spinnen**).

Klasse Merostomata

Die marinen Merostomata erscheinen schon im Kambrium mit der etwas problematischen Gruppe der **Aglaspida.** Größere fossile Bedeutung hat die Unterklasse **Eurypterida.**

Die Eurypteriden erscheinen schon im Ordovizium und erlöschen im Perm. Sie werden relativ groß, im äußersten Fall 2 m lang, und sind damit die größten bekannten Gliederfüßer.

Der halbkreisförmige Prosomaschild bleibt ziemlich klein, dahinter folgt das aus zwölf Segmenten gebildete, lange Opisthosoma; seine sieben vorderen Segmente sind relativ breit und haben durch eine Naht getrennte Tergite und Sternite; die Extremitäten sind an den Sterniten (Mesosoma) zu Atmungsorganen abgewandelt. Die fünf hinteren Segmente (Metasoma), in einen Skelettring eingeschlossen, bleiben schmäler. Dahinter noch ein Telson.

Auf der Ventralseite des Prosomaschildes befindet sich ein Paar winzig kleiner Cheliceren und ein Paar größerer, oft eine Schere tragender Pedipalpen. Dahinter folgen vier Paar als Fortbewegungsorgane ausgebildete Extremitäten, von denen das vordere oft zusätzlich als Greiforgan für Beutetiere ausgebildet sein kann; die zwei folgenden Paare sind einfache Gehbeine, das hintere ist als Ruderfuß entwickelt. Die Basalglieder dieser vier Extremitätenpaare sind zusätzlich als Beiß- und Kauorgane spezialisiert.

Die Eurypteriden haben sich vor allem im Silur und Devon reich entfaltet; die Riesenformen sind im Devon gefunden worden. Das Skelett ist chitinig, ziemlich dünn und hat anders als bei den Trilobiten, nur geringe, verstärkende Kalkeinlagerungen. Fossile Reste sind daher im allgemeinen selten und fast immer bruchstückhaft (isolierte Prosomaschilder, Tergiten usf.). Nur bei besonders günstigen Fossilisationsbedingungen, wie etwa in den Öselschichten des Obersilurs, fanden sich gute und vollständigere Reste.

Die Eurypteriden lebten in flachmeerischen, strandnahen Bereichen und gingen wohl auch in Brackwasser über. Die Ausbildung der Extremitäten zeigt, daß sie zum Teil wohl aktive Räuber gewesen sind.

Die im allgemeinen glatte Oberfläche der dünnen Skeletteile, oft mit sehr feiner, etwas unregelmäßig welliger Streifung, gestattet meist die Zuweisung auch von kleinen Bruchstücken zu den Eurypteriden. Genauere Bestimmung ist nur bei Kenntnis der Extremitäten möglich. ▷

Eurypteride, 25 cm, Silur, Schottland

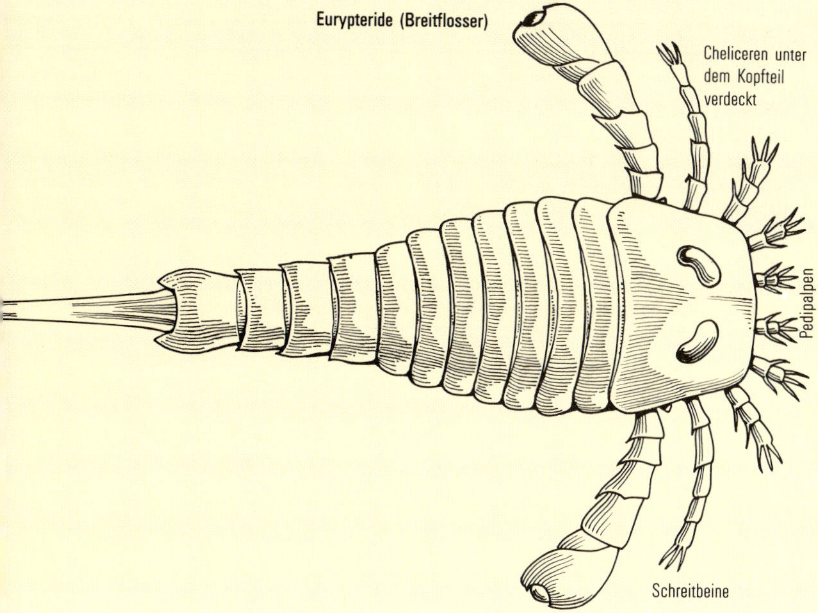
Eurypteride (Breitflosser)
Cheliceren unter dem Kopfteil verdeckt
Pedipalpen
Schreitbeine

Unterklasse Schwertschwänze ***(Xiphosura)***

Seit dem Silur bekannt, ebenfalls Flachwasserbewohner, vorwiegend der Strandregion. Sie haben ein großes, halbkreisförmiges Prosomaschild, meist mit Wangenstachel. Die Cheliceren sind sehr klein. Die Pedipalpen sind wie die vier folgenden Gehbeinpaare entwickelt und mit Scheren versehen. Gegenüber dem großen Prosomaschild ist das Opisthosoma stark verkürzt; die Zahl der Segmente etwas reduziert. Keine Differenzierung in Mesosoma und Metasoma vorhanden. Dem verkürzten Opisthosoma folgt ein langer Schwanzstachel (Telson).

Bei den seltenen, älteren Vertretern (Silur, Devon) sind die Opisthosomasegmente noch getrennt. Bei den vom ausgehenden Jungpaläozoikum an auftretenden, fortschrittlicheren Formen sind die Opisthosomasegmente unter einem Opisthosomaschild vereinigt. Das ist der Typus von **Limulus,** der als einziger Vertreter der Merostomata bis zur Gegenwart überlebt hat. Fossile Reste finden sich gelegentlich, so etwa im Solnhofer Plattenkalk, wo auch Kriechspuren von Limulus vorkommen. Seit dem älteren Mesozoikum bis zur Gegenwart hat sich Limulus kaum verändert. ▷

Klasse Spinnenartige ***(Arachnida)***

Die Klasse umfaßt die **Skorpione** und **Spinnen** im weitesten Sinn. Sie sind zum Landleben übergegangene Abkömmlinge der Merostomata.

Die Skorpione zeigen noch den allgemeinen Bauplan der Eurypteriden mit relativ kleinem Prosoma, dem breiten, länglich ovalen, aus sieben Segmenten bestehenden Mesosoma und dem zum schlanken Schwanz gewordenen Metasoma, das aus fünf Segmenten besteht und dessen Telson zum Giftstachel geworden ist. Die Chelicere ist wie bei den Eurypteriden klein, die Pedipalpe ist mit der Schere zum Greiforgan geworden. Eine Übergangsform von den Eurypteriden zu den Skorpionen ist im Silur gefunden worden. Fossil sind Skorpione nur durch seltene Einzelfunde bekannt.

Eine fortschrittlichere Entwicklung haben die Spinnen durchgemacht. Sie sind weichhäutig geworden, die Segmentgliederung auch des Opisthosomas daher mehr oder weniger verwischt. Das Telson ist verschwunden. Aus dem Karbon kennt man einige fossile Spinnen, die noch ein schwaches Chitinskelett zeigen und erkennen lassen, daß die Hauptgruppen der heutigen Spinnen schon im Karbon voneinander gesondert waren. Die Spinnen haben sich wohl schon im Devon aus primtiven Skorpionen entwickelt und schon von Anfang an in ihre Haupttypen aufgespalten. Nachkarbonisch kennt man Spinnenreste nur noch aus Bernstein.

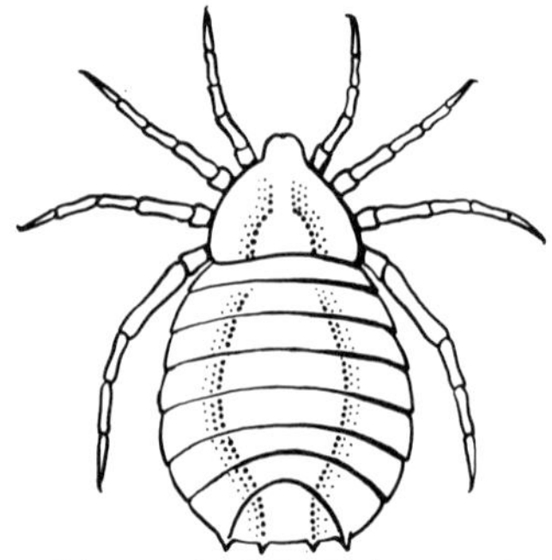

Spinne aus dem Karbon (Anthracomartus)

Unterstamm Tracheenatmer ***(Tracheata)***

Die in diesem Unterstamm vereinigten Klassen sind gekennzeichnet durch das Vorhandensein von einem Paar Geißelantennen, von drei Paar zu Mundorganen umgewandelten Kopfextremitäten (ein Mandibelpaar und zwei Maxillenpaare) sowie durch Tracheen (röhrenförmige, meist verästelte Einstülpungen der Körperoberfläche), welche der Luftatmung dienen. Die Tracheaten sind Landbewohner. Anders als Skorpione und Spinnen, die eindeutige Abkömmlinge der marinen **Merostomen** sind, erscheinen die Tracheaten im Devon unvermittelt mit primitivsten Frühformen. Auch sie müssen auf marine, paläozoische Vorformen zurückgehen, die im Jungpaläozoikum zum Landleben übergegangen sind. Aber sie sind mit keiner bekannten paläozoischen Arthropodengruppe eindeutig verknüpft. Da bei primitiven, paläozoischen Tracheaten die Körpersegmente oft pleurenähnliche, seitliche Ausstülpungen zeigen, darf man vielleicht an Trilobiten-ähnliche, marine, bisher nicht bekannte Vorformen der Tracheaten denken.

Limulus walchi, 11 cm, Jura-Tithon, Daiting

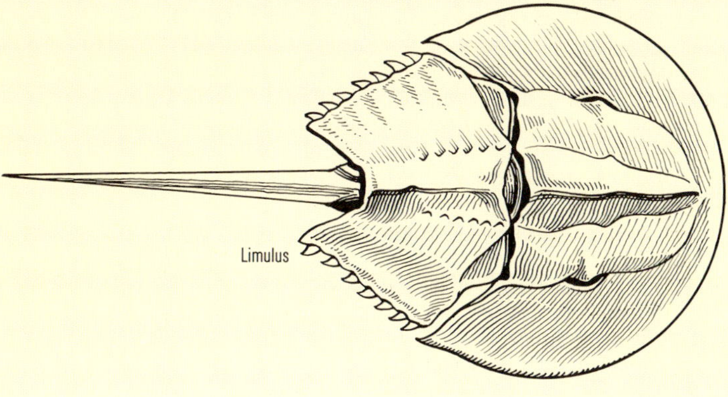
Limulus

Tausendfüßer

Unter dieser Bezeichnung faßt man die Angehörigen zweier Klassen zusammen, die einen meist aus zahlreichen, gleichen Körpersegmenten gebildeten Körperstamm gemeinsam haben. Das sind die **Opisthogoneata (Chilopoda)** und die **Progoneata (Myriapoda)**, die sich durch die Lage der Öffnung der Geschlechtsorgane und die Ausbildung der Mundorgane unterscheiden. Sie sind als Fossilien bedeutungslos. Wir erwähnen nur zwei im Karbon etwas häufigere Vertreter der Progoneata (Myriapoda).

Arthropleura – Karbon –, ein Bewohner der Steinkohlenwälder, hat ein kleines, ungefähr halbkreisförmiges Kopfschild, welches an das der Trilobiten erinnert. Die zahlreichen gleichartigen Tergite des Körperstammes haben wie bei den Trilobiten eine stärker gewölbte Mittelachse (»Spindel«) und gut entwickelte, flachere Pleuren-Ausstülpungen. Die Extremitäten scheinen einfach gebaute Gehextremitäten gewesen zu sein, so wie bei den Tausendfüßern. Ein größeres Schwanzschild scheint nicht vorhanden gewesen zu sein. Arthropleura, die mit zahlreichen Körpersegmenten über einen Meter lang werden kann, zeigt somit den Charakter eines Tausendfüßers mit bemerkenswerten Anklängen an die Trilobiten. ▷

Euphoberia – Karbon – ist ein echter Tausendfüßer der Steinkohlenwälder; er kann bis zu einem halben Meter lang werden. Während Arthropleura einen dorsoventral abgeplatteten Körper hatte, ist dieser wie bei den Tausendfüßern zylindrisch. Die Tergite der Körpersegmente haben seitlich stachelförmige, oft verzweigte Ausstülpungen. Arthropleura und Euphoberia bezeugen, daß die Tausendfüßer im Karbon schon gut entwickelt waren und in den Steinkohlenwäldern wohl eine ziemliche Rolle gespielt haben.

Klasse Kerbtiere *(Insecta)*

Sie sind die artenreichste und, wenn man von den Einzellern absieht, wohl auch die individuenreichste Tierklasse unsrer Gegenwart. Sie sind als landlebende, großenteils fliegende Organismen mit relativ zarten Skelettelementen ohne mineralische Einlagerungen fossil nur sehr lückenhaft dokumentiert. Aber wo günstige Fossilisationsbedingungen herrschten, etwa in tonigen Sumpf- und Seeablagerungen, da entstanden oft örtliche Vorkommen mit reichlichen, fossilen Insektenresten, die auch in der Erdgeschichte eine erhebliche Rolle gespielt haben dürften.

Der Kopf der Insekten mit einem Paar Geißelantennen und drei Paar Mundgliedmaßen entspricht dem Schema des Tausendfüßerkopfes, differenziert sich aber innerhalb der verschiedenen Insektengruppen sehr stark. Im Körperstamm sind die drei vorderen Segmente als Brust (Thorax) abgegliedert, gekennzeichnet durch drei Paar Gehextremitäten und zwei Paar Flügel. Die dahinter folgenden Segmente – primär zwölf, in fortschrittlicheren Gruppen oft weniger – haben keine Fortbewegungsanhänge, sie enthalten die Verdauungs- und Sexualorgane und haben Tracheen. Sie werden als Abdomen oder Hinterleib bezeichnet. Kopf, Brust und Abdomen sind bei den fortschrittlicheren Gruppen durch starke Einschnürungen scharf voneinander abgesetzt – daher die Bezeichnung Insekten. Die Flügel stellen die häufigsten, fossilen Reste von Insekten. Ihre Aderung ist in den verschiedenen Insektengruppen sehr typisch ausgebildet. Die fossilen Insektenflügel erlauben daher meist eine eindeutige Bestimmung.

Dank ihrer ungeheuren Abwandlungs- und Anpassungsfähigkeit haben die Insekten eine fast unübersehbare Fülle von verschiedenen Typen hervorgebracht. Ihre Systematik und Biologie entwickelte sich daher zu einer Spezialdisziplin der Entomologie. Die Bestimmung fossiler Insektenreste verlangt meist besondere Spezialkenntnisse.

Infraklasse Urinsekten *(Apterygota)*

Sie sind flügellos, haben aber schon die Sonderung in Kopf, Brust und extremitätenloses Abdomen. Eine Einschnürung zwischen den drei Abschnitten fehlt. Sie sind zumeist klein. Ihre fossile Dokumentation ist gleich Null. Ein seltener Einzelfund aus der devonischen Oldredformation bezeugt ihr Vorkommen seit dem Devon.

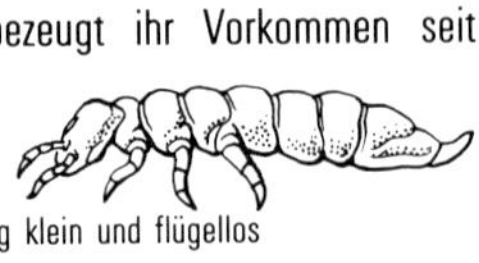

Urinsekt Rhyniella, Devon-Oldred, winzig klein und flügellos

Arthroporiden-Segment, 7 cm, Karbon, Saargebiet

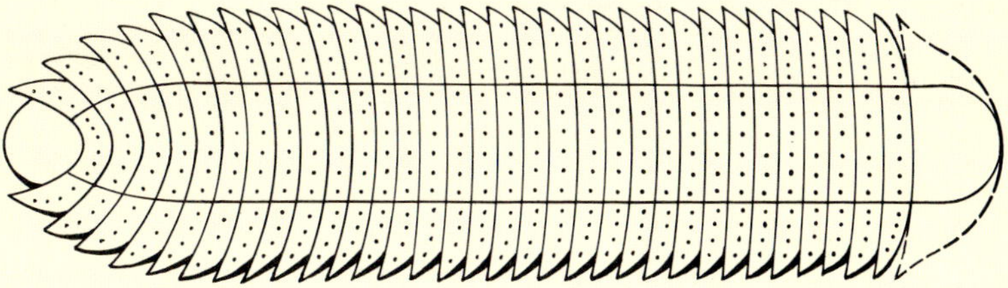

Arthropleura (schematisiert) Kopfschild und Hinterende wenig bekannt

Infraklasse Insekten *(Pterygota)*

Sie tragen Flügel und sind seit dem Karbon fossil belegt. Viele, meist lokale Vorkommen in allen Erdperioden seit dem Karbon erlauben es, ihre Entfaltung in großen Zügen zu verfolgen.

Überordnung Altinsekten *(Palaeoptera)*

Die Flügel können nicht über das Abdomen zurückgefaltet werden. Einschnürungen zwischen Kopf, Brust und Abdomen fehlen. Die Flügel zeigen dichte Netzaderung. Das meist lange Abdomen umfaßt meist zwölf Segmente. Sie erscheinen vom Karbon an.

Sie sind in der Gegenwart vertreten durch die **Eintagsfliegen** und die **Libellen**; Vorläufer beider Gruppen sind im Karbon gefunden worden. Da Libellen stets in Wassernähe leben, sind Libellenflügel auch in nachkarbonischen Formationen nicht allzu selten, so etwa im Solnhofer Plattenkalk. ▷ 1–2

Zu diesen beiden Gruppen kommen im Karbon noch die **Palaeodictyoptera**, die bis zu einem halben Meter Flügelspannweite erreichen können und schon im unteren Perm erloschen sind. Sie sind die ursprünglichste Palaeopterengruppe. Vorder- und Hinterflügel mit dichter Netzaderung sind gleich. Das vordere Thoraxsegment hat eine gut entwickelte Pleure, die an einen Flügelstummel erinnert. Auch die Adominalsegmente haben typische Pleuren. Palaeodictyopterenflügel sind im Karbon nicht allzu selten.

Überordnung Neuinsekten *(Neoptera)*

Sie umfassen die ganze Fülle der übrigen geflügelten Insekten. Die Flügel zeigen nicht mehr die dichte, unregelmäßige Netzaderung und werden im Ruhezustand nach hinten über das Abdomen zurückgefaltet. Vorder- und Hinterflügel meist deutlich verschieden. Der Vorderflügel kann zu einem festen Deckflügel werden, wie bei Heuschrecken, Schaben, Käfern.

Auch die Neopteren sind schon im Karbon formenreich vorhanden. Relativ häufig, weltweit verbreitet finden sich primitive Vorläufer der **Schaben *(Blattoida)***. Daneben kommen Vorläuferformen der verschiedenen Heuschrekken- und Grillengruppen vor sowie Vorläufer der Wanzen und Zikaden. Alle diese primitiven, schon im Karbon erscheinenden Neopterengruppen haben noch nicht die kräftigen Ein-

1 Libellenlarve Libellula, 3,5 cm, Tertiär-Sarmat, Randecker Maar, Schwäbische Alb

2 Libelle, Flügelbreite 16 cm, Jura-Tithon, Langenaltheim

3 Blattwespe, Flügelbreite 3 cm, Tertiär-Pliozän, Willershausen, Harz

4 Mücken, 1 cm, Tertiär-Oligozän, Cereste, Frankreich

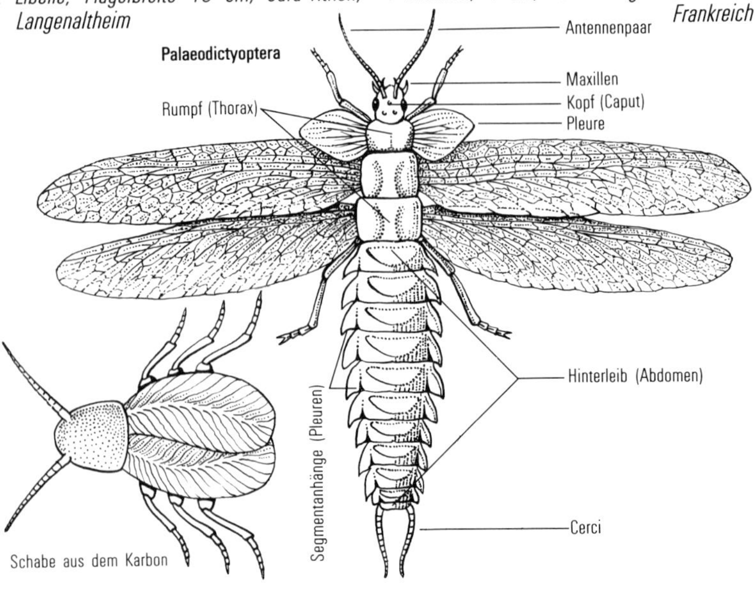

1

2

3

4

schnürungen zwischen Kopf, Brust und Abdomen; sie alle sind hemimetabol, das heißt, die Entwicklung vollzieht sich in einer Folge von Häutungen ohne zwischengeschaltete Puppenphase.

Schon im Perm erscheinen auch die Frühformen fast aller fortschrittlichen Neopterengruppen, die eine holometabole Entwicklung haben, bei denen sich also eine Puppenphase zwischen die Larvenphase und die endgültige Form einschaltet. Von der Trias an sind Vertreter nahezu aller Insektengruppen nachgewiesen. Die so ungeheuer vielgestaltige Aufspaltung der geflügelten Insekten hat sich also in rasch aufeinanderfolgenden Etappen schon im Karbon (hemimetabole Gruppen) und im Perm (holometabole Gruppen) vollzogen.

▷ S. 171, 3–4

Bernsteininsekten

Besondere Erwähnung verdienen die Bernsteininsekten. Der Großteil der fossilen Insektenvorkommen findet sich in meist nur örtlichen Ton- und dünnplattigen Kalkmergelformationen limnischer Entstehung; sie liefern vorwiegend Flügelreste und gelegentlich auch undeutliche Körperabdrücke. Anders im Bernstein, der aus dem Harzfluß von Bäumen entstanden ist. Im zunächst zähklebrigen Harz fingen sich immer wieder Insekten, die nicht mehr frei kommen konnten und von weiterem Harz überflossen und eingeschlossen wurden; in dem sich zu Bernstein verfestigenden Harz wurden sie so von der Luft abgeschlossen, in den feinsten Einzelheiten konserviert.

Das Bernsteinharz ist ein fast ideales Konservierungs- und Fossilisationsmittel. In ihm werden ja nicht, wie normalerweise bei der Fossilisation, Leichenteile, bzw. Hartteile, die mehr oder weniger lang der Verwesung ausgesetzt waren, in eine Ablagerung eingebettet, sondern es werden die noch lebenden Organismen gefangen und mit »Haut und Haar« eingeschlossen und konserviert. Sie können, sofern das Harz klar und durchsichtig ist, wie heutige Organismen untersucht werden. ▷

Natürlich kann das austretende Harz auch bei Bäumen mit starkem Harzfluß nur kleine Objekte ganz umfließen und einschließen. Neben Vogelfedern, die gelegentlich am Harz festkleben, Säugetierhaaren, kleinen Pflanzenresten, sind es daher vor allem Insekten, welche im Bernstein eingeschlossen wurden.

Unter dem Begriff Bernstein verstand man ursprünglich den ostpreußischen Bernstein aus dem Samland, der schon in vorgeschichtlicher Zeit und im Altertum Handelsware war und auch heute noch systematisch abgebaut wird. Er ist das fossile Harz einer Kiefer mit starkem Harzfluß. Ein über den Bernsteinwald vordringendes Meer hat das Bernsteinharz in einzelnen Lagen zusammengeschwemmt und konzentriert. Dieser ostpreußische Bernstein ist alttertiär (Eozän). Von diesem seit Jahrtausenden bekannten Vorkommen ist der Begriff Bernstein auch auf alle anderen, ähnlichen Vorkommen fossiler Harze, die man im Lauf der Zeit kennenlernte, angewandt worden.

Besonders interessant ist neben dem ostpreußischen Bernstein der Libanonbernstein mit neokomem Alter (Unterkreide). Der dominikanische Bernstein von Haiti ist oligozänen Alters. Aus der Oberkreide stammt der noch wenig bekannte sibirische Bernstein. Ähnliches Alter soll auch der kanadische Bernstein haben. Der Burmabernstein und der mexikanische Bernstein sollen oligozänen bis miozänen Alters sein. Neben diesen wichtigeren kennt man heute noch viele kleinere Vorkommen.

Alle diese Bernsteinvorkommen haben Insekteneinschlüsse. ▷ S. 16 – Eingehend untersucht wurde bisher nur die Insektenfauna des ostpreußischen Bernsteins. Die der übrigen Bernsteine ist nur in großen Zügen bekannt. Schon heute aber kann man feststellen, daß die Faunen der verschiedenen Bernsteine stark voneinander abweichen. Sie sind ja erdgeschichtlich unterschiedlichen Alters und stammen aus verschiedenen Regionen der Erdoberfläche. Genaue Untersuchungen werden wichtige Hinweise auf zoogeographische Beziehungen und die ökologischen Bedingungen in den verschiedenen Regionen der Erdoberfläche liefern. In ihrem Gesamtcharakter und Differenzierungsgrad entsprechen die Insektenfaunen des Tertiärs und auch schon der Kreide durchaus der Fauna unserer Gegenwart. Seit dem jüngeren Mesozoikum hat keine nennenswerte Entfaltung der Insektenwelt mehr stattgefunden.

Schnellkäfer, 0,3 cm, Tertiär-Eozän, Samland, UdSSR

Anders als Cheliceraten und Tracheaten, die nach einer marinen Vorgeschichte zum Landleben übergegangen sind, ist der Arthropodenstamm der Krebse, dessen Wurzeln in das früheste Paläozoikum zurückreichen, bis in die Gegenwart in seinem Lebensraum Wasser geblieben und hat sich in ihm, anders als die ausgestorbenen Trilobiten, bis zur Gegenwart reich entfaltet.

Anders als die Trilobiten, die wie die Cheliceraten als Bodenbewohner einen dorso-ventral abgeplatteten Körper mit kräftig gepanzerter Dorsalseite (Tergite) hatten, verfügten die Krebse, die zu schwimmender Lebensweise tendierten, primär über einen zylindrischen bis seitlich zusammengedrückten Körper. Dieser ersten Anlage entspricht es, daß sie sich als Kiemenatmer im Wasser entfalteten.

Der Kopfabschnitt der Krebse hat wie bei den Trilobiten und Tracheaten eine Geißelantenne. Dahinter folgen vier Extremitätenanhänge, von denen der vordere zu einer Antenne umgebildet wird, während die drei hinteren zu Mundextremitäten werden, einem Mandibelpaar und zwei Maxillenpaare.

Die Zahl der Körpersegmente variiert stark. Jedes Körpersegment kann ein Paar Extremitäten haben. Die hinteren Segmente können extremitätenlos sein oder Extremitäten tragen, die sich von denen der vorderen Segmente unterscheiden. Dann kann ein Brust- (Thorax-) und Abdomenabschnitt im Körper unterschieden werden. Das ist vor allem dann der Fall, wenn Kopf und Brust in einem von der Dorsalseite über die Flanken herabwachsenden Panzer eingeschlossen werden. Dann unterscheidet man Kopf-Brust-Abschnitt (Cephalothorax) und Abdomen. Der den Kopf-Brust-Abschnitt einschließende Panzer heißt Karapax. Die Tendenz zur Karapaxbildung haben alle Krebse.

Die Extremität der Krebse hat am Basalglied einen Kiemenanhang (Epipodit). Vom dritten Extremitätenglied gehen zwei Äste ab, ein äußerer Schwimmfuß-Ast *(Exopodit)* und ein innerer Gehfuß-Ast *(Endopodit)*. Die Extremität wird zweiästig. ▷

Klasse Muschelkrebse *(Ostracoda)*

Sie erscheinen im Kambrium und setzen sich als selbständiger Stamm der Krebse reich entfaltet bis zur Gegenwart fort. Sie bleiben klein, werden selten größer als fünf Millimeter, sind also Mikrofossilien und Objekte der Mikropaläontologie. Sie treten häufig auf und sind neben den Foraminiferen wichtige Leitfossilien bei der Analyse von Tiefbohrungen.

Der ganze Körper ist in einen zweiklappigen, verkalkten Panzer eingeschlossen. In der dorsalen Nahtlinie sind die beiden Klappen durch ein verschieden ausgebildetes Schloß miteinander verbunden. Der ventrale Schalenschluß erfolgt durch einen von der einen zur anderen Klappe in ungefähr zentraler Lage verlaufenden Schließmuskel. Die Schließmuskelnarben können wichtige Bestimmungsmerkmale liefern. Der Panzer bildet also ein muschelähnliches Gehäuse (Muschelkrebse).

Der Weichkörper ist stark vereinfacht, die Segmentgliederung des Körpers verwischt und die Zahl der Segmente stark reduziert, auch die Extremitäten können stark reduziert sein. Das zweite Antennenpaar kann als zweiästige Schwimmextremität groß werden und einziges Fortbewegungsorgan sein.

Kambrische Frühformen der Ostracoden haben noch keinen verkalkten Panzer; an sie schließt eine reiche Entfaltung im älteren Paläozoikum an mit kräftig verkalktem Panzer und meist mit einem langen, gerade gestreckten, dorsalen Schloßrand.

Leperditia – Silur und Devon – hat länglich ovale Panzerklappen mit glatter Oberfläche, einen langen, geraden Schloßrand, kann einige Zentimeter lang werden und ist damit der Riese unter den Muschelkrebsen. Häufig auch in den Diluvialgeschieben des norddeutschen Flachlandes. ▷ 1–2 ▷

Beyrichia – Ordovizium bis Devon. Auch sie ist wie andere, ihr nahestehende Formen in Diluvialgeschieben nicht selten (Beyrichienkalk), sie bleibt klein (3–5 mm). Länglich oval mit geradem, dorsalem Schloßrand. Oberfläche durch zwei vom Dorsalrand ventralwärts verlaufende Furchen gegliedert, zwischen denen erhabene, oft gekörnelte Felder liegen. ▷ 3, ▷

1 Leperditia 2,2 cm, Silur, Baltisches Geschiebe
2 Leperditia gigantea, 3 cm, Silur, Gotland, Schweden
3 Beyrichia, 0,3 cm, Silur, Geschiebe Steinberghaff

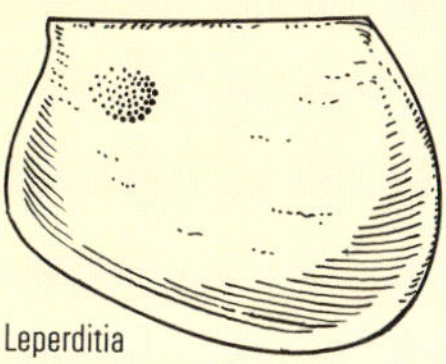

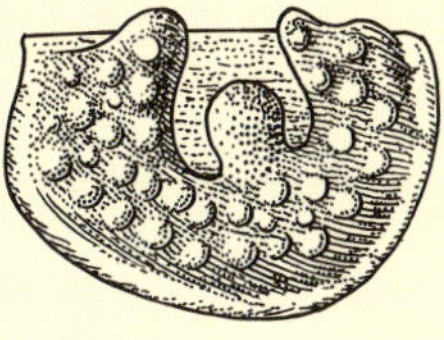

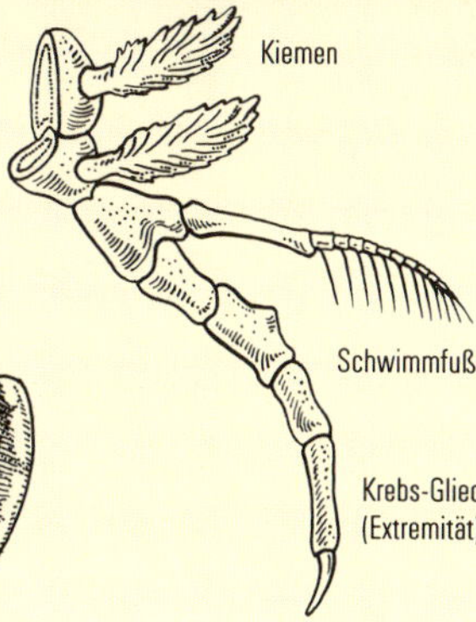

Steusloffia und **Primitia** – Silur. Auch sie sind in Diluvialgeschieben nicht selten und unterscheiden sich von Beyrichia dadurch, daß die Furchengliederung der Oberfläche stark reduziert sein kann; im Extremfall wird die Oberfläche fast ganz ungegliedert, glatt. ▷

Ähnliche Formen reichen noch ins Devon und Karbon hinein. Aber im jüngeren Paläozoikum gehen die Muschelkrebse stark zurück. Von der Trias an erfolgt eine neue, bis zur Gegenwart sich steigernde Entfaltung fortschrittlicherer Formen, bei denen der Dorsalrand meist gebogen ist und ohne scharfe Grenze in den Vorder- und Hinterrand übergeht. Vom Mesozoikum an gehen die Muschelkrebse, bis dahin rein marin, auch ins Süßwasser über und sind in den Süßwasserformationen besonders wichtige Leitfossilien, da die Foraminiferen im wesentlichen auf die marinen Formationen beschränkt bleiben.

Bairdia – selten schon im Silur und bis zur Gegenwart – hat kräftig gewölbte Klappen von einfach ovalem Umriß, vorn mitunter zugespitzt, glatte Oberfläche. Vor allem in der Trias reich entwickelt. ▷

Candona – Jura bis Gegenwart – und **Cypris** – Tertiär bis Gegenwart – sind Süßwasserbewohner. Ovale Umrißform mit gebogenem Dorsalrand und meist flach konkavem Ventralrand. Klappen gut gewölbt. Die Unterscheidung dieser und weiterer ähnlicher Gattungen gründet weitgehend auf der verschiedenen Ausbildung der Schließmuskelnarben. ▷

Cythere – Jura bis Gegenwart – steht als Sammelbegriff für weitere, ähnliche Gattungen und hat einen ziemlich langen, ovalen Umriß, ist gekennzeichnet durch ein Oberflächenrelief breiter Furchen und Wülste zusätzlich oft stark durch Dornen verziert.

Die **Cypridinen** – Silur bis Gegenwart – haben einen meist einfachen, länglich ovalen Umriß und eine wenig gegliederte Oberfläche, die oft fein gestreift ist. Am Vorderrand meist eine Inzisur für die große, zweiästige, zweite Antenne, die, als Schwimmorgan ausgebildet, das einzige Fortbewegungsorgan ist. Erfüllt oft in großer Häufigkeit ganze Schichten (Cypridinenschiefer). ▷

Klasse Blattfuß-Krebse *(Phyllopoda)*

Sie sind eine formenreiche, fast ganz auf das Süßwasser beschränkte Gruppe kleinwüchsiger Krebse, dem Aquarienliebhaber durch die **Wasserflöhe** bekannt. Die Exptremitäten sind zu kaum gegliederten, blattförmigen Rudern verkürzt. Die Zahl der Körpersegmente variiert stark und ist meist groß. Ihre primitive Organisation ist nicht ursprünglich, sondern Folge einer sekundären Vereinfachung. Älteste Vertreter kennt man aus dem Devon.

Von den verschiedenen Phyllopodengruppen sind als Fossilien nur die **Conchostracen** wichtig. Sie haben einen zweiklappigen, den ganzen Körper und den Kopf umschließenden, nicht verkalkten, nur chitinigen, dünnen Panzer. Die beiden Klappen sind in der Dorsallinie nur durch einen Knick getrennt, die Ventralränder frei. Die Oberfläche ist fein konzentrisch gestreift. Die Streifen können glatt, gekörnelt oder gezähnelt sein. Die Feinstruktur dieser Streifung ist für die Bestimmung wichtig.

Die Schälchen der Conchostracen, die nur selten länger als 10 mm werden und meist darunter bleiben, können oft in großen Mengen die Schichtflächen toniger oder tonig-mergeliger Süß- oder Brackwasserformationen bedecken. Man kennt sie vom Karbon an.

Leaia – Karbon und Perm – hat einen gerundet rechteckigen Umriß mit weit vorn gelegenem Wirbel; außer der konzentrischen Streifung zwei vom Wirbel zum Ventralrand verlaufende Rippen.

Paraleaia – Karbon und Perm – unterscheidet sich durch mehr länglich ovalen Umriß und das Vorhandensein von drei Radialrippen. Beide Gattungen Leitfossilien in Karbon und Perm.

Estheriella – Trias – hat verkürzten, ovalen Umriß, weit vorn gelegenen Wirbel und zahlreiche, feine Radialrippen.

Quadriamusium – Karbon – hat gerundet rechteckigen Umriß, einen median gelegenen Wirbel und einfache, konzentrische Streifung.

Anomalonema – Karbon – unterscheidet sich durch mehr nach vorn verlagerten Wirbel und schwach angedeutete Radialrippung.

Euestheria – Karbon bis Trias – hat kurzovalen Umriß, ziemlich weit vorn gelegenen Wirbel und feine, konzentrische, fein gezähnelte Streifung. Sie und einige ähnliche, durch die Feinstruktur der Streifung unterschiedene Gat-

Blattfußkrebs, 0,3 cm, Perm-Rotliegendes, Nierstein

tungen sind im Keuper weit verbreitet (Estherienschiefer). △

Ähnliche Formen, die nur durch die Feinstruktur der konzentrischen Streifung unterscheidbar sind und oft unter dem Sammelnamen **Estheria** zusammengefaßt werden, finden sich in entsprechenden Ablagerungen auch in der Kreide und im Tertiär.

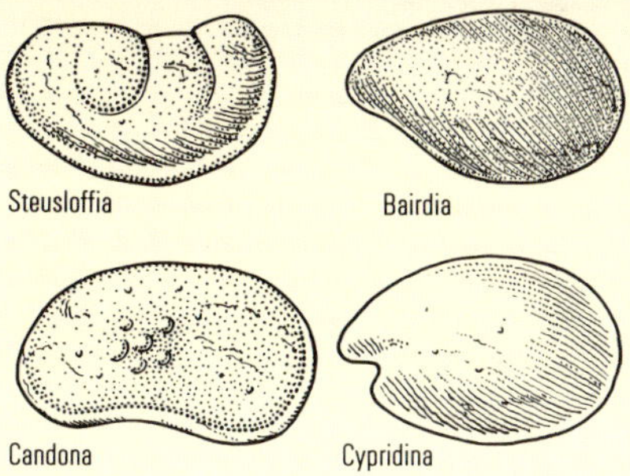

Klasse Rankenfüßer *(Cirripedia)*

Sie sind eine aberrante, zu sessiler Lebensweise übergegangene Gruppe, deren Krebsnatur erst Darwin erkannt hat. Die frei schwimmenden Jugendformen sind den Ostracoden ähnlich. Sie heften sich mit ihrem Kopfende am Untergrund fest. Dann wird ein aus dreieckigen Platten zusammengesetztes Gehäuse ausgeschieden. Die Gehextremitäten werden zu geißelförmigen Rankenfüßen umgebildet, welche aus dem Wasser Nahrungspartikel ausfiltern und der Mundöffnung zuführen.

Bei den **Lepadiden (»Entenmuscheln«)** wird die sich festheftende Partie zu einem beweglichen Stiel verlängert; der eigentliche Körper wird von fünf ovalen, nicht verkalkten Platten umhüllt. Vom Silur an bekannt, aber fossil selten.

Die **Balaniden** ***(Seepocken)*** sind als Fossilien wichtiger. Der unmittelbar am Untergrund festgeheftete Körper scheidet ein konisches, aus dicken, dreieckigen Kalkplatten aufgebautes Gehäuse aus. Seepocken sind in der Strandregion aller Meere häufig. Seit der Trias fossil bezeugt. Wegen ihrer porösen Struktur sind die dicken, dreieckigen Kalkplatten auch im Bruchstück leicht erkennbar. Kommen in der Kreide und im Tertiär gelegentlich häufiger vor und zeigen stets Strandfazies an. ▷ 1

Klasse Höhere Krebse *(Malacostraca)*

Vom Kambrium an bekannt, stellen sie neben den Muschelkrebsen den zweiten, reich entfalteten Hauptstamm der Krebse dar, der fossil gut bezeugt ist.

Wie die Muschelkrebse bringen sie einen zweiklappigen Panzer (Karapax) hervor, der aber nur den Kopf und vorderen Körperabschnitt (Brust) umschließt (Cephalothorax), während die Segmente des hinteren Körperabschnittes als Abdomen frei herausragen. Die Thoraxextremitäten sind als zweiästige Fortbewegungsorgane ausgebildet; die Extremitäten des Abdomens sind entweder rückgebildet oder im Dienste anderer Funktionen abgewandelt.

Unterklasse Phyllocarida

Sie sind – Kambrium bis Devon – die Stammgruppe der Höheren Krebse. Die Klappen des Karapax sind durch eine Dorsalnaht getrennt. Vorn schaltet sich eine Rostralplatte dazwischen. Die Brustextremitäten sind zweiästig und verschieden ausgebildet. Die Abdominalsegmente haben kleine Extremitäten. Die Segmentzahl variiert. Am letzten Abdominalsegment befinden sich zwei gelenkige Schwanzstacheln (Furca). Das Skelett ist schwach verkalkt. Karapaxreste finden sich gelegentlich im Altpaläozoikum. ▷ 2

Unterklasse Eumalacostraca

Vom Devon ab erscheinen die höheren **Malacostraken**, die sich von der Trias an reich entfalten. Die Nähte zwischen den beiden Karapaxklappen und der Rostralplatte sind verschwunden, so daß ein einheitlicher, meist stärker verkalkter Karapax, der sekundär reduziert werden kann, vorhanden ist. Die Zahl der Brustsegmente ist auf acht, die der Abdominalsegmente auf sechs, selten sieben fixiert. Die Thoraxextremitäten sind Gehbeine mit meist reduziertem Schwimmfuß-Ast, die Abdominalsegmente haben zweiästige, blattförmig verkürzte Extremitäten. Statt der Furca ist eine meist blattförmige Endplatte (Telson) vorhanden.

Hierher gehören folgende Ordnungen: Die **Syncarida** mit rückgebildetem Karapax (vor allem Perm) ▷ 3, die **Heuschreckenkrebse** ***(Stomatopoda)*** und die **Flohkrebse** ***(Amphipoda)*** seit der Trias, die **Asseln** ***(Isopoda)***, teils zum Landleben übergegangen, sowie die **Spaltfußkrebse** ***(Schizopoda*** und ***Euphausiacea)*** mit gut entwickeltem, aber kaum verkalktem Karapax. Nur Flohkrebse und Asseln sind in der Gegenwart reich entfaltet; die anderen Gruppen bleiben artenarm. Als Fossilien sind sie alle bedeutungslos und nur durch gelegentliche Einzelfunde bezeugt.

Ordnung Zehnfüßer-Krebse *(Decapoda)*

Nur diese Ordnung der Decapoda ist durch häufigere Fossilfunde bedeutungsvoll. Sie haben einen kräftig verkalkten Karapax und entfalten sich vom Jura an fortschreitend reicher. Seit der Kreide sind sie eine wichtige Komponente mariner Lebensgemeinschaften. Von den acht Paaren der Thoraxextremitäten sind die drei vorderen als Maxillipeden in den Dienst

1 Seepocken, 1 cm, in einer Austernschale, Tertiär-Oligozän, Mainzer Becken

2 Ceratiocaris papilio, 9 cm, Silur, Wales, England

3 Uronectes fimbriatus, 1,7 cm, Perm-Rotliegendes, Pfeffelbach, Pfalz

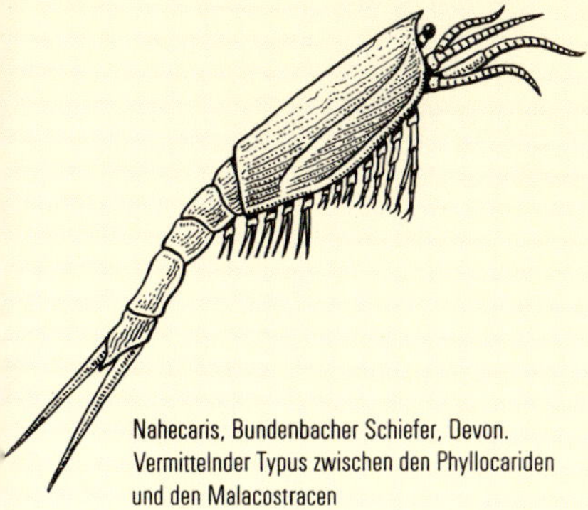

Nahecaris, Bundenbacher Schiefer, Devon. Vermittelnder Typus zwischen den Phyllocariden und den Malacostracen

der Nahrungsaufnahme getreten. Die fünf hinteren Paare sind kräftige Gehextremitäten, deren Schwimmfuß-Äste sich rückgebildet haben. Man nennt sie Pereiopoden. Einige Pereiopodenpaare (oder auch nur eines) können in Scheren enden und dadurch beim Beutefang neben ihrer Schreit- auch eine Greiffunktion ausüben.

Penaeus (Antrimpos) – Perm bis Gegenwart – Sammelname für einige unter sich ähnliche Gattungen. Umfaßt Schwimmformen mit langem, zylindrischem Körper und schwach verkalktem Außenskelett. Die Geißelantennen sind lang. Die drei vorderen Pereiopodenpaare haben Scheren. ▷ 1

Clytia – Trias – hat einen gedrungeneren Körper und stärker verkalkten Panzer. Karapax mit zwei Querfurchen. Drei Scherenpaare wie bei Penaeus.

Eryma – Jura und Kreide – unterscheidet sich durch das stark vergrößerte, vordere Scherenpaar.

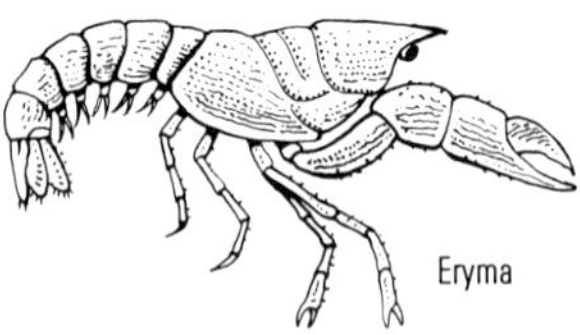

Eryma

Hoploparia – Kreide – hat ein stark vergrößertes, meist erheblich verlängertes, vorderes Scherenpaar. Eryma und Hoploparia leiten über zu unseren heutigen **Hummern** und **Flußkrebsen**, die alle drei Scherenpaare haben.

Als **Garnelen** faßt man eine vielgestaltige Gruppe von Schwimmkrebsen zusammen, die wie Penaeus einen dünnen, kaum verkalkten Panzer und einen relativ langen, schlanken Körper haben. Sie unterscheiden sich von Penaeus dadurch, daß sie entweder gar keine Scheren oder höchstens ein Scherenpaar haben. Fossil sind sie selten und bedeutungslos. Ihnen nahe steht

Callianassa – Oberjura bis Gegenwart – hat auch keinen verkalkten Panzer, aber ein kräftig verkalktes, vorderes Scherenpaar. Lebt in Wohnröhren im Sediment vor allem der Strandregion. Die Scheren mit rechteckigem Scherenballen und zwei kurzen Fingern sind typische und häufige Fossilien seit der Kreide.

Callianassa-Scheren

Pagurus (Einsiedlerkrebs) – Oberjura bis Gegenwart – verbirgt den weichhäutigen Körper in Schneckenschalen. Das vordere Scherenpaar ist wie bei Callianassa kräftig verkalkt, hat einen dicken, gewölbten Scherenballen und kurze, gebogene Finger sowie eine meist gekörnelte Oberfläche. Pagurus-Scheren seit Oberjura.

Pemphix – Trias – hat einen kräftig gepanzerten, schwach dorso-ventral abgeplatteten Karapax mit starker Furchengliederung und gekörnelter Oberfläche. Auch die Abdominalsegmente sind dorsal kräftig gepanzert. Alle Thoraxextremitäten ohne Schere, in Klauen endend. ▷ 2

Pemphix (Vorderteil)

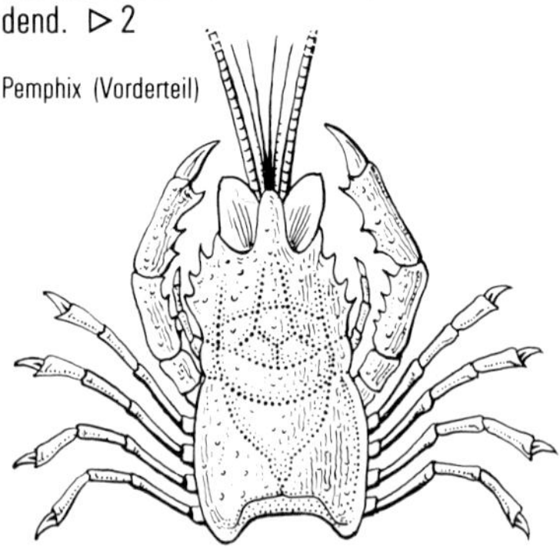

Glyphaea – Trias und Jura – hat einen mehr zylindrischen Karapax mit zwei Querfurchen und vor der vorderen auf jeder Seite drei Längskanten. Keine Scheren, vorderer Pereiopode mäßig verlängert.

Mecochirus – Jura – und **Meyeria** – Kreide – unterscheiden sich von Glyphaea durch die Rückbildung der Furchengliederung und die extreme Verlängerung des scherenlosen, vorderen Pereiopoden. ▷ 3

1 *Aeger tipularius, mit Fühler 20 cm, Jura-Tithon, Langenaltheim*

2 *Pemphix sueuri, 8 cm, Trias-Muschelkalk, Haigerloch*

3 *Mecochirus longimanatus, 13 cm, Jura-Tithon, Solnhofen*

1

2

3

An den scherenlosen Formenkreis von Pemphix und Glyphaea schließen unsere heutigen, ebenfalls scherenlosen **Langusten** an.

Eryon – Jura bis Gegenwart – ist ein im Jura reich entfalteter Formenkreis, dessen jüngste fossile Vertreter sich in der Unterkreide finden. In die Tiefsee abgewanderte Nachfahren sind kaum abgewandelt. Karapax stark abgeplattet und verbreitert, mit einer an Pemphix erinnernden Furchengliederung. Vier Pereiopodenpaare mit Scheren, von denen das vorderste stark verlängert ist. ▷ 1–2

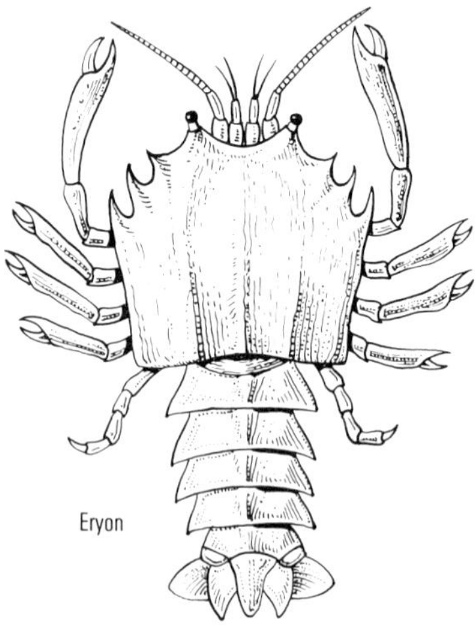

Eryon

Unterordnung Taschenkrebse oder Krabben *(Brachyura)*

Alle bisher genannten Formen haben ein gut entwickeltes Abdomen, das mindestens so lang ist wie der Karapax. Man faßt sie daher, nicht ganz zu Recht, als **Langschwanz-Krebse** ***(Macrura)*** zusammen. Es handelt sich teils um bodenlebende Schreit-, teils um Schwimmformen. Ihnen gegenüber steht die vielgestaltige Formengruppe der **Kurzschwanz-Krebse**, deren Abdomen stark reduziert und unter den dorso-ventral abgeplatteten Karapax zurückgeklappt ist. Das vordere Pereiopodenpaar trägt stets eine Schere; die vier hinteren Paare sind als kräftige Gehextremitäten ausgebildet. Sie sind Abkömmlinge des Formenkreises um Pemphix und Eryon und haben sich dank des kräftig verkalkten Panzers fossil gut erhalten. Sie erschienen im Jura und sind in der Kreide, vor allem im Tertiär, häufige und typische Fossilien.

Galatheites – Jura – hat wie sein Nachfahre, die heute lebende **Galathea**, einen fast rechteckigen, länglichen, zylindrischen Karapax mit dreieckigem Rostrum und typischer Furchengliederung. Das Abdomen ist nur unvollständig unter den Karapax eingeklappt. Eine Zwischenform zwischen Macruren und Brachyuren. ▷

Prosopon – Jura. Typusvertreter eines vielgestaltigen Formenkreises kleinwüchsiger, primitiver Brachyuren. Karapax meist länglich rechteckig, kräftig gewölbt mit zwei kräftigen Querfurchen. Seitenrand meist gerundet. Kein eigentliches Rostrum vorhanden. Wenig veränderte Nachfahren leben in der Tiefsee. ▷

Dromiopsis – Obere Kreide – bei gleicher Furchengliederung wie Prosopon durch abgeflachten, quer verbreiterten Karapax gekennzeichnet. Umriß fast kreisförmig. ▷ 3, ▷

Die **Dreieckskrabben** ***(Maiidae)*** mit kräftig gewölbtem, nach hinten verbreitertem, dreieckigem Karapax, skulptierter Oberfläche, langen, schlanken Schreitbeinen und schlanker Schere; sie sind fossil selten und treten erst vom Jungtertiär an etwas häufiger auf.

Die **Winkerkrabben** ***(Ocypodidae)*** mit quadratischem bis quer verbreitertem Umriß, sehr breitem Vorderrand, langgestielten Augen und einer kleinen und einer übergroßen Schere sind seit dem Alttertiär bekannt, werden aber erst im jüngsten Tertiär fossil etwas häufiger. ▷

Cancer – Alttertiär bis Gegenwart – und **Lobocarcinus** – Alttertiär – haben einen queroval verbreiterten Karapax mit Einschnitten am Vorderseitenrand, der deutlich vom Hinterseitenrand abgesetzt ist.

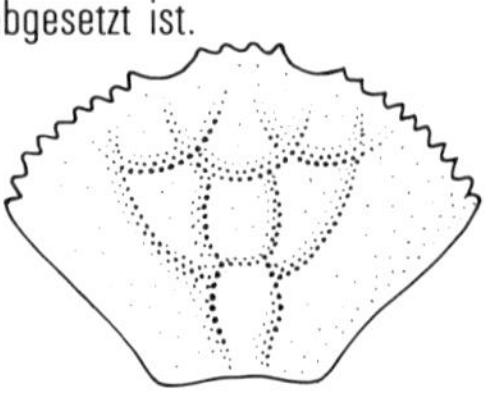

Cancer

1 Eryon arctiformis, 10 × 7,5 cm, Jura-Tithon, Langenaltheim

2 Eryon arctiformis in Rückenlage, 8 × 8 cm, Jura-Tithon, Langenaltheim

3 Krabbenpanzer, 2,3 cm, Kreide, Faxe, Dänemark

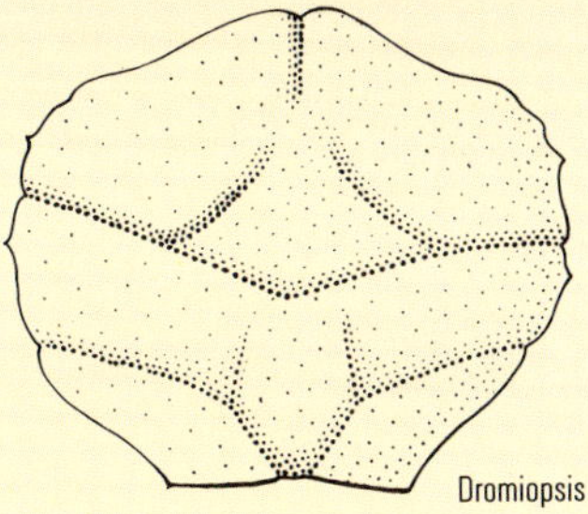

Dromiopsis

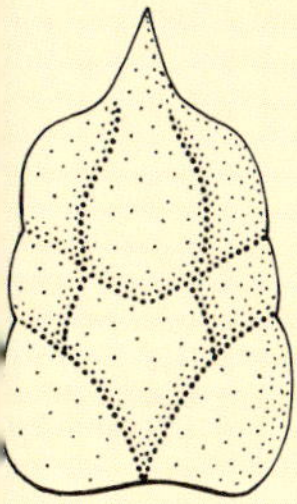

Galatheites

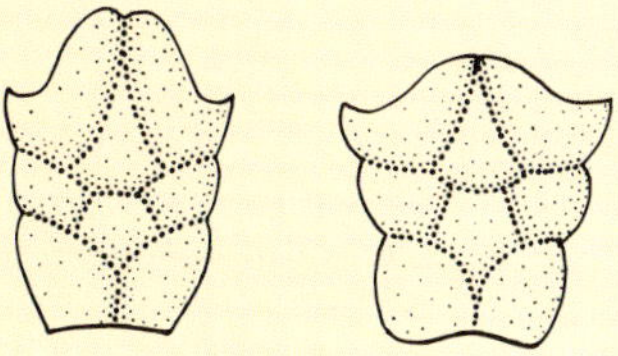

Prosoponiden

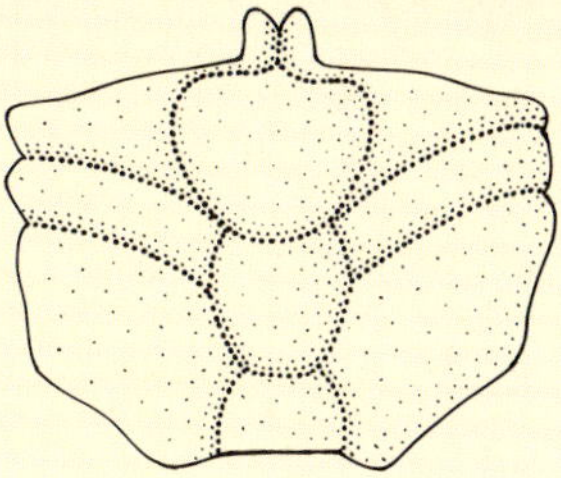

Winkerkrabbe

Carcinus – Alttertiär bis Gegenwart – hat einen weniger stark verbreiterten Karapax mit trapezförmigem Umriß und gezähneltem Vorderseitenrand. ▷

Portunus – Alttertiär bis Gegenwart – hat ungefähr sechseckigen Karapaxumriß und gezähnelten Vorderseitenrand. Die hintere Thoraxextremität ist blattförmig zu einem Ruder umgebildet. Der länglich rechteckige Scherenballen hat Längskanten. ▷

Neptunus – Alttertiär bis Gegenwart – unterscheidet sich von Portunus durch wesentlich stärker verbreiterten Karapaxumriß.

Titanocarcinus – Oberkreide bis Miozän –, **Coeloma** – Alttertiär –, **Plagiolophus** – Alttertiär – und **Xanthilites** – Alttertiär – ▷ stehen als Beispiele für einen vielgestaltigen Formenkreis, der formenreich bis in die Gegenwart hineinreicht. Karapax queroval bis gerundet quadratisch, mäßig verbreitert; breiter, glatter Rostralrand mit medianem Einschnitt. Vorderseitenrand mäßig gezähnt. Die einzelnen Gattungen unterscheiden sich vor allem durch eine verschieden stark entwickelte Furchengliederung der Oberfläche. Gattungsabgrenzungen schwankend.

Grapsus – Alttertiär bis Gegenwart – steht als Typusvertreter eines Formenkreises mit mehr oder weniger quadratischem Karapaxumriß, stark verbreitertem Rostralrand und einer nur schwach angedeuteten Furchengliederung der Oberfläche.

Notopocorystes – Alb und Cenoman – steht als Typusvertreter eines Formenkreises, der in der Kreide reich entfaltet war. Der abgeplattete Karapax ist langgestreckt rechteckig und hat eine deutliche Furchengliederung. Vorder- und Seitenrand deutlich voneinander abgesetzt, während Vorder- und Hinterseitenrand nicht voneinander getrennt sind. Die Scheren mit kräftigem Ballen haben sehr kurze Scherenfinger, wobei der feste kürzer als der bewegliche ist. Dadurch, wie durch die Gestaltung der Mundregion, nimmt der Formenkreis eine Sonderstellung gegenüber den übrigen Brachyuren ein. ▷

Ranina – Typusvertreter eines vor allem im Alttertiär entfalteten Formenkreises – schließt an den von Notopocorystes an und hat wie dieser einen abgeplatteten, lang rechteckigen bis langovalen Karapax, an dem Vorder- und Hinterseitenrand nicht voneinander getrennt sind, der breite Vorderrand aber deutlich vom Seitenrand abgesetzt ist. Furchengliederung stark verwischt, aber häufig ausgeprägte Querstreifung. Scheren wie bei Notopocorystes mit auffallend kurzen Scherenfingern. ▷

Necrocarcinus – Alb bis Maastricht – mit verbreitertem, gerundet quadratischem Umriß und zwei mehr oder weniger deutlichen Längsfurchen hat ähnliche Scherenbildung wie Notopocorystes mit sehr kurzen Scherenfingern und steht diesem auch durch die Mundregion nahe. ▷

Calappa – Alttertiär bis Gegenwart –, mit mehr gerundetem Umriß, stark verwischter Furchengliederung, die an Necrocarcinus erinnert, stark skulptierter Oberfläche und kräftigen Scherenballen mit sehr kurzen Scherenfingern, ist der fortschrittliche Nachfahre von Necrocarcinus.

Aus der Formenfülle der Taschenkrebse, die bis zur Gegenwart stetig zunahm, konnten nur einige typische Vertreter herausgegriffen werden. Vor allem in tertiären Formationen stellen die Taschenkrebse eine bezeichnende, oft gut vertretene Komponente der Fossilgemeinschaften.

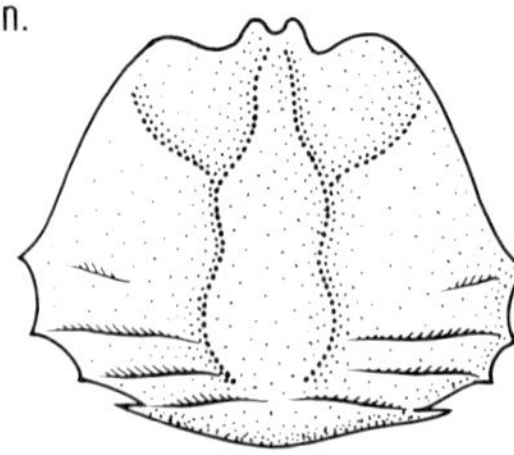

Calappa

Stamm Fangarmtiere *(Tentaculata)*

Als Tentaculata faßt man einen Stamm relativ primitiv organisierter Wirbelloser zusammen mit meist sessiler Lebensweise, einem U-förmig gebogenen Darm und einem den Mund umgebenden, typischen Tentakelkranz (Lophophor).

Hierher gehören die vor allem im Paläozoikum außerordentlich häufigen und wichtigen **Brachiopoden** ***(Armfüßer)*** und die äußerlich ganz anders aussehenden, winzigen, stets koloniebildenden **Bryozoen** ***(Moostierchen)***.

Coeloma helmstedtense, 12 cm, Tertiär-Eozän, Helmstedt

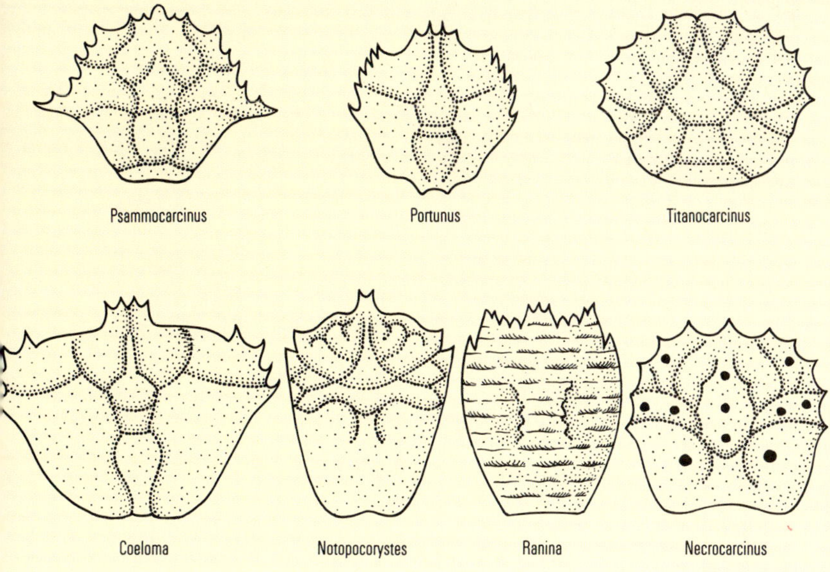
Psammocarcinus
Portunus
Titanocarcinus
Coeloma
Notopocorystes
Ranina
Necrocarcinus

Unterstamm Armfüßer *(Brachiopoda)*

Die Brachiopoden haben wie die Muscheln ein zweiklappiges Gehäuse und wurden daher von Linné ursprünglich mit diesen als **Bivalvia** zusammengefaßt. Aber während bei den Muscheln die beiden Klappen von der Dorsalseite über die rechte und linke Körperflanke herabwachsen, rechts und links liegend, sich spiegelbildlich zueinander verhalten und durch die Symmetrieebene getrennt werden, wachsen bei den Brachiopoden die beiden Klappen vom Körperhinterende als Dorsal- und Ventralklappen nach vorn. Der Anfangsteil des Gehäuses (Wirbel = Umbo) ist das Hinterende, der ihm gegenüberliegende freie Rand der Frontalrand. Die Symmetrieebene teilt jede Klappe in eine linke und rechte Hälfte.

Das Körperhinterende ist zu einem Stiel (Pedikulum) verlängert, der zur Verankerung im Untergrund dient und zwischen den Wirbeln der beiden Klappen oder in einem Ausschnitt der Ventralklappe – daher auch als Pedikularklappe oder Stielklappe bezeichnet – austritt. Neben der vorn liegenden Mundöffnung sitzen zwei meist spiral gerollte Arme, die mit bewimperten Tentakeln besetzt sind (Lophophor, Brachidium). Das Brachidium ist oft durch ein in der Wirbelregion der Dorsalklappe ansetzendes Skelett gestützt (Brachidialskelett), weshalb die Dorsalklappe als Brachidial- oder Armklappe bezeichnet wird.

Der Schalenschluß wird durch den von der einen zur anderen Klappe verlaufenden Schließmuskel (Adductor) bewirkt. Da beide Klappen unabhängig voneinander entstehen, ist kein Ligament vorhanden. Die Schalenöffnung erfolgt durch Muskeln (Diductores), die von dem zum Schloßfortsatz ausgezogenen Hinterrand der Brachidialklappe schräg nach vorn zur Pedikularklappe verlaufen. Lage und Ausbildung der Muskelnarben des Adductors und Diductors können für die Bestimmung wichtig sein. Ein dem Muschelschloß vergleichbares Schloß wird in einfacher Form erst bei den fortschrittlicheren Vertretern entwickelt. Wichtig für die Klassifizierung und Systematik ist die verschiedene Ausbildung des Stützskelettes für das Brachidium sowie die Art der Ausbildung der Austrittsöffnung für das Pedikulum in der Pedikularklappe.

Die Schale ist hornig oder in der Mehrzahl der Fälle kalkig und dann aus Kalzit gebildet. Schalenerhaltung ist bei den Brachiopoden daher viel verbreiteter als bei den Mollusken, deren Schalen oft aragonitisch sind. Die kalzitische Schale besteht aus feinen Fasern, die in der Außenlage parallel, in der Innenlage schräg zur Oberfläche angeordnet sind. Bei einigen Formenkreisen ist die Schale von senkrecht verlaufenden Porenkanälen durchbohrt (punctater Schalenbau). Bei den impunctaten Schalen fehlen solche Porenkanäle.

Klasse Schloßlose Armfüßer *(Inarticulata)*

Die inartikulaten Brachiopoden haben eine hornig-phosphatische oder kalkige Schale; sie bilden weder Schloß noch Brachidialskelett.

Ordnung Atremata

Der Stiel tritt zwischen den Hinterrändern der beiden Klappen aus; er ist lang und beweglich. Die Schale hornig-phosphatisch.

Lingula – Ordovizium bis Gegenwart – hat länglich ovalen Umriß. Beide Klappen sind mäßig gewölbt und fast gleich. Vom ersten Auftreten im Ordovizium bis heute kaum verändert. Die heute noch lebende Lingula siedelt in der Strandregion mit tonig-sandigem Sediment. Der lange, dicke Stiel ist tief im Sediment verankert. Das Gehäuse wird senkrecht nach oben herausgestreckt, mit dem Vorderrand nach oben. Fossile Vertreter in fast allen Erdperioden und bei entsprechender Fazies häufig (»Lingulaschichten«). ▷

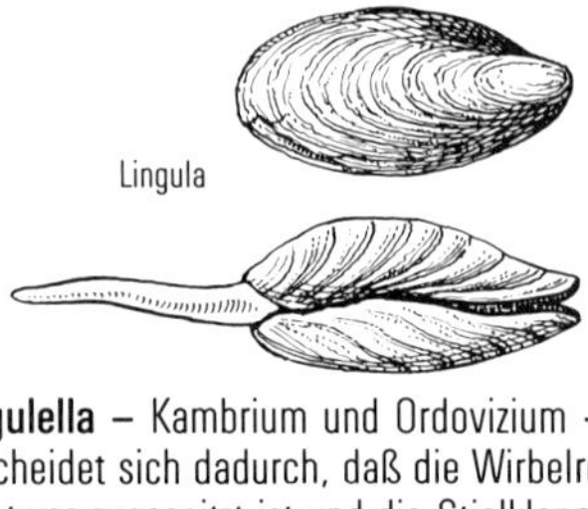

Lingula

Lingulella – Kambrium und Ordovizium – unterscheidet sich dadurch, daß die Wirbelregion oft etwas zugespitzt ist und die Stielklappe am Hinterrand eine flache Furche für den Stiel hat.

Lingula tenuissima, 0,8 cm, Trias-Lettenkeuper, Obersontheim

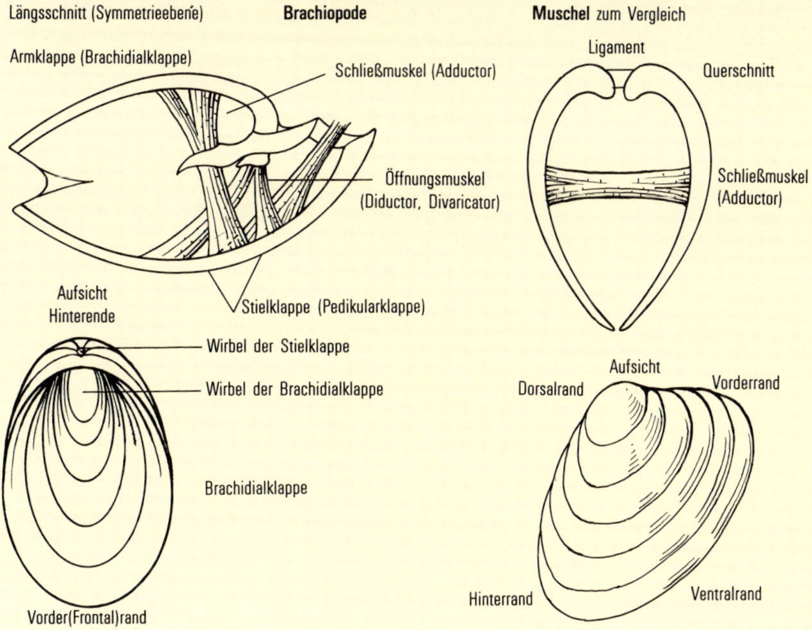
Längsschnitt (Symmetrieebene)
Brachiopode
Muschel zum Vergleich
Armklappe (Brachidialklappe)
Schließmuskel (Adductor)
Öffnungsmuskel
(Diductor, Divaricator)
Stielklappe (Pedikularklappe)
Ligament
Querschnitt
Schließmuskel
(Adductor)
Aufsicht
Hinterende
Wirbel der Stielklappe
Wirbel der Brachidialklappe
Brachidialklappe
Vorder(Frontal)rand
Aufsicht
Dorsalrand
Vorderrand
Hinterrand
Ventralrand

Obolus – Kambrium und Unteres Ordovizium – hat kreisförmigen oder kurzovalen Umriß. Die Schale hornig bis kalkig. Der Hinterrand der Stielklappe springt über den der Brachidialklappe nach hinten vor und zeigt eine Furche für den Stiel. ▷

Ordnung Neotremata

Die Stielklappe liegt auf dem Untergrund auf und hat für den Stiel eine Durchbohrung, die sich unmittelbar vor dem zentral oder subzentral liegenden Wirbel befindet. Die Schale wächst vom Wirbel aus nach allen Seiten und bekommt dadurch einen mehr oder weniger kreisförmigen Umriß mit zentral gelegenem Wirbel. Gleiches gilt für die oben liegende Brachidialklappe. Die Schale ist hornig-phosphatisch oder kalkig.

Acrotreta – Kambrium und Ordovizium – mit hornig-kalkiger Schale hat eine konische Stiel- und eine flache, wie ein Deckel oben liegende Brachidialklappe. Wirbel und Stielloch der Stielklappe liegen auf der Spitze des Kegels und waren in der Lebenshaltung nach unten gerichtet. ▷

Orbiculoidea – Ordovizium bis Kreide – mit horniger oder hornig-kalkiger Schale ist flach mit kreisförmigem Umriß. Das schlitzförmige Stielloch liegt unmittelbar vor dem Wirbel der flachen, auf dem Untergrund aufliegenden Stielklappe. Die flachkonische Brachidialklappe hat einen spitzen, zentral gelegenen Wirbel. Orbiculoidea findet sich häufig auf Molluskenschalen festgeheftet. ▷

Discinisca – Trias bis Gegenwart – mit horniger Schale, ist Orbiculoidea sehr ähnlich und wie diese häufig auf Molluskenschalen festgeheftet.

Crania – Ordovizium bis Gegenwart – hat eine kräftig verkalkte Schale, die unmittelbar am Untergrund festgewachsen ist. Die festgewachsene Stielklappe hat daher kein Stielloch mehr. Der Umriß ist kreisförmig bis gerundet quadratisch. Die oben liegende, mäßig gewölbte Brachidialklappe hat oft eine vom zentral gelegenen Wirbel ausgehende Radialrippung. Crania ist im Ordovizium reich entfaltet, geht dann stark zurück und erlebt in der Kreide eine bemerkenswert neue Entfaltung. ▷

Klasse Armfüßer mit Schloß *(Articulata)*

Die Artikulaten haben sich vor allem im Paläozoikum sehr vielgestaltig entfaltet und gehören in dieser Zeit zu den häufigsten und charakteristischsten Fossilien. Sie bilden ein Schloß und ein Brachidialskelett und haben stets eine kalkige Schale. Die Hinterränder der beiden Klappen legen sich zu einem Schloßrand aneinander, der bei den primitiveren Formenkreisen gerade gestreckt ist, sich später verkürzt und gebogen wird. Da die beiden Hinterränder unmittelbar miteinander artikulieren, ist in der Wirbelregion der Stielklappe eine dreieckige Öffnung für den Durchtritt des Stieles vorhanden, die sich vom Wirbel zum Schloßrand verbreitert. Diese relativ weite Öffnung, das Delthyrium, wird bei den fortschrittlicheren Formen durch sich von den Rändern her bildende Kalkplatten so weit verschlossen, daß ein rundes Stielloch übrig bleibt. Diese das Delthyrium einengenden Kalkplatten werden als Deltidium bezeichnet. Art und Form der Deltidialplatten und Lage und Größe des ausgesparten Stiellochs sind für die Systematik wichtig; Einzelheiten können nur bei guter Erhaltung erkannt werden. Seitlich vom Delthyrium bzw. Deltidium liegt je ein einfacher Schloßzahn, der in eine Zahngrube des Schloßrandes der Brachidialklappe eingreift. Zwischen den beiden Zahngruben liegt der nach hinten gerichtete Schloßfortsatz.

Der Schließmuskel setzt in der Stielklappe mehr oder weniger zentral an; er teilt sich zur Brachidialklappe hin in zwei Äste und hinterläßt daher in ihr zwei Muskelnarben. Der vom Schloßfortsatz kommende Diductor verläuft schräg nach vorn zur Stielklappe und teilt sich hier in zwei Äste, die auf beiden Seiten des Schließmuskels verlaufen. In der Stielklappe ist daher eine zentrale Schließmuskel- und seitlich davon je eine Diductormuskel-Narbe.

Nahe am Schloßrand der Brachidialklappe setzt das Brachidialskelett an. Im einfachsten Fall sind nur kurze, dreieckige Stützplatten vorhanden (Brachiophoren). Statt ihrer können kurze, schmale, nach vorn gerichtete Fortsätze auftreten, die Cruren. Sind die Lophophoren

Orbicula papyracea, 1 cm, Jura-Toarc, Dotternhausen bei Balingen

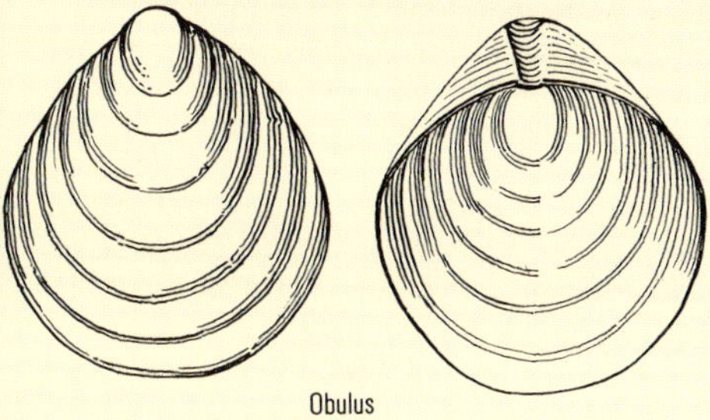

Obulus

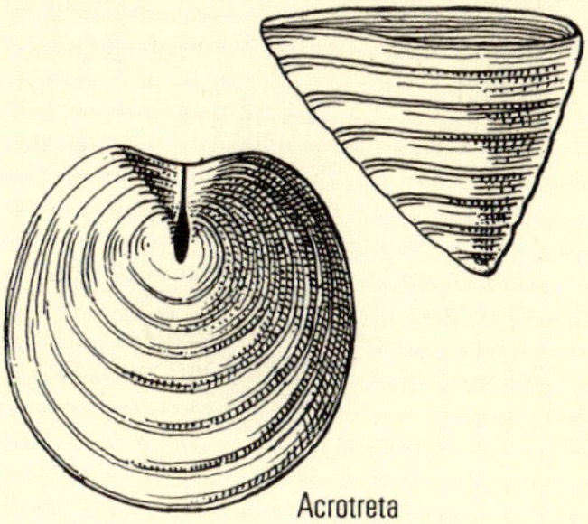

Acrotreta

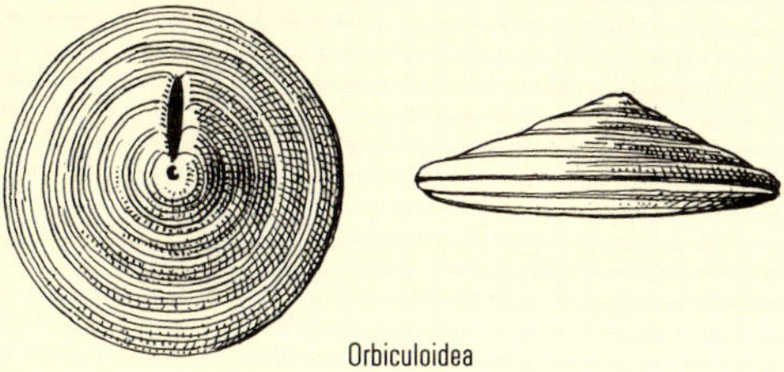

Orbiculoidea

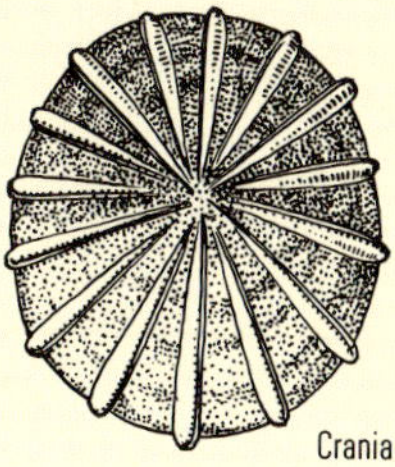

Crania

stark entwickelt, kann auf die Cruren eine in Schneckenspirale aufgerollte Kalklamelle folgen (helicopegmates Brachidialskelett). An die Cruren kann auch eine verschieden gestaltete Schleife einer bandförmigen Kalklamelle anschließen (ancylopegmates Brachidialskelett.) Ausbildung des Brachidialskelettes ist wichtiges Klassifikationsmerkmal.

Der Formenkreis der **Orthida** ist ausschließlich paläozoisch. Der Schloßrand ist gerade und kann ziemlich lang sein. Das Delthyrium bleibt stets offen ohne Deltidiumbildungen. Das Brachidialskelett besteht aus einfachen Brachiophoren oder Cruren. Mitunter ist eine Klappe sehr flach, so daß das bikonvexe Gehäuse plankonvex wird. Meist Radialrippung vorhanden.

Platystrophia – Ordovizium und Silur – hat ein kräftig gewölbtes, bikonvexes Gehäuse und starke Radialrippung. ▷

Orthis – Ordovizium bis Devon – mit ebenfalls geradem Schloßrand ist schwächer gewölbt, bikonvex oder plankonvex mit flacher Brachidialklappe. Feiner berippt als Platystrophia. Sammelname für zahlreiche nahe verwandte Gattungen.

Dalmanella – Ordovizium bis Devon – hat einen etwas kürzeren Schloßrand, mäßig gewölbtes, bikonvexes Gehäuse und feine Radialrippung. Unterscheidet sich vor allem durch die punctate Schale.

Schizophoria – Ordovizium bis Perm – ebenfalls mit punctater Schale, hat einen kürzeren Schloßrand und kann rundlichen Umriß haben. Bikonvex gewölbt und sehr fein berippt. Im Devon reich entwickelt. ▷ 1

Enteletes – Karbon und Perm – ebenfalls mit punktater Schale, kurzem Schloßrand, ist kräftig bikonvex gewölbt und hat wenige kräftige Radialrippen.

Der Formenkreis der **Strophomenida**, fast ausschließlich paläozoisch, mit wenigen Nachzüglern noch bis in den Jura reichend, hat einen langen, geraden Schloßrand, der der maximalen Schalenbreite entspricht. Umriß daher halbkreisförmig. Das Gehäuse ist plankonvex bis konkav-konvex: Die eine Klappe legt sich in die andere hinein, so daß das Gehäuselumen sehr eng werden kann. Das Deltyrium wird durch das Deltidium fast völlig geschlossen; nur bei primitiven Vertetern noch ein kleines Stielloch vorhanden. Nach der Rückbildung des Stiels kann sekundär eine Verankerung im Sediment durch Stacheln erfolgen. Meist feine Radialrippung.

Plectambonites – Ordovizium und Silur – hat einen sehr breiten Umriß. Die Brachidialklappe legt sich konkav gewölbt in die konvexe Stielklappe hinein. Feine, weitstehende Radialrippen.

Leptaena – Ordovizium bis Devon – hat die gleiche konkav-konvexe Gehäusewölbung, ist aber weniger breit. Der periphere Gehäuseteil knieförmig gegen den zentralen Teil abgeknickt. Feine Radialrippung und flache, konzentrische Runzelung. ▷ 2

Strophomena – Ordovizium – mit halbkreisförmigem Umriß, feiner Radialrippung, konzentrischer Runzelung und geknieter Schale, äußerlich leptaenaähnlich, unterscheidet sich dadurch, daß im peripheren Schalenteil die Wölbung invers wird: Die Brachidialklappe wird konvex gewölbt, und die konkave Stielklappe legt sich hinein. ▷ 3

Orthothetes – Ordovizium bis Perm – hat eine mäßig konvex gewölbte Brachidialklappe; die Stielklappe ist flach und nur andeutungsweise konkav. Feine Radialrippung.

Streptorhynchus – Karbon und Perm – schwach bikonvex gewölbt.

Chonetes – Silur bis Perm – hat einen quer verbreiterten Umriß mit langem, geradem Schloßrand. Die konkav gewölbte Brachidialklappe legt sich in die konvexe Stielklappe hinein. Feine Radialrippung. Schloßrand mit langen Stacheln besetzt, welche der Verankerung im Sediment dienen. ▷

Productella – Devon – stark konkav-konvex, halbkreisförmiger Umriß. Oberfläche glatt mit konzentrischer Streifung und Stachelbesatz zur Verankerung im Sediment. An diese Gattung schließt sich im Karbon und Perm reich entfaltet der Formenkreis um **Productus** an, bei dem die Stielklappe sehr stark gewölbt ist und sich die Brachidialklappe konkav gewölbt hin-

1 *Schizophoria schnuri biscissa, 3,5 und 4 cm, Devon, Baselt, Eifel*
2 *Leptaena, 5 cm, Ordovizium, Siljan, Schweden*
3 *Strophomena rhomboidales, 4 cm, Ordovizium, Öland, Schweden*

Innenseiten primitiver Brachiopoden

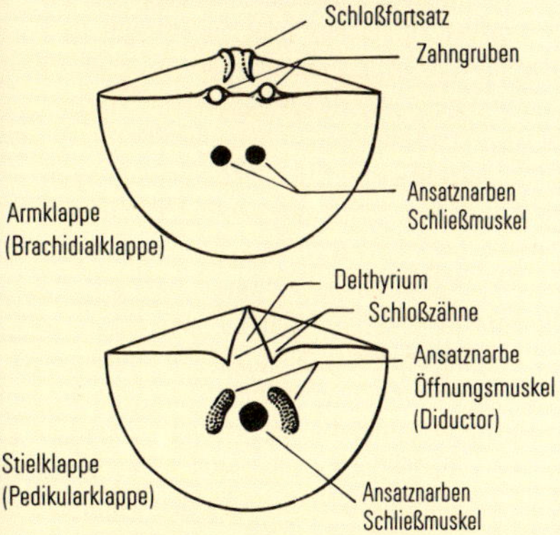

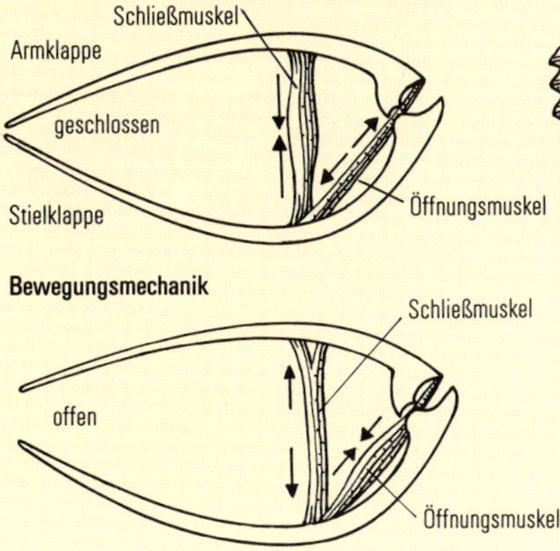

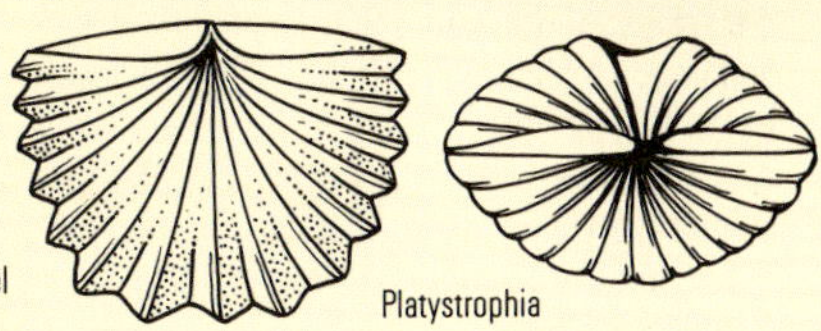
Platystrophia

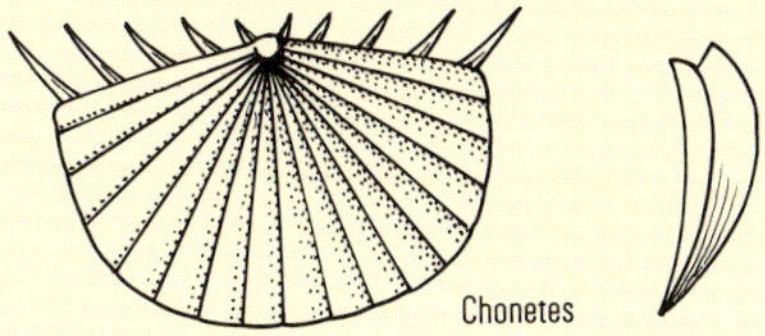
Chonetes

einlegt. Wie schon bei den Strophomeniden ist der Stiel rückgebildet und das Delthyrium völlig geschlossen. Die Verankerung im Sediment erfolgt durch zum Teil sehr intensive Bestachelung. Die wechselnde Skulptur, die zunächst durch feine Radialrippen gebildet wird, variiert sehr stark und ermöglicht die Abgliederung verschiedener Gattungen. Der über 30 cm groß werdende **Gigantoproductus** ist der Riese unter den Brachiopoden. **Dictyoclostus** hat zahlreiche feine, etwas unregelmäßige Radialrippen. Extrem feine Rippen und unregelmäßig verteilte Stacheln hat **Linoproductus**. **Horridonia** ist konzentrisch gestreift und kräftig bestachelt.

Strophalosia – Devon bis Perm – hat eine dem Productus ähnliche, aber etwas unregelmäßigere Gehäusegestalt, glatte oder konzentrisch gerunzelte Oberfläche mit zahlreichen kleinen Stacheln. Oft mit der Wirbelregion der gewölbten Klappe am Untergrund festgewachsen.

Oldhamina – Karbon und Perm – hat eine stark gewölbte Stiel- und eine fiederförmige zerschlitzte Brachidialklappe.

Richthofenia – Perm – mit der Wirbelregion der Stielklappe festgewachsen und kelchförmig in die Höhe wachsend; Brachidialklappe ein einfacher Deckel. Das Brachiopodengehäuse ist ähnlich abgewandelt wie bei den Hippuriten das Muschelgehäuse, und erst die Untersuchung der inneren Strukturen enthüllte die Brachiopodennatur.

Der Formenkreis der **Pentamerida**, ebenfalls ausschließlich paläozoisch, hat ein offenes, dreieckiges Delthyrium, aber einen kurzen, gebogenen Schloßrand. Umriß länglich oval. Beide Klappen stets kräftig gewölbt, die Stielklappe größer als die Brachidialklappe mit stärker vorspringendem Wirbel. Die Schloßzähne der Stielklappe sind durch Kalkplatten gestützt, die sich in der Mitte zu einem Medianseptum vereinigen. Dadurch entsteht das für die Gruppe typische, zusätzliche Skelettelement des Spondyliums.

Porambonites – Ordovizium und Silur – ist sehr kräftig bikonvex gewölbt und hat glatte Oberfläche. ▷ 2

Pentamerus – Silur – ebenfalls glatt, etwas schwächer bikonvex gewölbt, unterscheidet sich durch den stärker vorspringenden Wirbel der Stielklappe. Beide Gattungen vor allem im Silur als Leitfossilien wichtig.

Conchidium – Ordovizium bis Devon – hat einen schnabelförmig vorspringenden Wirbel der Stielklappe und Radialberippung.

Clitambonites – Ordovizium – hat wie die Pentamerida ein Spondylium, unterscheidet sich aber im übrigen von diesen so grundsätzlich, daß wohl ein selbständiger, sehr kurzlebiger Brachiopodenstamm vorliegt. Schloßrand gerade, Umriß halbkreisförmig, bikonvex mit stärker gewölbter Stielklappe. Delthyrium durch Deltidium bis auf ein kleines, rundes Stielloch verschlossen. Radial berippt.

Der Formenkreis der **Rhynchonellida** setzt ebenfalls schon im Ordovizium ein, reicht aber, anders als die bisher besprochenen paläozoischen Formenkreise, bis in die Gegenwart hinein. Das bikonvexe Gehäuse hat rundlichen bis dreieckigen Umriß mit schnabelartig vorspringendem Wirbel der Stielklappe. Schloßrand kurz und gebogen. Delthyrium durch Deltidium so weit geschlossen, daß unter dem Wirbel ein mäßig großes, rundes Stielloch frei bleibt. Brachidialskelett durch einfache Cruren gebildet. Im Innern beider Klappen (oder auch nur einer) können Mediansepten auftreten. Kräftige Radialrippung, durch in beiden Klappen alternierend stehende Radialfalten gebildet, bewirkt, daß der Stirnrand zickzackförmig verläuft.

Die allgemeine Gehäusegestalt varriiert relativ wenig. Die zahlreichen Gattungen werden anhand der inneren Skelettmerkmale (Cruren, Mediansepten) des Schlosses unterschieden, die nur bei guter Erhaltung erkennbar werden. In der Praxis wird daher der Name **Rhynchonella** relativ weitgefaßt als Sammelname gebraucht. ▷ 1 – Deutlicher heben sich heraus:

Lacunosella – Oberjura bis Unterkreide – hat wenige sehr kräftige, scharfe Radialrippen und eine gerippte, mediane Großfalte. Verbreitete Typusform des Oberjura. ▷ 3

1 *Cymatorhynchia quadriplicata, 4 cm, Jura-Bajoc, Caen, Frankreich*

2 *Porambonites, 5 cm, Ordovizium, Geschiebe, Schleswig-Holstein*

3 *Lacunosella trilobata, 3 cm, Jura-Tithon, Sigmaringen*

1

2

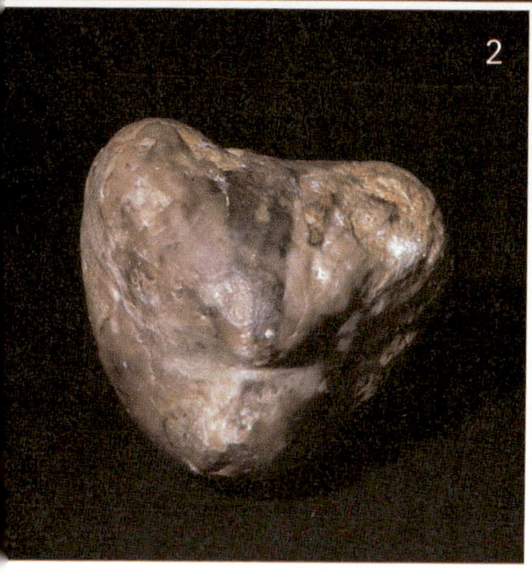

3

Torquirhynchia – Oberjura – unterscheidet sich durch etwas feinere, zahlreichere Rippen und vor allem dadurch, daß rechte und linke Schalenhälften gegeneinander verdreht sind. ▷ 1

Wilsonia – Silur und Devon – hat ein fast kugelig aufgeblähtes Gehäuse mit kaum vorspringendem Wirbel und zahlreichen, kräftigen Radialrippen.

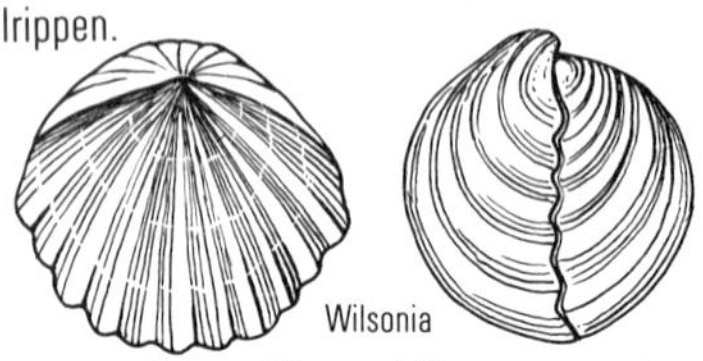

Wilsonia

Camarotoechia – Silur und Devon – weniger dick aufgebläht, der Wirbel springt stärker vor. Die Rippen weniger zahlreich.

Pugnax – Devon bis Perm – hat einen quer verbreiterten Umriß und wenig vorspringenden Wirbel. Radialrippung fehlt fast ganz oder bleibt auf wenige sehr breite Rippen beschränkt. Eine sehr ausgeprägte breite Medianfalte.

Die typische Dreiecksform mit schnabelartig vorspringendem Wirbel der Rhynchonellen ist durch verschiedene Gattungen, die schwer zu unterscheiden sind, vom Ordovizium an vorhanden.

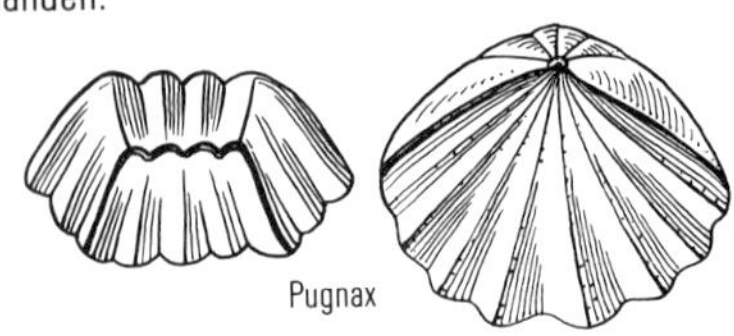

Pugnax

Der Formenkreis der **Spiriferida** ist im wesentlichen paläozoisch und reicht mit wenigen Nachzüglern bis in den Unterjura. Er ist außerordentlich vielgestaltig. Allen gemeinsam ist ein helicopegmates Brachidialskelett sowie ein bis auf ein rundes, unter dem Wirbel liegendes Stielloch verschlossenes Delthyrium.

Atrypa – Ordovizium bis Devon – ist mäßig bikonvex gewölbt und hat rundlichen Umriß mit kurzem, geradem Schloßrand; Oberfläche fein radial berippt. Bei der Schneckenspirale des Brachidialskelettes liegt die an die Cruren anschließende Basalwindung außen, und die Spitze zeigt gegen die Mittellinie der Brachidialklappe. ▷ 2

Glassia – Silur und Devon – unterscheidet sich durch kürzeren, gebogenen Schloßrand, nahezu kreisförmigen Umriß und glatte Oberfläche.

Glassia

Meristina

Meristina – Silur – mit mäßig bikonvex gewölbtem Gehäuse hat gerundet pentagonalen Umriß. Oberfläche glatt. Die Basalwindung der Armspirale liegt nahe an der Medianebene und parallel dazu; die Spitze weist nach außen.

Dayia – Silur – bleibt klein mit länglich ovalem bis kreisförmigem Umriß; etwas kräftiger gewölbt, nur ganz schwache Berippung. Die Armspirale ist parallel zur Medianebene orientiert. Leitfossil des Obersilur.

Uncites – Mitteldevon – kräftig bikonvex gewölbt. Umriß langoval bis dreieckig. Der spitz zulaufende Wirbel der Stielklappe ragt schnabelartig gekrümmt weit vor. Das große, konkave Deltidium läßt ein rundes Stielloch unter der Wirbelspitze frei. Feine Radialrippung. ▷ 3

Athyris – Devon, mit wenigen Nachzüglern bis in die Trias – unterscheidet sich bei ähnlicher Gestalt durch etwas kräftiger gewölbte Klappen und die mitunter fein bedornte Oberfläche. ▷ 4

Retzia – Devon – hat mehr kreisförmigen Umriß und scharfe, relativ weitstehende Radialrippen. ▷ 5

1 *Torquirhynchia inconstans, 5 cm, Jura-Tithon, Zwiefalten*

2 *Planatrypa collega, 3,5 cm, Devon, Blankenheim, Eifel*

3 *Uncites gryphus, 5 cm, Devon-Givet, Bergisch Gladbach*

4 *Athyris concentrica, 2,5 cm, Devon, Zingsheim, Eifel*

5 *Retzia ferita, 1 cm, Devon, Niederhersdorf, Eifel*

1

2

3

4

5

Von den genannten Gattungen unterscheiden sich die **Spiriferidina** durch den geraden, oft stark verlängerten Schloßrand, so daß das Gehäuse meist breiter ist als lang. Der Wirbel der Stielklappe ist durch eine scharf umgrenzte, dreieckige Area vom Schloßrand abgesetzt. Meist kräftige Radialrippung. Breiter Medianwulst in der Brachidialklappe, dem eine Einbuchtung in der Stielklappe entspricht. Die Armspirale hat zahlreiche Windungen und weist mit ihrer Spitze nach außen.

Cyrtia – Silur und Devon – hat eine sehr hohe, dreieckige Area, so daß die Stielklappe konische Gestalt bekommt. Schloßrand mäßig verlängert. Glatt oder fein gestreift.

Spirifer – Obersilur bis Perm – Sammelname für eine heute in zahlreiche Gattungen aufgelöste, einheitliche Formengruppe mit meist stark verlängertem Schloßrand und kräftiger Radialberippung. Die älteren Formen haben im allgemeinen wenige kräftige Radialrippen, der Medianwulst bleibt frei von Rippen. Vom Mitteldevon ab werden die Rippen zahlreicher, feiner und greifen auf den Medianwulst über. Doch treten auch im Karbon und Perm noch einmal Formen mit deutlich abgesetztem, rippenlosem Medianwulst auf. Die Formengruppe stellt Leitfossilien im Devon und Karbon. ▷ 1–2

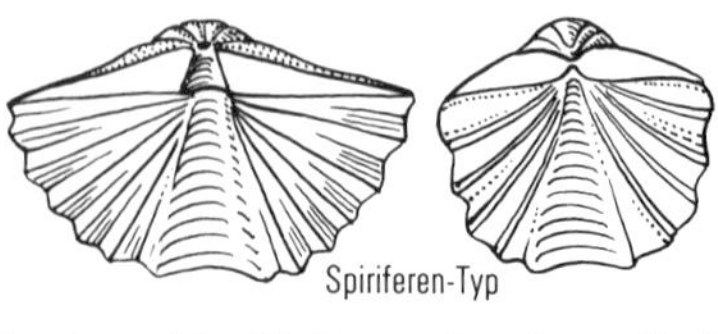

Cyrtina – Silur bis Perm – hat eine an Cyrtia erinnernde Gehäusegestalt, unterscheidet sich von ihr aber durch Radialrippung und punctate Schale.

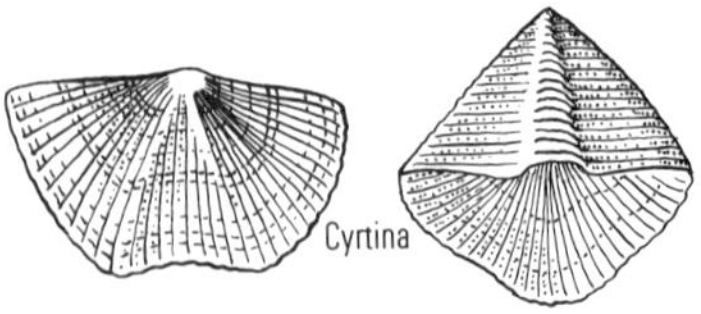

Spiriferina – Devon bis Unterjura – hat ein weniger extrem verbreitertes Gehäuse als Spirifer. Grobe Radialrippung kann vorhanden sein oder fehlen. Wulst meist deutlich ausgeprägt. Schale punctat. ▷ 3

Reticularia – Devon und Karbon – ebenfalls mit punctater Schale, hat einen kurzen, geraden Schloßrand und fast kreisförmigen Umriß. Keine Radialrippen, Medianwulst nur undeutlich.

Martinia – Karbon – unterscheidet sich bei ähnlicher Gehäusegestalt durch stärker ausgeprägten Medialwulst.

Der Formenkreis der **Terebratulida** setzt erst im Obersilur ein und entfaltet sich vor allem im Mesozoikum. Von der Kreide an gehen die Terebratuliden zurück, sind aber auch in der Gegenwart noch relativ artenreich. Die Terebratuliden, stets mit deutlich punctater Schale, haben ein kräftig gewölbtes, bikonvexes Gehäuse mit rundlichem bis länglich ovalem Umriß und meist glatter Oberfläche. Der Wirbel der Stielklappe springt kräftig vor und ist auf seinem Scheitel von einem großen, runden Stielloch durchbohrt. Das Brachidialskelett ist ancylopegmat. Seine Ausbildung sowie das Vorhandensein oder Fehlen der Mediansepten sind wichtige Merkmale der Klassifizierung, während die äußeren Gehäusemerkmale oft wenig typische Unterscheidungsmerkmale liefern. Ähnlich wie bei den Rhynchonellen wird der Name **Terebratula** daher häufig als Sammelbegriff gebraucht.

Renssellaeria – Unterdevon – hat länglich ovalen Umriß; Wirbel der Stielklappe wenig vorspringend. Fein radial berippt.

Stringocephalus – Leitfossil im Mitteldevon – hat breiten, fast kreisförmigen Umriß, schnabelartig weit vorspringenden Wirbel der Stielklappe mit großem Stielloch und glatte Oberfläche. ▷ 4 – Von ihm unterscheidet sich die ebenfalls mitteldevonische **Bornhardtina** durch ihren mehr länglich ovalen Umriß.

1 *Spiriferide, 2,5 cm, Devon, Zingsheim, Eifel*
2 *Spirifer verneuili, 3,5 cm, Devon, Hahn, Eifel*
3 *Spiriferina walcotti, 3 cm, Jura-Sinemur, Wutachgebiet*
4 *Stringocephalus burtini, 10 cm, Devon, Bergisch Gladbach*

1

2

3

4

Newberria – Mitteldevon – hat länglich ovalen Umriß, glatte Oberfläche, einen mäßig vorspringenden Wirbel der Stielklappe, auf dessen Scheitel das runde Stielloch sitzt. Anders als bei den zuvor genannten Gattungen ist hier der normale Terebratulatyp ausgeprägt.

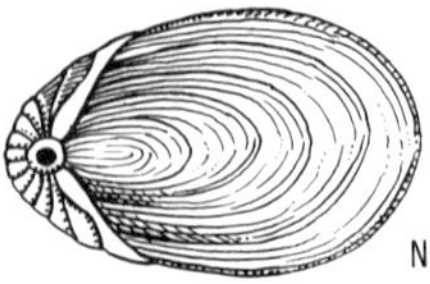

Newberria

Dielasma – Karbon und Perm – unterscheidet sich durch stärker vorspringenden Wirbel der Stielklappe und größeres Stielloch.

Coenothyris – Trias – länglich oval bis fast kreisförmig und mäßig gewölbt, hat glatte Oberfläche und einen mäßig vorspringenden Wirbel der Stielklappe mit großem, rundem Stielloch. ▷ 1

Lobothyris – Unterer und Mittlerer Jura – länglich oval mit wenig vorspringendem Wirbel der Stielklappe und kleinerem Stielloch.

Loboidothyris – Mittlerer und Oberer Jura – unterscheidet sich durch stärker vorspringenden Wirbel der Stielklappe, größeres Stielloch und eine mediane Eindellung in der Brachidialklappe. ▷ 2

Juralina – Oberer Jura – ist etwas breiter und kann gerundet pentagonal werden. Eine mediane Eindellung der Brachidialklappe ist schwach ausgeprägt.

Diese im Jura reich entfalteten Gattungen sind ohne Kenntnis der inneren Skelettmerkmale nur schwer eindeutig auseinanderzuhalten. In der Kreide finden sich weitere, sehr ähnliche Gattungen, die aber keine große Bedeutung mehr haben. Sie leiten über zu Terebratula im engeren Sinn, die vom Tertiär bis zur Gegenwart verbreitet ist.

Terebratulina – Oberjura bis Gegenwart – hat länglich ovalen bis gerundet pentagonalen Umriß und feine Radialrippung.

Pygope – Oberjura bis Unterkreide – hat meist einen länglichen, gerundet dreieckigen Umriß. Auffälligstes Merkmal ist eine tiefe, mediane Einbuchtung am Stirnrand, die stirnseitig umwachsen wird, so daß eine subzentral gelegene, beide Klappen durchbohrende Öffnung entsteht. ▷ 3

Zeilleria – Oberer Trias bis Mittlerer Jura – hat breiten, rundlichen bis gerundet pentagonalen Umriß, mäßig vorspringenden Wirbel der Stielklappe und mediane Eindellung der Brachidialklappe. ▷ 5

Aulacothyris – Trias bis Mittlerer Jura – hat mehr länglich ovalen Umriß und eine sehr schwache, mediane Eindellung in der flachen Brachidialklappe. Zeilleria und Aulacothyris unterscheiden sich in den äußeren Gehäusemerkmalen von den Formen um Coenothyris kaum, haben aber eine typisch verschiedene Ausbildung des ancylopegmaten Brachidialskelettes. ▷ 4

Trigonellina – Oberer Jura – kleinwüchsig, hat meist kreisförmigen Umriß und den gleichen Typus des Brachidialskelettes wie Zeilleria, unterscheidet sich aber durch bis zu zehn kräftige Radialrippen, die gegenseitig angeordnet sind und als Stacheln randlich etwas vorragen können.

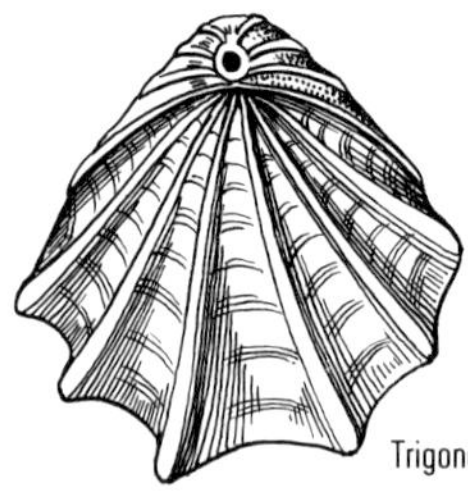

Trigonellina

Ismenia – Oberer Jura – ebenfalls kleinwüchsig, hat fünf bis sechs alternierend stehende Radialrippen, die durch radiale Schalenfaltung bedingt sind. Der Stirnrand verläuft daher zickzackförmig. ▷ 6

1 *Coenothyris vulgaris, 3 cm, Trias-Muschelkalk, Hameln*
2 *Loboidothyris zieteni, 3 cm, Jura-Kimmeridge, Geisingen*
3 *Pygope dyphia, 3,5 cm, Jura-Tithon, Verona, Italien*
4 *Keratothyris, 2 cm, Jura-Pliensbach, Erzingen bei Balingen*
5 *Rugitela cadomense, 2,5 cm, Jura-Bajoc, Caen, Frankreich*
6 *Ismenia pectunculoidea, 2 cm, Jura-Tithon, Nattheim*

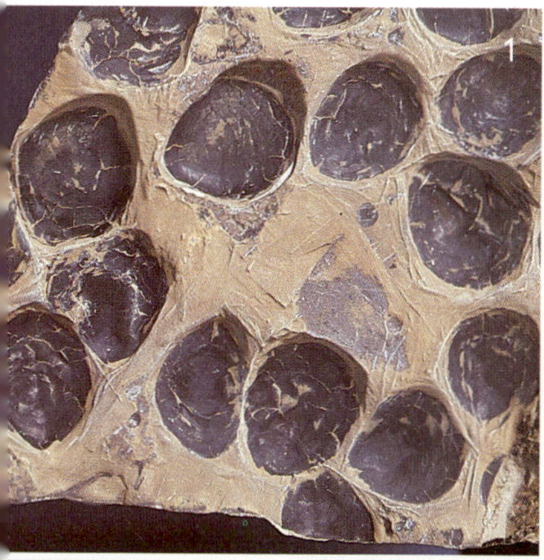

1

2

3

4

5

6

Die Bryozoen bringen nur winzig kleine Individuen hervor, die aber stets in Kolonien vereinigt sind. Aber die Weichkörperorganisation ist – wegen der geringen Größe etwas vereinfacht – die gleiche wie bei den Brachiopoden.

Der Weichkörper des Bryozoenindividuums ist in eine Skelettröhre, das Zooecium, eingeschlossen. Der hintere Weichkörperabschnitt, das Cystid, ist im Zooecium fixiert. Der vordere, Polypid, kann ausgestülpt werden. Wird das Polypid zurückgezogen, kann das Zooecium durch einen Deckel (Operculum) verschlossen werden. Die Mundöffnung des Polypids wird wie bei den Brachiopoden von dem hufeisenförmigen, mit Tentakeln besetzten Lophophor umgeben. Die Afteröffnung des U-förmig gebogenen Darms liegt neben der Mundöffnung, aber außerhalb des Lophophors.

Die Ausbildung des Zooeciums, vor allem seines vorderen Teils und seiner Mündung, liefert die entscheidenden Merkmale für die Klassifizierung.

Klasse Stenolaemata

Zooecien zylindrisch, verkalkt, oft durch Querböden (Diaphragmen) unterteilt.

Ordnung Trepostomata

Die ausschließlich paläozoischen, vor allem im Ordovizium reich entfalteten, trepostomen Bryozoen haben lange, röhrenförmige Zooecien, deren Wandung im distalen Teil verdickt sein kann und die dicht nebeneinanderstehend in die Höhe wachsen. Die Öffnung für das Polypid ist einfach, rund oder polygonal. Die Röhren haben zahlreiche Querböden. Die Kolonien erinnern dadurch etwas an Bodenkorallen.

Die Kolonien sind massig, halbkugelig, oder sie wachsen als sich verzweigende Stämme in die Höhe.

Monticulipora – Ordovizium – bildet mäßig große, halbkugelige Kolonien mit breiter, flacher Basis. Auf der Oberfläche befinden sich unregelmäßig verteilte, buckelförmige Erhöhungen (Monticuli). Weitere ähnliche Gattungen unterscheiden sich durch die Feinstruktur der Zooecien. ▷ 1

Rhombotrypa – Ordovizium – wächst stammförmig, meist verzweigt, in die Höhe. Trepostome Bryozoen auch als Diluvialgeschiebe im norddeutschen Flachland.

Ordnung Cryptostomata

Auch die cryptostomen Bryozoen sind ausschließlich paläozoisch, haben ihre Hauptentfaltung aber im jüngeren Paläozoikum. Die netz-, busch- oder trichterförmig wachsenden Kolonien können als Riffbildner gesteinsbildend auftreten. Der distale Teil der kurzen, röhrenförmigen Zooecien ist durch ein Hemiseptum vom Anfangsteil abgegliedert und von diesem mehr oder weniger deutlich abgebogen.

Fenestella – Devon bis Perm – in den jungpaläozoischen Riffkalken weit verbreitet und wesentlich beteiligt am Aufbau der Thüringischen Zechstein-Kalkriffe. Die Kolonie wird von schmalen, parallel oder fächerförmig verlaufenden, aus zwei Zooecienreihen gebildeten Ästen aufgebaut, die in einer Ebene liegen. Durch in regelmäßigen Abständen auftretende Querverbindungen entsteht ein regelmäßiges Netz. Die Netzebene ist zu einem nach oben sich erweiternden Trichter zusammengebogen, die Trichterspitze am Grund festgeheftet. ▷ 2

Archimedes – Karbon bis Perm – unterscheidet sich bei gleichem, trichterförmigem Bau dadurch, daß der Trichter sehr breit und flach ist und daß nach oben hin immer neue Trichter entstehen, die schraubenförmig um eine zentrale Achse gedreht sind. Beide genannten Gattungen gehören zu den bemerkenswertesten Bryozoen und sind im Karbon und Perm typische Fossilien. Weit verbreitet. ▷ 3

Rhombopora – Devon bis Perm – wächst als zylindrisches, dichotom sich verzweigendes Stämmchen in die Höhe. Die Zooecien sind im distalen Abschnitt sehr dickwandig. Ihre Mündungen in regelmäßigen Schrägreihen angeordnet.

1 *Chasmatopora bifurcata, bis 2 cm, Ordovizium, Estland, UdSSR*
2 *Fenestella 7 × 7 cm, Devon, Schönecken, Eifel*
3 *Archimedes, Platte 11 cm breit, Karbon, Illinois, USA*

1

2

3

Ordnung Cyclostomata

Die cyclostomen Bryozoen erscheinen schon im Ordovizium, entfalten sich aber erst im Mesozoikum reicher; vom Ende der Kreide an gehen sie langsam zurück. Die röhrenförmigen Zooecien haben einen meist kreisförmigen, seltener polygonalen Querschnitt und eine einfache, meist kreisförmige Mündung. Poren in der Zooecienwandung ermöglichen eine Verbindung zwischen benachbarten Zooecien. Neben den Normalzooecien treten vergrößerte Ovicellen auf, in denen die Eier reifen. Die meist kleinen Kolonien sind flach inkrustierend oder wachsen als mehr oder weniger verzweigte Stämmchen in die Höhe.

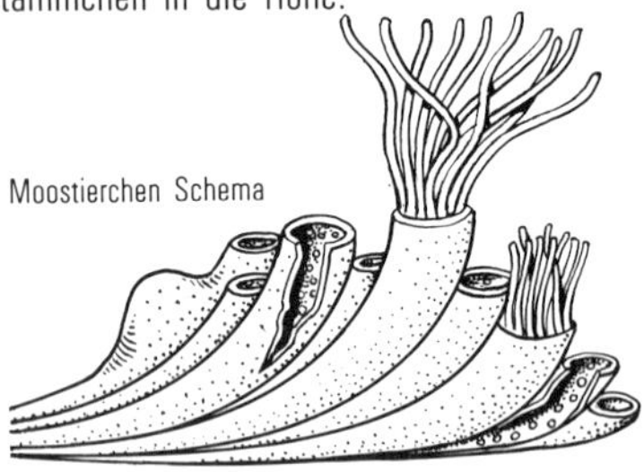

Moostierchen Schema

Stomatopora – Ordovizium bis Gegenwart – bildet kleine, inkrustierende Kolonien, die aus einreihigen, sich verzweigenden Ästchen bestehen. Die Zooecien liegen flach dem Untergrund auf, ihre runde Öffnung weist nach oben.

Berenicea – Ordovizium bis Gegenwart – bildet ebenfalls flache, einschichtig inkrustierende Kolonien; die Zooecien sind ähnlich wie die von Stomatopora gebildet, aber vom Ausgangspunkt der Kolonie sprossen sie radial nach allen Seiten; peripher verzweigen sie sich durch Sprossung, so daß mehr oder weniger kreisförmige, flächenhaft das Substrat bedekkende Kolonien entstehen.

Ceriopora – Trias bis Tertiär – bildet aufrechte, verzweigte Stämmchen, auf deren Oberfläche die Zooecienöffnungen unregelmäßig angeordnet sind. ▷ 1

Entalophora – Jura bis Tertiär –, mit gleicher Wuchsform der Kolonie, unterscheidet sich dadurch, daß die distalen Zooecienteile röhrenförmig nach oben gerichtet über die Stammoberfläche herausragen.

Spiropora – Jura bis Tertiär – ist dadurch gekennzeichnet, daß die Zooecienöffnungen bei gleicher Wuchsform der Kolonie in regelmäßigen Wirteln der Stämmchen angeordnet sind. Die genannten Gattungen sind Sammelbegriffe für bestimmte, typische Wuchsformen der Kolonien, innerhalb derer, vor allem anhand der Differenzierung der Ovicellen, weitere Gruppierungen unterschieden werden können.

Klasse Gymnolaemata

Die Zooecien sind kasten- oder krugförmig, zum Teil unvollständig verkalkt.

Ordnung Cheilostomata

Die Cheilostomata erscheinen erst im Jura und sind von der Kreide bis zur Gegenwart die vorherrschenden Bryozoen, und zwar reich entfaltet. Neben den Normalzooecien (Autozooecien) und den Ovicellen treten noch verschieden abgewandelte Zooecien auf (Heterozooecien), die nicht mehr der Ernährung, sondern dem Schutz und der Verteidigung dienen. Die Zooecien sind kastenförmig, ihre durch ein Operculum verschließbare Mündung liegt frontal und ist verschieden gestaltet. Die Gestaltung der Mündung und die verschiedene Differenzierung der Ovicellen und Heterozooecien bilden die Grundlage der Klassifizierung und Bestimmung, die ein eingehendes Studium erfordert.

Membranipora – Kreide bis Gegenwart – ist ein Sammelbegriff für inkrustierende Kolonien, deren Zooecien sechseckigen Umriß haben und bei denen die Frontalwand der Zooecien nicht oder nur unvollständig verkalkt ist. An den fossilen Resten sind daher oft nur die Zooecienränder deutlich erkennbar. ▷ 2

Lunulites – Kreide bis Gegenwart – bildet scheibenförmige oder schwach aufgewölbte Kolonien von ungefähr kreisförmigem Umriß. Die Zooecien gehen vom Mittelpunkt aus und sind in radialen Reihen angeordnet. Die Mündung ist halbkreisförmig.

Coscinopleura – Kreide bis Gegenwart – bildet aufrechte, verzweigte Kolonien, deren Äste flach komprimiert sind und aus zwei Zooecienlagen bestehen. Die Zooecien sind in einer Längsreihe angeordnet und haben länglich ovalen Umriß mit einer nicht sehr großen, halbkreisförmigen Mündung.

1 *Ceriopora angulosa, 2 cm, Jura-Tithon, Zwiefalten*

2 *Membranipora, 1,5 cm, auf einem Seeigel Micraster, Kreide-Campan, Höver*

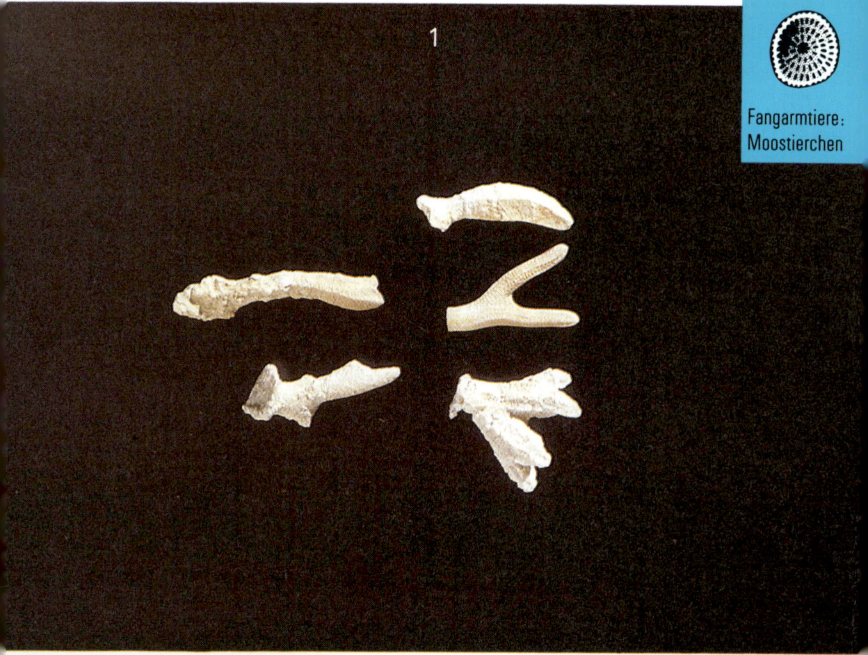
1

2

Die **Echinodermen** haben zwar eine recht primitive Organisation, keinen Kopf, kein Gehirnganglion und nur ganz schwach entwickelte Sinnesorgane; aber ihrer Entwicklung und manchen Organisationsbesonderheiten nach gehören sie mehr in die Nähe der **Wirbeltiere** als in die der **Wirbellosen**. Daher können sie anatomisch auch nicht mit den Mollusken, Arthropoden usw. verglichen werden.

Auffälligstes Merkmal ist die fünfstrahlige Radialsymmetrie (Pentamerie), die bei keinem anderen Tierstamm auftritt und den Echinodermen eine Sonderstellung verleiht.

Die Larve der Echinodermen ist frei schwimmend und einfach bilateral-symmetrisch. Bei der Metamorphose heftet sie sich mit dem Kopflappen am Untergrund fest und legt sich auf die rechte Körperflanke. Der endgültige Körper wird vorwiegend aus der linken Körperhälfte der Larve gebildet, während die rechte weitgehend unterdrückt wird. Die Mundöffnung verlagert sich auf die linke Körperflanke. Der Echinodermenkörper hat daher kein den bilateral-symmetrischen Organismen entsprechendes Vorderende (= Kopfende) und Hinterende (= Schwanzende), keine rechte und linke Körperflanke.

Bei der Metamorphose entsteht durch Umbildung der sekundären Leibeshöhle (Coelom) das ausschließlich bei den Echinodermen vorkommende Wassergefäß- oder Ambulakralsystem; es hat einen den Vorderdarm umgebenden Ringkanal, von dem fünf blind endende Radial- oder Ambulakralgefäße ausstrahlen. Sie prägen dem Echinodermenkörper die Fünfstrahligkeit auf. Das Ambulakralsystem kommuniziert mit der Umgebung über den aus dem Vorderabschnitt der sekundären Leibeshöhle entstandenen Steinkanal und die Madreporenöffnung, wodurch Wasseraustausch zwischen Organismus und Umgebung möglich ist.

Die Ambulakralgefäße entsenden die zur Oberfläche austretenden, normalerweise paarweise angeordneten Ambulakralfüßchen, die für die verschiedensten Funktionen eingesetzt und spezialisiert werden können (Bewegung, Atmung, Ernährung usw.).

Der Echinodermenkörper muß daher vom Mundpol (= Oralpol) aus orientiert werden, von dem die fünf Ambulakral-Radial-Zonen mit ihren Ambulakralfüßchen ausstrahlen; zwischen ihnen liegen die fünf Interambulakral- oder Interradialzonen.

Dieser Körperbauplan bildet sich in dem stets kalzitischen Skelett ab. Es ist mesodermal entstanden, das heißt, es handelt sich wie bei den Wirbeltieren um ein Innenskelett, während alle übrigen Wirbellosenstämme ein ectodermales Außenskelett haben, sei es als Hautskelett (Arthropoden), sei es als Schalengehäuse (Mollusken, Brachiopoden).

Das Skelett besteht aus polygonalen Kalkplättchen, die beweglich miteinander verbunden sein können oder fest aneinanderschließend eine starre Skelettkapsel bilden. Auf den Kalkplättchen befinden sich meist Stacheln und andere gelenkige Anhänge (Stachelhäuter). Das Skelett der Ambulakralzonen muß die Möglichkeit zum Austritt der Ambulakralfüßchen geben und ist daher stets anders ausgebildet als das der Interambulakralzonen. Die Fünfstrahligkeit des Körperbauplans ist daher auch für das Skelett charakteristisch. Die wechselnde Ausbildung des Ambulakralskelettes ist wichtiges Klassifikationsmerkmal.

Bei der Metamorphose gab die Festheftung am Untergrund den Anstoß zur pentameren Radialsymmetrie. Die ursprünglicheren Echinodermenstämme sind bei der sessilen, festgehefteten Lebensweise verblieben, die fortschrittlicheren Stämme zur freien Beweglichkeit übergegangen. Man hat daher früher die Stachelhäuter in die beiden Hauptgruppen der sessilen **Pelmatozoen** und der frei beweglichen **Eleutherozoen** aufgegliedert. Dieses einfache Einteilungsschema wird der Vielgestaltigkeit des Echinodermenstammes nicht gerecht.

Unterstamm Homalozoa

Vorwiegend im Kambrium und Ordovizium entfaltet, mit wenigen Nachzüglern bis zum Devon nachweisbar, sind die Homalozoa ein problematischer Formenkreis. Die die Skelettkapsel aufbauenden, polygonalen Kalkplättchen haben zwar den Charakter der Echinodermenske-

Seelilie Scyphocrinites, 9 cm, Devon, Erfoud, Marokko

lette, aber es ist noch keine Fünfstrahligkeit vorhanden; es fehlen auch typische Ambulakralzonen. Vorhanden sind Hinweise auf eine modifizierte Bilateralität. Es sind wohl umgestaltete Nachzügler des Ausgangstypus der Stachelhäuter, der noch nicht das endgültige Ambulakralsystem entwickelt hatte. Sie sind als Fossilien selten und als solche bedeutungslos.

Unterstamm Blastozoa

Am Untergrund festgeheftete Stachelhäuter mit einfachen, unverzweigten, von den Ambulakralgefäßen ausgehenden Armen (Brachiolen).

Klasse Beutelstrahler *(Cystoidea)*

Sie sind im Ordovizium reich entfaltet, seltene Nachzügler reichen noch ins Devon.

Die kugelige oder beutelförmige Skelettkapsel wird aus oft zahlreichen, unregelmäßig angeordneten, polygonalen Plättchen aufgebaut. Sie ist mit einem Stiel am Untergrund festgeheftet. Von der nach oben gerichteten Mundöffnung strahlen zwei bis fünf kurze Rinnen aus, in denen das Ambulakralgefäß verläuft. Die Ambulakralrinne kann sich in einem aus der Kelchwand herausragenden, beweglichen, fingerförmigen, von Skelettplättchen gestützten Fortsatz der Brachiole verlängern. Ambulakralgefäße sind also vorhanden, aber noch relativ kurz und nicht auf die endgültige Fünfzahl fixiert. Die Skelettplättchen sind von Poren durchbohrt.

Ordnung Rhombifera

Bei den Rhombifera sind die Poren in Form eines Rhombus angeordnet: Die Naht zwischen zwei benachbarten Skelettplättchen bildet die Diagonale des Rhombus, so daß die Poren auf beiden Seiten der Naht Schenkel eines Dreiecks bilden. Die Poren der beiden Dreiecke sind durch Kanäle verbunden, die unter der Oberfläche über die Naht hinweg verlaufen. Das Ganze bildet die Porenrauten. Meistens sind drei oder fünf, seltener nur zwei Ambulakralrinnen vorhanden.

Echinosphaerites – Ordovizium – oft in gesteinsbildender Häufigkeit (Echinosphaeritenkalk), tritt auch als Diluvialgeschiebe auf, Skelettkapsel kugelig, aus zahlreichen, unregelmäßig angeordneten, polygonalen Plättchen aufgebaut. Alle Plättchen mit Porenrauten. Zwei bis vier kurze Ambulakralrinnen, in einer Brachiole endigend. ▷ 1, ▷

Pleurocystites – Ordovizium – hat eine länglich birnenförmige Skelettkapsel, die aus 24 größeren, polygonalen Plättchen gebildet ist. Nur drei Porenrauten vorhanden. Zwei lange Brachiolen. ▷

Caryocystites – Ordovizium – hat bei gleicher Gestalt relativ große, aber zahlreichere Skelettplättchen, alle mit Porenrauten. Drei Brachiolen vorhanden. Die beiden zuletzt genannten Gattungen und einige weitere, ähnliche wesentlich seltener als Echinosphaeriten. Ähnlich **Hemicosmites**. ▷ 2

Ordnung Diploporita

Die Skelettkapsel hat den gleichen Bau wie bei den Rhombifera. Aber anstatt der Porenrauten treten auf den Skelettplättchen unregelmäßig angeordnete Doppelporen (Diploporen) auf. Diese liegen jeweils in einem kleinen, ovalen Feld. Während bei den Rhombiferen der Stiel stets gut entwickelt ist, haben die Skelettkap-

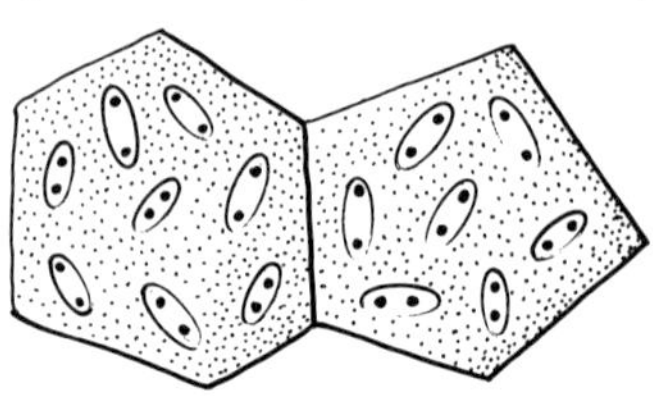

Diploporita Skelettplättchen

Rhombifera Skelettplättchen

1 Echinophaerites aurantium, 4 cm, Ordovizium, Öland, Schweden

2 Hemicosmites extraneus, 5 cm, Ordovizium, Siljan, Schweden

1

2

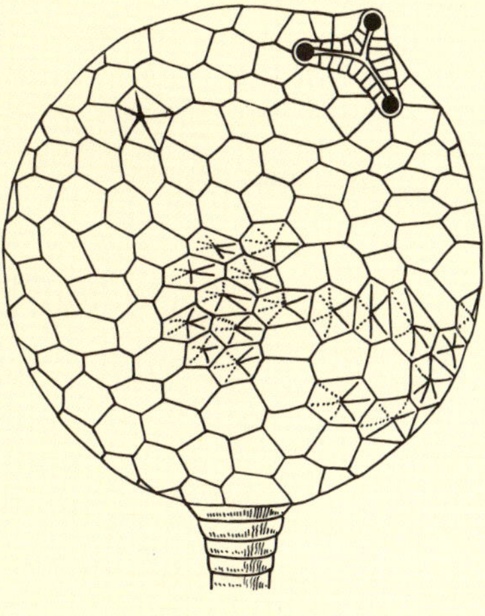

Echinosphaerites

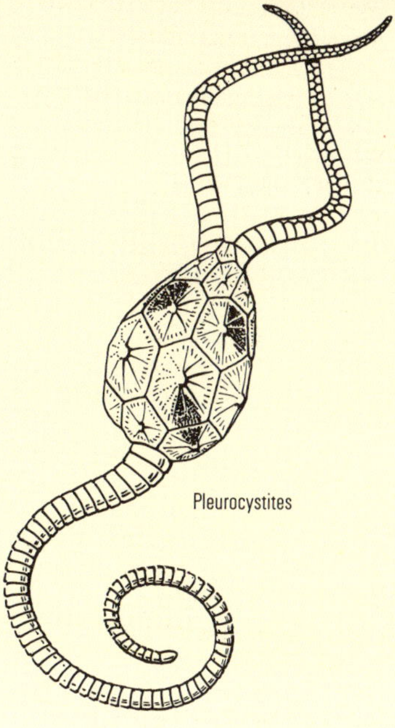

Pleurocystites

seln der Diploporita nur einen ganz kurzen Stiel und können gelegentlich sogar ohne einen solchen am Untergrund festgeheftet sein. Die Ambulakralrinnen sind meist in der Fünfzahl vorhanden und werden länger als bei den Rhombiferen.

Glyptosphaera – Ordovizium – hat wie Echinosphaerites eine kugelige, aus vielen kleinen Plättchen gebildete Skelettkapsel. Alle Plättchen mit Diploporen. Fünf relativ lange Ambulakralrinnen verlaufen zickzackförmig; aus ihnen entspringen in unregelmäßigen Abständen einige Brachiolen.

Sphaeronites – Ordovizium – unterscheidet sich bei gleicher Ausbildung der kugeligen Skelettkapsel durch das Vorhandensein von nur drei kurzen Ambulakralrinnen, von denen jede in einer Brachiole endet. ▷ 1

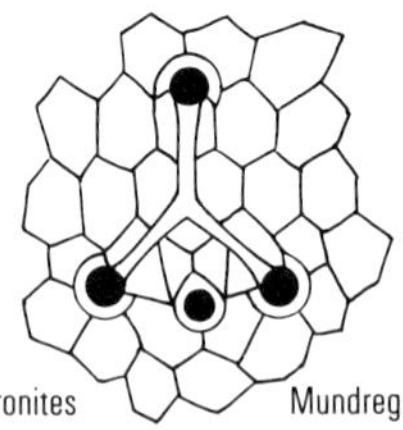

Klasse Knospenstrahler *(Blastoidea)*

Die Knospenstrahler sind wie die Beutelstrahler eine ausgestorbene, ausschließlich paläozoische Stachelhäuterklasse, die erst im Silur erscheinen und ihre Hauptentfaltung von Devon bis Karbon haben. Letzte Nachzügler im Perm.

Anders als die Beutelstrahler sind sie durch endgültig fixierte Fünfstrahligkeit und geometrische Regelmäßigkeit des Baues der Skelettkapsel gekennzeichnet. Letztere (Kelch) sitzt auf einem mäßig langen, gegliederten Stiel. Die Basis wird von drei ein Fünfeck bildenden Basalplatten gebildet. An den fünf Seiten der Basis setzen fünf die Flanke des Kelches bildende Radialplatten an, die oben tief eingebuchtet sind und daher auch als Gabelplatten bezeichnet werden. Zwischen die Radialplatten schalten sich die fünf interradial gestellten Deltoidplatten, die das oben zentral liegende Mundfeld umranden. Die Mundöffnung liegt zentral auf der Oberseite des Kelches. In einer der Deltoidplatten liegt neben ihr die Afteröffnung. Am Oberende der Deltoidplatten, neben der Mundöffnung, liegen ein bis zwei Poren (Spiraculum), die in das Wassergefäßsystem führen. Die Ambulakralgefäße verlaufen in den tiefen Einbuchtungen der Radialplatten, die von einer Lanzettplatte gestützt werden; über der Lanzettplatte tragen zwei Reihen kleiner Seitenplättchen das Stützskelett für die aus zwei Reihen bestehenden zahlreichen Ambulakralfüßchen.

Die Blastoiden sind vor allem im Jungpaläozoikum Nordamerikas reich entfaltet. Im Devon und Karbon Europas sind sie weniger häufig.

Pentremites – Karbon – hat einen knospenförmigen bis kugeligen Kelch mit konvexer Basis. Die Ambulakralfelder sind breit blattförmig und reichen bis nahe an die Kelchbasis. Spiraculum deutlich entwickelt; die verbreitetste und artenreichste Gattung der Blastoiden. ▷ 2

Mesoblastus – Unterkarbon – hat ebenfalls bis nahe an die Basis reichende, aber schmale Ambulakralfelder; die Basis ist flach bis konkav. ▷

Schizoblastus – Karbon und Perm –, mit ebenfalls schmalen, bis zur flachen oder konkaven Basis reichenden Ambulakralfeldern, unterscheidet sich vor allem durch das Fehlen der Spiraculumporen.

Orbitremites – Karbon –, mit ähnlicher Kelchgestalt und schmalen, tief hinabreichenden Ambulakralfeldern und mit Spiraculumporen, unterscheidet sich vor allem dadurch, daß die Deltoidplatten stark vergrößert sind und den Hauptteil der Kelchflanke einnehmen.

Codaster – Karbon – hat becherförmigen Kelch mit relativ hohen Basaltplatten. Die Ambulakralfelder sind sehr kurz und schmal und bleiben auf die Kelch-Oberseite beschränkt. Deltoidplatten klein. Spiraculumporen nicht entwickelt. ▷

Cordyoblastus – Devon – hat ebenfalls nur kurze, aber breite, auf die Oberseite beschränkte Ambulakralfelder. Der Kelch schlank und hoch mit hohen Basalplatten und einer Eindellung in den Interradialzonen, so daß der Kelchquerschnitt sternförmig wird. ▷

1 *Sphaeronites, 4 cm, oben im Gesteinsschnitt, Ordovizium, Öland, Schweden*
2 *Pentremites godoni, 1,5 cm, Karbon, Illinois, USA*

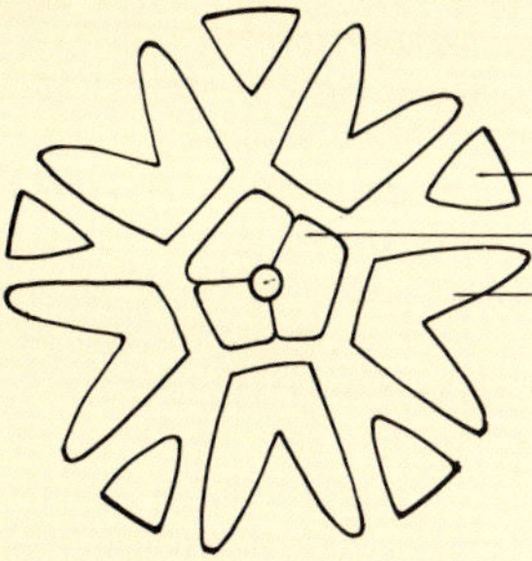

Auseinandergelegter Blastoidenkelch

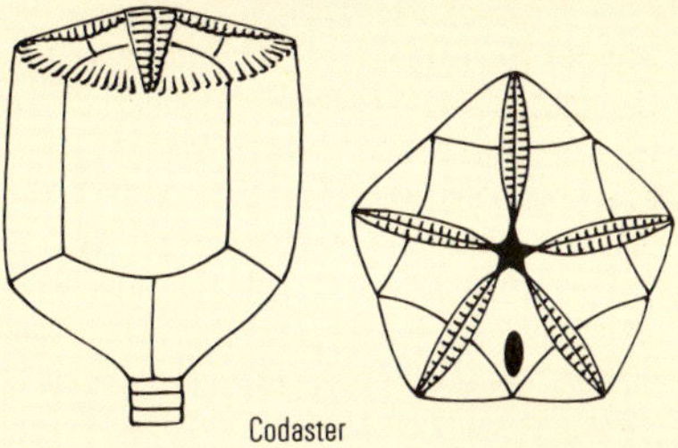

Codaster

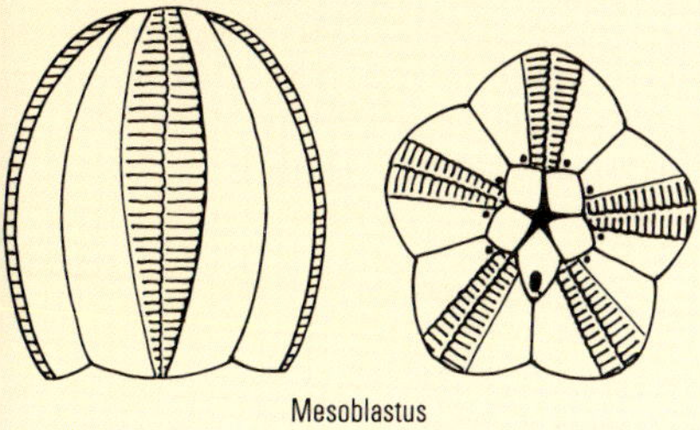

Mesoblastus

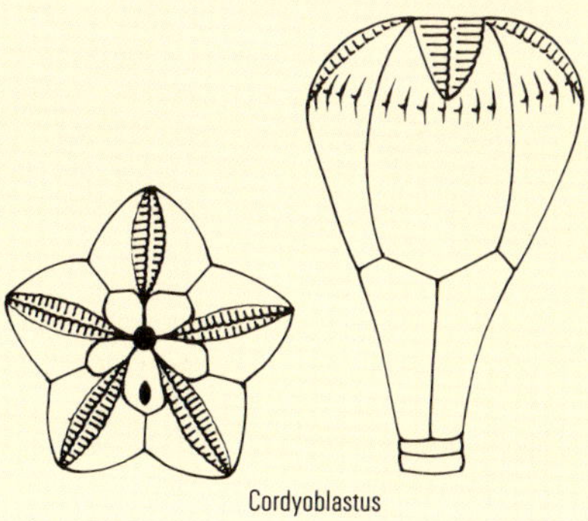

Cordyoblastus

Unterstamm Seelilienartige *(Crinozoa)*

Festgeheftete Stachelhäuter mit verzweigten Armen, in die sich die Ambulakralgefäße fortsetzen.

Klasse Seelilien *(Crinoidea)*

Sie sind der formenreichste Stamm der sessilen Stachelhäuter. Vorwiegend im Paläozoikum mannigfach entfaltet, reichen sie noch bis in die Gegenwart. Die Seelilien sind mit einem oft sehr lang werdenden, beweglichen, aus zahlreichen Gliedern bestehenden Stiel am Untergrund festgeheftet. Auf ihm sitzt der die Weichteile umhüllende Kelch (Theka). An seinem Oberrand entspringen fünf meist verzweigte, bewegliche Arme, die oft lang werden. Zwischen den Ansatzstellen der Arme, die Kelchoberseite bildend, liegt die Kelchdecke. Die Kelchwand wird von fünfzähligen, alternierend, das heißt abwechselnd radial und interradial gestellten Plattenkränzen gebildet. Der oberste Plattenkranz umfaßt die fünf Radialia, an denen sich die gelenkigen Arme befinden. Darunter liegt der aus den fünf interradial gestellten Basalia gebildete Basalkranz. Bildet dieser die auf dem Stiel sitzende Kelchbasis, so ist der Kelch monozyklisch. Liegt unter ihm noch ein Kranz radial gestellter Plättchen, Infrabasalia, die die Kelchbasis bilden, so ist der Kelch dizyklisch. Die Basalia des monozyklischen bzw. die Infrabasalia des dizyklischen Kelches können zum Teil verschmolzen sein.

Die Afteröffnung liegt in einer Interradialzone der Kelchdecke, die als die hintere bezeichnet wird und meist etwas größer als die vier anderen Interradialzonen ist. Als Folge davon schalten sich in der hinteren Interradialzone des Radialiakranzes oft einige zusätzliche Analplatten ein (oder auch nur eine), so daß die normale Fünfzähligkeit gestört wird.

Eine zentrale Mundöffnung in der Kelchdecke kann vorhanden sein, ist aber meist von kleinen Kalkplättchen verdeckt. Gleiches gilt für die fünf von der Mundregion ausstrahlenden Ambulakralrinnen. Sie erscheinen als offene Ambulakralrinnen an der Peripherie der Kelchdecke und setzen sich in den Armen fort. Sie enthalten in allen Fällen das Ambulakralgefäß mit seinen Ambulakralfüßchen. Die Ambulakralrinnen sind also das aus dem Kelch hinauswachsende, beweglich gewordene Ambulakralskelett. Die vom Ambulakralgefäß der Arme in zwei Reihen ausgehenden Ambulakralfüßchen können durch ein Skelett kleiner Kalkplättchen gestützt werden (Pinnulae). Die Ambulakralfüßchen filtern Nahrungspartikel aus dem Wasser und befördern sie durch die Ambulakralrinnen in den Kelch. Mundöffnung und offene Ambulakralrinnen in der Kelchdecke werden dadurch überflüssig und können durch eine Decke kleiner Kalkplättchen verdeckt und geschützt werden.

Da sowohl der bewegliche Stiel als auch die Arme aus zahlreichen, beweglich gelenkig miteinander verbundenen Teilen bestehen und nur der Kelch selbst eine feste Kapsel bildet, fallen Arme und Stiel nach dem Tod rasch auseinander. Vollständige Crinoiden sind als Fossilien daher selten. Isolierte Stielglieder sind häufig und werden oft ganze Bänke aufbauend zusammengespült (Trochitenkalk ▷ S. 217, 3). Isolierte Kelche können gelegentlich häufiger auftreten. Nur bei rascher Einbettung in ruhigem Wasser sind alle Teile des Crinoidenskelettes im Zusammenhang fossil geworden.

Unterklasse Inadunata

Die inadunaten Crinoiden, die vom Ordovizium an auftreten, sich aber erst vom Silur an reicher entfalten, gehen mit letzten Nachzüglern noch bis in die Trias. Der monozyklische oder dizyklische Kelch ist klein. Die freien Arme sind an den Radialia des Kelches gelenkig miteinander verbunden und meist kräftig verzweigt; sie tragen keine Pinnulae; die Ambulakralfüßchen hatten offensichtlich kein Stützskelett. Primitive Formen haben eine Mundöffnung und offene Ambulakralrinnen auf der Kelchdecke; bei den fortschrittlicheren Vertretern sind sie durch Kalkplättchen verdeckt.

Seelilie

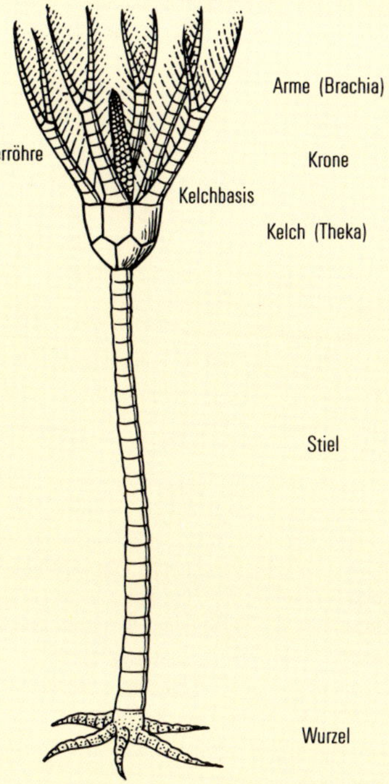

Kelchbasis

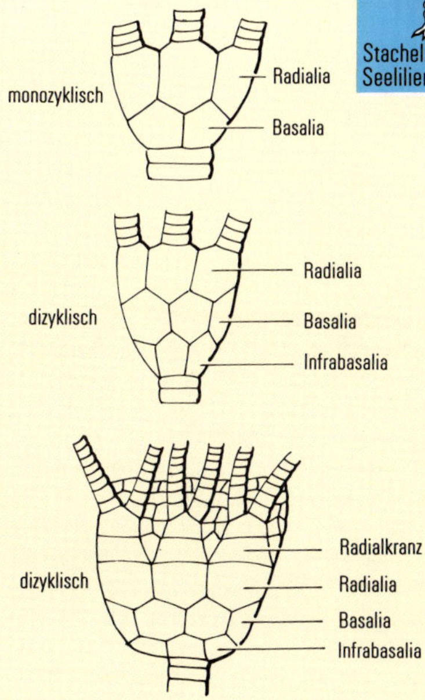

Armteilung

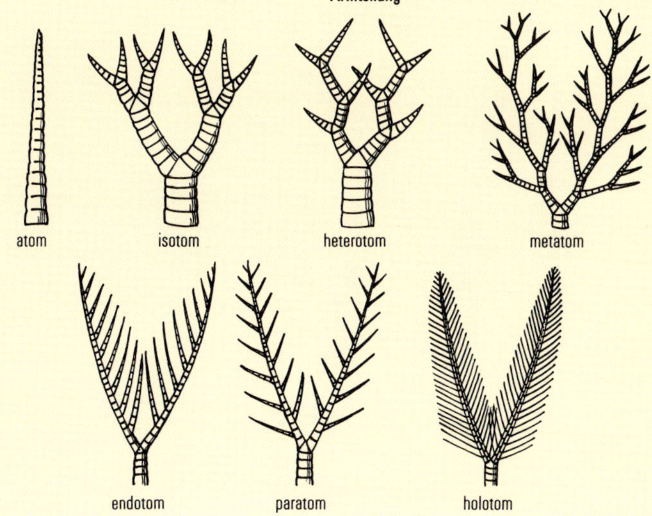

Haplocrinites – Silur bis Karbon – bleibt sehr klein mit monozyklischem, kugeligem Kelch und fünf unverzweigten Armen.

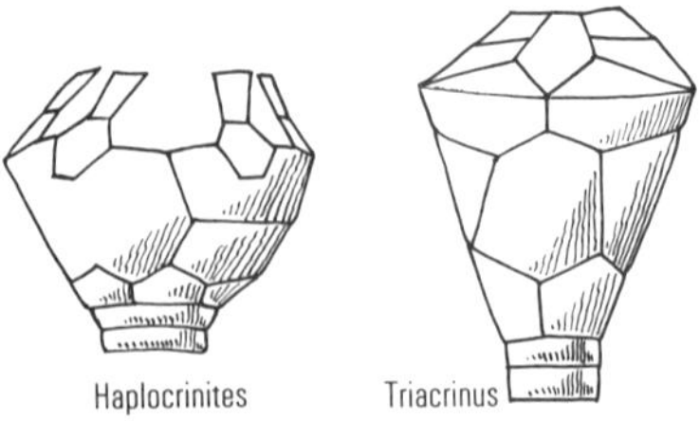

Triacrinus – Silur und Devon – hat einen hohen, nach oben erweiterten Kelch; monzyklisch, Kelchdecke mit fünf großen, interradialen Oralplatten.

Gasterocoma – Devon – hat einen mäßig hohen, sich nach oben erweiternden, dizyklischen Kelch. Die Artikulationsflächen der Radialia für die Arme sind nach außen gerichtet. Kelchdecke mit zahlreichen polygonalen Plättchen. Die kleinen Kelche in den mitteldevonischen Kalken sind nicht allzu selten. ▷ 1–2

Cyathocrinites – Silur bis Perm – hat einen becherförmigen bis halbkugeligen, dizyklischen Kelch. Die Arme sind mit einem Haupt- und kleineren Nebenzweigen meist kräftig verzweigt. Sammelbegriff für zahlreiche ähnliche Gattungen. Die von vielen Plättchen bedeckte Kelchdecke kann eine sack- oder kegelförmige Erhebung tragen, an deren Oberende die Afteröffnung sitzt (Analtubus).

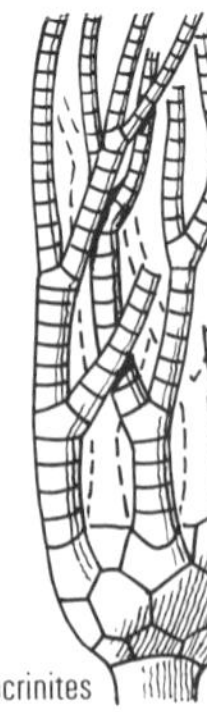

Dictenocrinus – Silur – ist gekennzeichnet durch den sehr ausgeprägt entwickelten Analtubus.

Crotalocrinus – Silur – hat einen breiten, niedrigen, dizyklischen Kelch. Die Arme haben zahlreiche dicht stehende Seitenäste und werden dadurch fächerförmig.

Cupressocrinites – Devon – hat ebenfalls einen breiten, niedrigen, schüsselförmigen Kelch. An den breiten Radialia befinden sich fünf breite, unverzweigte gelenkige Arme. ▷ 3

Pachylocrinus – Karbon – gehört mit einem dizyklischen, hoch becherförmigen Kelch und kräftig verzweigten Armen in den weiteren Formenkreis um Cyathocrinites.

Unterklasse Flexibilia

Die im Ordovizium erscheinenden Flexibilia erlöschen mit letzten Nachzüglern im Perm. Sie sind gekennzeichnet durch einen dizyklischen, flexiblen, großen Kelch, in den die basalen Abschnitte der keine Pinnulae tragenden, meist einfach dichotom verzweigten Arme einbezogen sind. Die aus zahlreichen polygonalen Plättchen gebildete Kelchdecke läßt Mund und Ambulakralrinnen frei. Die Kelchdecke setzt sich zwischen den Basalteilen der Arme in die Kelchwand fort. Offenbar hat eine starke Ausweitung des bei den Inadunaten vorhandenen Analtubus die Kelchdecke nach oben verlagert. Die Arme sind an ihrem Oberende meist einwärts gebogen.

Sagenocrinites – Silur – hat noch eine halbstarre Kelchkapsel.

Taxocrinus – Devon und Karbon – hat einen großen, unstarren Kelch, bei dem sich auch zwischen die Radialia zusätzliche Interradialia einschalten. ▷ 4

Unterklasse Camerata

Die cameraten Seelilien, ausschließlich paläozoisch (Ordovizium bis Perm), haben wie die Flexibilia einen monozyklischen oder dizyklischen, großen Kelch, der aber, anders als bei diesen, einschließlich der aus polygonalen Plättchen gebildeten Kelchdecke starr ist.

1 *Gasterocoma, 4,5 cm, Devon, Prüm, Eifel*
2 *Gasterocoma-Kelch, 1,7 cm, Devon, Prüm, Eifel*
3 *Cupressocrinites abbreviatus, Devon, Hillesheim, Eifel, 5 cm*
4 *Japocrinus colletti, 4 cm, Karbon, Indiana, USA*

1

2

3

4

Mundöffnung und Ambulakralrinnen sind von der Kelchdecke überdeckt. In der Kelchwand folgt über den Radialia eine Reihe nicht alternierend gestellter Plättchen, die sich in zwei gleichwertige Äste aufspalten kann, die Brachialia, die sich in freien Armen fortsetzen. Wo die Brachialiareihe in der Kelchwand aufgegabelt ist, treten zehn freie Arme auf. Zwischen die Brachialiareihen können sich in wechselnder Zahl unregelmäßig angeordnete, polygonale Plättchen einschalten, die Interbrachialia, die ohne Grenze in die Kelchdecke übergehen. Die Arme der Camerata sind mäßig, stets isotom verzweigt, und sie tragen Pinnulae.

Während bei den Flexibilia die Tendenz besteht, die Kelchdecke nach oben zu verlagern und damit größere Armabschnitte in den Kelch einzubeziehen, haben die Camerata die umgekehrte Tendenz, nämlich die Kelchdecke nach unten zu verlagern und damit immer größere Abschnitte der Brachialiareihen aus der Kelchwand auszugliedern und den freien Armen zuzufügen.

Scyphocrinites – Silur und Devon – hat einen hohen, monozyklischen, becherförmigen Kelch mit zahlreichen in der Kelchwand sich vergabelnden Brachialia und Interbrachialia, so daß am Kelchrand zehn freie Arme entspringen, die sich isotom vergabeln. Die Stielglieder haben einen runden Querschnitt und einen fünfstrahligen Axialkanal. ▷ S. 205

Patelliocrinus –Silur – hat einen niedrigen, nach oben verbreiterten, dizyklischen Kelch mit nur wenigen Brachialia und Interbrachialia. Dank der Vergabelung der Brachialreihen erscheinen am Kelchrand zehn freie Arme.

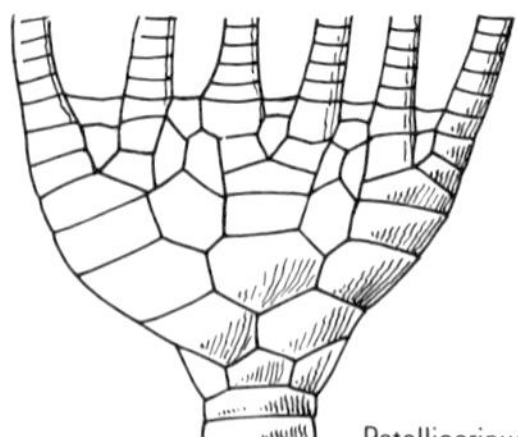
Patelliocrinus

Carpocrinus – Silur – unterscheidet sich bei sonst ähnlicher Gestalt durch monozyklische Kelchbasis.

Rhipidocrinus – Devon – mit sehr breitem, niederem Kelch hat eine abgeflachte, dizyklische Basis. Nur wenige, sich aber vergabelnde Brachialia in der Kelchwand, zehn freie Arme.

Ctenocrinus – Silur und Devon – hat einen höheren, becherförmigen Kelch mit monozyklischer Basis. Zahlreiche Brachialia und Interbrachialia in der Kelchwand; zehn freie Arme.

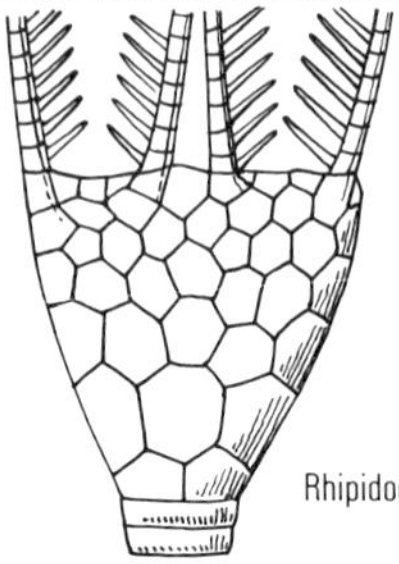
Rhipidocrinus

Eucalyptocrinus – Silur und Devon – hat einen niedrigen, breiten, monozyklischen Kelch, dessen Basis konkav eingestülpt ist. Die Kelchdecke ist in der Mitte flaschenförmig nach oben aufgewölbt. Die zehn Arme legen sich in Nischen dieser Aufwölbung, die von Interbrachialia gebildet werden. ▷ 2

Platycrinites – Devon bis Perm – hat einen niederen, breiten, monozyklischen Kelch mit großen Radialia, an die fünf isotom vergabelnde Arme gelenken. Keine Brachialia in der Kelchwand. ▷ 3

Hexacrinites – Devon – hat einen hohen, monozyklischen, becherförmigen Kelch. Die Radialia sind hoch, angenähert rechteckig; an ihnen befinden sich fünf freie gelenkige Arme. Eine zwischen die Radialia geschaltete Analplatte ähnelt durch Größe und Form den Radialia, so daß der Radialkranz scheinbar sechszählig ist. ▷ 1

Melocrinus – Devon – meist klein, hat einen halbkugeligen bis becherförmigen, monozyklischen Kelch und nur wenige Brachialia und Interbrachialia in der Kelchwand. ▷ 4–5

1 Hexacrinus nodifer, 2 cm, Devon, Prüm, Eifel

2 Eucalyptocrinus delphinuloides, 4 cm, Devon, Fleringen, Eifel

3 Sthorthingocrinus fritillus, 1 cm, Devon Blankenheim, Eifel

4 u. 5 Melocrinus hieroglyphicus, 2,5 cm, Devon-Frasnien, Ardennen, Frankreich

1

2

3

4

5

Actinocrinus – Karbon – hat einen monozyklischen, sich nach oben stark erweiternden Kelch. Die plattenreiche Kelchdecke ist kräftig aufgewölbt. Nur wenige Brachialia und Interbrachialia in der Kelchwand. ▷ 4–5

Unterklasse Articulata

Während die Vielgestaltigkeit der im vorhergehenden besprochenen Seeliliengruppen auf das Paläozoikum beschränkt bleibt und schon im Perm merklich nachgelassen hat, erscheint mit den articulaten Seelilien in der Trias unvermittelt ein neuer Formenkreis. Vielleicht kann man ihn, da er vorwiegend isotom vergabelte, Pinnulae tragende Arme hat, von den cameraten Seelilien ableiten. Die Articulaten entfalten sich reich im Mesozoikum und reichen als einzige Seeliliengruppe mit zahlreichen Arten noch in die Gegenwart.

Der Kelch der Articulata ist klein und dizyklisch. Infrabasal- und auch Basalplatten sind oft rückgebildet, so daß der Kelch in der Hauptsache von den stets gut entwickelten, gelenkig miteinander verbundenen Radialplatten gebildet wird. An ihnen befinden sich die isotom vergabelten, Pinnulae tragenden gelenkigen Arme. Die Kelchdecke ist weichhäutig. Das Skelett wurde somit stark reduziert. Ein Abbau des starren Skelettes ist ja schon bei den fortschrittlichen Cameraten zugunsten einer größeren Beweglichkeit eingeleitet (Platycrinites). Bei den Articulaten wird er zum Extrem gesteigert.

Encrinus – Typusfossil der Trias – hat einen breit schüsselförmigen Kelch; Basalia und Radialia gut entwickelt; zehn mitunter noch einfach vergabelte Arme. Die runden Stielglieder füllen Kalkbänke oft in großen Mengen (Trochitenkalk). ▷ 1, 3

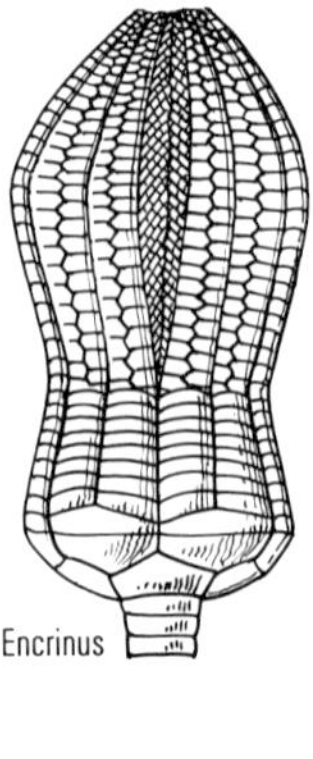

Encrinus

Dadocrinus – Trias und Jura – hat einen schlanken, becherförmigen Kelch mit hohen Radialia. Zehn einfache Arme. Runde Stielglieder.

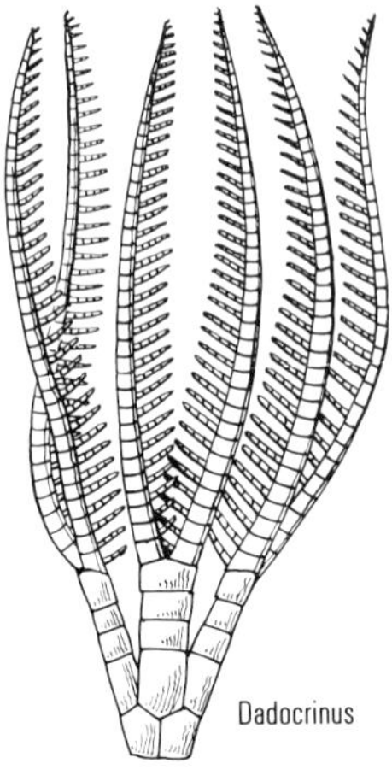

Dadocrinus

Pentacrinites – Trias bis Jura – hat einen kleinen, niedrigen Kelch und intensiv verzweigte Arme. Stiel im allgemeinen kurz, aus fünfeckigen Stielgliedern aufgebaut, mit Seitenästchen (Cirren) besetzt. Die fünfeckigen Stielglieder sind häufige und typische Fossilien im Jura. Je nachdem wie die Gelenkflächen der Stielglieder ausgebildet sind, werden verschiedene Gattungen unterschieden. ▷ 2

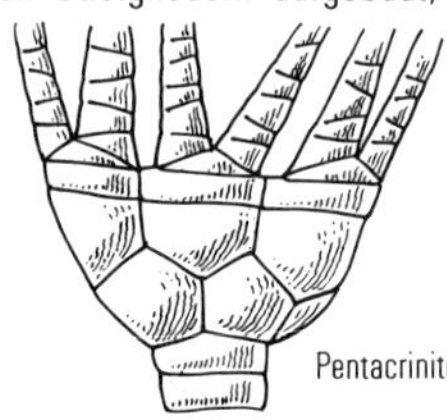

Pentacrinites

Isocrinus – mit ähnlichen, fünfeckigen Stielgliedern reicht bis ins Tertiär. ▷ 4

1 *Encrinus liliformis, 13 cm, Trias-Muschelkalk, Wollmershausen/Jagst*
2 *Pentacrinites dargniesi, 7 cm, Jura-Bathon, Sampont, Belgien*
3 *Trochitenkalk mit Stielgliedern (0,8 cm) von Encrinus, Trias-Muschelkalk, Neidenfels*
4 *Stielglieder von Isocrinus basaltiformis 0,7 cm, Unterjura, Altenhagen bei Bielefeld*

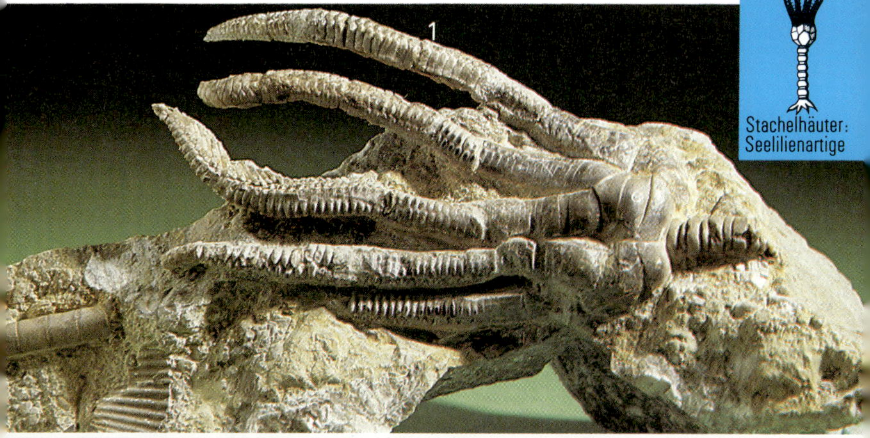
1

2

3

4

Seirocrinus – Jura – unterscheidet sich durch gerundet fünfeckigen Stielquerschnitt, einen langen Stiel (wird fast 20 m lang) und eine schwächere Verzweigung der Arme. ▷ 1

An die **Pentacrinen** schließen die heute lebenden **Federsterne** an, die sich **Pentacrinus**-ähnlich nach einer sessilen Jugendphase vom Untergrund lösen, den Stiel zurückbilden und zu einer frei schwimmenden Lebensweise übergehen. **Antedon** aus den Solnhofer Plattenkalken ist ein früher Vorläufer dieser heutigen Federsterne. ▷ 2

Millericrinus – Jura – und der sehr ähnliche **Apiocrinites** – Kreide – haben einen becherförmigen bis kugeligen Kelch mit großen Basalia. Mäßig vergabelte Arme. Der Stiel mit rundem Querschnitt verdickt sich häufig bei der Annäherung an die Kelchbasis, so daß Kelch und Stiel nicht deutlich voneinander abgesetzt sind. ▷ 3–4, 6

Eugeniacrinites – Oberer Jura und Untere Kreide – in den Oberjura-Kalken kein seltenes Fossil, wird aber wegen seiner Kleinheit und Unscheinbarkeit oft übersehen. Auf einem kurzen, aus wenigen zylindrischen Gliedern bestehenden Stiel sitzt der kleine, von fünf kräftigen Radialia gebildete Kelch. Die fünf kurzen, auswärts gerichteten Arme können eingerollt werden.

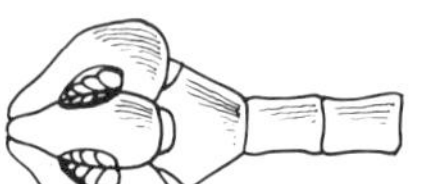

Eugeniacrinites

Marsupites – Oberkreide, örtlich häufig – schließt an den Formenkreis von Millericrinus an und ist wie die Federsterne zu frei schwimmender Lebensweise übergegangen. Kein Stiel. Der kugelige Kelch besteht aus fünf großen Infrabasalia, fünf großen Basalia und fünf großen Radialia. Arme mäßig verzweigt.

Uintacrinus – Oberkreide – ebenfalls stiellos, frei schwimmend, mit kugeligem Kelch, der aber nur kleine Basalia und Radialia hat und im wesentlichen aus zahlreichen polygonalen Brachialia und Interbrachialia aufgebaut ist.

Als selbständiger Formenkreis **Roveacrinida** wird neuerdings von den Articulaten eine ausschließlich mesozoische Gruppe kleinwüchsiger, stielloser, zu planktonischer Lebensweise übergegangener Seelilien abgetrennt. Diese Seelilien wurden bis vor kurzem wegen ihrer Kleinheit kaum beachtet.

In dem kleinen Kelch sind der Infrabasal- und Basalkranz durch eine Zentrodorsalplatte ersetzt, welche die Basis bildet. An den gut entwickelten Radialplatten befinden sich zehn gelenkige Arme. Ein Stiel ist nie vorhanden.

Saccocoma – Oberjura, Nachzügler noch in der Kreide – ist schon lange bekannt und eines der häufigsten Fossilien im Solnhofer Plattenkalk. Kelch klein, kugelig. Die zehn Arme tragen am Endabschnitt kleine Seitenzweige und sind oft spiralig eingerollt. Nahe der Armbasis blattförmige Verbreiterungen (wohl Schweborgane). ▷ 5 – Erst in den letzten Jahrzehnten erkannte man, daß Roveacrinida vom Typ Saccocoma mit verschiedenen Gattungen in der Trias weit verbreitet und zum Teil sogar sehr häufig sind. Sie spielen dank ihrer weltweiten Verbreitung als Leitfossilien eine erhebliche Rolle. Vollständige Skelette wie bei Saccocoma von Solnhofen sind selten, um so häufiger können sich Kelche oder isolierte Kelchplatten finden, die typische Mikrofossilien in Triaskalken sind. Von Saccocoma unterscheiden sich diese Triasformen dadurch, daß die Zentrodorsalplatte meist in einen langen Schwebestachel ausgezogen ist.

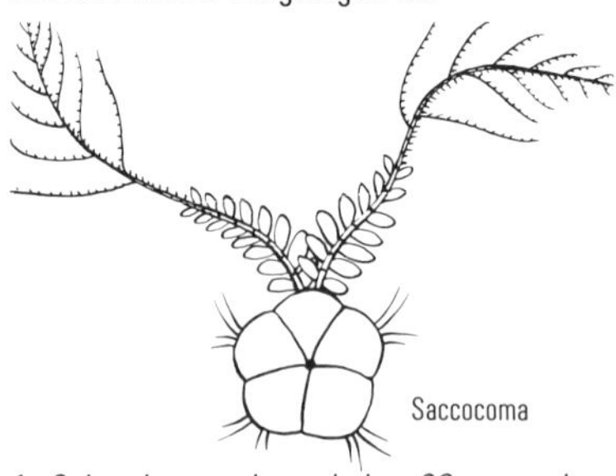

Saccocoma

1 *Seirocrinus subangularis, 20 cm, Jura-Toarc, Holzmaden*

2 *Pterocoma (Antedon) pennata, 20 cm, Jura-Tithon, Langenaltheim*

3 *Millericrinus milleri, 5 cm, Jura-Tithon, Heidenheim*

4 *Millericrinus mespiliformis, 4 cm, Jura-Tithon, Nattheim*

5 *Saccocoma pectinata, 4 cm, Jura-Tithon, Langenaltheim*

6 *Apiocrinus rosaceus, 6 cm, Jura-Oxford, Liesberg, Schweiz*

1

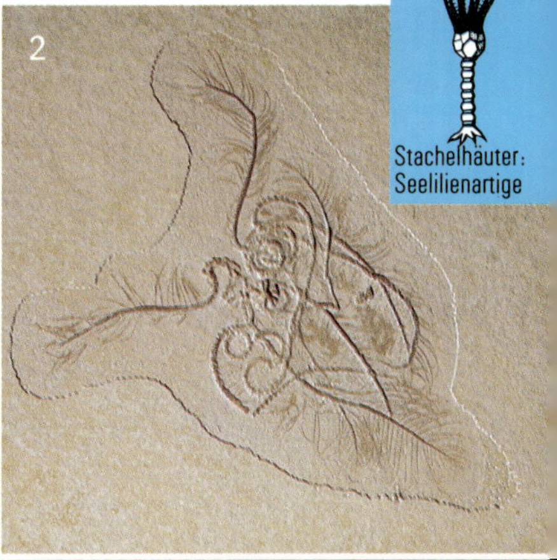
2

3

4

5

6

Unterstamm Seesternartige *(Asterozoa)*

Die Asterozoen sind stiellose, nicht am Untergrund festgeheftete, frei bewegliche Stachelhäuter. Ihr Ambulakralskelett bildet wie bei Blastozoen und Crinozoen offene Ambulakralrinnen, die auf die Mundseite des Körpers beschränkt sind. Aber während bei diesen die Mundseite nach oben gerichtet ist und Nahrungspartikel aus dem Wasser ausfiltert, haben die Asterozoen, die Fleisch-, Aas- oder Schlammfresser sind, eine umgekehrte Körperorientierung: Die Mund- und Ambulakralseite ist nach unten gerichtet.

Klasse Seesterne *(Asteroidea)*

Die mäßig langen Arme sind wenig beweglich und nicht von einer zentralen Körperscheibe abgesetzt. ▷2

Klasse Schlangensterne *(Ophiuroidea)*

Die meist schlanken, beweglichen Arme sind von einer zentralen Körperscheibe deutlich abgesetzt und haben ein stark modifiziertes Ambulakralskelett. See- und Schlangensterne sind vom Ordovizium an fossil belegt. ▷1, 3

Die Arme der Asterozoa haben mit denen der Seelilien nichts zu tun. Bei diesen ist der eigentliche Körper im Kelch, und die Arme sind über den Körper hinausragende Verlängerungen der Ambulakralzonen. Bei den See- und Schlangensternen sind die Interambulakralbereiche des Körpers reduziert, so daß die Ambulakralzonen des Körpers sich selbst als bewegliche Arme darstellen, die für die Ortsbewegung eingesetzt werden können.

Die das Skelett bildenden Kalkplättchen sind nicht starr miteinander verbunden wie bei den sessilen Stachelhäutern, sondern nur häutig. Die Skelettelemente fallen daher nach dem Tod rasch auseinander. Fossile, vollständige See- und Schlangensterne sind deshalb selten; sie entstehen nur bei besonders günstigen Einbettungs- und Fossilisationsbedingungen und sind als Fossilien bedeutungslos. Isolierte Skelettelemente sind häufig und finden sich in fast allen Formationen. Ihre Bestimmung verlangt eine gründliche Kenntnis der Anatomie. Für das Vorkommen vollständiger Reste sind die devonischen Bundenbacher Schiefer berühmt. In der Trias und im Jura kommen örtlich einzelne Bänke vor, deren Oberfläche Abdrücke von See- bzw. Schlangensternen zeigt.

Urastella, 8 cm, Devon, Hunsrück

Unterstamm Seeigelartige *(Echinozoa)*

Außer einigen kleinen, problematischen, unter Vorbehalt hier einzureihenden Gruppen umfaßt dieser Echinodermenstamm die beiden Klassen der **Seegurken** *(Holothuroidea)* und der **Seeigel** *(Echinoidea)*.

Bei beiden sind – eine Folge der frei beweglichen Lebensweise – die Ambulakralgefäße nicht auf die Oralseite beschränkt, sondern sie verlaufen – anders als bei allen anderen Echinodermenstämmen – vom Mundpol (= Oralpol) zum gegenüberliegenden Aboralpol, an dem der After liegt. Die Ambulakralzonen verlaufen als eine Art Meridiane vom einen zum anderen Pol. Anders als bei allen anderen Echinodermenstämmen verlaufen die Ambulakralgefäße bei beiden nicht in einer offenen Rinne, sondern sind nach innen verlagert.

Klasse Seegurken *(Holothuroidea)*

Die Seegurken sind, abgesehen von Einzelfunden fossil nur durch ihre Spikula vertreten, die als Mikrofossilien kaum Bedeutung haben.

1 Ophiopinna elegans, 3 cm, Jura-Callov, La Voulte, Frankreich
2 Plesiastropecten hallovensis, 13 cm, Jura-Hettang, Hallau, Schweiz
3 Geocoma carinata, 9 cm, Jura-Tithon, Solnhofen
4 Seeigel Tripneustes, 6 cm, Tertiär, Lacoste, Frankreich

Stachelhäuter: Seesternartige

1

2

3

Stachelhäuter: Seeigelartige

4

Klasse Seeigel *(Echinoidea)*

Die Seeigel sind dank ihrer verkalkten Skelettkapsel gut fossilisationsfähig und daher als Fossilien auch gut dokumentiert. Die kugelige Skelettkapsel wird von polygonalen Plättchen aufgebaut und hat einen durch die Mundöffnung gekennzeichneten Mundpol und einen gegenüberliegenden Afterpol. Der Mundpol ist nach unten gerichtet. Die fünf Ambulakralzonen verlaufen meridional vom Mund- zum Afterpol, getrennt durch die fünf Interambulakralzonen. Da die Ambulakralgefäße innerhalb der Skelettkapseln liegen, haben die Platten der Ambulakralzonen Doppelporen, durch welche die im Durchtritt durch die Platten in zwei Äste aufgespaltenen Ambulakralfüßchen austreten. Ambulakral- und Interambulakralzonen sind dadurch jederzeit leicht zu unterscheiden.

Die Mundöffnung liegt in einem wechselnd großen, weichhäutigen Mundfeld (Peristom) mit kleinen, losen Kalkplättchen. Innerhalb der Skelettkapsel befindet sich, die Mundregion umgebend, ein fünfstrahliger, kompliziert gebauter Kauapparat (Laterne des Aristoteles), dessen verschiedene Ausbildung systematisch wichtig ist. ▷

Die Afteröffnung liegt in einem wechselnd großen, weichhäutigen Afterfeld (Periprokt). Das Periproktfeld ist von einem Kranz interradial gestellter Genitalplättchen (jedes mit einer Genitalpore) umgeben. Eines der Genitalplättchen ist größer und siebartig durchlöchert; es handelt sich um die Madreporenplatte. Bei der Aufsicht auf den Afterpol (= Apikalpol) wird die Kapsel so orientiert, daß die Madreporenplatte rechts oben liegt. Alternierend, das heißt radial zu den Genitalplättchen, liegt ein zweiter Kranz kleinerer Plättchen, die Ocellarplättchen, welche das Apikalende der Ambulakralzonen bilden. Das im Ocellarplättchen links von der Madreporenplatte endende Ambulakrum wird als das vordere Ambulakrum bezeichnet, da sich der Periprokt in den Fällen, in denen er aus dem Scheitelschild heraustritt, stets in das dem vorderen Ambulakrum gegenüberliegende Interambulakrum verlagert, das dadurch zum hinteren wird. Die Madreporenplatte, in der der Steinkanal ausmündet, ist der Fixpunkt, der eine gleichartige Orientierung der pentameren Seeigelgehäuse ermöglicht.

Auf den Skelettplatten befinden sich wie bei allen Echinodermen gelenkige Stachelanhänge, die bei den Seeigeln eine besonders starke Entwicklung zeigen. Die Stacheln gelenken auf einer runden Warze des Skelettplättchens, dem Warzenkopf, der von einem runden, glatten, eingesenkten Ring, dem Warzenhof, umgeben ist. In ihm inserieren die Muskeln, welche die Stachelbewegung bewirken. Der Stachel selbst besteht aus dem Stachelkopf mit einer Gelenkpfanne für den Warzenkopf. Es folgt der etwas eingeschnürte, glatte Stachelhals, an dem die Muskeln des Warzenhofes ansetzen, und schließlich der verschieden gestaltete, oft skulptierte Stachelschaft oder Stachelkörper. Gestalt und vor allem die innere Struktur der Stacheln sind systematisch wichtig.

Seeigel sind seit dem Ordovizium bekannt, aber als häufige und typische Fossilien erst seit Beginn des Mesozoikums wichtig.

Unterklasse Perischoechinoidea

Die Perischoechinoidea umfassen die primitiven, auf das Paläozoikum beschränkten Formenkreise, mit Ausnahme der bis zur Gegenwart reichenden **Cidariden.** Sie haben ein ganz umrandetes (holostomes) Mundfeld.

Ordnung Echinocystitoida

Die Echinocystitoida kommen vom Ordovizium bis zum Perm vor. Ihre zum Teil groß werdende Skelettkapsel ist flexibel und aus zahlreichen kleinen, dünnen, dachziegelig übereinandergreifenden Plättchen aufgebaut. In den Ambulakren können bis zu 20, in den Interambulakren bis zu 14 Längsreihen von Plättchen vorhanden sein. Aufgrund der Flexibilität der Skelettkapsel mit den kleinen, dünnen Skelettplättchen sind die Möglichkeiten der Fossilisation gering. Sie spielten in den paläozoischen Lebensgemeinschaften wohl eine größere Rolle als die dürftige, fossile Dokumentation erkennen läßt.

Seeigelgehäuse, 8 cm, mit Kauapparat (»Laterne des Aristoteles«), rezent, Mittelmeer

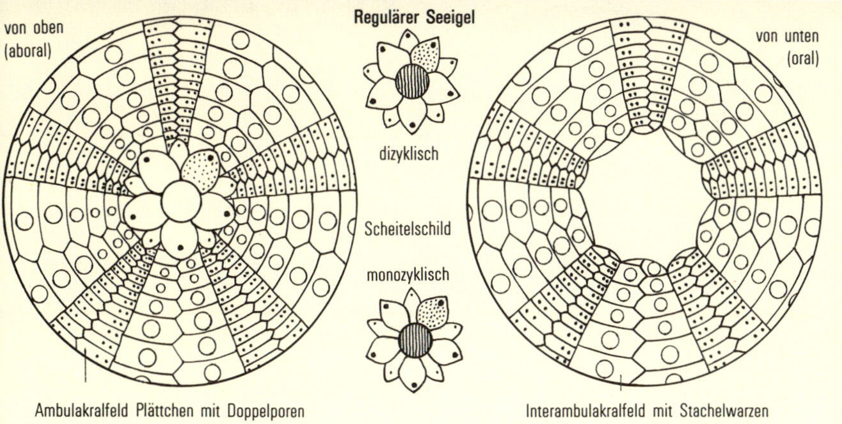
Regulärer Seeigel
von oben
(aboral)
dizyklisch
Scheitelschild
monozyklisch
von unten
(oral)
Ambulakralfeld Plättchen mit Doppelporen
Interambulakralfeld mit Stachelwarzen

Ordnung Palaechinoida

Die Palaechinoida sind vom Silur bis zum Perm bekannt und unterscheiden sich dadurch, daß die aus zahlreichen kleinen, polygonalen Plättchen aufgebaute Skelettkapsel starr ist. Sie hat zwei Plättchenreihen in den Ambulakren und eine wechselnde Zahl von Plättchenreihen in den Interambulakren und ist von kugeliger Gestalt. Die Peristom-Periprokt-Achse ist meist länger als der Querdurchmesser.

Ordnung Cidaroida

Die Cidaroida sind vom Obersilur an bekannt. Die paläozoischen Vertreter haben eine flexible Skelettkapsel mit zwei Plättchenreihen in den schmalen Ambulakral- und drei bis vier Plättchenreihen in den breiteren Interambulakral-Zonen. Die Interambulakralplatten tragen je einen relativ großen Stachel. Vom ausgehenden Paläozoikum an wird die Skelettkapsel starr.

Archaeocidaris – Karbon und Perm – hat vier interambulakrale Plattenreihen, jede Platte mit einem relativ langen, zylindrischen Stachel. Die schmalen Ambulakren haben zwei Plattenreihen.

Cidaris – Trias bis Gegenwart – mit starrer, kugeliger bis oral-aboral mäßig niedergedrückter Skelettkapsel. Ambulakren sehr schmal, leicht wellig verlaufend zwischen den breiten Interambulakren. Ambulakren aus zwei Reihen sehr kleiner, von Ambulakralporen durchbohrten Plättchen. Interambulakren besteht aus wenigen großen, fünfeckigen Platten, die in zwei alternierend gestellten Reihen angeordnet sind. Jede Platte mit einem großen Warzenhof.

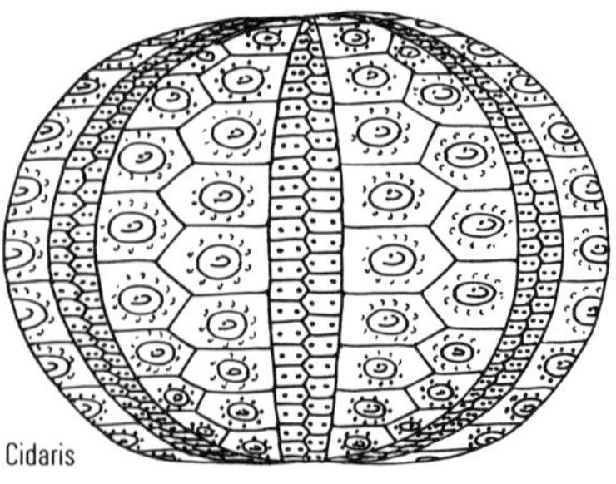

Cidaris

Stacheln sehr kräftig mit skulptiertem Stachelkörper. Peristom groß, rund, holostom. Der Name Cidaris steht hier als Sammelname für den Formenkreis, der vor allem im Jura reich entfaltet war und in dem man nach Feinmerkmalen vor allem der Ambulakren und nach dem Stacheltyp verschiedene Gattungen ausgliedern kann. Die Stacheln sind häufige und vor allem im Jura typische Fossilien.

Rhabdocidaris – Jura bis Tertiär – ▷1 und **Paracidaris** – Trias und Jura – haben gekerbte, **Balanocidaris** – Trias bis Kreide – und **Plegiocidaris** – Trias und Jura – ▷2 haben ungekerbte Stachelwarzen. Sie sind bei allen durchbohrt, bei **Tylocidaris** – Kreide – undurchbohrt. Gut erhaltene, vollständige Skelettkapseln sind relativ selten. Häufig sind die Stacheln. Bei Rhabdocidaris sind sie lang mit abgeflachtem Querschnitt und dornenbesetzt, bei Balanocidaris ist der Stachelkörper kurz, keulenförmig verdickt und gekörnelt, bei Paracidaris ist er zylindrisch und in Längsreihen gekörnelt; der Stachelhals geht ohne scharfe Grenze in den Stachelkörper über, während er beim gleichgestalteten Stachel von Plegiocidaris scharf vom Stachelhals abgesetzt ist.

Unterklasse Euechinoidea

Diese fortschrittlichere Unterklasse der Seeigel erscheint in der Trias und entfaltet sich vom Jura an vielgestaltig bis zur Gegenwart. Die Euechinoidea haben eine starre Skelettkapsel, in der jede Ambulakral- und jede Interambulakral-Zone von je zwei Plättchenreihen gebildet werden. Die Plättchen der beiden Reihen innerhalb einer Ambulakral- bzw. Interambulakral-Zone stehen alternierend, so daß die beiden Reihen durch eine Zickzacksutur getrennt sind. Die Sutur zwischen den Ambulakral- und Interambulakral-Zonen ist dagegen geradlinig. Im Mundfeld treten Mundkiemen auf; der Peristomrand hat dafür zehn Einschnitte, jeweils an der Grenze von Ambulakrum und Interambulakrum (glyphostomer Peristomrand).

Unter der Sammelbezeichnung **Reguläre Euechinoiden** hat man früher die Euechinoiden zusammengefaßt; bei ihnen ist die fünfstrahlige Radialsymmetrie mit dem im Zentrum des Scheitelschildes gelegenen Periprokt erhalten geblieben. Die Ambulakren können cidaroid schmal und aus kleinen Einzelplättchen gebildet sein, oder die Einzelplättchen wachsen in

1 *Rhabdocidaris nobilis, 9 cm, Jura-Kimmeridge, Geisingen*

2 *Plegiocidaris coronata, 5 cm, Jura-Tithon, Langenau/Ulm*

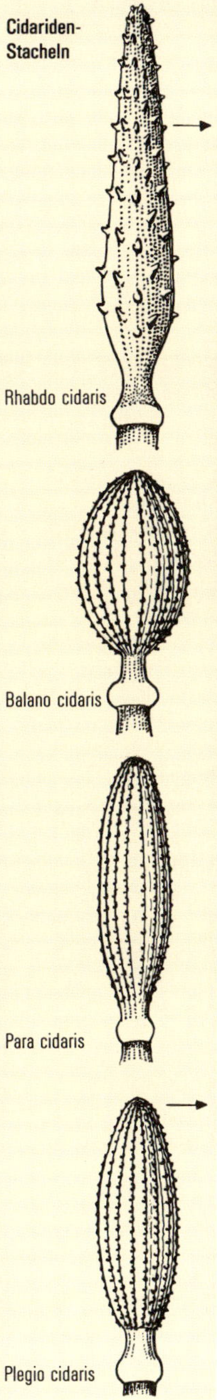
Cidariden-
Stacheln
Rhabdo cidaris
Balano cidaris
Para cidaris
Plegio cidaris

1

2

Gruppen von drei bis sechs zu Großplättchen zusammen, wodurch sich die Ambulakralzonen verbreitern: Die ursprünglich einzeiligen Reihen der Ambulakralporen können dann mehrzeilig werden. Während die schmalen, cidaroiden Ambulakren keine größeren Stacheln tragen, also nur auf den Interambulakren auftreten, kommen auf den verbreiterten, aus Großplättchen gebildeten Ambulakren größere Stacheln vor, die denen der Interambulakren gleichen. Der Unterschied im Stachelkleid der Interambulakren und Ambulakren verwischt sich.

Überordnung Diadematacea

Die Ambulakren sind schmal cidaroid, häufiger verbreitert, und bestehen aus zusammengesetzten Großplättchen. Die Stacheln sind dünn, verlängert, oft nadelförmig; sie haben eine hohle Achse und eine Außenzone, die von wenigen sich keilförmig nach außen verbreiternden, radialen Kalklamellen gebildet wird. Sie bewirken eine feine Längsstreifung der Stacheln, an denen der Stachelkörper ohne Stachelhals unmittelbar am Stachelkopf ansetzt.

Diadema-Stachel

Eodiadema – Trias und Unterjura – hat eine niedergedrückte Skelettkapsel mit abgeflachter Unterseite, schmale, cidaroide Ambulakren, nadelförmige Stacheln und eine gekerbte, durchbohrte Stachelwarze auf jeder Interambulakralplatte.

Hemipedina – Jura – hat über einer abgeflachten Unterseite eine mäßig aufgewölbte Oberseite und breitere Ambulakren mit Großplatten, die aus drei Primärplättchen zusammengesetzt sind. Jede Interambulakral-Platte mit einer durchbohrten, ungekerbten Stachelwarze. Gleiche, aber kleinere Stachelwarzen auf den ambulakralen Großplättchen. ▷ 1

Pedina – Jura – mit ähnlicher Gehäusegestalt wird größer (Durchmesser bis 10 cm). Die mäßig breiten Ambulakralzonen bestehen aus dreiteiligen Großplättchen. Die drei Ambulakralporen eines Großplättchens bilden eine schräggestellte Dreiergruppe, so daß die beiden Porenzonen eines Ambulakrums dreizeilig werden. Stachelwarzen durchbohrt und ungekerbt. Der seltene **Pygaster** – Lias – unterscheidet sich durch die Verlagerung des Periproktfeldes ins hintere Interambulakrum.

Der Gattung Pedina ähnliche Formen finden sich auch in der Kreide. Ihre Hauptentfaltung hatten die Diadematacea im Jura. Von der Kreide an gehen sie bis zur Gegenwart langsam zurück.

Überordnung Echinacea

Sie ist wesentlich vielgestaltiger bis zur Gegenwart entfaltet. Die Ambulakren können breit werden und Großplättchen haben, in denen bis zu sechs Primärplättchen vereinigt sind. Die Porenreihen werden mehrzeilig. Das Stachelkleid der Ambulakren gleicht sich dem der Interambulakren an.

Die dünnen, spitzen Stacheln haben eine von einem Maschenwerk erfüllte Achse, an die sich eine Außenzone anschließt, die von zahlreichen dünnen, radialen Kalklamellen gebildet wird; ihre Oberfläche ist fein längsgestreift.

Die **Salenien** umfassen kleinwüchsige, etwas aberrante Formen mit auffallend großem Scheitelschild, in dem der Periprokt durch eine zusätzliche, zentrale Suranalplatte in exzentrische Lage kommt. Die kräftigen Stacheln sind mäßig lang und ähneln denen von Cidaris.

Acrosalenia – Jura – und einige nah verwandte, bis in die Kreide reichende Gattungen haben durchbohrte und gekerbte Stachelwarzen. Die Ambulakren bestehen in der unteren Hälfte aus dreiteiligen Großplättchen, im oberen Abschnitt aus einfachen Primärplättchen. ▷ 2

Salenia – als Sammelbegriff für einige unter sich sehr ähnliche Gattungen verwendet, vom Oberjura bis zur Gegenwart – hat einen großen Apikalschild, dessen Durchmesser halb so groß wie die Skelettkapsel ist; die interambulakralen Plattenreihen bestehen nur aus vier bis sechs Platten. Stachelwarzen undurchbohrt, gekerbt. Die Ambulakren bestehen aus Primär- oder zweiteiligen Großplättchen.

Hemicidaris – Jura und Kreide – ▷ 3–4 hat eine kugelige, unten abgeflachte Kelchkapsel

1 *Hemipedina granulata, 1,5 cm, Jura-Callov, Munifeld, Schweiz*
2 *Acrosalenia bradfordensis, 3,5 cm, Jura-Callov, Delemont, Schweiz*
3 *Hemicidaris luciensis, 1,5 cm, Jura-Callov, Luc-s-Mer, Frankreich*
4 *Hemicidaris crenularis, 2,5 cm, Jura-Oxford, Soyhières, Schweiz*

1

2

3

4

und eine große, gekerbte, durchbohrte Stachelwarze auf jeder Interambulakralplatte. Die Ambulakren bestehen aus dreiteiligen Großplättchen, die im unteren Abschnitt je eine große, gekerbte und durchbohrte Stachelwarze tragen. Im oberen Abschnitt verschmälert sich das Ambulakrum und trägt keine größeren Stachelwarzen mehr. Hier können einfache Primärplättchen auftreten. Mehrere sehr ähnliche Gattungen in Jura und Kreide.

Pseudodiadema – Jura – mit niedriger, oben und unten abgeflachter Skelettkapsel, relativ breiten Ambulakren mit dreiteiligen Großplättchen und einzeiliger Porenreihe. Jedes Großplättchen mit einer gekerbten, durchbohrten Stachelwarze, die etwas kleiner ist als die Stachelwarzen der Interambulakren. Die Interambulakren etwas breiter als die Ambulakren mit einer Stachelwarze je Interambulakralplatte. ▷1

Polydiadema – Jura und Kreide – von gleicher Gestalt wie Pseudodiadema. Aus dreiteiligen Großplättchen bestehende Ambulakren, die fast so breit sind wie die Interambulakren. Gekerbte und durchbohrte Stachelwarzen der Interambulakren und Ambulakren gleich groß, je eine Warze pro Plättchen. Porenzonen einzeilig.

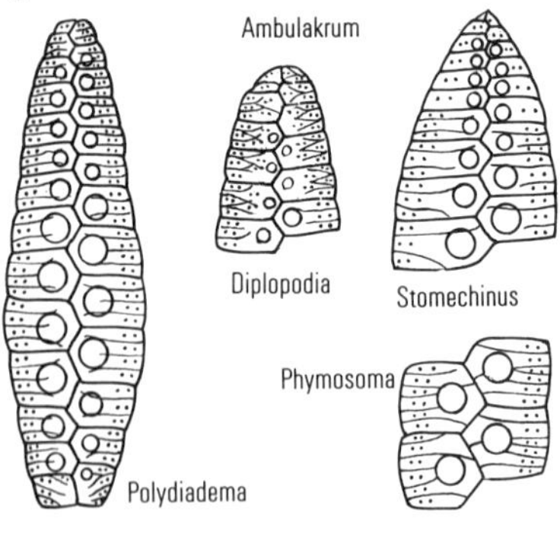

Diplopodia – Jura und Kreide – unterscheidet sich dadurch, daß die Poren der Ambulakren nur in deren Mittelteil einzeilig, oben und unten aber zweizeilig angeordnet sind. ▷2

Glypticus – Jura – kleinwüchsig, unten abgeflacht, mäßig hochgewölbt. Ambulakren mit drei-, im Umkreis des Peristoms mit vier- bis fünfteiligen Großplättchen, jedes mit einer undurchbohrten, ungekerbten Stachelwarze. Gleiche Stachelwarzen auf den Interambulakren; im Umkreis des Apikalschildes sind die Stachelwarzen durch unregelmäßige, wulstförmige Erhöhungen ersetzt. ▷3

Magnosia – Jura und Kreide – mit abgeflachter Unter- und kräftig gewölbter Oberseite, hat schmale Ambulakren mit dreiteiligen Großplättchen, einzeiligen Porenreihen und zwei bis vier kleinen Stachelwarzen. Auch auf den Interambulakren finden sich zahlreiche kleine, in Längs- und Querreihen angeordnete Stachelwärzchen.

Stomechinus – Jura und Unterkreide – mit abgeflachter Unter- und halbkugelig aufgewölbter Oberseite, wird relativ groß. Ambulakren mit dreiteiligen Großplättchen und zwei- bis dreizeiligen Porenzonen, mit ungekerbten, undurchbohrten Stachelwarzen, die so groß sind wie die der gleich ausgebildeten Interambulakren, in denen jede Platte zwei bis vier Warzen zeigt. ▷4

Phymechinus – Jura und Kreide – unterscheidet sich dadurch, daß auf jeder Interambulakralplatte nur eine relativ große, undurchbohrte, ungekerbte Stachelwarze sitzt.

Phymosoma – Kreide – hat eine niedrige, oben und unten abgeflachte Skelettkapsel. Die relativ breiten Ambulakren bestehen aus fünf- bis sechsteiligen Großplättchen. Die Porenzonen sind einzeilig und können im Umkreis des Apikalschildes zweizeilig werden. Jede Interambulakralplatte hat zwei bis drei große, ungekerbte, undurchbohrte Stachelwarzen. ▷5–6

Psammechinus – Kreide bis Gegenwart – unten abgeflacht, halbkugelig aufgewölbt. Ambulakren mit dreiteiligen Großplättchen und zweizeiligen Porenzonen. Zahlreiche kleine, in Längs- und Querreihen angeordnete Stachelwarzen auf den Interambulakren.

1 Pseudodiadema, 4 cm, Jura-Kimmeridge, Mundingen

2 Diplopodia subangularis, 2,5 cm, Jura-Oxford, Holderbank, Schweiz

3 Glypticus hieroglyphicus, 2 cm, Jura-Oxford, Fringeli, Schweiz

4 Stomechinus lineatus, 8 cm, Jura-Tithon, Seligweiler, Ulm

5 u. 6 Phymosoma koenigi, 4,5 cm, Kreide, Ramsgate Kent, England

1

2

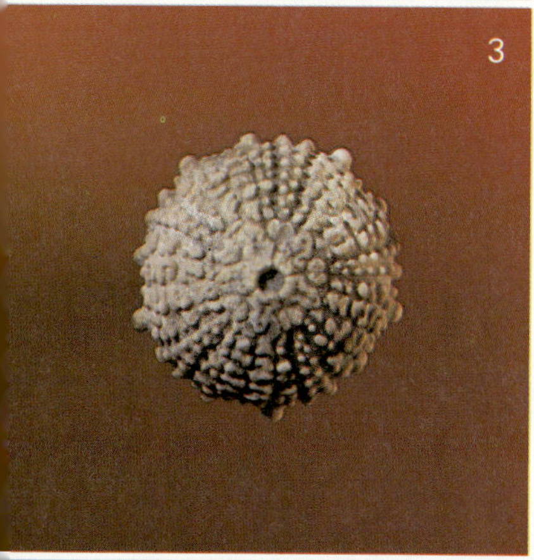
3

4

5

6

Unter der Sammelbezeichnung **Irreguläre Euechinoiden** hat man früher einige selbständige Ordnungen von Euechinoiden zusammengefaßt, die nur insofern irregulär sind, als die im Stachelhäuter-Bauplan angelegte, fünfstrahlige Radialsymmetrie bilateral-symmetrisch überprägt ist. Die bilaterale Symmetrieebene verläuft stets vom vorderen, links von der Madreporenplatte gelegenen Ambulakrum über den Apikalschild zum hinteren Interambulakrum. Sie wird zunächst dadurch bewirkt, daß das Periproktfeld aus der zentralen Lage im Apikalschild in das hintere Interambulakrum verlagert wird. In der weiteren Entwicklung können dann auch die Skelettkapsel und der Verlauf der Ambulakralzonen der Bilateralität entsprechend abgewandelt werden.

Das Stachelkleid wird stets von zahlreichen kleinen Stacheln gebildet. Die Oberfläche der Skelettkapsel zeigt daher zahlreiche kleine Stachelwärzchen.

Die Ambulakralzonen bestehen immer aus einfachen Primärplättchen. Im Umkreis des Scheitelschildes können die Ambulakralplättchen verbreitert und die Ambulakralporen schlitzförmig verlängert werden. Dadurch entstehen auf der Oberseite der Skelettkapsel im Umkreis des Apikalschildes Ambulakralfelder, die Petalodien, die wie ein Blütenblatt aussehen. Ähnliche Umbildung der Ambulakren kann auch im Umkreis des Peristoms auftreten, das sind dann die Phyllodien.

Ordnung Holectypoida

Vor allem in Jura und Kreide reich entfaltet, mit Nachzüglern bis zur Gegenwart. Umriß kreisrund bis gerundet pentagonal. Peristom und Scheitelschild liegen zentral. Unterseite abgeflacht, Oberseite mehr oder weniger stark aufgewölbt.

Die Ambulakren strahlen radial vom Apikalschild aus. Die radiale Pentamerie der Skelettkapsel ist also noch unverändert erhalten. Sie wird nur dadurch durchbrochen, daß der Periprokt aus dem Apikalschild heraus in das hintere Interambulakrum verlagert ist. Er liegt meist am Hinterrand oder sogar auf der Unterseite hinter dem Peristom.

Galerites – Oberkreide – weniger stark aufgewölbt, mehr oder weniger halbkugelig. Die Gattungen können in der Oberkreide häufiger einzelne Bänke erfüllen.

Holectypus – Jura und Kreide – mäßig aufgewölbt. Hinter dem großen, deutlich glyphostomen, zentral gelegenen Peristom liegt der große, ovale Periprokt auf der Unterseite. ▷ 1

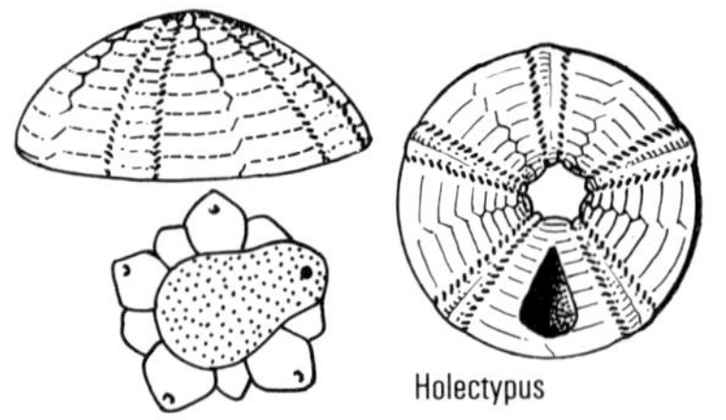

Holectypus

Discoides – Kreide – stärker konisch aufgewölbt. Der auf die Unterseite verlagerte Periprokt bleibt relativ klein. Auf der Innenseite werden die Ambulakren durch Leisten begrenzt, die am Steinkern als Furchen erscheinen.

Conulus – Oberkreide – sehr hoch, kegelförmig. Peristom nur klein. Periprokt auf der Unterseite nahe am Hinterrand gelegen. ▷ 3–4

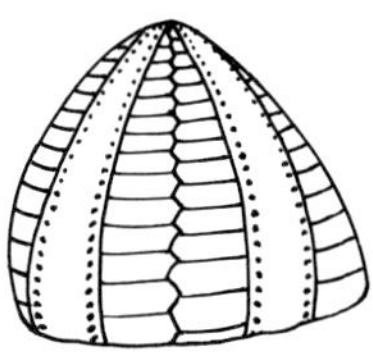

Conulus

Conoclypeus – Tertiär – wird ziemlich groß und ist der einzige Vertreter der Holectypoiden, deren Skelettkapsel länglich ovalen Umriß hat und deren Ambulakren schwach petaloid abgewandelt sind. ▷ 2

Ordnung Clypeastroida

Auch hier ist der Umriß kreisrund bis gerundet pentagonal, die Unterseite abgeflacht und die Oberseite mäßig aufgewölbt. Scheitelschild und das kleine, meist eingesenkte Peristom liegen zentral. Der Periprokt liegt im hinteren Interambulakrum auf der Unterseite. Im Unter-

1 *Holectypus depressus, 3 cm, Jura-Callov, Hauenstein, Schweiz*
2 *Conoclypeus conoideus, 12 cm, Tertiär-Miozän, Irkut, Ungarn*
3 *Conulus, je 3 cm, Kreide-Turon, Wüllen*
4 *Conulus subrotundus, 3 cm, Kreide-Turon, Wüllen*

1

2

3

4

schied zu den Holectypoiden sind die Ambulakren ausgeprägt petaloid.

Echinocyamus – Oberkreide – kleinwüchsig, hat mäßig verlängerten, ovalen Umriß, hinten mitunter etwas zugespitzt. Periprokt klein, auf der Unterseite gelegen. Petalodien sehr schwach ausgeprägt. Auf der Innenseite umgrenzen, wie bei Discoides, Radialleisten die Ambulakren. Die Gattung vermittelt zwischen Holectypoiden und Clypeastroiden.

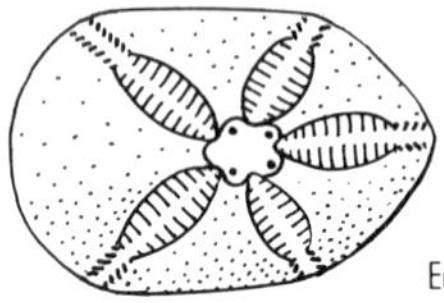

Echinocyamus

Clypeaster – Alttertiär bis Gegenwart – wird größer, hat runden bis gerundet pentagonalen Umriß. Oberseite in der Mitte kräftiger aufgewölbt, zur Peripherie hin verflacht. Petalodien sehr ausgeprägt entwickelt. ▷ 1–2

Scutella – Alttertiär bis Gegenwart – hat eine flach scheibenförmige Gestalt, gut entwickelte Petalodien; die Ambulakrallinien der Unterseite eigenartig verästelt. Im Inneren zahlreiche vertikale Stützpfeiler, wodurch das ohnehin schon kleine Lumen in der Skelettkapsel noch weiter verringert wird. ▷ 4

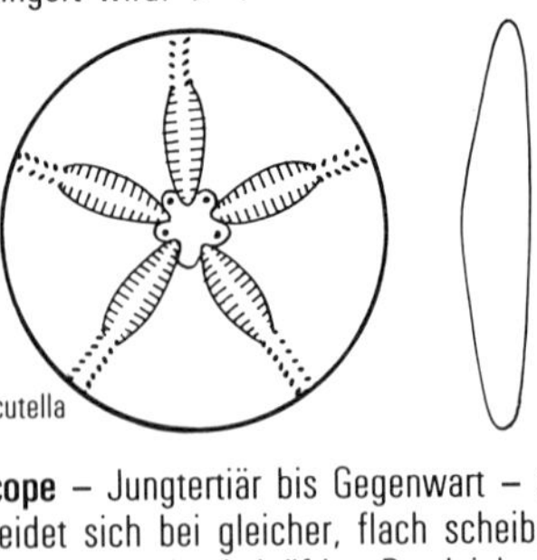

Scutella

Encope – Jungtertiär bis Gegenwart – unterscheidet sich bei gleicher, flach scheibenförmiger Gestalt durch kräftige Randeinbuchtungen der Peripherie, die außen umwachsen werden können, so daß die Skelettkapsel von rundlichen Öffnungen durchbrochen wird. An tropischen Sandstränden oft häufig (**Sanddollar**). ▷ 3

Ordnung Cassiduloida

Kreisrunde, gerundet pentagonale oder länglich ovale, flache bis mäßig aufgewölbte Formen. Die Petalodien sind meist lang und schwach ausgeprägt. Das Peristom liegt zentral oder ist schwach nach vorn verlagert, oft mit Phyllodien. Sehr abwandlungsfähiger Formenkreis.

Mepygurus – Jura – mit nahezu kreisrundem Umriß und zentral gelegenem Apikalschild, hat bis zur Peripherie reichende, schwach verbreiterte Petalodien. Die Oberseite ganz schwach aufgewölbt. Periprokt nahe dem Hinterrand auf der Unterseite.

Pygurus – Jura und Unterkreide – mit ebenfalls flacher, scheibenförmiger Skelettkapsel. Unterscheidet sich durch den mehr gerundet pentagonalen Umriß, dessen Hinterrand oft schnabelartig etwas vorspringt.

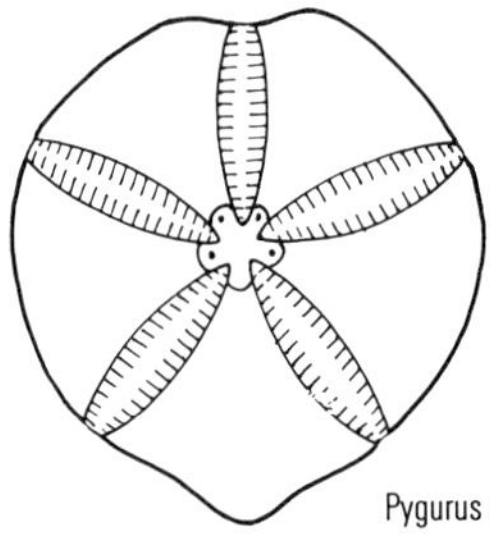

Pygurus

Hyboclypus – Jura – schwach aufgewölbt, scheibenförmig, hat runden bis gerundet pentagonalen Umriß. Petalodien nur schwach entwickelt, nicht verbreitert. Scheitelschild verlängert. Periprokt unmittelbar hinter dem zentral gelegenen Scheitelschild auf der Oberseite in einer tiefen, zum Hinterrand reichenden Furche. ▷ 5

Clypeus – Jura – unterscheidet sich bei gleicher Gestalt durch gut entwickelte, verbreiterte, fast bis zur Peripherie reichende Petalodien. ▷ 6

1 u. 2 Clypeaster portentosus, 18 cm, Tertiär-Miozän, Logudoro, Sardinien, Italien
3 Encope california, 10 cm, Tertiär-Pliozän, Sonora, Mexiko
4 Scutella subrotunda, 7 cm, Tertiär-Miozän, Doué, Frankreich
5 Hyboclypus gibberulus, 3 cm, Jura-Callov, Anwil, Schweiz
6 Clypeus, 5 cm, Jura-Aalen, Blumberg

1

2

3

4

5

6

Nucleolites – Jura und Kreide – artenreich, weit verbreitet, bleibt etwas kleiner und ist etwas stärker aufgewölbt. Umriß länglich oval, der Hinterrand abgestutzt. Scheitelschild mehr oder weniger zentral. Petalodien schwach entwickelt, kaum verbreitert. Periprokt auf der Oberseite in einer tiefen, bis zum Hinterrand reichenden Furche mit wechselnder Entfernung vom Scheitelschild. ▷ 1

Pyrina – Kreide – hat länglich ovalen Umriß, schmale, lange, aber deutlich entwickelte Petalodien. Periprokt nicht in eine Furche eingesenkt, oberhalb des Hinterrandes.

Cassidulus – Kreide bis Gegenwart – bleibt kleinwüchsig und hat ähnlich länglich ovalen Umriß. Deutlich entwickelte, kurze Petalodien. Periprokt nahe am Hinterrand oben gelegen, nicht in Furche eingesenkt.

Catopygus – Jura bis Oberkreide – unterscheidet sich bei gleicher Gestalt durch etwas stärkere Aufwölbung, schwach entwickelte, nicht verbreiterte Petalodien und unmittelbar am Hinterrand gelegenen Periprokt.

Echinolampas – Tertiär bis Gegenwart – wird größer, hat kreisrunden oder gerundet pentagonalen Umriß und ist mäßig aufgewölbt. Scheitelschild und Peristom subzentral gelegen. Periprokt nahe am Hinterrand unten gelegen. Petalodien und Phyllodien gut ausgeprägt. ▷ 2

Ordnung Holasteroida

Vom Jura an, vor allem in der Kreide reich entfaltet, mit wenigen Nachzüglern bis zur Gegenwart. Länglich ovale bis herzförmige, hoch aufgewölbte Formen. Die Ambulakren sind einfach oder schwach petaloid. Das Peristom ist weit nach vorn verlagert mit querovalem Umriß. Das hintere Interambulakrum ist auf der Unterseite etwas aufgewölbt (»Sternum«) und endet vorn in einer schwach gegen das Peristom vorragenden »Unterlippe«.

Collyrites – Jura und Unterkreide – hat gerundet ovalen bis herzförmigen Umriß und ist wechselnd hoch aufgewölbt. Das vor der Mitte gelegene Peristom kann näher am Vorderrand liegen. Der Periprokt liegt am Hinterende. Die Ambulakren sind einfach. Der langgestreckte Scheitelschild liegt vor der Mitte; von ihm gehen die drei vorderen Ambulakren aus (Trivium). Die beiden hinteren Ambulakren (Bivium) liegen weit vom Scheitelschild getrennt. Eine Reihe zusätzlicher Plättchen in der Mittellinie verbindet Trivium und Bivium.

Collyrites

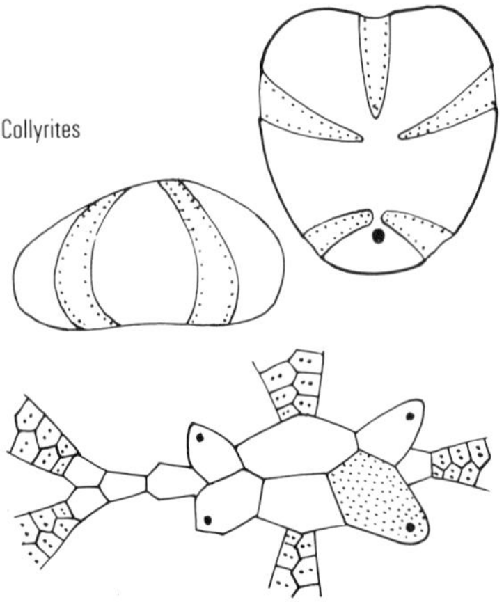

Disaster – Jura und Unterkreide – unterscheidet sich bei ähnlicher Gestalt und getrenntem Trivium und Bivium dadurch, daß der Scheitelschild klein, kompakt, gerundet quadratisch ist und Trivium und Bivium nicht durch eine mediane Plättchenreihe verbunden sind.

Holaster – Unterkreide – hat herzförmigen Umriß und ist hochgewölbt. Scheitelschild wie bei Collyrites langgestreckt. Alle fünf einfachen, nicht petaloiden Ambulakren gehen vom Scheitelschild aus. Das vordere Ambulakrum verläuft in einer vom Scheitelschild zum weit vorn gelegenen Peristom ziehenden Eindellung.

Echinocorys – Oberkreide – sehr hoch gewölbt, fast konisch. Keine Eindellung für das vordere Ambulakrum. Periprokt auf der Unterseite nahe am Hinterrand gelegen. ▷ 3–4

Hemipneustes – Oberkreide – unterscheidet sich durch eine tiefe Furche für das vordere Ambulakrum und schwach petaloid entwikkelte Ambulakren. ▷ 5

1 Nucleolites hugi, 4 cm, Jura Callov, Hauenstein, Schweiz

2 Echinolampas kleini (Unterseite), 6 cm, Tertiär-Oligozän, Doberg, Bünde

3 u. 4 Echinocorys sulcatus, 6,5 cm, Kreide-Dan, Dalbyover, Dänemark

5 Hemipneustes radiatus, 9 cm, Kreide-Senon, Valkenburg, Niederlande

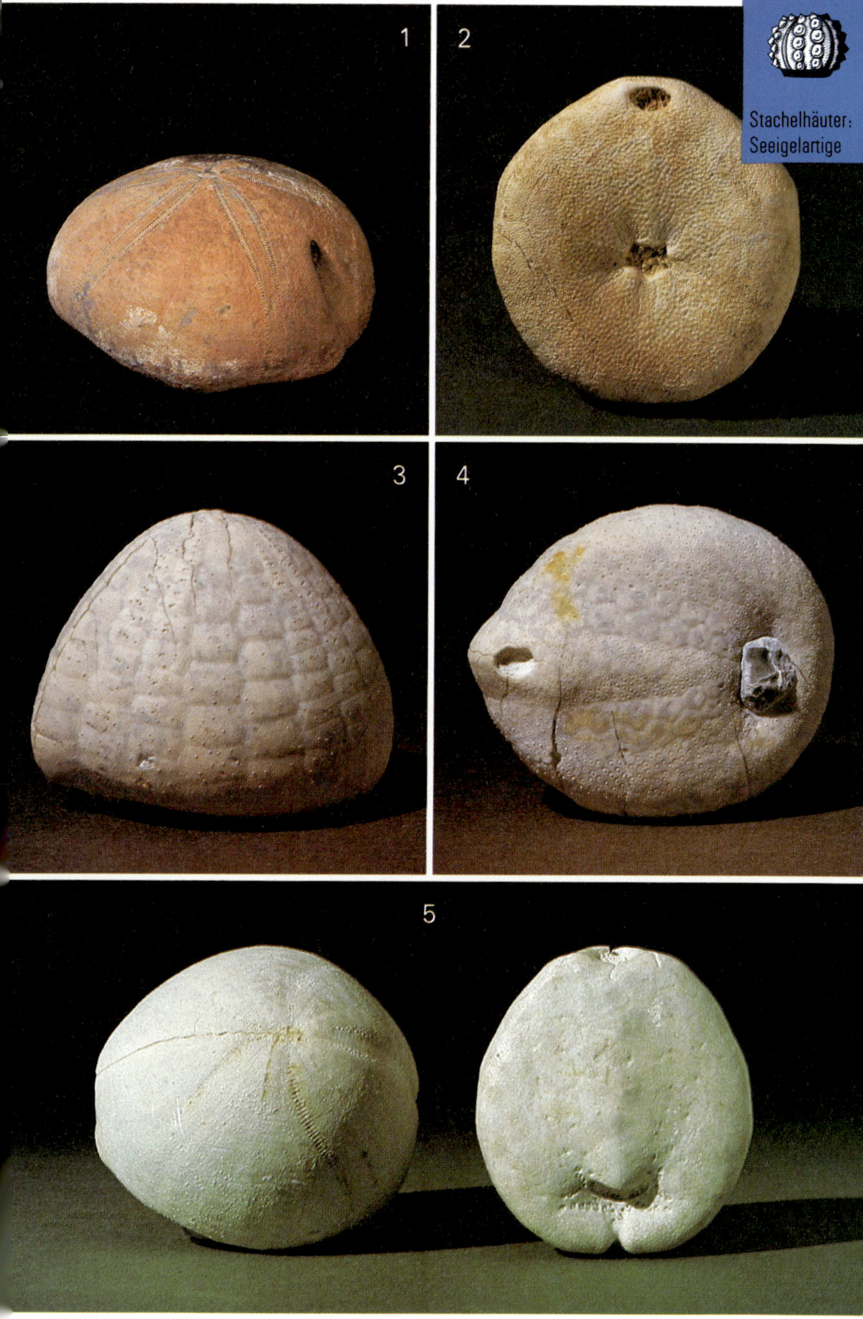
1
2
3
4
5

Offaster – Oberkreide – bleibt im Gegensatz zu den vorhergehend genannten Gattungen relativ klein; hoch gewölbt, halbkugelig, hat einen hinten oben gelegenen Periprokt und einfache, nicht petaloide Ambulakren.

Infulaster – Oberkreide – schmal, langgestreckt, sehr hoch. Vom weit vorn liegenden Scheitelschild fällt die Vorderseite steil ab, mit einer tiefen Furche für das vordere Ambulakrum. ▷ 2

Diese reiche, kretacische Entfaltung der Holasteroiden klingt in der Oberkreide rasch aus. Nur wenige Nachzügler bis zur Gegenwart.

Ordnung Spatangoida

Die Spatangoida haben meist eine herzförmige Skelettkapsel (Herz-Seeigel). Wie bei den Holasteroiden liegt das querovale Peristom weit vorn und hat eine vom Sternum (hinteres Interambulakrum) gebildete Unterlippe. Sie unterscheiden sich von den Holasteroiden durch einen kleinen, gerundet quadratischen Scheitelschild, ähnlich dem von Disaster; wie bei ihm sind auch die Ambulakren meist ausgesprochen petaloid. Ein Sondermerkmal der Herz-Seeigel sind die Fasciolen, schmale, geschwungene Bänder der Oberfläche, auf denen keine Stacheln saßen. Verlauf und Anordnung der Fasciolen sind für die Bestimmung der Spatangoiden wichtig. Der Periprokt liegt stets am Hinterende.

Toxaster – Kreide – hat herzförmige Gestalt. Das vordere Ambulakrum in eine Furche eingesenkt. Fasciolen sind keine vorhanden. ▷ 1

Hemiaster – Kreide bis Gegenwart – mit einer vom Scheitelschild zum Peristom verlaufenden Furche für das vordere Ambulakrum; die vier hinteren Ambulakren ausgeprägt petaloid und etwas eingesenkt; die beiden hinteren Petalodien sind länger als die drei vorderen. Ein Fasciolenring umgibt die Petalodienfelder.

Schizaster – Oberkreide bis Gegenwart – unterscheidet sich vor allem dadurch, daß die beiden hinteren Petalodien viel kürzer sind als die drei vorderen. Scheitelschild wenig hinter der Mitte gelegen. ▷ 3

Linthia – Tertiär bis Gegenwart – weniger hoch gewölbt. Die vom Scheitelschild zum Peristom verlaufende Furche sehr ausgeprägt. Die vier paarigen Petalodien ungefähr gleich groß. Ein Fasciolenring umgibt die Petalodienfelder.

Micraster – Oberkreide und Tertiär – hat ebenfalls die vom Scheitelschild zum Peristom verlaufende Furche und die eingesenkten Petalodien. Alle Petalodien ungefähr gleich lang. Periprokt am Hinterende ganz oben gelegen; darunter ein Fasciolenband. Die Arten von Micraster wie die von Hemiaster sind als Leitfossilien wichtig. ▷ 5

Echinocardium – Tertiär und Gegenwart – sind bei ähnlicher Gestalt vor allem durch ein Scheitel und vorderes Ambulakrum umschließendes Fasciolenband gekennzeichnet, während die paarigen Petalodien außerhalb der Fasciole verbleiben.

Spatangus – Tertiär bis Gegenwart – unterscheidet sich dadurch, daß die Petalodien nicht eingesenkt und zwischen ihnen einige größere Stachelwarzen vorhanden sind. Eine Fasciole unter dem hinten oben gelegenen Periprokt. ▷ 4

Maretia – Tertiär bis Gegenwart – unterscheidet sich von Spatangus durch das Fehlen der vorderen, vom Scheitel zum Peristom verlaufenden Furche.

Hemipatagus – Tertiär bis Gegenwart – hat eine deutlich ausgeprägte Furche vom Scheitelschild zum Peristom, aber die paarigen Petalodien sind nicht eingesenkt. Einige größere Stachelwarzen nur vorn, aber nicht zwischen den hinteren Petalodien. Fasciole unterhalb des hinten oben gelegenen Periproktes.

Macropneustes – Tertiär bis Gegenwart – unterscheidet sich durch das Fehlen größerer Stachelwarzen. Petalodien nicht eingesenkt und auch die vom Scheitel zum Peristom verlaufende, vordere Furche nur schwach angedeutet.

1 *Toxaster retusus, 3 cm, Kreide-Hauterive, Cressier, Schweiz*
2 *Infulaster excentricus (»Bischofsmütze«), 5 cm, Kreide-Turon, Wüllen*
3 *Schizaster, 7 cm, Tertiär-Miozän, Almeria, Spanien*
4 *Spatangus hoffmanni, 6 cm, Tertiär-Oligozän, Doberg, Bünde*
5 *Micraster, 7 cm, Kreide-Campan, Höver, Hannover*

1

2

3

4

5

Stamm Kragentiere *(Hemichordata)*

Ein in der Gegenwart bedeutungsloser, formenarmer Stamm primitiver Organismen, der vermutlich der Stammgruppe der Wirbeltiere nahesteht. Fossil wichtig:

Klasse Graptolithen *(Graptolithina)*

Die Graptolithen erscheinen im oberen Kambrium und sind im Ordovizium und Silur reich entfaltet. Sie sind weltweit verbreitet und äußerst wichtige Leitfossilien. Letzte Nachzügler bis ins Karbon. Ihren Namen (Graptolithen = Schriftsteine) verdanken sie der Tatsache, daß ihre Reste in dunklem Schiefer (Graptolithenschiefer) wie Schriftzeichen aussehen.

Sie bilden aus sehr kleinen Einzelindividuen aufgebaute Kolonien. Das Einzelindividuum ist in ein röhrenförmiges Gehäuse, die Theca, eingeschlossen, das aus einer chitinähnlichen Substanz besteht. Dank gewisser Ähnlichkeiten mit den Kolonien von Nesseltieren *(Cnidaria)* oder Bryozoen hat man sie früher dem einen oder anderen der beiden Stämme zugeordnet. Neue Untersuchungen der Feinstruktur des Skelettes lassen Beziehungen zu den zum Hemichordatenstamm gehörenden Klassen der **Flügelkiemer** *(Pterobranchia)* und **Eichelwürmer** *(Enteropneusta)* erkennen.

Ordnung Dendroidea

Die vom Oberkambrium bis zum Karbon reichende Ordnung umfaßt am Untergrund festgeheftete, strauchartig verzweigt in die Höhe wachsende Kolonien. Die Äste bestehen aus einer durchgehenden Röhre (Stolon); ihr oberes, weiterwachsendes Ende ist offen und enthält die Stolotheca. Aus ihr sprossen in regelmäßigen Abständen zwei verschiedene Theken, die größere Autotheca und die kleinere Bitheca. Die Äste kommunizieren durch zahlreiche Querbrücken, so daß ein netzförmiger Bau der Kolonie entsteht. Wichtigster Vertreter ist das häufige Leitfossil des untersten Ordoviziums, die Gattung **Dictyonema**. ▷ 1

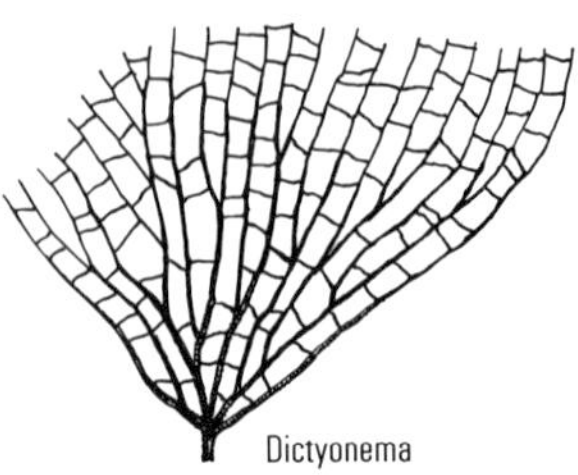

Dictyonema

Die übrigen Vertreter der Dendroidea sind selten und bedeutungslos.

Ordnung Graptoloidea

Die Ordnung, vom Unteren Ordovizium bis in das unterste Devon verbreitet, ist viel formenreicher und wichtiger als die Dendroidea. Die Kolonien der Graptoloidea sind Planktonorganismen. Eine Differenzierung in Stolotheca, Autotheca und Bitheca ist nicht mehr vorhanden; es gibt nur noch einen Typus von Theken in der Kolonie. Die spitz kelchförmige Anfangstheca wird als Sicula bezeichnet. Die weiteren Theken bilden lange, dünne Äste, in denen die nacheinander sprossenden Theken ein- oder zweizeilig angeordnet sind, die Rhabdosome. Von der Sicula können mehrere Rhabdosome ausstrahlen.

Bei den axonolipen **Graptoloidea** *(Axonolipa)* wächst das Rhabdosom in der Wachstumsrichtung der Sicula, so daß eine Theca der anderen folgt, ohne daß eine durchgehende Achse vorhanden ist.

Bei **Dichograptus** – Unterordovizium – besteht die Kolonie aus mehreren (bis zu acht) vom Anfangsteil ausstrahlenden Rhabdosomen.

Tetragraptus – Unterordovizium – bildet Kolonien mit vier Rhabdosomen.

Didymograptus – Unter- bis Mittelordovizium – hat nur noch Kolonien mit zwei Rhabdosomen. ▷ 3

Dicellograptus – Mittel- bis Oberordovizium – hat Kolonien mit zwei Rhabdosomen, die sich in die der Wachstumsrichtung der Sicula entgegengesetzte Richtung zurückbiegen. ▷ 2

1 *Dictyonema flabelliforme, 5 × 3 cm, Ordovizium, Bornholm, Dänemark*

2 *Dicellograptus johnstrupi, 3,5 cm, Ordovizium, Bornholm, Dänemark*

3 *Didymograptus bifidus, 3 cm, Ordovizium, Oslo, Norwegen*

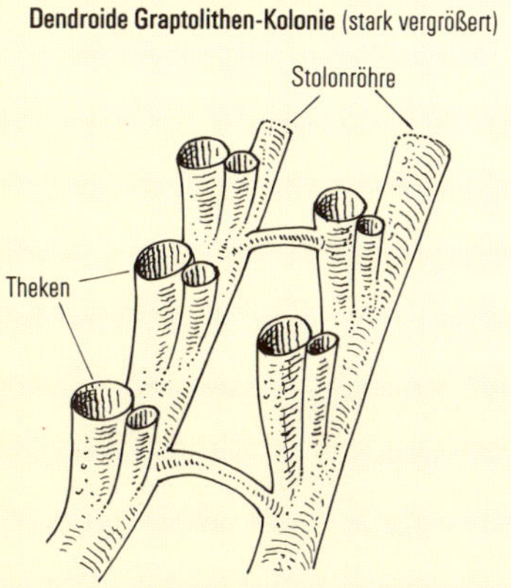
Dendroide Graptolithen-Kolonie (stark vergrößert)
Stolonröhre
Theken

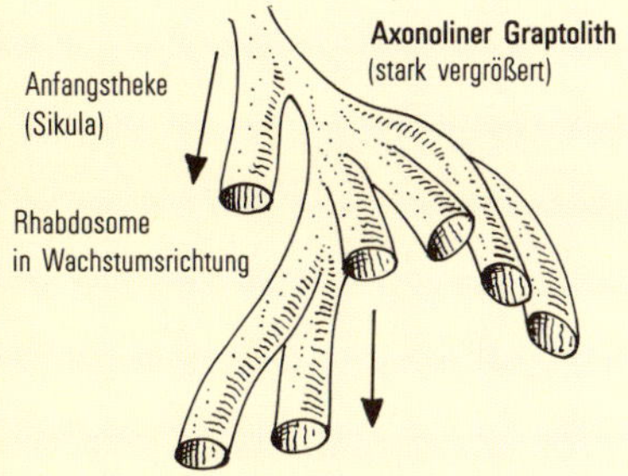
Axonoliner Graptolith
(stark vergrößert)
Anfangstheke
(Sikula)
Rhabdosome
in Wachstumsrichtung

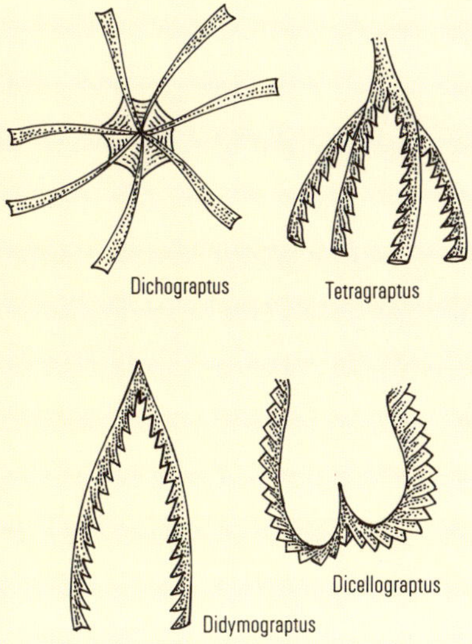
Dichograptus
Tetragraptus
Didymograptus
Dicellograptus

1

2

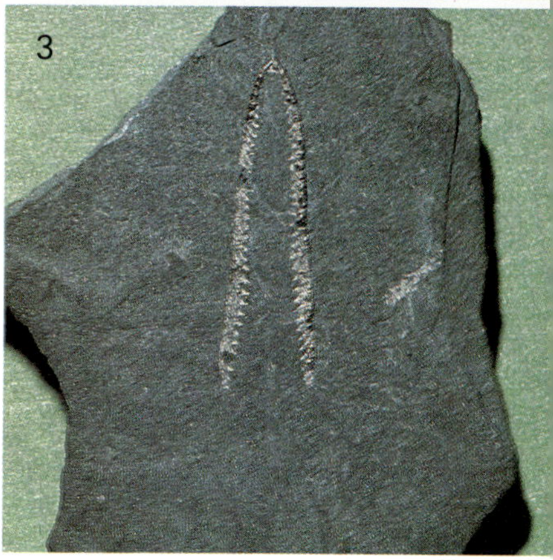
3

Bei den axonophoren **Graptoloidea** ***(Axonophora)*** biegt schon die erste, aus der Sicula sprossende Theca in die der Sicula entgegengesetzte Wachstumsrichtung zurück. Der spitze Anfangsteil der Sicula verlängert sich zu einem Faden (Nema), an den sich die Theka anlegt. Mit der Sprossung neuer Theken verlängert sich der Nemafaden, an den sich die Theken anlegen; der Nemafaden wird dadurch zu einer durchgehenden Achse des sich verlängernden Rhabdosomes.

Diplograptus – Mittelordovizium bis Untersilur – und der gleiche stratigraphische Verbreitung zeigende **Climacograptus** haben zweizeilige Anordnung der Theken am Nemafaden. Sie unterscheiden sich durch verschiedene Ausbildung der Thecamündung. ▷ 2

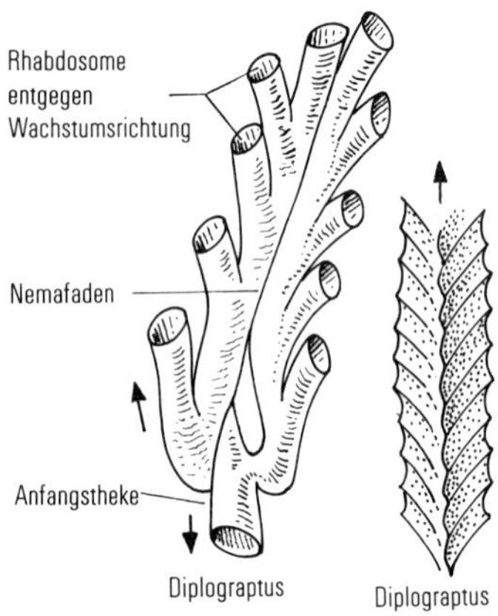

Bei **Rastrites** sind die Theken weit gestellt und ziemlich lang. ▷ 1

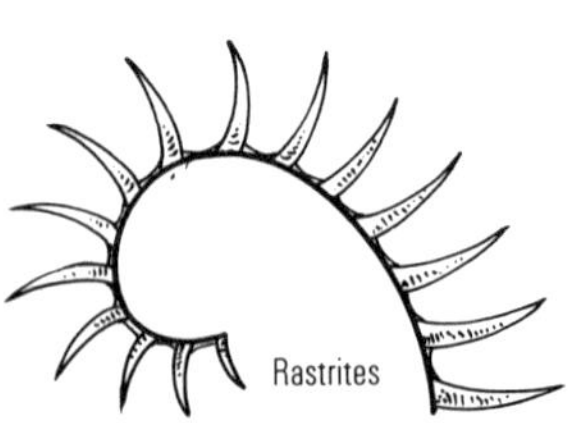

Retiolites – Unter- und Mittelsilur – hat ebenfalls zweizeilige Thekenanordnung, aber die Thecawandung ist auf dünne Netzleisten reduziert. ▷ 3

Bei **Cyrtograptus** gehen vom spiral gerollten Rhabdosom Seitenäste aus.

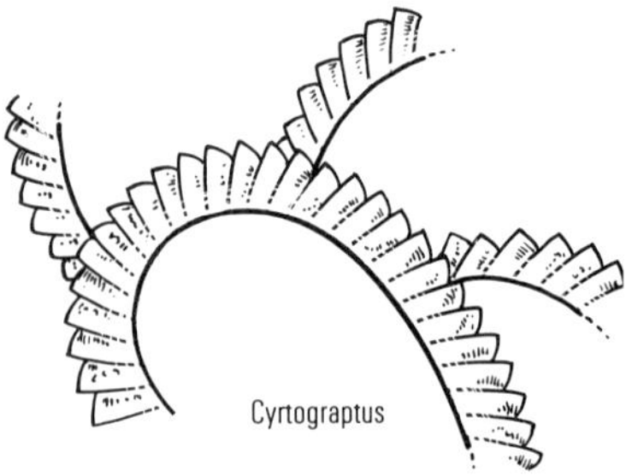

Monograptus – Silur bis Unterer Devon – sehr vielgestaltig, in zahlreiche Gattungen aufgelöst, hat einzeilige Thecafolge im Rhabdosom. Das Rhabdosom kann gerade oder spiral gerollt sein. Bei den **Monograpten** folgen die Theken unmittelbar aufeinander. ▷ 4–6

Monograptus turriculata, 2,3 cm, Silur, Siljan, Schweden

1 *Rastrites peregrinus, 0,2 cm breit, Silur, Bornholm, Dänemark*
2 *Diplograptus toernquisti, 0,3 cm breit, Ordovizium, Bornholm, Dänemark*
3 *Retiolites geinitzianus, 3 cm, Silur, Gotland, Schweden*
4 *Monograptus spiralis, 2,5 cm, Silur, Gotland, Schweden*
5 *Monograptus uncinatus, 0,3 cm breit, Silur, Geschiebe, Flensburg*
6 *Monograptus triangulatus, 2 cm, Silur, Gotland, Schweden*

1

2

3

4

5

6

Stamm Chordatiere *(Chordata)*

Von dem durch ein axiales Innenskelett gekennzeichneten Stamm ist fossil nur der Unterstamm **Wirbeltiere** ***(Vertebrata)*** wichtig. Vom Ordovizium an nachgewiesen, werden Funde erst vom Silur an häufiger. Ein im mittelkambrischen Burgess-Schiefer gefundenes Fossil ist vielleicht eine skelettlose Vorläuferform der Wirbeltiere. Für den Fossilsammler wichtig sind nur die **Fische** im weitesten Sinn. Bei den **Vierfüßern** muß sich der Fossilienfreund, von gelegentlichen Ausnahmen abgesehen, mit den in den Museen ausgestellten Skeletten begnügen.

Klasse Kieferlose Fische *(Agnatha)*

Vom Ordovizium an bekannt sind die Kieferlosen keine Wirbeltiere im eigentlichen Sinn, da die axiale Rückenseite (Chorda dorsalis) noch nicht durch knöcherne Wirbel verdrängt ist. Von allen übrigen Wirbeltieren unterscheiden sie sich außerdem durch ein rundes Saugmaul ohne Kiefer. Heute vertreten durch die

Unterklasse Rundmäuler *(Cyclostomata)*

Hierher gehören die **Neunaugen** ***(Petromyzonta)*** und **Schleimfische** ***(Myxinoidea)***. Da das knorpelige Skelett fossil nicht erhaltungsfähig ist, fossil nicht bekannt.

Unterklasse Osteostraci

Die im Silur und Devon verbreitete Unterklasse hat einen kräftigen, aus Hautknochen gebildeten Kopf-Brust-Panzer. Der hintere Rumpfabschnitt ist von Knochenschuppen bedeckt. Die Knochen haben echte Knochenzellen. Auf der Dorsalseite des Kopf-Brust-Panzers sind die beiden Augenöffnungen und eine unpaare Nasenöffnung. Die Ventralseite des Kopf-Brust-Panzers zeigt eine große, runde Öffnung für den Saugmund sowie seitlich davon eine wechselnde Anzahl kleiner, runder Öffnungen für die einfachen Kiementaschen. Eigentliche, paarige Extremitäten fehlen ebenso wie bei den Rundmäulern. Die einfachen, vom Vorderarm ausgehenden, getrennt mündenden Kiementaschen sowie der Bauplan des Gehirns und die von ihm ausgehenden Gehirnnerven stimmen vollständig mit den heutigen Rundmäulern überein. Diese dürfen mit gutem Grund als Abkömmlinge der Osteostraci betrachtet werden. Sie unterscheiden sich durch die Rückbildung des Knochenpanzers.

Cephalaspis – Silur und Devon – mit halbkreisförmigem, niedergedrücktem Kopf-Brust-Panzer, der nicht in einzelne Knochenplatten geteilt ist. Die Kiemenöffnungen liegen auf der Unterseite. Bei den älteren Formen ist der Knochenpanzer kräftig, bei den fortschrittlicheren wird er dünner. Cephalaspis und verwandte, ähnliche Formen finden sich im Obersilur und in den Oldredformationen. ▷ 2

Birkenia – Silur und Devon – unterscheidet sich bei gleichem anatomischem Bauplan dadurch, daß der Kopf-Brust-Panzer in einzelne Knochenplättchen aufgelöst ist. ▷ 1

Unterklasse Heterostraci

Unter einem vorspringenden Rostrum auf der Ventralseite liegen in dem aus einzelnen Platten von Hautknochen gebildeten Kopf-Brust-Panzer paarige Nasenöffnungen vor einem kieferlosen Mund. Die Hautknochen haben keine Knochenzellen. Die Kiementaschen des Vorderarms öffnen sich durch einen gemeinsamen Kanal nach außen.

Pteraspis – gleiche Verbreitung wie Cephalaspis – mit nicht dorsoventral niedergedrücktem, aus einigen großen Platten bestehendem Kopf-Brust-Panzer und kräftig vorspringendem Rostrum.

Drepanaspis – Devon – hat einen verbreiterten, niedergedrückten Kopf-Brust-Panzer. Die Knochenplatten sind dünner und grenzen nicht unmittelbar aneinander, sondern sind durch Streifen kleiner Knochenplättchen getrennt.

Coelolepis – Silur und Devon – hat bei gleicher Körperform überhaupt keine Knochenplatten mehr, sondern nur kleine Hautschuppen.

Aus den im Silur und Devon verbreiteten Heterostraci sind wohl die eigentlichen Wirbeltiere hervorgegangen.

1 Birkenia elegans, 8 cm, Devon, Schottland
2 Logania scotica, 12 cm, Devon, Schottland

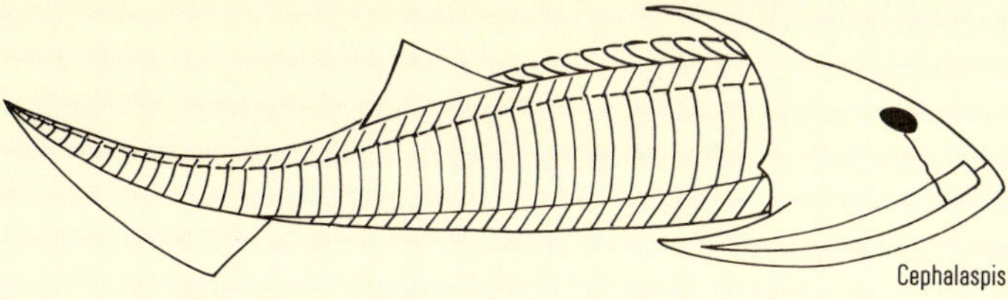

Cephalaspis

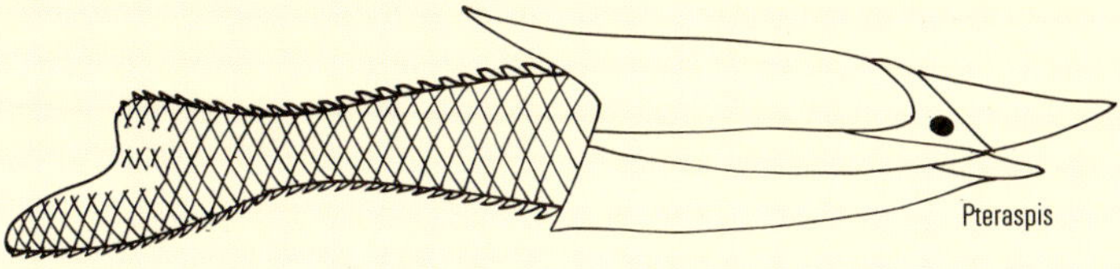

Pteraspis

Klasse Panzerfische *(Placodermi)*

Die Placodermen haben einen aus einzelnen Knochenplatten zusammengesetzten Kopf-Brust-Panzer, in dem Kopf-und Brust-Abschnitt gelenkig miteinander verbunden sind. Es sind einfache Kiefer und auch paarige Extremitäten oder analoge Bildungen vorhanden. Auch Wirbelverknöcherungen können auftreten. Der Bauplan des Gehirns ist fortschrittlicher und erinnert an die **Haie**. Sie sind ausschließlich devonisch und vor allem in den Oldred-Formationen reich entfaltet. Neben einigen kleineren Gruppen sind vor allem die beiden Formenkreise der **Antiarchi** und der **Arthrodira** wichtig.

Die **Antiarchi** bleiben relativ klein. Sie sind gekennzeichnet durch einen im Vergleich zum kleinen Hinterrumpf großen Kopf-Brust-Panzer und vor allem durch das am Brustabschnitt gelenkige, mit Knochenplättchen bedeckte Seitenorgan (Arthropterygium); anatomisch hat es mit der Brustflosse nichts zu tun und findet sich nur bei den Antiarchen. ▷ 1

Die **Arthrodira**, im Gegensatz zu den auf das Oldred beschränkten Antiarchen weit verbreitet, können bis zu 8 m lang werden. Im Kopf-Brust-Panzer bleibt der Brustabschnitt relativ klein; an ihm befindet sich nur ein knöcherner gelenkiger Flossenstachel. Der Kopfabschnitt ist kräftiger und größer als bei den Antiarchen und hat zum Teil kräftige Kiefer mit zahnartigen Vorsprüngen. Die Arthrodiren waren in den Devonmeeren wohl gefährliche Räuber. Der Rumpf ist lang und fischähnlich. Isolierte Knochenplatten des Kopf-Brust-Panzers, die bei den Riesenformen dick werden können, finden sich in den Oldred-Sandsteinen.

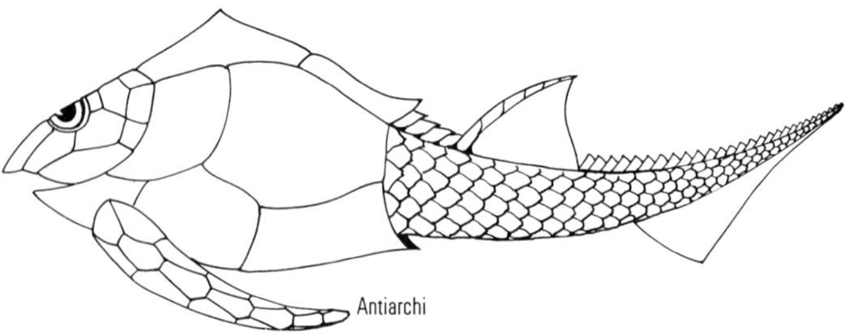

Antiarchi

Klasse Knorpelfische *(Chondrichthyes)*

Die Knorpelfische umfassen außer der kleinen Gruppe der **Chimaeren** die **Haie** und **Rochen**. Sie erscheinen, wohl als Abkömmlinge der Placodermen, im Mitteldevon und reichen mit zunehmender Formenfülle bis in unsere Gegenwart. Nach ihrer Organisation stellen sie neben den **Fischen** im eigentlichen Sinn einen selbständigen Stamm wasserlebender, fischähnlicher Wirbeltiere dar.

Der Kopf-Brust-Panzer ist völlig zurückgebildet. Übriggeblieben sind kleine, in der Haut steckende Hautzähnchen (Placoidschuppen), die sich über die Körperoberfläche verteilen. ▷ 3 Das Skelett ist knorpelig. Die Rückensaite (Chorda dorsalis) ist durch die Wirbelsäule verdrängt; die Wirbel mit kreisförmigem Umriß haben eine konkave Vorder- und Hinterseite. Sie sind oft verkalkt. Die Kalkeinlagerung kann in konzentrischen Ringen (tectispondyler Wirbel) ▷ 2 oder in Form radialer Kalklamellen (asterospondyler Wirbel) erfolgen. Die Haie bilden meist asterospondyle, die Rochen vorwiegend tectispondyle Wirbel. Wegen des knorpe-

1 Perichthyodes milleri, 13 cm, Devon, Schottland
2 Haiwirbel (tectispondyler Typ mit konzentrischen Ringen), 6 cm, Baltringen, Biberach/Riß
3 Hai-Hautzahn, 1,5 cm, Tertiär-Eozän, Balegem, Belgien

1

2

3

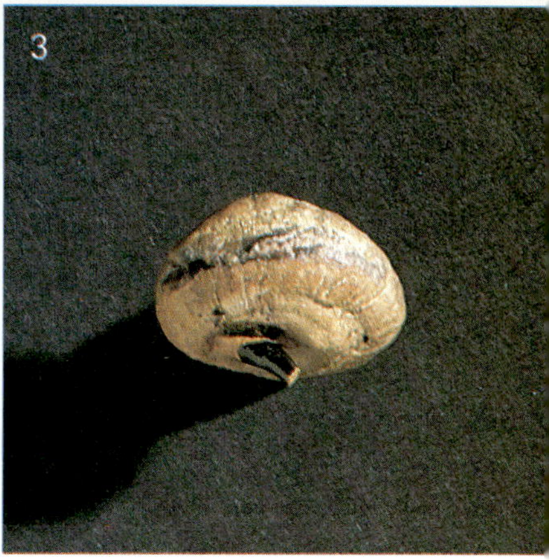

ligen Skelettes sind die Möglichkeiten zur Fossilisation gering. Eine fossile Dokumentation der Knorpelfische ist daher sehr dürftig. Häufiger finden sich die durch Kalkeinlagerung verfestigten, isolierten Wirbel.

Die als Fossilien wichtigsten Reste von Haien und Rochen sind die sehr widerstandsfähigen Zähne. Sie sind aus Hautzähnchen in der die Kiefer überkleidenden Haut entstanden und nicht in Zahngruben des Kiefers verankert, sondern mit diesem nur durch das Bindegewebe verbunden. Auf der Innenseite des Kiefers werden hinter der vorderen Zahnreihe stets neue Reservezahnreihen gebildet. Die vordere Zahnreihe wird periodisch abgestoßen, und die dahinter liegende rückt nach. Da eine Zahnreihe sehr viele Zähne umfassen kann und oft mehr als zehn Zahnreihen hintereinander stehen, können in einem Gebiß mehrere tausend Zähne vorhanden sein. Da zudem ein stetiger Zahnersatz stattfindet, produziert ein Hai während seines Lebens eine gewaltige Anzahl von Zähnen. Dank ihrer großen Widerstandsfähigkeit bleiben sie auch erhalten, wenn sie nicht rasch eingebettet werden, und ertragen auch mehrfache Umlagerung. Haifischzähne können daher häufige und typische Fossilien sein, obwohl Haie nicht, wie etwa Heringe, in großen Scharen leben. Im Flachwasser und in strandnahen Bereichen können Haifischzähne durch Wellenbewegung und Strömungen zusammengespült sein und stellen in solchen Fazies oft die häufigsten, gut erhaltenen Fossilien.

Haie sind im allgemeinen gute Schwimmer, die ihre Beute mit dem Gebiß packen und festhalten. Sie haben daher meist spitze Zähne. Einige Gruppen haben sich auf das Knacken von Schalen spezialisiert und bringen daher Pflasterzähne hervor. Das gilt auch für den Großteil der Rochen. Da sich bei den Pflasterzahngebissen der Zahnersatz weniger intensiv vollzieht, sind solche Pflasterzähne im allgemeinen weniger häufig als die spitzen Zähne der räuberischen Haie.

Hybodus – Trias bis Unterkreide – hat spitze, dreieckige, nicht sehr hohe Zähne, oft mit Nebenspitzen an der Basis und einer breiten, niedrigen, kaum eingebuchteten Wurzel. ▷ 2

Acrodus – Trias bis Kreide – hat niedrige und langgestreckte Zähne mit einer langen, mäßig scharfen Schneide und einer niedrigen, unten nicht eingebuchteten Wurzel. ▷ 3

Ptychodus – Oberkreide – hat niedrige, flache Pflasterzähne mit rechteckigem bis quadratischem Umriß. Ähnliche Zähne hat auch der vom Jura bis zur Gegenwart reichende **Heterodontus**.

Wichtiger als diese mesozoischen Formenkreise, deren Zähne sich relativ selten finden, sind die Zähne der modernen Haie, die in den tertiären Meeressanden oft häufig vorkommen.

Isurus – Tertiär bis Gegenwart – hat eine hoch dreieckige Zahnkrone mit scharfen Schneiden. Wurzel unten eingebuchtet.

Bei **Odontaspis** – Tertiär und Gegenwart – ist die Zahnkrone schlanker, meist schwach gebogen und mit scharfer Spitze und scharfen Schneiden. Meist kleine Nebenspitzen an der Basis. Wurzel kräftig eingebuchtet.

Carcharodon – Tertiär und Gegenwart – kann über 10 m lang werden, hierher gehört auch der **Menschenhai**. Die dreieckigen Zähne sind relativ breit, im Querschnitt sehr flach. Die Schneiden scharf und fein gezähnelt. Wurzel schwach eingebuchtet. ▷ 1

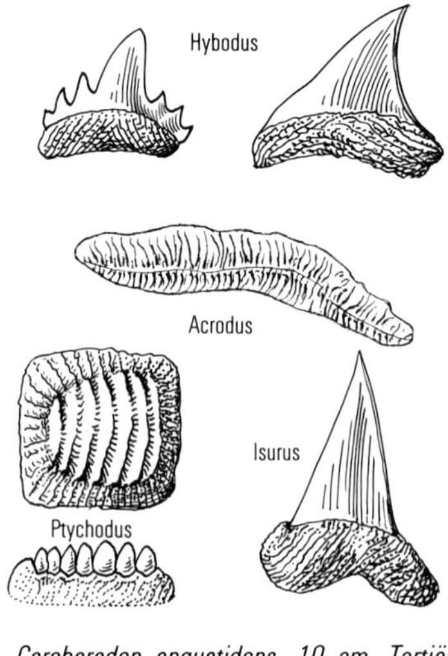

1 Carcharadon angustidens, 10 cm, Tertiär-Oligozän, Mainzer Becken

2 Hybodus raricostatus, 1,5 cm, Trias-Lettenkeuper-Bonebed, Crailsheim

3 Acrodus gaillardoti, 2,2 cm, Trias-Lettenkeuper-Bonebed, Crailsheim

1

2

3

Otodus – Alttertiär – hat ähnlich hohe dreieckige Krone wie Isurus, aber an jeder Seite ein kleines Nebenspitzchen an der Basis und eine tief eingebuchtete Wurzel wie Odontaspis.

Hemipristis – Tertiär und Gegenwart – hat eine schief dreieckige, an der Basis breite Krone und scharfe, fein gezähnelte Schneiden. Die niedrige Wurzel kaum eingebuchtet.

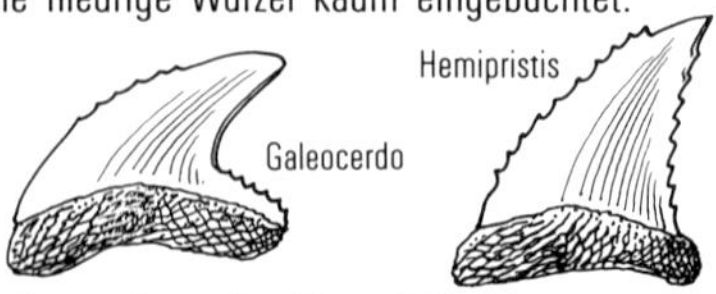

Galeocerdo – Tertiär und Gegenwart – hat eine breite, niedrige, schief dreieckige Zahnkrone. Die Schneiden können fein gezähnelt sein. Die Wurzel ist niedrig, schwach eingebuchtet. ▷ 2

Hexanchus – Tertiär und Gegenwart – hat langgestreckte Zähne mit sechs nach hinten niedriger werdenden, schief dreieckigen Spitzen.

Myliobatis – Tertiär und Gegenwart –, ein Rochen, hat lange rechteckige Pflasterzähne mit Querriefung. ▷ 1

Stachelhaie *(Acanthodii)*

Die Stachelhaie sind vom Silur bis zum Perm bekannt. Sie wurden früher mit den Haien in Verbindung gebracht (Name!), mit denen sie aber nichts zu tun haben. Sie unterscheiden sich von ihnen durch ein zum Teil knöchernes Innenskelett, eine aus Knochenplatten bestehende Schädelkapsel sowie durch ihr Schuppenkleid. Man betrachtet sie heute als die Vorfahren der echten **Fische**, von denen sie sich durch das Fehlen paariger Flossen unterscheiden. An ihrer Stelle haben sie seitlich kräftige Flossenstacheln, die wohl Stützen für seitliche Hautfalten waren, welche als Flossen dienten. Auch die beiden Rückenflossen werden durch kräftige Flossenstacheln gestützt. Das Schuppenkleid besteht aus kleinen, rhombischen, in Diagonalreihen angeordneten Schuppen, deren Oberfläche von einer Schmelzschicht bedeckt ist.

Acanthodierreste finden sich vor allem in den Oldredformationen, auch im Rotliegenden des Saargebietes. Die fossil häufigsten Reste sind die kräftigen Flossenstacheln. ▷ 3

Klasse Knochenfische *(Osteichthyes)*

Die Knochenfische umfassen die **Fische** im engeren Sinn. Sie haben ein echtes, knöchernes, mitunter freilich unvollständig verknöchertes Innenskelett mit Wirbelsäule, Schulter- und Beckengürtel sowie mit einer aus Knochenplatten gebildeten Schädelkapsel. Während bei den Haien fünf bis sieben offene, getrennte Kiemenspalten vorhanden sind, wird bei den Knochenfischen die Kiemenregion durch den von einigen Knochenplatten gestützten Kiemendeckel (Operculum) bedeckt. Außerdem ist die hinterste Kieme in den Vorderrumpf zurückverlagert und bei den Fischen zur Schwimmblase, bei den **Vierfüßern** zur Lunge umgebildet. Im Gegensatz zu den Haien, die in der Haut nur Hautzähnchen (Placoidschuppen) haben, ist ein geschlossenes Schuppenkleid vorhanden.

Unterklasse Sarcopterygii

Die Flossen haben ein langgestrecktes Achsenskelett, an dem die Flossenstrahlen ansetzen.

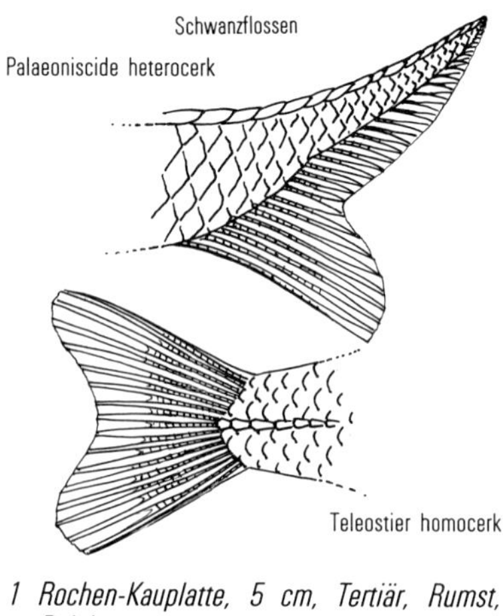

1 Rochen-Kauplatte, 5 cm, Tertiär, Rumst, Belgien

2 Galeocerdo aduncus, 2 cm, Tertiär-Miozän, Baltringen, Biberach/Riß

3 Acanthodes bronni mit Flossenstacheln, 20 cm, Perm-Rotliegendes, Odernheim, Pfalz

1

2

3

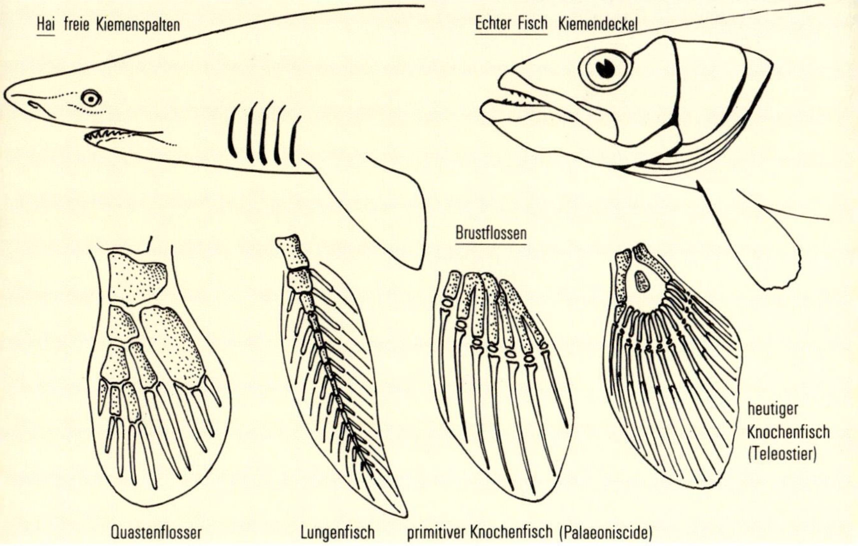
Hai freie Kiemenspalten
Echter Fisch Kiemendeckel
Brustflossen
heutiger
Knochenfisch
(Teleostier)
Quastenflosser
Lungenfisch
primitiver Knochenfisch (Palaeoniscide)

Ordnung Quastenflosser *(Crossopterygii)*

Die Quastenflosser waren vor allem im Devon reich entfaltet, gingen dann aber zurück. Man hielt sie für im Jura ausgestorben, bis vor einigen Jahrzehnten in den Tiefen des Indischen Ozeans ein lebender Nachzügler entdeckt wurde.

Die Schwimmblase hat bei den frühen, devonischen Vertretern in Trockenzeiten wohl als Lunge gedient. Auffälligstes Merkmal ist die Ausbildung der paarigen Flossen als Quastenflossen mit einer verlängerten Skelettachse und zweizeilig angeordneten Flossenstrahlen. Die Wurzel der Vierfüßer ist bei den Quastenflossern zu suchen. ▷ 3, ▷

Ordnung Lungenfische *(Dipnoi)*

Die Lungenfische sind vom Unterdevon an bekannt. Nach reicher Entfaltung im Jungpaläozoikum gehen sie zurück. Wenige Relikte haben im Süßwasser Südamerikas, Afrikas und Australiens bis zur Gegenwart überlebt.

Auch die Lungenfische haben Quastenflossen. Ihre Schwimmblase dient als Lunge. Typisch sind ihre Zähne, die auch fossil nicht allzu selten zu finden sind. Es sind ovale oder gerundet dreieckige Kauplatten mit radial verlaufenden, gerundeten oder höckerigen Kanten. ▷

Dipterus – Devon – hat gerundet dreieckigen Umriß und zehn schmale, höckerige Kämme. ▷ 2 – Ähnlich ist **Ctenodus** aus dem Karbon.

Ceratodus – Trias. Die gerundet dreieckige Kauplatte hat vier bis sechs kräftige, gerundete Kanten. In der mitteleuropäischen Trias typisches, nicht allzu seltenes Fossil. ▷ 1

Unterklasse Strahlenflosser *(Actinopterygii)*

Seltene Vorläufer erscheinen im Obersilur, doch erst vom Karbon an entfalten sich die Strahlenflosser reich und nehmen an Bedeutung mehr und mehr zu. Sie umfassen die **Fische** im landläufigen Sinn (außer den Haiartigen).

Überordnung Chondrostei

Sie umfaßt die primitiven Strahlenflosser, erscheint im Obersilur, ist im Karbon und Perm reich entfaltet, um danach zurückzugehen. Lebende Nachzügler sind die **Störe** mit knorpeligem Skelett und Hautverknöcherungen. Ihr Kennzeichen ist die heterozerke Schwanzflosse (Siehe S. 248). Das Schuppenkleid besteht aus Ganoidschuppen, die mit viereckigem Umriß in Längs- und Diagonalreihen angeordnet nebeneinander liegen.

Palaeoniscus – Karbon und Perm – ist der bekannteste Vertreter. Im permischen Kupferschiefer typisches und häufiges Fossil. Um ihn gruppieren sich zahlreiche ähnliche Gattungen, die nur durch genaue Skelettanalyse zu unterscheiden und bestimmen sind. Das Innenskelett ist bei dem ganzen Formenkreis knöchern. ▷ 4

Platysomus – Karbon und Perm – unterscheidet sich von dem schlanken Palaeoniscus durch verkürzten, hohen Rumpf. ▷ 5

Überordnung Holostei

In Trias und Jura reich entfaltet, gehen die Holostei danach zurück und reichen mit Nachzüglern bis zur Gegenwart. Sie haben Ganoidschuppen, bei denen die Zwischenschicht zwischen basaler Knochenlage und Ganoinschicht fehlt. Letztere bildet sich immer weiter zurück.

Semionotus – Trias – im Keuper zum Teil häufig (Semionoten-Sandstein), klein mit relativ hohem Körper; Schuppen quadratisch oder rhombisch. Zähne griffelförmig.

Dapedius – Obere Trias und Jura – hat hohen, kurzen Körper, kaum ausgeschnittene Schwanz- und niedrige, lange Rückenflosse. Schuppen auf der Flanke hoch rechteckig. Zähne sehr klein.

Lepidotes – Jura bis Unterkreide – hat längeren, mäßig hohen Körper. Schwanzflosse tief ausgeschnitten. Schuppen rhombisch und dick. Zähne halbkugelig.

Caturus – Jura – hat langen, nicht sehr hohen Körper, eine meist tief ausgeschnittene Schwanzflosse, kleine, rhombische, dachziegelartig übergreifende Schuppen mit dünner Ganoinschicht. Wirbel unvollständig verknöchert.

1 Ceratodus (Kauplatte), 6 cm, Trias-Lettenkeuper, Schwäbisch Hall

2 Dipterus valenciennesi, 20 cm, Devon, Schottland

3 Osteolepis macrolepidotus, 10 cm, Devon, Orkney, Schottland

4 Palaeoniscus freieslebeni, 20 cm, Perm-Rotliegendes, Bad Sachsa

5 Platysomus, 26 cm, Perm-Rotliegendes, Bad Sachsa

1

2

3

4

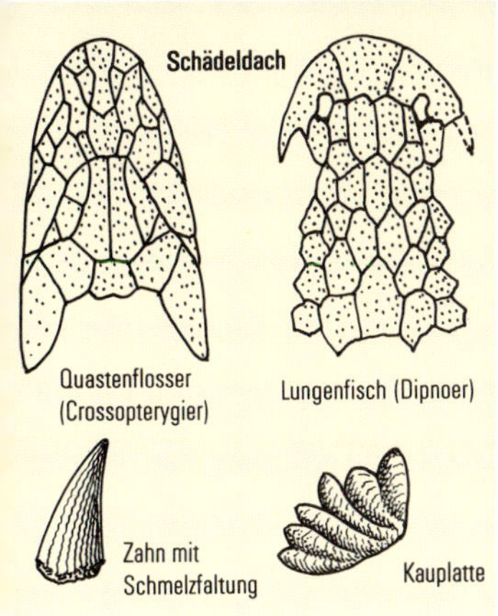
Schädeldach
Quastenflosser
(Crossopterygier)
Lungenfisch (Dipnoer)
Zahn mit
Schmelzfaltung
Kauplatte

5

Aspidorhynchus und **Belonostomus** – Jura und Unterkreide – haben einen zu einem spitzen Rostrum ausgezogenen Schädel, einen langen, schlanken Körper und auf der Flanke wenige Reihen hoch rechteckiger Ganoidschuppen. Schlanke, spitze Zähne. ▷ 1

Amia (Kahlhecht) und **Lepisosteus (Knochenhecht)** – seit Tertiär, lebende Nachzügler im Süßwasser Nordamerikas – schließen wohl an den Formenkreis von Caturus an. ▷ 2, 4

Gyrodus – Jura und Kreide – und der nah verwandte **Pycnodus** – Alttertiär – haben einen sehr hohen und kurzen Körper, der seitlich zusammengepreßt ist, und eine nahezu homozerke Schwanzflosse. Hohe rechteckige Schuppen mit sehr dünner Ganoinschicht. Gaumen und Unterkiefer mit breiten, knopfförmigen Mahlzähnen. ▷ 3

Überordnung Teleostei

Die Teleostei erscheinen im Oberjura und entfalten sich von der Kreide an bis zur Gegenwart. Sie umfassen die modernen Knochenfische, neben denen im Känozoikum die Nachzügler der Chondrostei und Holostei nur noch eine untergeordnete Rolle spielen. Sie haben eine homozerke, nur von den Flossenstrahlen gebildete Schwanzflosse, in die sich die Wirbelsäule nicht fortsetzt. Das Skelett ist stets voll verknöchert. Die Schuppen haben keine Ganoindecke, bestehen aus einer dünnen Knochenlamelle und greifen dachziegelartig übereinander. Sie können als Cycloidschuppen (mit glattem Hinterrand) oder Ctenoidschuppen (mit gezähntem Hinterrand) ausgebildet sein.

Leptolepis – Jura bis Untere Kreide – in den Solnhofer Plattenkalken einer der frühesten Vertreter der Teleostier, gehört zum primitivsten Formenkreis der Heringsartigen. ▷ 5

Fossile Vertreter der Teleostier finden sich gelegentlich von der Kreide an. Wegen des im Vergleich zu den Chondrostei und Holostei schwachen Schuppenkleides sind die Möglichkeiten der Fossilisation relativ gering, und die fossile Dokumentation ist sehr lückenhaft. In den tertiären Süßwasserformationen können sie örtlich gehäuft vorkommen. ▷ 6

1 *Belonostomus münsteri, 25 cm, Jura-Tithon, Langenaltheim*
2 *Amia kehreri, 25 cm, Tertiär-Eozän, Messel*
3 *Gyrodus umbilicus (Kauplatte), 3,5 cm, Jura-Tithon, Riedlingen*
4 *Lepisosteus (Atractosteus) strausi, 25 cm, Tertiär-Eozän, Messel*
5 *Leptolepis, 5 cm, Jura-Tithon, Langenaltheim*
6 *Knightia alta, 6 cm, Tertiär-Eozän, Wyoming, USA*

Vierfüßer *(Tetrapoda)*

Die Fische als im Wasser lebende Wirbeltiere sind vom Obersilur an in fast allen Erdperioden fossil gut dokumentiert. Dank ihrer zum Teil nur geringen Größe kann der Fossilsammler in den Fische führenden Formationen mehr oder weniger vollständige Reste gewinnen und seiner Sammlung einverleiben. Bei den Vierfüßern als vorwiegend auf dem festen Lande lebenden Wirbeltieren ist die fossile Dokumentation wesentlich lückenhafter. In der Mehrzahl der Fälle finden sich dank der Fossilisationsbedingungen auf dem Festland nur isolierte Teile des Skelettes (einzelne Knochen oder Zähne), deren Bestimmung Vertrautheit mit der Anatomie verlangt.

Wo vollständigere Skelette gefunden werden, müssen sie entsprechend präpariert und montiert werden, abgesehen davon, daß schon das Gewinnen solcher Skelette aufwendige Ausgrabungsarbeiten verlangt, vor allem bei den größeren. Mit besonderen Ausnahmen, wie etwa den Säugetierzähnen des Tertiär und Quartär, sind fossile Tetrapodenreste keine Objekte für den Sammler. Der Fossilfreund muß sich dabei an die großen Museen halten.

Klasse Lurche *(Amphibia)*

Die Lurche umfassen die primitivsten Tetrapoden mit einer kiemenatmenden Larvenphase (»Kaulquappen«) und breitem, flachem Schädel.

Älteste Vertreter sind die im Oldred (Devon) vorkommenden **Ichthyostegalia** mit langem Rumpf und Schwanz und kleinen, schwachen, fünfzehigen Extremitäten. Neben Amphibienmerkmalen zeigen sie an die Quastenflosser erinnernde Fischmerkmale.

1

2

3

4

5

6

Vom Karbon ab erfolgt eine Aufgliederung in zahlreiche Stammreihen, denen amphibische Lebensweise mit kiemenatmender Larve und ein breites, flaches, von zahlreichen Knochenplatten gebildetes, »stegales« Schädeldach gemeinsam ist. Außer Nasen- und Augenöffnungen ist das Schädeldach geschlossen. Die meisten Stammreihen erlöschen schon im Karbon oder Perm wieder. Nur eine Gruppe ist erfolgreicher, reicht bis in die Trias und bringt einige Meter lange Vertreter hervor. Sie werden als **Dachschädler** ***(Stegocephali)*** oder auch als **Temnospondyli** zusammengefaßt. ▷ 1

Der Begriff Temnospondyli bezieht sich auf die Ausbildung der Wirbelkörper, die nicht vollständig verknöchert sind, sondern aus einigen getrennten Knochenzentren bestehen. Der Schädel ist stets niedrig und flach mit stegalem Schädeldach, dessen Knochen kräftig skulptiert sind. Die Extremitäten bleiben klein und schwach. Die Hautknochen des Schultergürtels sind breit, plattig und bilden eine Art Bauchpanzer. Der Schädel der großen Triasformen kann bis zu einem Meter lang werden. Einzelne Knochen oder Schädelbruchstücke kann man gelegentlich im Rotliegenden des Saar-Nahe-Gebietes oder in der mitteleuropäischen Trias antreffen.

In Tonschiefern des Perm finden sich örtlich angehäuft mitunter plattgedrückte, kleine Schädelchen mit Wirbelsäule und Extremitäten. Mitunter zeigen sie auch Kiemenabdrücke. Sie sind als **Branchiosaurus** beschrieben worden. ▷ 2

Klasse Kriechtiere *(Reptilia)*

Neben den den Amphibien im weitesten Sinn zuzuordnenden Temnospondylen treten im Karbon auch Dachschädler mit hochgewölbtem, schmälerem Schädel auf. Auch im Wirbelbau und Schultergürtel weichen sie von den temnospondylen Dachschädlern ab. Sie sind die primitivsten Vorläufer der Kriechtiere, die sich also nicht von den Amphibien herleiten, sondern eine selbständige Stammreihe bilden, die sich schon in den Anfängen der Vierfüßerentwicklung vom Amphibienstamm getrennt hat.

Die ältesten und ursprünglichsten Reptilien haben zwar einen schmäleren und höheren, aber einen stegalen Schädel. Sie sind im Karbon und Perm verbreitet. Die durch ihre Panzerbildung abseitig spezialisierten **Schildkröten**, die von der Trias an bekannt sind, gehen wohl als selbständige Stammlinie auf stegale Reptilien zurück.

Bei den Reptilien im engeren Sinn wird der Schädel nachhaltig dadurch umgebildet, daß das ursprünglich stegale Schädeldach durch Bildung von Schläfendurchbrüchen aufgelöst wird. Das ermöglicht freiere Entwicklung von Gehirn und Gehirnschädel. Gleichzeitig werden auch die Extremitäten mit Schulter- und Beckengürtel kräftiger. Die dotterreichen Eier enthalten so viel Nahrungsreserven, daß die Frühentwicklung im Ei erfolgen kann: Aus dem Ei schlüpft schon das voll entwickelte, junge Reptil. Es bedarf keiner Metamorphose mehr. So können die Reptilien auch trockenere Festlandsräume besiedeln. – Aus der Fülle der frühen, schon in der Trias wieder verschwundenen Diapsidengruppen kristallisieren sich zwei erfolgreiche Formenkreise heraus, die **Squamaten** und die **Archosaurier.**

Die **Squamaten** (beschuppte Reptilien), welche die Hauptmasse der lebenden Reptilien umfassen (**Eidechsen** und **Schlangen**), haben einen beschuppten Körper (daher der Name) und ein in bewegliche Knochenspangen aufgelöstes Schädelskelett. Die beiden Schläfendurchbrüche sind erweitert, und die den unteren Durchbruch begrenzende untere Knochenspange ist rückgebildet, so daß der Schädel nach unten offen bleibt. Daraus resultiert die große Beweglichkeit im Schädel, die vor allem bei den Schlangen sehr stark ausgeprägt ist.

Die fossile Dokumentation der Squamaten ist recht dürftig. Primitive Vorläuferformen kennt man aus der Trias. Vom Jura an entfalten sie sich bis zu der heutigen Formenfülle.

Besonders erwähnt werden müssen die auf die Oberkreide beschränkten **Mosasaurier**. Sie

1 Sclerocephalus, 12 cm breit, Perm-Rotliegendes, Jeckenbach, Pfalz

2 Micromelerpeton credneri, 15 cm, Perm-Rotliegendes, Odernheim

3 Steneosaurus, 3 m, Jura-Toarc, Museum Hauff, Holzmaden

1

2

3

sind zum Wasserleben übergegangene Eidechsenabkömmlinge. Mit rund 10 m Länge, die sie erreichen können, sind sie neben unseren heutigen Riesenschlangen die größten Vertreter der Squamaten. Da die Extremitäten der Mosasaurier sehr stark verkürzt sind, machen sie einen fast schlangenartigen Eindruck.
Die **Archosaurier** setzen mit den ausschließlich triasischen **Thecodontiern** ein. Ihnen gehören einerseits relativ große, krokodilähnliche, andererseits kleine, leicht gebaute, zum Teil zweifüßig (biped) werdende, baumbewohnende Formen an. Die im mitteleuropäischen Buntsandstein weit verbreiteten **Chirotherienfährten** gehören hierher. Ähnliche Fährtenspuren sind weltweit verbreitet und bezeugen eine relativ dichte Besiedlung des Festlandes mit diesen immerhin einige Meter groß werdenden Reptilien. Auch die berühmte **Aetosaurusgruppe** (Naturaliensammlung Stuttgart) aus dem Keupersandstein, in der mehr als 20 nahezu vollständig erhaltene Skelette beisammen liegen, gehört hierher.
Die vom Jura an bekannten **Krokodile**, Abkömmlinge der Thecodontier, sind die einzige bis zur Gegenwart überlebende Gruppe der Archosaurier. Anders als die Squamaten hatten die Archosaurier ihre Hauptentfaltung im Mesozoikum und waren während Jura und Kreide die Beherrscher des Festlands. Die gemeinhin als **Dinosaurier** zusammengefaßten Gruppen der **Saurischier** und **Ornithischier** waren ebenso wie die **Flugsaurier (Pterosaurier)** Abkömmlinge der Thecodontier und sind beide gegen Ende der Kreide verschwunden. ▷ 1
Bekannte Vertreter der Saurischier sind der obertriasische **Plateosaurus** (Naturaliensammlung in Stuttgart), der Riese **Brachiosaurus** – 12 m hoch und 25 m lang, vom Tendaguru in Tansania (Berliner Museum) –, der nur wenig kleinere **Diplodocus** (Senckenberg-Museum in Frankfurt/Main) und der gewaltige Räuber **Tyrannosaurus** sowie schließlich der schlanke, fast straußähnliche **Ornithomimus**. Berühmter Vertreter der Ornithischier ist der große, bipede **Iguanodon** (Museum Brüssel). ▷2 Den Ornithischiern gehören auch die plumpen **Ceratopsier** mit mächtiger Knochenpanzerung des hornbewehrten Schädels und die **Stegosaurier** mit kräftigen Knochenplatten auf dem Rücken an.

Die **Flugsaurier** erscheinen mit kleinen Formen im unteren Jura. In **Pteranodon** (Oberkreide) mit bis zu 10 m Flügelspannweite brachten sie die größten, bekannten Flugtiere hervor.
Im Solnhofer Plattenkalk (Oberjura) erscheinen mit dem viel diskutierten, ein Federkleid tragenden Urvogel **Archaeopteryx**, der noch Reptilmerkmale zeigt, auch die **Vögel**. Schon frühzeitig hat man die Wurzel der Vögel bei den Dinosauriern gesucht. Man neigt heute dazu, sie von dem schlank gebauten Formenkreis um Ornithomimus (Saurischier) abzuleiten. ▷ 3
Auch bei den Reptilien gibt es einige ans Wasserleben angepaßte Formenkreise.
Bei den wohl an Diapside Reptilien anschließenden **Sauropterygiern** bleibt der Rumpf relativ kurz, der Hals wird oft stark verlängert. Die Extremitäten werden zu Ruderpaddeln. Am Anfang stehen die **Nothosaurier** (Trias), deren Extremitäten noch keine eigentlichen Ruder geworden sind. Isolierte Knochen- und Zahnreste sind im Muschelkalk nicht allzu selten. Ihre im Jura und in der Kreide verbreiteten Abkömmlinge, die **Plesiosaurier**, haben zu Ruderpaddeln umgewandelte Extremitäten und einen zum Teil sehr stark verlängerten Hals (Museum Holzmaden, Museum Universität Münster).
Durch ihren kurzen, gedrungenen Rumpf erinnern die neben den Nothosauriern in der Trias verbreiteten **Placodontier** an diese, haben mit ihnen aber nichts zu tun. Ihr Gebiß besteht aus breiten Pflasterzähnen, mit denen sie Schalen knackten.
In vollendetster Weise an das Leben im Meer angepaßt sind die **Fischsaurier (Ichthyosaurier)**. Der Körper ist fischähnlich mit Schwanz- und Rückenflosse, der Hals kurz, der Schädel läuft in ein spitzes Rostrum aus. Die Extremitäten sind zu Flossen umgebildet. Früheste Vorläufer kennt man aus der Trias. Im Jura sind sie reich entfaltet, gehen in der Kreide zurück, um an ihrem Ende, wie alle anderen Saurier, zu verschwinden.

1 Saurier-Ei, 21 cm, Kreide, Provence, Frankreich
2 Iguanodon-Nachbildung, 5 m, Unterkreide, Haus der Natur, Salzburg, Österreich
3 Der Urvogel Archaeopteryx lithographica, taubengroß, Jura-Tithon, Eichstätt

1

2

3

Die Säugetiere sind neben den Vögeln, die wir außer acht lassen, da sie fossil kaum eine Rolle spielen, die in der Gegenwart vorherrschende Klasse der Vierfüßer.

Sie erschienen an der Wende von Trias zu Jura und führten bis zur Oberkreide als kleine, wohl nachtlebende Tiere ein Schattendasein. Zu Beginn des Känozoikums entfalteten sie sich zu gewaltiger Formenfülle und drangen in alle Lebensräume vor, die durch das Verschwinden der **Großsaurier** frei geworden waren. Ihren Höhepunkt haben sie heute wohl schon überschritten. Nur die **Kleinsäuger** gehen formen- und individuenreich in die Gegenwart weiter.

Die Säugetiere gehören zu den wichtigsten Leitfossilien im Känozoikum und seinen aus dieser Zeit noch weit verbreitet erhaltenen, festländischen Ablagerungen. Die häufigsten fossilen Reste der Säugetiere sind ihre widerstandsfähigen Zähne.

Sie erlauben dank der starken und bei den verschiedenen Gruppen typisch verschiedenen Differenzierung des Gebisses eine eindeutige Bestimmung. Die Backenzähne sind für die Bestimmung am wichtigsten und mehrspitzig. Sie bilden eine verschieden differenzierte Kaufläche. Die Prämolaren, ursprünglich in der Vierzahl, sind kleiner als die Molaren, ursprünglich in der Dreizahl. Die Zahl der Zähne kann sekundär verringert sein.

Die zunächst unten offene Zahnhöhle (Pulpahöhle) schließt sich, ist der Zahn ausgewachsen, bis auf einen feinen Kanal. Der Zahn kann dann nicht mehr weiter wachsen. Das ist der normale brachyodonte Zahn. Bei besonders starker Kauabnützung (Nagezähne der **Nager**, Backenzähne der **Pferde** und **Wiederkäuer**) kann die Pulpahöhle offen bleiben, der Zahn also weiterwachsen und die Kauabnützung kompensieren. Das ist der hypsodonte Zahn. Bei der Kauabnützung werden die ursprünglichen Höcker der Zahnkrone von der Spitze her flächenmäßig abgenützt. Dadurch entsteht auf der Kaufläche ein jeweils typisches Schmelzfaltenmuster, wie das zum Beispiel Pferde- oder **Rinderzähne** zeigen.

Schon im Alttertiär herrscht eine gewaltige Formenfülle von Säugetieren. Neben kleinwüchsigen **Insektenfressern** und **Nagern** finden sich frühe, primitive **Raubtiere** sowie viele, zum Teil ausgestorbene Gruppen früher **Huftiere**. Sie bringen schon im Alttertiär die rasch wieder aussterbenden Riesenformen der **Titanotherien** und **Amblypoden** hervor.

Der Fossilsammler in Mitteleuropa wird es vorwiegend mit jungtertiären und quartären **Säugerzähnen** zu tun haben. Die jungtertiäre Säugerfauna gleicht sich mehr und mehr der gegenwärtigen an. Die kleinen Zähnchen der **Insektenfresser** und **Nagetiere** gewinnt man durch Ausschlämmen aus Höhlenlehmen und analogen Ablagerungen. Die Backenzähne der Insektenfresser sind im allgemeinen sechshökkerig und haben mehr oder weniger spitze Hökker. Die Backenzähne der Nagetiere, in deren Gebiß der Eckzahn zurückgebildet ist, zeigen quergestellte Schmelzfalten.

Auch die Backenzähne der **Raubtiere** sind im allgemeinen sechshöckerig. Da die Höcker von Ober- und Unterkiefer ineinandergreifen, sind oft Abnützungsspuren auf den Flanken der Zahnhöcker vorhanden.

Wichtiger und häufiger sind Reste der pflanzenfressenden **Huftiere**. Die Ernährung bedingt hier ein mahlendes Kauen. Daher werden die Backzähne flächenhaft abgenützt, und die ganze Backenzahnreihe bringt eine zusammenhängende Kaufläche mit den jeweils typischen Schmelzfaltenmustern hervor.

Bei den **Unpaarhufern**, die sich schon im Alttertiär reich entfalteten und von denen nur die **Tapire, Nashörner** und **Pferde** noch mit wenigen Reliktformen in die Gegenwart hineinreichen, sind die Backenzähne lophodont, das heißt, die Schmelzfalten verlaufen quer über die Kaufläche. Wichtig sind die im Jungtertiär noch reich entfalteten Nashörner. Ihre Zähne sind brachyodont und zeigen zwei quergestellte Schmelzfalten, die auf der Außenseite durch eine längsgestellte Schmelzkante verbunden sind. ▷ – Bei den Pferden werden die Backenzähne hypsodont und bilden eine zusammenhängende Kaufläche. Das aus einem Sechshöckerzahn hervorgegangene Schmelzfaltenmuster zeigt zwei geschlossene, mehr oder

Nashornkiefer Rhinoceros simorrensis, 17 cm, Tertiär-Miozän, Heggbach, Biberach/Riß

Säuger-Backenzähne

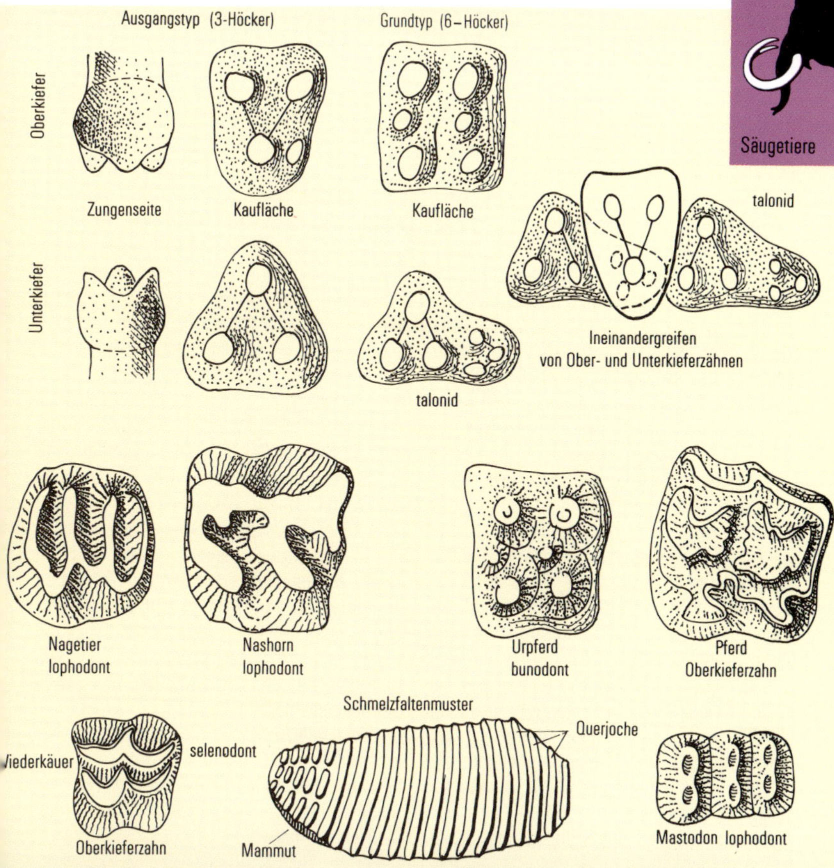

weniger stark gefältelte Schmelzmarken und eine zur Innenseite vorspringende Schmelzfalte. Die Oberkieferzähne haben einen mehr oder weniger quadratischen, die Unterkieferzähne einen rechteckigen Querschnitt.

Unter den **Paarhufern** haben die **Schweine** als Allesfresser bunodonte Zähne, das heißt, die Höcker der Backenzähne sind niedrig, breit und gerundet und bleiben als solche mehr oder weniger deutlich erhalten. Ihre frühen Vertreter erscheinen im Alttertiär, aber wie bei allen Paarhufern entfalten sie sich erst im Jungtertiär reicher.

Die fortschrittlicheren Paarhufer haben selenodonte Zähne: Auf der abgekauten Zahnfläche erscheinen längsgestellte, schmale, halbmondförmige Schmelzfaltenmuster. Die heute nur noch durch wenige überlebende Relikte vertretenen **Kamele** waren im Jungtertiär noch weltweit und formenreich entfaltet.

Wichtiger sind die **Wiederkäuer**, bei denen die Zähne hypsodont werden. Die im Jungtertiär noch weit verbreiteten **Giraffen** haben heute nur noch wenige überlebende Relikte, doch die **Hornträger** (**Antilopen** und **Rinder**) und die **Geweihträger (Hirsche)** reichen noch formenreich in die Gegenwart herein. Zähne beider Gruppen wie auch die der Nashörner und Pferde finden sich nicht selten in jungtertiären und quartären Flußablagerungen. Eine genaue Artbestimmung der Zähne ist indessen schwierig und nur mit Hilfe einschlägiger Spezialliteratur möglich. Auch die richtige, systematische Einordnung isolierter Knochenreste verlangt Kenntnisse der Skelettanatomie.

Als letzte, für den Fossiliensammler interessante Säugergruppe erwähnen wir die **Subungulaten**. Ihre frühen Vorformen erscheinen im Alttertiär, doch erst im Jungtertiär entfalten sie sich reich, verbreiten sich weltweit und erreichen zum Teil Riesenwuchs. Die Backenzähne sind lophodont mit kräftigen Querjochen. Der Eckzahn verschwindet. Die Vorderzähne werden zu Stoßzähnen. Die auf das Miozän beschränkten **Dinotherien** haben nur zwei bis drei Querjoche auf den Backenzähnen. Von den Vorderzähnen ist nur ein Paar im Unterkiefer vorhanden, und zwar in Form von nach rückwärts unten gebogenen Stoßzähnen. Die **Mastodonten** – Miozän und Pliozän – haben ein Paar zu Stoßzähnen umgebildete Vorderzähne im Ober- und im Unterkiefer. Die Backenzähne haben drei bis vier, gelegentlich bis zu sechs Querjoche, die glatt sein können oder eine in Höcker aufgelöste Oberkante haben. ▷ 1

An die Mastodonten schließen vom Pliozän ab die **Elefanten** an, die noch im Diluvium weltweit verbreitet waren. Die Elefanten haben nur noch ein Stoßzahnpaar im Oberkiefer. Die Backenzähne werden sehr groß mit zahlreichen Querjochen.

1 *Mastodon-Backenzahn in Zahntürkis, 12 cm, Tertiär-Miozän, Mainzer Becken*

2 *Frucht mit Samen eines Ingwergewächses Spirematospermum wetzleri, 7 cm, Tertiär-Miozän, Ponholz*

Pflanzen

Die fossile Dokumentation der Pflanzen ist sehr lückenhaft. Die **Wasserpflanzen (Algen)** bringen nur mit wenigen Ausnahmen **(Kalkalgen, Kieselalgen)** mineralische Hartteile hervor.

Die **Höheren Pflanzen (Gefäßpflanzen)** sind Organismen des festen Landes, wo die Fossilisationsmöglichkeiten ohnedies beschränkt sind, zumal die **Landpflanzen** nur im Holz ein etwas widerstandsfähigeres Stützgewebe hervorbringen. Nur bei raschem Abschluß vom Luftsauerstoff und bei rascher Einbettung sind die Möglichkeiten zu fossiler Erhaltung etwas günstiger. Pflanzenfossilien entstehen daher vorwiegend in moorigen Niederungen und Seenbecken. In Gebieten mit hohen Jahresniederschlägen bei zeitweilig starker Verdunstung kann es zur Verkieselung von Hölzern kommen.

Pollen und Sporen haben eine sehr widerstandsfähige Kuticula und finden sich in vielen, auch marinen Formationen; da sie im allgemeinen typische, eine Bestimmung ermöglichende Merkmale haben, geben sie Hinweise auf die Pflanzenwelt der Festländer. Die Untersuchung dieser winzig kleinen Objekte erfordert gründliche botanische Kenntnisse und hat eine mikropaläontologische Spezialdisziplin, die Palynologie, entstehen lassen.

Auch Früchte haben oft eine sehr widerstandsfähige Hülle und sind daher relativ häufig als Fossil überliefert. ▷ 2

1

2

Algen *(Tallophyta)*

Als im Wasser lebende Pflanzen haben die Algen kein Stützgewebe und keine Differenzierung in Wurzel und Sproß, da sie Nährsalze aus dem Wasser ja durch die gesamte Körperoberfläche aufnehmen können. Aus dem gleichen Grund fehlen ihnen auch Gefäße. Ihr undifferenzierter Körper wird als Thallus bezeichnet, die Gesamtheit der hierher gehörenden Formen daher auch als **Thallophyten**.

Auf die prokaryotischen, das heißt mit den **Bakterien** näher zusammengehörenden **Blaualgen** *(Cyanophyzeen)*, die als **Stromatolithen** vor allem im Proterozoikum als Gesteinsbildner wichtig sind, haben wir schon oben hingewiesen. Ebenso haben wir auch die als Gesteinsbildner wichtig werdenden **Coccolithophoren** schon kurz erwähnt, kleine, einzellige **Planktonalgen**, die ein Kalkgehäuse ausscheiden. ▷ S. 35

Die zum Teil recht großwüchsig werdenden Algen, deren Klassifikation auf den für sie typischen Farbstoffen und Fortpflanzungsformen beruht, sind fossil bedeutungslos. Nur die zu den **Grünalgen** gehörenden **Kalkalgen** sind als Fossilien von gewisser Bedeutung. Sie sind seit dem Kambrium bekannt und scheiden ein die Fossilisation begünstigendes Kalkskelett aus. Sie können als Gesteinsbildner wichtig werden. Am Aufbau der mächtigen Riffkalk- und Dolomitformationen der alpinen Trias haben sie neben anderen Riffbauern erheblichen Anteil. ▷ 1–2

Die ebenfalls zu den **Grünalgen** gehörenden **Armleuchter-Algen**, die im Süßwasser leben, scheiden ebenfalls vielfach Kalk aus. Sie sind seit dem Devon bekannt und oft an der Bildung von Quell- und anderen Süßwasserkalken beteiligt.

Gefäßpflanzen oder Höhere Pflanzen *(Kormophyta)*

Als eindeutige Fossilien werden Pflanzen erst vom Devon ab bedeutungsvoll, wenn sie an der Wende von Silur zu Devon auf das Festland vordringen und sich zu **Gefäßpflanzen** mit einem Stützgewebe weiterbilden, mit einem Nährsalze aufnehmenden Wurzel- und die Assimilation besorgenden Sproßteil und einem beide Teile verbindenden Gefäßgewebe.

Die Gefäßpflanzen erscheinen an der Wende von Silur zu Devon mit primitivsten Vertretern, die zum Teil noch amphibisch leben und ihre Sprosse über das Wasser erheben.

Farngewächse *(Pteridophyta)*

Fortpflanzung durch Sporen; Generationswechsel.

Nacktfarne *(Psilophytatae)*

Erste Vorläufer im Obersilur die im Devon schon wieder verschwinden. Die Nacktfarne wurzeln im Wasser, treiben aber blattlose, einfache oder dichotom verzweigte Sprosse. An diesen sitzen die Sporenkapseln (Sporenkapseln). Die nackten Sprosse können glatt oder beschuppt sein, Blätter aber werden nicht abgegliedert. Die Leitbündel sind noch sehr einfach.

Eine interessante **Psilophytenflora** ist im Unterdevon des Wahnbachtales unweit von Bonn gefunden worden. Auch aus dem Mitteldevon bei Wuppertal-Elberfeld kennt man eine Psilophytenflora. Psilophyten finden sich auch in den devonischen Oldredformationen. ▷ 3

Bärlappgewächse *(Lycopodiatae)*

Akömmlinge der Nacktfarne erscheinen schon im Oberdevon. Die bei den Nacktfarnen gelegentlich auftretenden Schuppen der Sprosse sind als Blätter von diesen abgegliedert.

Die *Lycopodiatae* sind heute nur noch durch kleine, krautige Gewächse mit kleinen, die Sprosse umkleidenden Blättern vertreten. Ihre

1 *Mastopora concava, Gesteinsstück 6,5 cm, Ordovizium, Schweden*
2 *Rothpletzella-Algenhaufen, 3,5 cm, Silur, Gotland, Schweden*
3 *Psilophyt, 10 cm, Devon, Eifel*
4 *Farnwedel, Platte 10 cm breit, Perm-Rotliegendes, Sobernheim*

1

2

3

4

Hauptentfaltung spielte sich schon im Karbon ab, in dem sie große Bäume hervorbrachten, die bis gegen 40 m Höhe erreichen konnten und einige Meter Stammdurchmesser zeigten. Sie sind wesentliche Komponenten der karbonischen Steinkohlenlager. Die beiden Haupttypen der **Bärlappbäume** sind der **Schuppenbaum** ***(Lepidodendron)*** ▷ 2, 4 und der **Siegelbaum** ***(Sigillaria)*** ▷ 1. Die aufrechten, unverzweigten Stämme können über 20 m hoch werden und einen Stammdurchmesser von über 2 m erreichen. Stammbruchstücke sind typische und häufige Fossilien im Karbon. Die des Schuppenbaumes haben diagonal angeordnete Blattnarbenreihen, während die des Siegelbaums in Längsreihen stehen. Der Schuppenbaum trägt eine von dichotom verzweigten Ästen gebildete Krone, während die des Siegelbaums höchstens am Oberende einfach vergabelt sind. Die langen, schmalen Blätter werden beim Schuppenbaum bis zu einem halben Meter lang, während der Siegelbaum eine buschige Krone bildet.

Klasse Schachtelhalm-Gewächse *(Equisetatae)*

Auch die *Equisetatae* waren im Karbon reich entfaltet und baumwüchsig, erreichten Höhen bis zu 20 Meter und Stammdurchmesser bis zu einem Meter. Die Wuchsform war die gleiche wie heute mit einem einfachen, durch Knoten geteilten, aufrechten Hauptstamm; ihm konnten an den Knoten in quirliger Anordnung Seitenäste entspringen. Die Stammoberfläche war ursprünglich glatt; die für die fossilen Reste typische Längsstreifung kommt daher, daß bei der Fossilisation die Außenrinde verschwand. Die Längsstreifung ist durch die Steinkerne der Leitbündel bedingt. Die Blätter waren klein, schmal, lanzettlich und quirlig um die Knoten des Stammes oder der Äste angeordnet. ▷ 3 Waren sie an der Basis miteinander verwachsen, erscheinen sie am Fossil als vielstrahlige Blattquirle *(Annularia)*. Die baumwüchsigen Schachtelhalme werden als *Calamites* bezeichnet (in verschiedene Gattungen aufgeteilt). Calamites verwandt ist das schlankere **Sphenophyllum**, gekennzeichnet durch Quirle von sechs bis neun nach außen keilförmig sich verbreiternden Blättern. ▷ 5

Klasse Farne *(Filicatae)*

Zu den häufigsten Fossilien in den Steinkohlenformationen aber gehören Blattwedelreste vom Typus der Farnblattwedel. Nach dem Aussehen hat man sie ursprünglich ausnahmslos den Farnen zugewiesen, da man von der Vorstellung ausging, daß in dieser Frühphase der Landpflanzenentwicklung noch keine Samenpflanzen vorhanden sein können. Die Einordnung in das System ist schwierig.

Bei den normalen **Sporenpflanzen** bildet sich nur ein Typus von Sporen. Sie sind »isospor«. Bei den fortschrittlicheren Vertretern vor allem der Bärlappe und Farne kommt es schon vom Oberdevon ab zur Ausbildung zweier verschiedener Sporentypen: die größeren (weiblichen) Mega- und die kleineren (männlichen) Mikrosporen, die sich jeweils in Mega- bzw. Mikrosporangien finden. Diese Heterosporie ist ein erster Schritt zur Bildung weiblicher und männlicher »Blüten«. Verbleibt das Megasporangium im Mutterkörper, wird hier befruchtet; entwickelt es sich weiter, so kommt es zu dem, was wir Samen nennen. Damit wird die Pflanze endgültig zur **Landpflanze**: Befruchtung und Frühentwicklung des Keimes der Sporenpflanzen (Prothallium) ist noch ans Wasser gebunden; durch die Samenbildung wird diese Abhängigkeit überwunden.

Stamm Samenpflanzen *(Spermatophyta)*

Von den Samenpflanzen gibt es schon im Oberdevon Vorläufer. In der Karbonflora, die man früher als eine reine Sporenpflanzen-Flora ansah, spielen sie neben den Pteridophyten eine nicht zu unterschätzende Rolle.

1 *Sigillaria, 13 cm breit, Karbon-Stephan, Saarbrücken*
2 *Lepidodendron, Narben der Blattansätze, 2,5 cm, Karbon-Westfal C, Ibbenbüren*
3 *Annularia sphenopsis, 2 cm breit, Essex-Penns., USA*
4 *Lepidodendron-Fruchtzapfen, 8 cm, Karbon-Stephan, Saarbrücken*
5 *Asterophyllites longifolium, 20 cm, Perm-Rotliegendes, Sobernheim*

1

2

3

4

5

Klasse Farnsamer *(Pteridospermata)*
Die Farne tragen ihre Sporangien auf der Unterseite der Wedel. Nun finden sich im Karbon zahlreiche Typen von »Farnwedeln«, die nie Sporangien auf der Unterseite zeigen. Glücklicherweise gibt es Funde, die zeigten, daß sie zu Stammresten gehören, deren Feinstruktur von der der Farne abweicht, aber mit der von **Cycasstämmen** verglichen werden kann. Ergänzende Funde bestätigten, daß sie auch echte Samen hervorbrachten. Offenbar handelte es sich also um Samenpflanzen, die zwar noch »Farnblätter« hatten, aber nach ihrer Holzstruktur und ihren Samen mit der Nacktsamergruppe der **Cycasgewächse** in Beziehung gebracht werden müssen. Für diese Gruppe wurde der Begriff der Farnsamer **(Pteridospermen)** geprägt.

Die als **Rhachiopteris** und **Sphenopteris** beschriebenen, stark dreifach gefiederten Wedel gehören hierher und zu den als **Lyginodendron** beschriebenen Holz- und Stammresten. Auch **Neuropteris** und **Alethopteris** mit großen, dreifach gefiederten Wedeln, deren Blättchen aber einfacher oval sind, gehören an diese Stelle.

Farnsamer sind auch im Rotliegenden noch formenreich entfaltet. ▷ 3 – Ihre letzten Nachzügler finden sich im Unteren Jura. Im Rotliegenden sind nun offenbar echte Farne etwas reicher vertreten als im Karbon. Hierher gehören die dreifach gegliederten Wedel von **Pecopteris**, deren gerundet rechteckige Blättchen mit breiter Basis an der Wedelachse ansetzen. ▷ 1

Klasse Coniferophyta
Auch bei den Bärlappen kommt es zur Heterosporie, die sich bis zur Samenbildung steigert. Irgendwo ist bei ihnen die Wurzel der **Nadelhölzer** im weitesten Sinn zu suchen.

Unterklasse **Cordaitidae**
Die **Cordaitenbäume**, von Bärlappgewächsen herzuleiten, stellen eine selbständige, den echten **Nadelhölzern** verwandte Gruppe dar. Sie sind im Karbon sehr verbreitet und verschwinden schon im Rotliegenden wieder. Sie haben einen glatten, 20 m hoch werdenden Stamm, an dessen Oberende sich eine Krone von mehrfach verzweigten Ästen befindet. An ihnen saßen bandförmige, paralleladrige, bis zu einem Meter lange Blätter.

Unterklasse Nadelhölzer *(Coniferae)*
Schon im Rotliegenden erscheinen dann schließlich auch die sich bis zur Gegenwart reich entfaltenden **Nadelbäume (Coniferen)**, vertreten durch die Gattung **Walchia**. Die quirlig angeordneten und horizontal vom Stamm abstehenden Äste waren fiederartig verzweigt. Die Fiederzweige waren ringsum mit langen Nadeln besetzt. ▷ 2 – Durch Wuchsform und Nadelkleid erinnert Walchia an **Araukarien**. Die Coniferen sind wohl ebenso wie die **Cordaiten** an *Lepidodendron*-ähnliche Bärlappe anzuschließen, während die Farnsamer Farnabkömmlinge sind. Der fortgeschrittene Typus der Samenpflanzen ist offenbar mehrfach unabhängig voneinander entstanden.

Mit dem ausgehenden Rotliegenden ändert sich das Florenbild grundlegend. Die Steinkohlenflora war auf ein feuchtwarmes Klima eingestellt. Im oberen Perm und weitgehend auch noch in der Trias herrschen trockenere Klimate. Unter den Pteridophyten gehen die Bärlappe stark zurück; nur Schachtelhalme und Farne sind noch etwas reicher entfaltet. Die Schachtelhalme sind in der Trias, vor allem im Keuper, durch die bis zu 6 m hoch werdende Gattung **Equisetites** vertreten. Die Stämme von Equisetites verzweigen sich nur im untersten Teil. Die Äste wachsen senkrecht nebeneinander nach oben. Die Gattung gehört im Keuper zu den häufigsten Fossilien (Schilfsandstein).

Bestimmendes Element aber sind die Samenpflanzen, wobei es sich wie bei den karbonischen Vorläufern um Nacktsamer (Gymnospermen) handelt.

Die Nadelhölzer entfalten sich nunmehr reich. Wir erwähnen **Voltzia**, als Leitfossil im oberen Perm und im Buntsandstein wichtig.

1 Pecopteris cyathea, 30 cm, Perm-Rotliegendes, Sobernheim

2 Walchia, 30 cm, Perm-Rotliegendes, Jekkenbach, Pfalz

3 Weissites pinnatifidus, 10 cm, Perm-Rotliegendes, Odernheim

1

2

3

Klasse Ginkgogewächse ***(Ginkgoinae)***
Die Ginkgogewächse sind ein selbständiger Stamm von Bärlapp-Abkömmlingen neben den Nadelhölzern. Das auf China beschränkte Relikt *(Ginkgo biloba)* ist als Zierbaum in Parkanlagen weit verbreitet. Das heutige Ginkgoblatt verbreitert sich vom Stiel fächerförmig nach außen und hat am Außenrand einen medianen Einschnitt. Auch die Nervatur fächert vom Stiel nach außen auf. Vorläufer kennt man aus dem Rotliegenden. Im oberen Perm ist **Sphenobaiera** verbreitet, deren Blattspreite durch zahlreiche, bis fast zum Stielansatz reichende Einschnitte stark dichotom aufgegliedert ist. Bei **Baiera** aus dem Lias ist diese Zerspaltung wesentlich geringer und bei **Ginkgoites** aus der Unterkreide noch stärker reduziert. ▷ 1

Klasse Cycasgewächse ***(Cycadinae)***
Die Cycasgewächse sind Abkömmlinge der Farnsamer. Die heutigen Nachzügler sind auf die Tropen beschränkt. Mit dem einfachen Stamm, an dessen Oberende lange, einfach gefiederte Blätter sitzen, erinnern sie äußerlich an **Palmen**, mit denen sie freilich nichts zu tun haben. Erste Vorläufer werden aus dem Rotliegenden angegeben. Im Perm und der Unteren Trias finden sich nur spärliche Reste. Stärker in Erscheinung treten sie erst von der Oberen Trias an.
Im Keuper treten nun häufiger Reste von Cycasgewächsen und diesen nahestehenden **Nilssonien** und **Bennettiteen** auf. Die beiden zuletzt genannten Gruppen sind schon in der Unterkreide wieder ausgestorben.

Unterstamm Bedecktsamer *(Angiospermae)*

In der Unterkreide (Neokom) beherrschen Nacktsamer – Nadelbäume, Ginkgo- und Cycasgewächse – das Florenbild. Unvermittelt von der Mittelkreide (Alb) an treten reichlich Blätter von **Angiospermen (Bedecktsamige Blütenpflanzen)** auf, die aber nicht eindeutig heute lebenden Familien zuzuordnen sind, da man die zugehörigen Blütenstände und Samenanlagen nicht kennt.
In den Sandsteinen der höheren Oberkreide des nördlichen Harzvorlandes sind Blattreste von Angiospermen vorherrschendes Element. Am bekanntesten sind die als **Credneria** beschriebenen Blätter, die man mit den **Platanen** in Beziehung bringt. Daneben kommen auch andere Blatttypen vor, bemerkenswerterweise neben solchen von **Zweikeimblättrigen** auch schon solche von **Einkeimblättrigen**. Die das heutige Florenbild beherrschende Angiospermenflora war somit schon in der Oberkreide reich entfaltet: Der Fund einer gut erhaltenen Blüte in Südschweden bestätigt dies.
Das unvermittelte Erscheinen einer schon recht formenreichen Angiospermenflora vom Alb an, in der in der Oberkreide auch schon **Einkeimblättrige** vorkommen, läßt vermuten, daß die Angiospermen des Alb schon eine längere Vorgeschichte hinter sich haben, die uns durch fossile Reste nicht dokumentiert ist. Man nimmt an, daß diese früheren Angiospermen in höher gelegenen, trockeneren Festlandsbereichen siedelten, wo die Voraussetzungen zur fossilen Konservierung nicht gegeben waren. In der Tat sind windverwehte Angiospermenpollen vom Unteren Jura an bekannt. Über die Herkunft der **Höheren Blütenpflanzen** kann man wegen dieser fossilen Überlieferungslücke nichts aussagen. Sie dürften von Cycas- oder Bennettiteen-ähnlichen Pflanzen abstammen.
Im Tertiär sind, meist im Zusammenhang mit den weit verbreiteten Braunkohlenlagern, fossile Pflanzenreste meist in lokalen, tonigen Seeablagerungen verbreitet und häufig. Häufig handelt es sich um Blätter, Samen und Holzreste. Sie können im allgemeinen den noch heute lebenden Familien zugeordnet werden. Das Florenbild entspricht unserem heutigen. Es wechselt in den aufeinanderfolgenden Tertiärstufen im Zusammenhang mit der klimatischen Entwicklung während des Tertiärs. ▷ 2–4

1 Gingko huttoni, Blatt 4 cm breit, Jura-Toarc, Scarborough, Yorkshire, England
2 Birkenblatt (Betula), 13 cm mit Stiel, Tertiär-Pliozän, Willershausen, Harz
3 Weißbuchenblatt (Carpinus), 5 cm, Tertiär-Miozän, Schienerberg, Bodensee
4 Ulmenblatt (Ulmus), 4 cm, Tertiär-Pliozän, Willershausen

1

2

3

4

Zusammenfassende Schlußbemerkungen

Vom frühen Erdalterum bis zur Gegenwart zeigen die Fossilien einen steten Wechsel nicht nur der Lebensgemeinschaften, sondern auch der Arten, Gattungen, Familien. Frühe Formen verschwinden und werden von anderen ersetzt. In all den Fällen, in denen die fossile Überlieferung einigermaßen vollständig ist, können wir verfolgen, wie die vorhergehenden Formen sich zu den nachfolgenden weiterbilden.

Die Fossilien bestätigen die seit den Zeiten Lamarcks diskutierte und seit Darwin allgemein anerkannte Abstammungslehre.

In unserer Tabelle ist die Verbreitung der wichtigsten Stämme mariner Wirbelloser, die durch Fossilien gut dokumentiert sind, während der erdgeschichtlichen Perioden zusammengefaßt. Die Tabelle zeigt – das war eine überraschende und nicht erwartete Beobachtung –, daß sämtliche Tierstämme mit zwar noch primitiven Vertretern, aber mit ihren Bauplänen deutlich voneinander geschieden, schon im Kambrium erscheinen, daß vom Kambrium bis zum Ordovizium die Vielfalt der Baupläne sogar besonders groß war. Viele dieser frühen Grundtypen sind im Lauf der Erdgeschichte ganz verschwunden, wie die Tabulaten Korallen, die Trilobiten, die Beutel- und Knospenstrahler, andere haben nach einer reichen Entfaltung im Erdaltertum mit wenigen bedeutungslosen Relikten in den heutigen Lebensgemeinschaften überlebt, zum Beispiel die Merostomen und die Brachiopoden.

Gegenüber der Vielfalt verschiedener Baupläne, welche die Lebensgemeinschaften des Erdaltertums kennzeichnen, sind die der Gegenwart dadurch gekennzeichnet, daß ihre Formenvielfalt aus der vielseitigen Entfaltung einer reduzierten Anzahl vorherrschender Bauplantypen resultiert (Muscheln, Schnecken, Zehnfüßerkrebse, Seeigel usw.). Dabei zeigt sich, daß die verschiedenen ökologischen Nischen der Lebensgemeinschaften seit dem Kambrium immer besetzt waren, aber von jeweils sich ablösenden Gruppen eingenommen wurden. An der Stelle der Brachiopoden des Paläozoikums treten die sich vom ausgehenden Paläozoikum an reich entfaltenden Muscheln, an die der Trilobiten und Merostomen treten danach die Höheren Krebse, an die der Seelilien die Seeigel usw. Interessant ist das Verhalten der Schnecken: Sie entfalteten sich relativ reich im älteren Paläozoikum, traten vom Devon ab, als die Ammoniten sich zu entfalten begannen, zurück, um sich nach dem Zurückgehen und schließlichen Verschwinden der Ammoniten von der Oberkreide an neu zu entfalten.

Nach den Vorstellungen der Abstammungslehre hätte man erwarten sollen, daß am Anfang, das heißt im Kambrium, nur eine formenarme Lebewelt weniger primitiver Typen vorhanden war, von denen sich im Lauf der Erdgeschichte die fortschrittlicheren Baupläne nacheinander abgespalten haben. Man hat geglaubt, den Widerspruch zwischen theoretischer Erwartung und realem Befund durch die Hilfsannahme überwinden zu können, daß sich die aus der Abwandlungsgeschwindigkeit der Lebewesen in nachkambrischer Zeit zu fordernde lange Vorgeschichte der kambrischen Lebewesen in den großen, präkambrischen Zeiträumen abgespielt habe, aber eben nicht erhalten geblieben sei, weil die präkambrischen Gesteine fast ausnahmslos zu kristallinen Gesteinen umgewandelt worden seien. Fossilreste seien dabei zwangsläufig zerstört worden.

Diese Hilfsannahme wurde durch neuere Entdeckungen widerlegt. In Ablagerungen der Endphase des Präkambriums, die kontinuierlich in kambrische Schichten übergehen, hat man fossile, vielzellige Tiere gefunden, die weichhäutig waren und noch keine Hartteile hervorbrachten. Diese fossilführende Endphase des Präkambriums hat man als Ediacariumperiode bezeichnet. Ihre Dauer ist kaum länger als die des Kambriums. In der Ediacariumfauna konnte man neben nicht identifizierbaren Resten Medusen, Conularien, Ringelwürmer und Gliederfüßer bestimmen. Nach allem, was man heute über die Entwicklung des Lebens während des Präkambriums weiß, zeigt die Ediacariumfauna die Anfänge der Entwicklung der vielzelligen Tiere. Die so vielgestaltige, kambrische Lebewelt hat demnach eine überraschend kurze Vorgeschichte. Man muß annehmen, daß vom Ediacarium bis zum Kambrium eine fast überstürzte Entfaltung und Aufspaltung in die verschiedenen Baupläne der zahlreichen Tierstämme stattgefunden hat, und sie alle die Fähigkeit hatten, Hartteile hervorzubringen.

Die verschiedenen Stämme und Baupläne sind also nicht in einer langen Entwicklung nacheinander von einem zentralen Stamm als Seitenäste abgespalten, sondern die verschiedenen Baupläne haben sich schon in einer sehr frühen Anfangsphase mehr oder weniger gleichzeitig und nebeneinander abgesondert und sich dann selbständig nebeneinander weiter- und fortgebildet: die einen in einer raschen Entfaltung und Differenzierung, die sich schon im Paläozoikum oder Mesozoikum erschöpfte oder noch mit wenigen Reliktformen überlebte; die anderen konsolidierten sich in einer mehr zögernden Umbildung und kamen so zu einer späten Entfaltung. Die Entwicklung vollzog sich nicht nach dem Schema eines Stammbaumes, sondern nach dem eines Stammstrauches mit zahlreichen, aus der Wurzel sprossenden Stämmen, von denen jeder seine eigene, erfolgreichere oder auch weniger erfolgreiche Um- und Weiterbildung erlebte.

Dieses Stammstrauch-Schema wiederholt sich immer wieder auch im Kleinen. Unsere modernen Seeigel sind Nachfahren der vorwiegend paläozoischen Perischoechinoiden, die fast zur Gänze ausgestorben sind. Aus wenigen überlebenden Nachzüglern erscheinen in der Trias wenige primitive, erste Vertreter der modernen Seeigel. Nach kurzer Anlaufzeit bringt dieser fortschrittlichere Seeigeltyp im Jura sämtliche verschiedenen Stammlinien der Seeigel hervor, die sich nebeneinander bis zur Gegenwart weiterbildeten. So haben sich auch die aus den paläozoischen Phyllocariden hervorgegangenen Höheren Krebse nach einer kurzen Anlaufzeit in der Trias schon im Jura in ihre zahlreichen Stammlinien aufgespalten, die sich seither nebeneinander bis zur Gegenwart weitergebildet haben.

Im Devon erscheinen als Abkömmlinge der Kieferlosen die Gnathostomen Placodermen, und gleichzeitig treten neben ihnen auch die Stämme der Haie, der Quastenflosser, der Lungenfische, der Echten Fische und unmittelbar danach auch schon die ersten Tetrapoden auf.

Wir wollen es bei diesen wenigen Beispie-

Mit Professor Dr. Karl Beurlen auf dem Geologischen Pfad im Alpsteingebiet, Schweiz

len bewenden lassen. Sie ließen sich beliebig vermehren.

Angesichts dieser Befunde könnte man sagen: Wenn sich ein neuer, fortschrittlicherer Organisationstyp aus einem einfacheren, vorhergehenden herauslöst, so prägt sich der neue, noch nicht endgültig differenzierte Organisationstyp in verschiedenen Varianten, gewissermaßen in Versuchsmodellen aus, mit welchen er nach seinen verschiedenen Möglichkeiten durchprobt wird. Von ihnen setzen sich die günstigsten und anpassungsfähigsten erfolgreich durch; die weniger anpassungsfähigen verschwinden früher oder später wieder oder fristen mit einigen Reliktformen ein Schattendasein.

Wenn wir nach den Ursachen dieses Geschehens fragen, wie es sich uns in der Vielgestaltigkeit der Lebensgemeinschaften aus allen erdgeschichtlichen Perioden darstellt, so müssen wir, wollen wir ehrlich sein, die Antwort schuldig bleiben. Wir können anhand von Fossilien die Abläufe der stammesgeschichtlichen Entfaltung verfolgen, können in großen Zügen die Geschichte des Lebens während der Erdgeschichte rekonstruieren. Wir können mit den Methoden der Vererbungslehre und der Biochemie auch die Mechanismen analysieren, nach denen sich ein Artenwandel vollziehen kann.

Wir können feststellen, daß es einen Kampf ums Dasein und eine Auslese des Anpassungsfähigen gibt. Aber gleichzeitig müssen wir auch anerkennen, daß in allen Lebensgemeinschaften eine enge, wechselseitige Verflochtenheit entscheidendes Regulativ ist. Die moderne Umweltforschung hat uns diesen immer vernachlässigten Zusammenhang deutlich zum Bewußtsein gebracht. Wir müssen uns bescheiden, die Abläufe des Lebensgeschehens zu beschreiben, die Mechanismen zu analysieren und zu klären, vermittels derer sich dieses Geschehen und die Geschichte des Lebens abspielen.

Der Fossilsammler, der die Vielgestaltigkeit und Wandlungsfähigkeit des Lebens von seinen frühen Anfängen bis zur Gegenwart verfolgen und erleben kann, wird sich nicht nur immer wieder von neuem an diesen Zeugnissen der Lebensgeschichte erfreuen, sondern er wird auch bescheiden werden vor dem, was uns wohl immer ein Geheimnis bleiben wird und was nicht auf eine einfache, rationale Formel gebracht werden kann; vor dem Leben.

Museen und Sammlungen

Das wohl größte und vollständigste Museum der Bundesrepublik, das **Senckenberg-Museum** (Senckenberg-Anlage 25, Frankfurt a. M.), umfaßt eine umfangreiche, hervorragend ausgestellte Sammlung von Versteinerungen der Wirbellosen Tiere aus allen Erdzeitaltern und zahlreiche Beispiele montierter Skelette fossiler Wirbeltiere.
Das **Naturhistorische Museum Mainz** (Reichklarastr. 1) erfaßt in seinen Sammlungen vor allem den Raum des Mainzer Beckens und seine Umrandung. Von den frühen Beständen vor allem quartärer Säugetiere ist leider durch Kriegseinwirkungen vieles verlorengegangen. Das **Karl-Geib-Museum** (Kreuzstr. 69, Bad Kreuznach) bietet eine umfangreiche Sammlung der Versteinerungen des Hunsrückschiefers. Im **Paläontologischen Museum Nierstein am Rhein** (Stadtzentrum) zeigen Arnulf und Harald Stapf und die »Freunde des Museums« selbst gefundene und präparierte Fossilien aus allen erdgeschichtlichen Formationen, insbesondere aber aus dem Rotliegenden des Perm und dem Tertiär des Mainzer Beckens.
Das **Staatliche Museum für Naturkunde** in Stuttgart, das lange Zeit provisorisch auf Schloß Rosenstein untergebracht war, zeigt nun in einem Neubau seine reichen Schätze an fossilen Wirbellosen, an mesozoischen Sauriern und tertiären Säugetieren. Von ihm betreut werden das **Meteorkrater-Museum** in Steinheim am Albuch, das die einstigen Lebewesen des Steinheimer Beckens (miozäner Binnensee) umfassend darstellt, und das **Urmensch-Museum** in Steinheim a. d. Murr, das die fossile menschliche Vorgeschichte und die begleitende quartäre Säugetierwelt vom Steinheimer Schädelfund ab zeigt. Eine Ergänzung zu ihm ist das **Neandertal-Museum** von Erkrath (Nordrhein-Westfalen), das den Neandertaler und seine Umwelt vorstellt. Das **Heimatmuseum Trossingen** (bei Rottweil) mit den aufgestellten Skeletten des von dort stammenden Trossinger Dinosauriers wird ebenfalls vom Stuttgarter Naturkunde-Museum betreut. Die **Bayerische Staatssammlung für Paläontologie und Historische Geologie** (Richard-Wagner-Str. 10, München) bietet neben reichen Sammlungen aus den Kalkalpen, dem Fränkischen Jura und dem Nördlinger Ries vor allem auch reiche Sammlungen fossiler Säugetiere. Im **Jura-Museum** auf der Willibaldsburg (Eichstätt) wird die versteinerte Lebewelt der Solnhofer Plattenkalke in eindrucksvoller Form dargestellt.
Mehr oder weniger umfangreiche Sammlungen zur Versteinerungskunde und Historischen Geologie haben fast alle Geologisch-Paläontologischen Institute der Hochschulen. Erwähnenswert sind die Sammlungen des Geologisch-Paläontologischen Instituts der Universität **Göttingen** mit umfangreichen Sammlungen vor allem aus dem Devon, Karbon und Mesozoikum der Mittelgebirge und Niedersachsens; der Universität **Tübingen**, wo neben mesozoischen Wirbellosen vor allem auch die Saurier in beachtenswerter Weise vertreten sind; der Universität **Münster i. W.** (Pferdegasse 3) mit reicher Sammlung vor allem der münsterländischen Kreide. In der Sammlung des Geologisch-Paläontologischen Instiuts der Universität **Erlangen** ist vor allem eine in ihrer Art einzigartige Darstellung zur Geschichte der Geologie und Paläontologie bemerkenswert. Gegenüber diesen mehr auf einen allgemeinen Überblick ausgerichteten und umfassenderen Sammlungen und Museen sind andere mehr auf spezielle, meist ortsbedingte Themen abgestellt. Das **Erdgeschichtliche Museum Bayreuth** (Neues Schloß) hat sich vor allem auf die Muschelkalk-Saurier und die Keuperpflanzen eingestellt. Das **Museum am Friedrichsplatz** (Landessammlungen für Naturkunde) in Karlsruhe zeichnet sich vor allem durch sehr vollständige Sammlungen der Öhninger Schichten und der Höweneggfauna (Säugetiere) aus. Das **Ruhrland-Museum** in Essen (Bismarckstr. 62) bietet umfangreiche Sammlungen von Karbonpflanzen und Kreidefossilien aus dem Ruhrgebiet. Das **Hauff-Museum** in Holzmaden (bei Kirchheim/Teck) bietet eine einzigartige Darstellung der Lebewesen des oberen Lias (Wirbellose, Fische, Ichthyosaurier, Plesiosaurier, Krokodile). Das **Engel-Museum** (Göppingen-Jebenhausen) enthält eine umfassende Sammlung des Schwäbischen Jura und der nachjurassischen Deckschichten.

Fachausdrücke

Abdomen Der hintere Rumpfabschnitt, bei Wirbeltieren der hinter dem Brustkorb liegende Bauchteil, bei Gliederfüßern die meist abweichend gestaltete Gruppe der hinteren Körperringe (Metamere).

Adduktor Die den Schalenschluß bewirkenden Muskeln der zweiklappigen Gehäuse von Muscheln und Armfüßern (Brachiopoden).

Allochthon Nicht im Lebensraum eingebettete, sondern durch Transport nach dem Tod verlagerte Organismenreste.

Ambulakralsystem Wassergefäßsystem, ein nur bei Stachelhäutern entwickeltes Gefäßsystem.

Anisomyar Ungleichwertige Ausbildung der beiden Schließmuskeln im Muschelgehäuse.

Apex, Apikal Spitze, höchster Punkt eines Gehäuses oder Organs, bei Schnecken die Spitze der Spirale, bei Seeigeln der der Mundregion gegenüberliegende Gehäusepol.

Aragonit Eine relativ leicht lösliche und wenig beständige mineralische Modifikation des Kalziumkarbonates, die bei vielen Tiergruppen (Korallen, vielen Muscheln und Schnecken, Kopffüßern) als Schalenbaustoff auftritt.

Autochthon Organismenreste, die in ihrem Lebensraum eingebettet und fossil geworden sind.

Benthos Die auf oder im Boden grabende Lebewelt des Meeres und der Seen.

Biosphäre Die von Organismen besiedelte Grenzregion zwischen Erdrinde und Hydro- und Atmosphäre.

Bioturbation Die durch grabende Organismen veränderte Struktur der ursprünglichen Ablagerungen (Wühlgefüge).

Biozönose Die natürliche Lebensgemeinschaft von Organismen in einer bestimmten Umwelt.

Bitumen Natürlich vorkommende Kohlenwasserstoffe (Erdgas, Erdöl, Asphalt usw.). Als Gesteinskomponente entstanden durch Fäulniszersetzung organismischer Reste bei Sauerstoffmangel (bituminöse Schiefer, Ölschiefer).

Carapax Der den Kopfbrustabschnitt einschließende Panzer von Krebsen. Rückenteil des Schildkrötenpanzers.

Cephalon Kopfschild von Trilobiten.

Cephalothorax Der vereinigte Kopfbrustabschnitt bei Krebsen.

Chalcedon (Feuerstein, Achat). Dem bloßen Auge homogen erscheinende Varietät von Quarz (Kieselsäure). Vielfach als Versteinerungsmittel auftretend (verkieselte Fossilien).

Chitin Sehr widerstandsfähige, organische Skelettsubstanz, die bei vielen Wirbellosen vorkommt, vor allem bei Gliederfüßern.

Chorda dorsalis Das axiale Skelettelement der Chordatiere, das bei den Wirbeltieren von der Wirbelsäule verdrängt wird (Rücksaite).

Coenenchym Skelettmaterial, welches einzelne Korallenskelette (Polypare), aber auch einzelne Bryozoenröhren (Zooecien), verbindet.

Columelle Ein von der Basis im Korallenkelch nach oben wachsendes zentrales Säulchen. Die gleiche Bezeichnung wird auch für die Spindel der Schneckenspirale gebraucht.

Conchiolin Eine dem Chitin verwandte, organische Skelettsubstanz, die am Aufbau der Weichtierschale beteiligt ist. Sie bildet das organische Außenhäutchen der Weichtierschale (Periostracum).

Cuticula Eine von der Oberhaut ausgeschiedene, feste Hülle (bei Gliederfüßern).

Dichotom Gabelig verzweigt (z. B. bei den Armen der Seelilien und bei vielen Pflanzen).

Diductor Der die Öffnung des zweiklappigen Brachiopodengehäuses besorgende Muskel.

Dissepiment Plattige, gebogene Teile, die sich vorwiegend im Randgebiet eines Korallenskelettes bilden können.

Dorsal Auf der Rückenseite gelegen.

Ecdysis Häutung bei Gliederfüßern. Die nicht dehnbare Cuticula wird, um weiteres Wachstum zu ermöglichen, in periodischen Abständen abgestoßen.

Ektoderm Die äußere Hülle des Weichkörpers, die aus dem äußeren Keimblatt (des aus dem Ei entstandenen Keimes) hervorgeht.

Endogastrisch Die Spiraleinrollung des Gehäuses erfolgt nach hinten, so daß die Ventralseite der Windungen auf deren Innenseite liegt (bei Schnecken und einigen Gehäusecephalopoden).

Entoderm Das durch Einstülpung entstandene innere Keimblatt, aus dem das Verdauungssystem entsteht.

Epidermis Die aus dem Ektoderm entstandene äußere Schicht der Haut.

Erdaltertum Siehe Paläozoikum.
Erdmittelalter Siehe Mesozoikum.
Erdneuzeit Siehe Känozoikum.
Evolut Spiral eingerollte Gehäuse, deren Windungen sich nur lose berühren oder ganz frei sind.
Exogastrisch Spiral nach vorn eingerollte Gehäuse. Die Ventralseite der Windungen liegt auf der Außenseite. (Die meisten spiral eingerollten Gehäuse der Kopffüßer).
Exoskelett Von der Haut bzw. Cuticula ausgeschiedenes Skelett (Gliederfüßer, Hautknochen bei Wirbeltieren).
Exuvie Das bei der Häutung (Ecdysis) abgestreifte Exoskelett.
Fäulnis Bei Sauerstoffmangel erfolgende unvollständige Zersetzung organismischer Reste (vgl. Bitumen). Die entstehende Ablagerung ist ein Faulschlamm.
Fazies Der durch die örtlichen Bedingungen verursachte Charakter einer Ablagerung (Lithofazies) bzw. die durch die örtlichen Bedingungen bewirkte Lebensgemeinschaft (Biofazies).
Faziesfossil Fossilien von Organismen, die an mehr oder weniger enge Lebens- bzw. Faziesbedingungen gebunden sind.
Formation Ein gesteinsmäßig einheitliches Schichtpaket in einer Ablagerungsfolge. Früher wurde der Begriff auch gebraucht, um eine größere erdgeschichtlich umgrenzte Gesteinsfolge zu bezeichnen (zum Beispiel »Jura-Formation«).
Fossil Der versteinerte Überrest eines Organismus (Versteinerung).
Ganoidschuppen Fischschuppen, die über einer basalen Knochenlage eine Schmelzschicht haben (Ganoin).
Gehäuse Die den Weichkörper umhüllenden Hartteile, die vom Weichkörper bzw. den Geweben ausgeschieden wurden.
Häutung Siehe Ecdysis.
Hautskelett Siehe Exoskelett.
Heteronomie Verschieden differenzierte Gruppen von Segmenten (Metameren) eines von Segmenten aufgebauten Körpers (bei Gliederfüßern).
Holostom Ganzrandige, nicht durch Einschnitte gegliederte Mundränder bei Schnecken und ganzrandige Umgrenzung des Mundfeldes bei Seeigeln.
Homonomie Gleichartige Ausbildung aller Segmente eines metameren Körpers.
Homozerk Symmetrische Ausbildung der Schwanzflosse bei Fischen.
Integument Die den Körper umhüllende Haut, die aus der Oberhaut (Cuticula) und der Unterhaut besteht.
Involut Spiral eingerollte Gehäuse, deren Windungen sich mehr oder weniger stark umfassen (bei Schnecken und Gehäusecephalopoden).
Isomyar Gleichwertige Ausbildung der beiden Schließmuskeln bei Muscheln.
Känozoikum Das durch die reiche Entfaltung der Säugetiere gekennzeichnete jüngste Erdzeitalter mit den beiden Erdperioden des Tertiär und Quartär.
Kalzit Die normal mineralisierte Form von Kalziumkarbonat; verbreiteter Schalenbaustoff vieler Organismengruppen (Brachiopoden, Stachelhäuter, viele Weichtiere usw.).
Karapax Zweiklappiger Kopfbrustpanzer (Cephalothorax) der Höheren Krebse.
Kieselringe Kleine ringförmige Marken bei verkieselten Schalen.
Korrelation der Organe Die zwischen den verschiedenen Organen eines Organismus bestehenden Wechselbeziehungen, die es ermöglichen, von der Ausbildung eines Organs auf die anderer Organe zu schließen.
Kutikula Siehe Cuticula.
Lateral Seitlich gelegen.
Leitfossil Fossilien von Organismen, die von eng umgrenzten Faziesbedingungen möglichst unabhängig sind und durch rasche Abwandlung, das heißt kurze Lebensdauer der Arten gekennzeichnet sind.
Ligament Die beide Klappen eines Muschelgehäuses verbindende und zusammenhaltende Skelettsubstanz (Conchiolin) in der dorsalen Mittellinie.
Lobenlinie Bei Ammoniten die mehr oder weniger stark zerschlitzte Linie, in der die Kammerscheidewand (Septum) auf die Gehäuseschale trifft.
Lophophor Ein fleischiger, meist hufeisenförmiger Fortsatz der Mundregion, auf dem die Tentakeln sitzen (bei Armfüßern und Moostierchen).
Makrofossil Fossilien, deren Größe Beschreibung und Bestimmung mit bloßem Auge oder einfacher Lupe erlaubt.

Mantel Eine bei Brachiopoden am Hinterende, bei Weichtieren dorsal ausgestülpte Hautfalte, welche den Körper mantelartig umhüllt und von der die Schale ausgeschieden wird (Pallium).

Maxilliped Bei Krebsen Brustextremitäten, die in den Dienst der Nahrungsaufnahme gestellt und entsprechend abgewandelt sind.

Mesozoikum Das die Perioden Trias, Jura und Kreide umfassende Erdzeitalter, das durch die reiche Entfaltung der Saurier gekennzeichnet ist (Erdmittelalter).

Metamerie Bei Ringelwürmern und Gliederfüßern ein aus einer wechselnden Zahl gleichartiger Körperringe (Metamere, Segmente) aufgebauter Körper.

Metamorphose Indirekte Entwicklung (Ontogenese), bei der zwischen Ei und geschlechtsreifem Individuum sich ein oder einige Larvenstadien einschalten.

Mikrofossil Fossilien, deren geringe Größe Beschreibung und Bestimmung nur mit Hilfe des Mikroskops erlaubt.

Monomyar Bei Muscheln; nur ein Schließmuskel ist vorhanden, und zwar der hintere; der vordere ist ganz zurückgebildet.

Mundrand Die Mündung der röhrenförmigen Schneckenschale (Peristom); er kann ganzrandig sein (holostom) oder am Vorderende einen oft röhrenförmig ausgezogenen Ausschnitt haben; er heißt dann siphonostom.

Nabel Die breit trichterförmig eingesenkte sichtbare Partie der Innenwindungen innerhalb der Außenwindung des Ammonitengehäuses (Umbilicus). Wenn sich bei Schnecken die Innenseiten der Windungen nicht berühren, wird die an der Basis des Gehäuses entstehende Öffnung ebenfalls als Nabel bezeichnet.

Naht Die Berührungslinie zweier aufeinanderfolgender Windungen des Spiralgehäuses bei Schnecken und Ammoniten (Sutur).

Nekton Sammelbegriff für die aktiv schwimmenden Organismen.

Nemafaden Fadenartige Verlängerung des Anfangsteiles (Anfangstheca) einer Graptolithenkolonie.

Ölschiefer Siehe Bitumen.

Opal Mineralisierte Kieselsäure mit wechselnd hohem Wassergehalt. Skelettsubstanz bei verschiedenen Organismengruppen, vor allem Einzellern. Tritt auch als Versteinerungsmittel auf.

Operkulum Deckel, durch den offene Gehäusemündungen verschlossen werden können, so bei Schnecken, vielen Moostierchen, Hyolithen und bei den Deckelkorallen. Bei Fischen der Kiemendeckel (Operkularapparat).

Opisthogyr Nach hinten gekrümmter Wirbel in einigen Muschelgehäusen (zum Beispiel Trigonien, Nucula u. a.).

Paläozoikum Das die Perioden Kambrium, Ordovizium, Silur, Devon, Karbon und Perm umschließende Erdzeitalter mit von der Gegenwart stark abweichenden Lebensgemeinschaften (Erdaltertum).

Pallium Siehe Mantel.

Pelomorphe Verdrückung Die in der Schichtungsebene erfolgende Zusammendrükkung eines eingeschlossenen Organismenrestes als Folge der Setzung und des Volumenverlustes der einschließenden Ablagerung.

Pereiopoden Bei Krebsen die als Organe der Fortbewegung entwickelten Extremitäten des Thorax-(= Brust-)Abschnittes.

Periostracum Siehe Conchiolin.

Periprokt Das von einer ledrigen Haut bedeckte Afterfeld im Scheitelschild der Seeigel.

Peristom Das von einer ledrigen Haut bedeckte Mundfeld der Seeigel, das ganzrandig (holostom) sein oder zehn Einschnitte für Mundkiemen zeigen kann (glyphostomes Peristom).

Petrefakt Früher oft gebrauchter Ausdruck für das heute gebräuchlichere Wort Fossil.

Phragmokon Der gekammerte Teil der Gehäuse bei Gehäusecephalopoden.

Plankton Die Gesamtheit der im Wasser schwebenden und triftenden Organismen ohne eigene aktive Fortbewegung.

Polypar Skelett eines Korallenpolypen als Einzelkoralle oder Teil eines Korallenstockes.

Prägesteinkern Ein Steinkern, dem die Merkmale auch der Schalenaußenseite (Verzierungen) aufgeprägt sind; vor allem bei dünnschaligen Gehäusen.

Prosogyr Nach vorn gekrümmter Wirbel bei Muschelgehäusen.

Pyrit Schwefelkies (FeS_2). Häufiges Mineral in bituminösen Ablagerungen und verbreitetes Versteinerungsmittel (Pyritsteinkerne).

Resilium Bezeichnung für das nach innen (zwischen die Schloßränder) verlagerte Ligament bei Muscheln.

Rostrum Als Rostrum wird der bei Ammoniten oft vorkommende Vorsprung auf der Außenseite des Mundrandes bezeichnet; außerdem das massive, kegelförmige, den Phragmokon einschließende Skelettelement der Belemniten; die röhrenförmige Verlängerung des vorderen Ausschnittes am Mundrand von Schnekken (siphonostome Mündung); die bei Krebsen am Vorderrand des Karapax oft auftretende mediane Spitze, die gelegentlich als selbständige Platte entwickelt (Rostralplatte) ist und auch am Kopfschild von Trilobiten auftreten kann. Auch ein oft verlängerter Schnauzenfortsatz bei Wirbeltieren wird als Rostrum bezeichnet.

Schließmuskel Siehe Adduktor.

Schloß Der Scharnierrand, um den die beiden Klappen der Muscheln und Armfüßer beim Öffnen und Schließen des Gehäuses gedreht werden, oft mit ineinander greifende Erhöhungen (Schloßzähne) und Vertiefungen (Zahngruben) zur Führung der Drehbewegung ausgestattet.

Schwefelkies Siehe Pyrit.

Sediment Feste, aus der Luft oder dem Wasser abgesetzte, meist geschichtete Ablagerung, die durch Verfestigung zum Sedimentgestein wird.

Sedimentation Der Vorgang der Ablagerung.

Segment Gleichbedeutend mit Metamer; siehe Metamerie.

Septum Als Septen bezeichnet man die radial gestellten, von außen nach innen in einen Koralkelch hineinwachsenden Kalklamellen sowie die Kammerscheidewände bei den Gehäusecephalopoden, welche den Phragmokon in Gaskammern unterteilen.

Silifizierung Verkieselung. Der Ersatz des ursprünglichen Skelettbaustoffs durch Kieselsäure. Verkieselte Fossilien.

Sinupalliat Ausgebuchteter Mantelrand, der durch weiter zurückgreifende Mantelrandmuskeln auf der Innenseite von Muschelschalen sichtbar wird.

Sipho Bei Gehäusecephalopoden ein häutiger, meist von fester Hülle umgebener Strang, der die Septen des Phragmokons durchbohrend von der Anfangs- bis zur Wohnkammer verläuft. Bei Schnecken ein nach vorn gerichteter röhrenförmiger Fortsatz des Mantels, durch den das Atemwasser in die Kiemenhöhle eingeleitet wird. Bei Muscheln eine nach hinten gerichtete röhrenförmige Verlängerung der ventral zusammengewachsenen Mantelränder.

Spicula Einzahl Spiculum. Bei Schwämmen kleine, typisch gestaltete Skelettelemente (Schwammnadeln), teils aus Kieselsäure, teils aus Calcit aufgebaut. Kleine, in der Haut von Seegurken vorkommende, kalkige Skelettelemente. Auch im Bindegewebe von Armfüßern können als Spicula bezeichnete Kalkkörperchen auftreten.

Spongin Eine dem Chitin verwandte organische Skelettsubstanz bei den Schwämmen, welche neben den Kieselspicula auftreten kann oder ausschließlich das Skelett bildet (Badeschwämme).

Spurenfossilien Fährten, Kriechspuren, Grabgänge, die das Vorhandensein von Organismen bezeugen, von denen selbst keine Reste erhalten sind.

Steinkern Gesteinsausguß der Hohlräume von Gehäusen, die selber nicht erhalten sind bzw. Gesteinsabgüsse von nicht erhalten gebliebenen Organismenresten.

Sternit Bei Gliederfüßern die auf der Bauchseite der Metamere gebildete Platte des Exoskelettes.

Stratigraphie Die systematische Gliederung der Schichtenfolge von unten nach oben entsprechend ihrer zeitlich-erdgeschichtlichen Bildungsfolge.

Sutur Gleichbedeutend mit Naht (siehe dort). Die Suturlinie der Gehäusecephalopoden ist die Linie, in der die Kammerscheidewände (Septen) auf die Außenschale treffen.

Tabula Bodenplättchen (Fußscheibe) eines Korallenskeletts, das aus einem oder mehreren Teilen bestehen kann.

Taphozönose Grabgemeinschaft. Die durch Umlagerungsvorgänge vor der Einbettung in das Sediment entstandene Vergesellschaftung von Organismenresten, die nicht mehr die ursprüngliche Lebensgemeinschaft abbildet. Die Fossilgemeinschaften in den Gesteinen sind häufig Taphozönosen.

Tentakel Bewegliche Fortsätze oder Ausstülpungen der Körperoberfläche, bevorzugt in der Umgebung der Mundregion, zum Beispiel bei Korallen, vielen Ringelwürmern, Moostierchen, Brachiopoden, Cephalopoden usf.

Tergit Bei Gliederfüßern die auf der Rükkenseite liegende, meist verstärkte Partie des Exoskelettes der Metamere.

Theca 1. Kugel- oder beutelförmige, getäfelte Skelettkapsel der Pelmatozoen (Beutelstrahler, Knospenstrahler). 2. Röhrenförmiges Gehäuse eines Einzelindividuums einer Graptolithenkolonie.

Thorax Bei heteronom metameren Gliederfüßern der vordere Körperabschnitt, dessen Metamere mit für die Fortbewegung ausgebildeten Extremitäten ausgestattet sind (bei Insekten auch den Flügeln).

Tracheen Mehr oder weniger stark verästelte Einstülpungen der Körperoberfläche, welche als Atmungsorgane dienen.

Umbilikus Gleichbedeutend mit Nabel.

Umbo Siehe Wirbel.

Ventral Auf der Bauchseite gelegen.

Verkiesung Steinkernbildung durch Schwefelkies.

Verkieselung Bei Kieselhölzern Imprägnierung der Feinstruktur durch Kieselsäure. Bei Kalkschalen Ersatz des Calciumkarbonats durch Kieselsäure (meist Chalzedon).

Versteinerung Siehe Fossil.

Versteinerungsmittel Die Substanz, die bei der Fossilwerdung den ursprünglichen Baustoff der Hartteile ersetzt.

Verwesung Zersetzung organischer Weichteile unter Sauerstoffzutritt. Die organischen Verbindungen werden dadurch oxydiert und in ihre anorganischen Grundbestandteile aufgelöst.

Wassergefäßsystem Siehe Ambulakralsystem.

Wirbel Der meist stärker gewölbte Anfangsteil der Muschel- und Armfüßer-Gehäuse, erkennbar als Zentrum der Anfangsstreifen (= Umbo). Die abgewandelten Kalkkörper der Arme von Schlangensternen werden oft als Wirbelkörper bezeichnet. Bei Wirbeltieren die das Axialskelett aufbauenden Wirbelkörper.

Wühlgefüge Siehe Bioturbation.

Literatur

Die sechsmal pro Jahr erscheinende Zeitschrift **Fossilien** – herausgegeben von W. K. Weidert, Goldschneck-Verlag, Postfach 1265, 7054 Korb 2, – bringt aktuelle Hinweise auf ergiebige Fundgebiete und Fundorte und Beschreibungen interessanter Fossilien.

Ergänzende und weiterführende Bücher:

BEURLEN, K., Welche Versteinerung ist das? Franckh'sche Verlagshandlung, Kosmos, Stuttgart 1978

BEURLEN, K., Geologie, Geschichte der Erde und des Lebens. Franckh'sche Verlagshandlung, Kosmos, Stuttgart 1978

FRAAS, E., Der Petrefaktensammler. Neuausgabe des klassischen alt bewährten Buches. Franckh'sche Verlagshandlung, Kosmos, Stuttgart 1972

LEHMANN, U., Paläontologisches Wörterbuch. Enke Verlag, 1977

LEHMANN, U., HILLMER, G., Wirbellose Tiere der Vorzeit. Enke Verlag, Stuttgart 1980

LICHTER, G., Fossilien bergen, präparieren und ausstellen. Franckh'sche Verlagshandlung, Kosmos, Stuttgart 1979, Neuauflage 1986

MUNDLOS, R., Wunderwelt im Stein, Fossilfunde – Zeugen der Urzeit. Lexikon-Verlag, Gütersloh–Berlin 1976

RICHTER, A. E., Handbuch des Fossiliensammlers. Franckh'sche Verlagshandlung, Kosmos, Stuttgart 1981

Die fossilen Pflanzen werden eingehend behandelt in

MÄGDEFRAU, K., Paläobiologie der Pflanzen. Verlag G. Fischer, Stuttgart 1968

Exkursion mit Prof. Dr. Beurlen in den Schneckenkalken der Unteren Süßwassermolasse bei Ehingen ▷

Register

Steinbachs Naturführer

Weitere Bände

Säugetiere · Landvögel · Süßwasserfische
Insekten (außer Schmetterlingen) · Schmetterlinge
Bäume · Strauchgehölze · Wildblumen
Pilze · Orchideen · Alpenblumen · Mineralien
Beeren, Wildgemüse, Heilkräuter
Lurche und Kriechtiere · Leben in Bach und Teich
Gesteine · Pflanzen des Mittelmeerraums · Gräser
Flechten, Moose, Farne · Wasservögel · Sterne

Karl Beurlen, geboren 1901, studierte Geologie und Paläontologie an der Universität Tübingen; Habilitation an der Universität Königsberg. Professor Beurlen wurde auf den Lehrstuhl für Geologie und Paläontologie an die Universität Kiel berufen, von dort auf den Lehrstuhl für Paläontologie und Historische Geologie an die Universität München. Nach dem Krieg war er in der Geologischen Landesaufnahme von Brasilien tätig und hatte den Lehrstuhl für Paläontologie und Historische Geologie an der Universität Recife, Brasilien, inne. Er veröffentlichte zahlreiche Fachbeiträge zur Paläontologie der Wirbellosen, zur Stratigraphie und Eiszeitgeologie und zur Geologie von Brasilien. Die wichtigsten Buchveröffentlichungen: Vergleichende Stammesgeschichte (Verlag Bornträger) – Die stammesgeschichtlichen Grundlagen der Abstammungslehre (Verlag G. Fischer) – Erd- und Lebensgeschichte (Verlag Quelle und Meyer) – Geologie von Brasilien (Verlag Bornträger) – Welche Versteinerung ist das? – Geologie, Geschichte der Erde und des Lebens – Die Alb und ihre Fossilien (Verlag Franckh/Kosmos). Professor Dr. Karl Beurlen starb im Dezember 1985. Gerhard Lichter betreute die Drucklegung des vorliegenden Bandes.

Gerhard Lichter, geboren 1925, ist Dozent für Organisation und Bürotechnik. Als Mitglied der Paläontologischen Gesellschaft und der Vereinigung der Freunde der Mineralogie und Geologie (VFMG) gründete er 1973 eine aktive Geologievereinigung in Biberach/Riß und hatte 15 Jahre deren Vorsitz inne. Gerhard Lichter wurde durch seine geologisch-paläontologischen Veröffentlichungen in Fachzeitschriften, durch seine Vorträge und als Seminarleiter sowie durch seine beispielhafte Fossiliensammlung bekannt. Autor der Bücher »Fossilien bergen, präparieren und ausstellen« (Franckh-Kosmos) und »Fossil Collector's Handbook« (Sterling New York).

Vasum horridum, 9 cm, Pliozän, La Belle/Südflorida, USA